東京大学工学教程

編纂にあたって

東京大学工学部，および東京大学大学院工学系研究科において教育する工学はいかにあるべきか．1886 年に開学した本学工学部・工学系研究科が 125 年を経て，改めて自問し自答すべき問いである．西洋文明の導入に端を発し，諸外国の先端技術追奪の一世紀を経て，世界の工学研究教育機関の頂点の一つに立った今，伝統を踏まえて，あらためて確固たる基礎を築くことこそ，創造を支える教育の使命であろう．国内のみならず世界から集う最優秀な学生に対して教授すべき工学，すなわち，学生が本学で学ぶべき工学を開示することは，本学工学部・工学系研究科の責務であるとともに，社会と時代の要請でもある．追奪から頂点への歴史的な転機を迎え，本学工学部・工学系研究科が執る教育を聖域として閉ざすことなく，工学の知の殿堂として世界に問う教程がこの「東京大学工学教程」である．したがって照準は本学工学部・工学系研究科の学生に定めている．本工学教程は，本学の学生が学ぶべき知を示すとともに，本学の教員が学生に教授すべき知を示す教程である．

2012 年 2 月

2010–2011 年度
東京大学工学部長・大学院工学系研究科長　北　森　武　彦

東京大学工学教程

刊行の趣旨

現代の工学は，基礎基盤工学の学問領域と，特定のシステムや対象を取り扱う総合工学という学問領域から構成される．学際領域や複合領域は，学問の領域が伝統的な一つの基礎基盤ディシプリンに収まらずに複数の学問領域が融合したり，複合してできる新たな学問領域であり，一度確立した学際領域や複合領域は自立して総合工学として発展していく場合もある．さらに，学際化や複合化はいまや基礎基盤工学の中でも先端研究においてますます進んでいる．

このような状況は，工学におけるさまざまな課題も生み出している．総合工学における研究対象は次第に大きくなり，経済，医学や社会とも連携して巨大複雑系社会システムまで発展し，その結果，内包する学問領域が大きくなり研究分野として自己完結する傾向から，基礎基盤工学との連携が疎かになる傾向がある．基礎基盤工学においては，限られた時間の中で，伝統的なディシプリンに立脚した確固たる工学教育と，急速に学際化と複合化を続ける先端工学研究をいかにしてつないでいくかという課題は，世界のトップ工学校に共通した教育課題といえる．また，研究最前線における現代的な研究方法論を学ばせる教育も，確固とした工学知の前提がなければ成立しない．工学の高等教育における二面性ともいえ，いずれを欠いても工学の高等教育は成立しない．

一方，大学の国際化は当たり前のように進んでいる．東京大学においても工学の分野では大学院学生の四分の一は留学生であり，今後は学部学生の留学生比率もますます高まるであろうし，若年層人口が減少する中，わが国が確保すべき高度科学技術人材を海外に求めることもいよいよ本格化するであろう．工学の教育現場における国際化が急速に進むことは明らかである．そのような中，本学が教授すべき工学知を確固たる教程として示すことは国内に限らず，広く世界にも向けられるべきである．2020 年までに本学における工学の大学院教育の 7 割，学部教育の 3 割ないし 5 割を英語化する教育計画はその具体策の一つであり，工学の教育研究における国際標準語としての英語による出版はきわめて重要である．

現代の工学を取り巻く状況を踏まえ，東京大学工学部・工学系研究科は，工学の基礎基盤を整え，科学技術先進国のトップの工学部・工学系研究科として学生が学び，かつ教員が教授するための指標を確固たるものとすることを目的として，時代に左右されない工学基礎知識を体系的に本工学教程としてとりまとめた．本工学教程は，東京大学工学部・工学系研究科のディシプリンの提示と教授指針の明示化であり，基礎（2 年生後半から 3 年生を対象），専門基礎（4 年生から大学院修士課程を対象），専門（大学院修士課程を対象）から構成される．したがって，工学教程は，博士課程教育の基盤形成に必要な工学知の徹底教育の指針でもある．工学教程の効用として次のことを期待している．

- 工学教程の全巻構成を示すことによって，各自の分野で身につけておくべき学問が何であり，次にどのような内容を学ぶことになるのか，基礎科目と自身の分野との間で学んでおくべき内容は何かなど，学ぶべき全体像を見通せるようになる．
- 東京大学工学部・工学系研究科のスタンダードとして何を教えるか，学生は何を知っておくべきかを示し，教育の根幹を作り上げる．
- 専門が進んでいくと改めて，新しい基礎科目の勉強が必要になることがある．そのときに立ち戻ることができる教科書になる．
- 基礎科目においても，工学部的な視点による解説を盛り込むことにより，常に工学への展開を意識した基礎科目の学習が可能となる．

東京大学工学教程編纂委員会　　委員長　光　石　　衛
幹　事　吉　村　　忍

基礎系 数学

刊行にあたって

数学関連の工学教程は全 17 巻からなり，その相互関連は次ページの図に示すとおりである．この図における「基礎」,「専門基礎」,「専門」の分類は，数学に近い分野を専攻する学生を対象とした目安であり，矢印は各分野の相互関係および学習の順序のガイドラインを示している．その他の工学諸分野を専攻する学生は，そのガイドラインに従って，適宜選択し，学習を進めて欲しい.「基礎」は，ほぼ教養学部から 3 年程度の内容ですべての学生が学ぶべき基礎的事項であり，「専門基礎」は，4 年生から大学院で学科・専攻ごとの専門科目を理解するために必要とされる内容である．「専門」は，さらに進んだ大学院レベルの高度な内容で，「基礎」,「専門基礎」の内容を俯瞰的・統一的に理解することを目指している．

数学は，論理の学問でありその力を訓練する場でもある．工学者はすべてこの「論理的に考える」ことを学ぶ必要がある．また，多くの分野に分かれてはいるが，相互に密接に関連しており，その全体としての統一性を意識して欲しい．

*　*　*

最適化は，工学の随所で用いられる手法であり，実世界でもさまざまな場面で意思決定の道具として利用されている．この『最適化と変分法』では，連続変数の最適化と変分法について述べている．最適化の理論や解法 (アルゴリズム) の理解には数学的に正確な記述が必要であり，一方，現実に最適化を用いるにはモデル化の工夫や適切な解法の選択が不可欠である．このため，本書では，諸概念の定義や定理を数学的に厳密に述べるとともに，その工学的な使い方や意味を丁寧に解説するという方針がとられている．本書によって，連続最適化の定式化の枠組み，解法，理論，工学の諸分野での応用を学ぶことができる．

東京大学工学教程編纂委員会
数学編集委員会

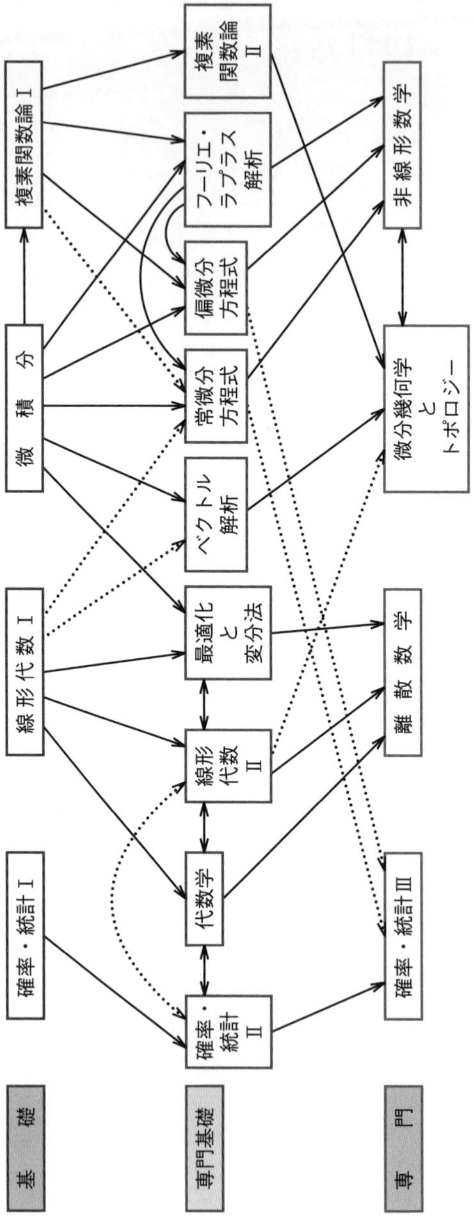

工学教程（数学分野）の相互関連図

目　　次

はじめに **1**

1 最適化概論 **3**

1.1 最適化問題とは 3

1.2 最適解の概念 12

1.2.1 最適解の存在と実行可能性 13

1.2.2 大域的最適解と局所最適解 14

1.3 理論の枠組み：凸計画，線形計画，非線形計画 14

1.3.1 凸計画問題 15

1.3.2 線形計画問題 16

1.3.3 非線形計画問題 17

1.3.4 整数計画問題 18

1.3.5 多目的最適化問題 19

1.3.6 変分問題 19

1.4 工学と最適化 20

1.5 記号について 21

2 非線形計画 **25**

2.1 無制約最適化 25

2.1.1 非線形計画問題の定義 25

2.1.2 最適化の解法の基礎 28

2.1.3 最適性条件 31

2.1.4 解法 (1)：最急降下法 35

2.1.5 解法 (2)：Newton 法 44

2.1.6 解法 (3)：準 Newton 法 49

2.1.7 解法 (4)：信頼領域法 57

2.2 等式制約下の最適化 61
2.3 不等式制約下の最適化 66
2.3.1 KKT 条 件 68
2.3.2 解法 (1)：罰金関数と障壁関数 75
2.3.3 解法 (2)：逐次 2 次計画法 81
2.3.4 解法 (3)：主双対内点法 83
2.3.5 解法 (4)：乗数法 86
2.4 変 分 不 等 式 90
2.4.1 相 補 性 問 題 90
2.4.2 変分不等式問題 93
2.4.3 方程式への再定式化 95

3 双 対 理 論 99
3.1 凸集合と凸関数 99
3.1.1 凸 集 合 99
3.1.2 錐 103
3.1.3 凸 関 数 107
3.2 劣 勾 配 117
3.3 分 離 定 理 119
3.4 Legendre 変換と共役関数 123
3.5 最 適 性 条 件 129
3.6 双 対 問 題 131
3.6.1 Fenchel 双 対 性 132
3.6.2 Lagrange双対性 137
3.6.3 Wolfe 双 対 問 題 140

4 線 形 計 画 143
4.1 線 形 計 画 問 題 143
4.1.1 定 義 143
4.1.2 種々の線形計画問題 146
4.2 双 対 性 151
4.2.1 双 対 問 題 151

4.2.2 双 対 定 理 152
4.2.3 最 適 性 条 件 157
4.3 単 体 法 166
4.3.1 基 底 解 167
4.3.2 枢軸変換 (非退化な問題の場合) 168
4.3.3 退化した問題の場合 169
4.3.4 初期化 (2 段階単体法) 170
4.3.5 その他の単体法 170
4.4 内 点 法 171
4.4.1 線形計画問題のサイズ 171
4.4.2 主 内 点 法 172
4.4.3 主双対内点法 174
4.4.4 内点法の多項式性と計算に要する手間 177
4.5 凸 2 次計画問題とその解法 180

5 半正定値計画 185
5.1 半正定値計画問題 185
5.2 双対性と内点法 194
5.2.1 双 対 定 理 194
5.2.2 半正定値計画問題のスケーリング 199
5.2.3 半正定値計画問題の内点法 200
5.3 応 用 205
5.4 2 次 錐 計 画 215
5.4.1 2次錐計画問題 216
5.4.2 2 次錐計画問題の解法 228
5.4.3 錐 計 画 230

6 変 分 法 233
6.1 変 分 問 題 233
6.2 変分法の基本事項 236
6.2.1 変分法の基本補題 236
6.2.2 Euler 方 程 式 237

6.2.3 いくつかの重要な場合 241
6.2.4 極 小 の 条 件 247
6.3 拘束条件のある場合 251
6.3.1 等 周 問 題 251
6.3.2 制約付き変分法 254
6.4 双 対 性 255
6.5 解 法 265
6.5.1 Ritz 法 265
6.5.2 有 限 要 素 法 269

参 考 文 献 275

お わ り に 279

索 引 281

はじめに

本書では，最適化法と変分法について，その理論および解法を解説する．最適化は連続最適化と離散最適化とに大別されるが，本書は連続最適化を扱っている．

近代的な最適化法は，1940 年代の線形計画の研究に始まるとされる．その黎明期から現在に至るまで，最適化法は，オペレーションズ・リサーチの代表的な手法の一つである．さらに，「ある関数を最小化 (または，最大化) する解を求める」という最適化の概念は「よりよいものをつくる」という工学の目標と自然に繋がるため，最適化法は工学の諸分野で広く応用されている．

一方，変分法の起源は Bernoulli の最速降下線問題あたりにあるとされる．エネルギー最小化問題を例にみるように，多くの物理法則が変分問題の形式で記述されるため，変分法は工学の基本原理を与えてきた．さらに現代の工学では，変分法は，1950 年代頃から開発されてきた有限要素法をはじめとする数値解析法の理論的な基礎という役割を果たすという点でも，とても重要である．

最適化法と工学とのこのような繋がりを意識し，本書では，最適化法の数理を述べるにとどまらず，最適化法の工学における位置づけや応用を丁寧に解説することを目指した．現実の問題を解く際には，最適化問題としてのモデル化が重要である．この際には，最適化法の数理の理解ばかりでなく，どのような最適化問題ならば容易に解けるかという知識が必要であり，さらには，より扱いやすいモデルに帰着するための工夫も有用である．本書では，多くの具体的な例をあげることで，現実の問題に最適化法を適用する際のモデル化や工夫の指針を示すことを目指した．また，理論の解説においても，図を用いたり工学における解釈を与えながら解説し，最適化法を多角的に理解できるように心がけた．

本書の第 1 章「最適化概論」では，まず，いくつかの具体的な例を用いながら最適化問題や最適解の概念を説明している．次に，さまざまな最適化問題の分類について述べている．また，工学において最適化法を有用に用いるための基本的な考え方についても述べている．

第 2 章「非線形計画」では，制約なしの最適化問題と制約付きの最適化問題のそれぞれについて，最適解の性質と代表的な解法を解説している．また，これらの最適化問題をある意味で一般化した問題として，変分不等式の概念と応用についても述べている．最適化問題の最適解の性質を述べる際に重要な概念の一つに，相補性がある．この章では，初学者にとっては得てして抽象的で不自然に思われがちな相補性の定義が，実は，工学の具体的な諸問題の中に自然に現れるものであることを説明している．

第 3 章「双対理論」では，最適化法の理論的な中核をなす凸解析および双対性について述べている．理論の大筋の流れを解説することに重点をおきながら，他の章の内容との関係性も随所で示している．

第 4 章「線形計画」では，線形計画および凸 2 次計画がもつモデルの記述力について，多くの例を用いながら説明している．また，線形計画の代表的な解法である単体法と内点法の考え方を解説している．とかく抽象的に思われがちな線形計画の双対性についても，ゲーム理論や力学の問題などの具体例を用いながら解釈を示している．

第 5 章「半正定値計画」では，線形計画の一般化として近年ますます重要性を増してきている半正定値計画・2 次錐計画およびその解法を説明している．特に，これらの最適化問題の記述力の高さに重点を置いて解説している．具体例としては，制御システムの安定性，固有値最適化，組合せ最適化，確率過程の設計，力学における釣合い解析など，工学のさまざまな分野の問題を取り上げている．

第 6 章「変分法」では，6.3 節までで変分法の標準的な内容を説明している．6.4 節で述べている変分法の双対性は，やや高度な話題である．6.5 節では，有限要素法の基本的な考え方を解説している．

工学教程の中には，本書の内容と特に関連の深いものがいくつかある．本書の第 4 章で扱う線形計画は，『線形代数 II』でも解説されている．そこでは，線形計画の双対性が，線形不等式系の応用例としてより一般的な立場から説明されている．また，本書で取り上げなかった離散最適化については，『離散数学』で詳しく扱われる．

1 最適化概論

与えられた条件の下である関数を最小にする解 (あるいは，最大にする解) を求めることを，最適化という．最適化はいまや，工学や社会のさまざまな場面で用いられている．この章では，最適化のあらましを説明する．1.1 節では，最適化問題の定義をいくつかの具体的な例とともに述べ，最適化法の概略を説明する．1.2 節で最適解の定義を述べ，1.3 節で最適化問題の分類について述べる．1.4 節では，最適化が工学の中で果たす役割について述べる．1.5 節は，本書で用いる記号をまとめたものである．

1.1 最適化問題とは

最適化問題とは何かを一般的に述べると，集合 S と関数 $f: S \to \mathbb{R}$ が与えられたときに

$$\text{条件 } x \in S \text{ を満たす } x \text{ のうち，} f(x) \text{ を最小にするものを求める問題} \tag{1.1}$$

と表現することができる．このような最適化問題の性質や解法について研究する学問を，**最適化法**あるいは**数理計画 (法)** という．

最適化問題を記述するときには，(1.1) のように書くかわりに

$$\left.\begin{array}{ll} \text{Minimize} & f(x) \\ \text{subject to} & x \in S \end{array}\right\} \tag{1.2}$$

と書くことが多い．また，“Minimize” のかわりに “min” と書いたり，“subject to” のかわりに “s. t.” と書くこともある．この最適化問題に対して，f を**目的関数**，S を**実行可能領域** (または**許容領域**)，条件 “$x \in S$” を**制約**とよぶ．また，制約を満たす点 (つまり，$x \in S$ を満たす点 x) を**実行可能解** (または**許容解**) とよぶ．そして，f の最小値を達成する実行可能解を**最適解**とよび，最適解における目的関数 f の値を**最適値**とよぶ．これらの用語を用いると，最適化法とは，目的関数と実行可能領域が与えられたときに最適解を求めるための理論や手法ということ

ができる．実行可能領域がそもそも空でないかどうかを判定することも，最適化法に含まれる．

問題 (1.2) は，目的関数を最小化する問題だから，**最小化問題**とよばれる．現実に解きたい最適化問題には，目的関数を最大化したい問題もあり，これを**最大化問題**とよぶ．最大化問題の場合には，“Minimize” のかわりに “Maximize” と書く．しかし，関数 f を最大化することは $-f$ を最小化することと本質的に同じであるから，本書では主に最小化問題を扱う．

一番簡単な最適化問題は，図 1.1 に示すような 1 変数の最適化問題である．ここで，変数は $x \in \mathbb{R}$ であり，目的関数 $f : \mathbb{R} \to \mathbb{R}$ は一点鎖線で表された連続関数であり，実行可能領域 S はこの例では太い実線で表された区間 $[-1.9, 2.5]$ である．そしてこの最小化問題の最適解は，図に ■ で示す点 $\bar{x}$ である．より詳しくいうと，この点 $\bar{x}$ を大域的最適解とよぶ．また，図に ▲ で示す点 $\hat{x}$ を，局所最適解とよぶ (定義は，1.2.2 節で述べる)．

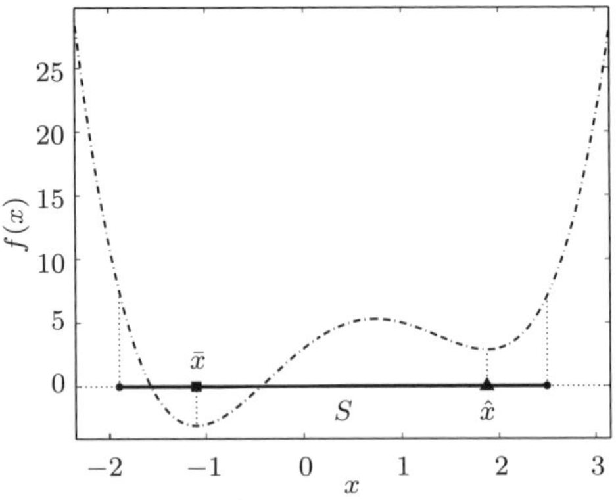

図 1.1　1 変数の最適化問題 (連続最適化) の例

最適化問題は，f と S の性質に応じてさまざまな問題に分類できる．その分類に応じて適切な解法や理論が異なるため，実際に解きたい最適化問題がどのような種類の問題かを認識することはきわめて重要である．

まず大きく分けると，最適化問題には**連続最適化**と**離散最適化**がある．図 1.1 の例では，実行可能領域 S が線分という連続的な集合として与えられている．このように，f が連続関数で S が連続的な集合である最適化問題を，連続最適化という．一方，図 1.2 の例は，S は整数 (図に ● と ■ で示した点) のみからなる集合である場合である (このときの最適解は，$\bar{x} = -1$ である)．このように，S が整数ベクトルの集合や有限集合のような離散的な集合である最適化問題を，離散最適化という．本書では，連続最適化の理論と解法について述べる．離散最適化については，『工学教程：離散数学』や文献 [22, 53, 57, 60] を参照されたい．また，最適化全般に関するハンドブックとして文献 [4, 5] がある．

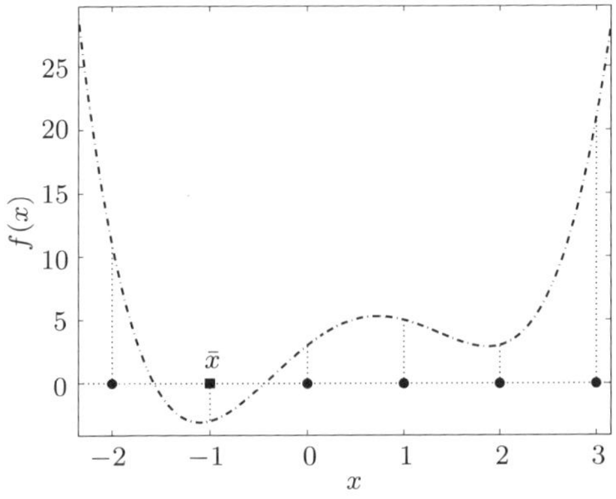

図 1.2　1 変数の最適化問題 (離散最適化) の例

図 1.1 や図 1.2 の例は，1 変数の最適化問題であるから，目的関数 f のグラフを描くことも容易であるし実行可能領域 S の様子もよくわかる．しかし，工学において実際に解きたい最適化問題の変数の数は数百とか数千であることが普通であり，ときには数万とか数十万変数を含む問題も解く必要がある．したがって，最適化問題の解法は，計算機の利用を前提としている．典型的な最適化問題の例を，次の例 1.1 から例 1.3 でみてみよう．

例 1.1　ある会社は，製造した商品を k ヵ所の倉庫 $\mathrm{S}_1, \mathrm{S}_2, \ldots, \mathrm{S}_k$ に保管しており，その商品を l ヵ所の店舗 $\mathrm{Q}_1, \mathrm{Q}_2, \ldots, \mathrm{Q}_l$ に届けたい．このときに，できるだけ効率のよい輸送計画を立てることを考えよう (この問題を，**輸送問題**という)．図 1.3 は，$k = 2, l = 3$ の場合の例である．

倉庫 S_i から出荷するべき商品の量 (供給量) を s_i とおき，店舗 Q_j に納品すべき商品の量 (需要量) を q_j とおく．ただし，供給の総量と需要の総量は等しいと仮

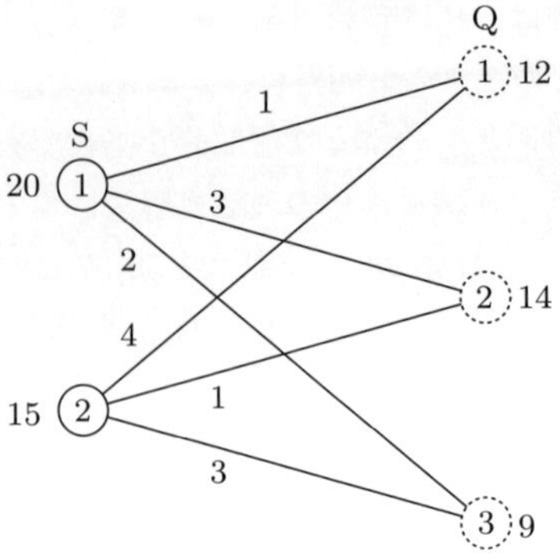

図 1.3　輸送問題の例

定する．つまり，$\sum_{i=1}^{k} s_i = \sum_{j=1}^{l} q_j$ が成り立つものとする．さらに，倉庫 S_i から店舗 Q_j に輸送するとき，商品の単位量あたりにかかる輸送費用 (例えば，燃料費) を R_{ij} とおく．具体例として，図 1.3 のように，これらが

$$\boldsymbol{s} = \begin{bmatrix} 20 \\ 15 \end{bmatrix}, \quad \boldsymbol{q} = \begin{bmatrix} 12 \\ 14 \\ 9 \end{bmatrix}, \quad R = (R_{ij}) = \begin{bmatrix} 1 & 3 & 2 \\ 4 & 1 & 3 \end{bmatrix}$$

と与えられたとする．

倉庫 S_i から店舗 Q_j へ輸送する商品の量を変数 x_{ij} で表し，総輸送コストが最小になるように x_{ij} を決めることにしよう．例えば，倉庫 S_1 から店舗 Q_2 には x_{12} だけ商品を運ぶので，輸送費用は $R_{12}x_{12} = 3x_{12}$ だけ必要である．総輸送コストは，このような個々の輸送ルートの輸送費用の総和である．また，輸送量 x_{ij} は非負 (0 以上) である．倉庫 S_1 からは商品を $s_1 = 20$ だけ運び出すので，

$$x_{11} + x_{12} + x_{13} = 20$$

が成り立たなければならない．倉庫 S_2 についても同様である．さらに，店舗 Q_2 には $q_2 = 14$ だけ商品を運び込むので，

$$x_{12} + x_{22} = 14$$

が成り立たなければならない．店舗 Q_1, Q_3 についても同様である．以上をまとめると，需要と供給の制約を満たしながら総輸送コストを最小化する輸送量を求める問題は，次のように定式化できる：

$$\left.\begin{array}{lll}\text{Minimize} & \displaystyle\sum_{i=1}^{k}\sum_{j=1}^{l} R_{ij}x_{ij} & \\ \text{subject to} & \displaystyle\sum_{j=1}^{l} x_{ij} = s_i, & i=1,\ldots,k, \\ & \displaystyle\sum_{i=1}^{k} x_{ij} = q_j, & j=1,\ldots,l, \\ & x_{ij} \geqq 0, & i=1,\ldots,k,\ j=1,\ldots,l.\end{array}\right\} \tag{1.3}$$

この問題は，x_{ij} が変数なので，kl 個の変数をもつ最適化問題である．◁

例 1.2　図 1.4(a) に示すように，m 個のデータ点 $(x_1, y_1), (x_2, y_2), \ldots, (x_m, y_m)$ が与えられている．このとき，y を x の簡単な関数で近似的に表すことを考えよう．これを**回帰分析**といい，x を説明変数，y を目的変数とよぶ．

いま，x と y の関係を 1 次関数

$$y = ax + b$$

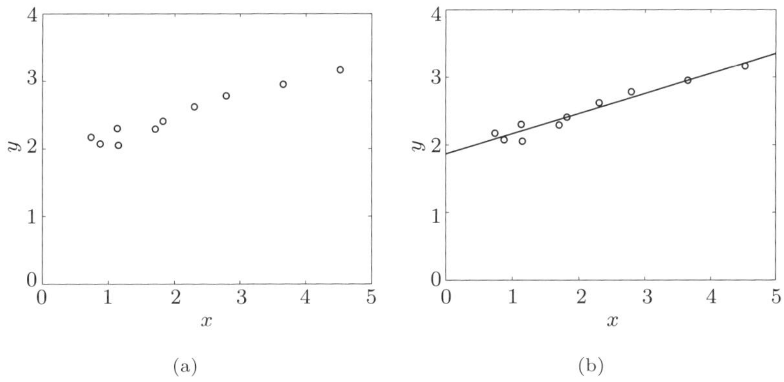

図 1.4　回帰分析の例

で近似することにして，データ点からの誤差ができるだけ小さくなるようにしたい (図 1.4(b))．この 1 次関数とデータの誤差を，2 乗誤差の和

$$g(a,b) = \sum_{i=1}^{m} [y_i - (ax_i + b)]^2$$

で定義すると，a および b を決めるための問題は

$$\text{Minimize} \quad \sum_{i=1}^{m} [y_i - (ax_i + b)]^2 \tag{1.4}$$

と書ける．この問題は，2 変数の最適化問題であり，a および b には特に制約が課されていない (どんな実数でもとり得る) ことから無制約最適化問題とよばれる．この例では説明変数の数が一つであるので最適化の変数は二つであったが，説明変数の数が多くなる (この場合を，**重回帰分析**という) と最適化問題に含まれる変数の数も増える．

なお，最適化問題の性質 (難しさ) は，誤差 g の定義の仕方に依存する．例えば，データ点と直線 $y = ax + b$ の垂直距離の最大値

$$g(a,b) = \max_{i=1,\ldots,m} |y_i - (ax_i + b)|$$

を誤差として定義すると，$g(a,b)$ は微分不可能な点を含む．このような関数の最小化問題を解くには，少し工夫が必要である．というのも，本書の 2 章で扱う非線形計画は，目的関数が微分可能であることを前提にしているからである．この場合には，$g(a,b)$ を最小化することは，a, b, t を変数とする制約付きの最適化問題

$$\left.\begin{array}{lll} \text{Minimize} & t & \\ \text{subject to} & t \geqq y_i - (ax_i + b), & i = 1, \ldots, m, \\ & t \geqq -y_i + (ax_i + b), & i = 1, \ldots, m \end{array}\right\} \tag{1.5}$$

を解くことと同じである．　◁

例 1.3　図 1.5 のような三本の棒 (部材という) からなる対称な構造物を設計する問題を考える．構造物は鉛直な平面内にあり，同じ平面内に作用する外力 $\boldsymbol{p}$ が与えられている．このとき，構造物の質量ができるだけ小さくなるように部材の断面積を定めたい．このような設計問題では，構造物全体に過大な変形が生じたりしないように，また部材の応力が大きくなり過ぎて壊れたりしないように設計する必要がある．

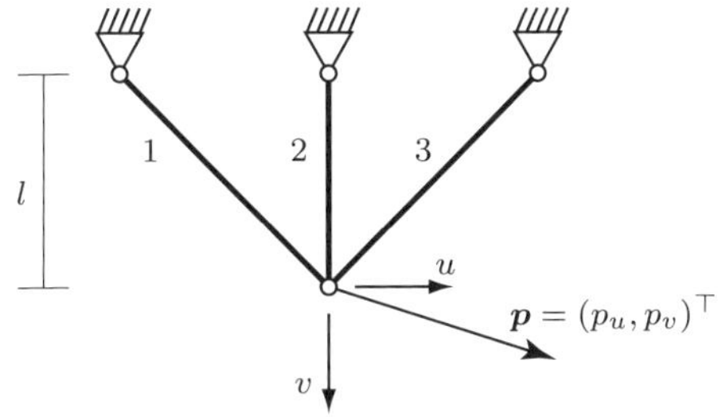

図 1.5　三本の棒材からなるトラス

図 1.5 に小さな白丸 (四つある) で示した接合部を，節点とよぶ．部材は節点において自由に回転できるように接合されているものとする．このような接合の仕方をピン接合とよぶ．また，いくつかの直線状の部材をピン接合してつくられた構造物を**トラス**とよぶ．四つの節点のうち，上の三つは天井に固定されており，残りの自由な節点には外力 $\boldsymbol{p}$ が作用している．$\boldsymbol{p}$ の水平方向 (右向き) の成分を p_u，鉛直方向 (下向き) の成分を p_v で表す (ただし，$p_u > 0, p_v > 0$ とする)．また，構造物が外力 $\boldsymbol{p}$ と釣り合うときの節点の変位を (u, v) で表す．対称性より部材 1 と部材 3 の断面積は等しく，これを a_1 とおく．また，部材 2 の断面積を a_2 とおく．この設計問題では，a_1 および a_2 を定めることにする．

部材の Young (ヤング) 率を E とおくと，節点の変位は

$$u = \frac{\sqrt{2}lp_u}{Ea_1}, \quad v = \frac{\sqrt{2}lp_v}{E(a_1 + \sqrt{2}a_2)}$$

と表せる．また，部材 1, 2, 3 に生じる**応力** (つまり，単位面積あたりの力) は

$$\begin{aligned}
\sigma_1 &= \frac{1}{\sqrt{2}}\Bigl(\frac{p_u}{a_1} + \frac{p_v}{a_1 + \sqrt{2}a_2}\Bigr), \\
\sigma_2 &= \frac{\sqrt{2}p_v}{a_1 + \sqrt{2}a_2}, \\
\sigma_3 &= \frac{1}{\sqrt{2}}\Bigl(-\frac{p_u}{a_1} + \frac{p_v}{a_1 + \sqrt{2}a_2}\Bigr)
\end{aligned}$$

である．

ここでは，構造物に用いる部材の体積 (質量) ができるだけ小さくなるように a_1 および a_2 を定めることにする．というのも，余分な材料を使わないことで使用す

る材料の量を少なくできるばかりでなく，力学的に合理的な設計が得られると考えられるからである．そこで，部材の体積の総和

$$2\sqrt{2}la_1 + la_2 \tag{1.6}$$

を最小にする問題を考える．

荷重による部材の損傷を防ぐためには，部材に生じる応力の絶対値がある許容値 $\hat{\sigma}$ を超えてはならない．いま，$p_u > 0$ および $p_v > 0$ という仮定より $\sigma_1 > \sigma_3$ かつ $\sigma_2 > 0$ であるから，応力に関する条件は

$$\sigma_1 \leqq \hat{\sigma}, \quad \sigma_2 \leqq \hat{\sigma}, \quad \sigma_3 \geqq -\hat{\sigma} \tag{1.7}$$

と書ける．また，構造物全体としての過大な変形を防ぐためには，変位 (u, v) がある許容値 $(\hat{u}, \hat{v})$ を超えてはならない．この条件は

$$u \leqq \hat{u}, \quad v \leqq \hat{v} \tag{1.8}$$

と書ける．さらに，部材の断面積が小さくなり過ぎることは実用的に許容されないので，その許容値を $\hat{a}$ として

$$a_1 \geqq \hat{a}, \quad a_2 \geqq \hat{a} \tag{1.9}$$

という条件を考える．

以上より，この設計問題は，制約 (1.7), (1.8), (1.9) の下で目的関数 (1.6) を最小化する問題である．これを最適化問題の形で書くと，a_1, a_2 を変数として

$$\left.\begin{array}{ll} \text{Minimize} & 2\sqrt{2}la_1 + la_2 \\ \text{subject to} & \dfrac{1}{\sqrt{2}}\left(\dfrac{p_u}{a_1} + \dfrac{p_v}{a_1 + \sqrt{2}a_2}\right) \leqq \hat{\sigma}, \quad \dfrac{\sqrt{2}p_v}{a_1 + \sqrt{2}a_2} \leqq \hat{\sigma}, \\ & \dfrac{1}{\sqrt{2}}\left(-\dfrac{p_u}{a_1} + \dfrac{p_v}{a_1 + \sqrt{2}a_2}\right) \geqq -\hat{\sigma}, \\ & \dfrac{\sqrt{2}lp_u}{Ea_1} \leqq \hat{u}, \quad \dfrac{\sqrt{2}lp_v}{E(a_1 + \sqrt{2}a_2)} \leqq \hat{v}, \\ & a_1 \geqq \hat{a}, \quad a_2 \geqq \hat{a} \end{array}\right\} \tag{1.10}$$

となる．このように，最適化問題を解くことで構造物を合理的に設計したり設計のヒントを得る方法論は**構造最適化**とよばれ，最適化法の応用の一つである．

この例題では三本の部材だけで構成された構造物を扱ったので，最適化問題の変数は二つであった．現実の構造物は数百や数千 (あるいは，それ以上) の数の部

材を含むことが普通であるから，実際には多くの変数を含む最適化問題を解く必要がある．◁

以上の三つの例でみたように，工学において実際に解きたい最適化問題には多くの変数が含まれるため，最適化問題の解法は計算機の利用を前提としている．例えば，本書の 2 章では，非線形計画問題とよばれる最適化問題のいろいろな解法を解説している．このような解法の設計の背景には，変数の数が多い場合には目的関数 f の全体の様子は (グラフを描いてみるようには) わからないという事情がある．これが，x を与えたときの関数の値 $f(x)$ やその微分の値 $\nabla f(x)$ などを利用して最適解を求める解法 (アルゴリズム) が必要とされる理由である．

最適化法にはこのような現実的な側面がある一方で，最適化問題や最適解がもつ数学的な性質を明らかにする理論的な側面もある．本書の 3 章で述べる双対性は，最適化がもつ最も美しい性質の一つといえるであろう．双対理論を支える体系は，凸解析といい，関数や集合の凸性とよばれる性質を扱う基礎理論である．凸性は，線形性を含むより広い概念である．最適化の理論では，線形か非線形かではなく，凸か非凸かで扱いやすいか否かが分かれるのが特徴的である．

最適化問題 (1.2) の目的関数 f が凸関数で実行可能領域 S が凸集合であるとき，凸計画問題とよぶ．ただし，S が凸集合であるとは，S の任意の二点の内分点がすべて S に含まれることである．また，$f : \mathbb{R}^n \to \mathbb{R}$ が凸関数であるとは，集合 $\{(\boldsymbol{x}, Y) \in \mathbb{R}^n \times \mathbb{R} \mid Y \geqq f(\boldsymbol{x})\}$ が凸集合であることである (詳しくは，3.1 節を参照のこと)．凸計画問題は，理論的にきれいな性質をもつばかりではなく，大域的最適解を実際に求めることもできる．そして，その際の解法の基礎となるのは双対理論である．このように，理論と解法が自然に結びついていることも，最適化法の魅力の一つである．しかし，非線形かつ凸な最適化問題が容易に解けるようになったのは，実はそれほど古いことではなく，1990 年代以降のことである．それまでは，1 次式のみで定義された最適化問題，つまり，線形計画問題が実世界の応用では大きな役割を果たしていた*1．例えば，例 1.1 の問題 (1.3) は線形計画問題である．この線形計画問題は，本書の 4 章で扱う．線形計画問題は，最も基本的な凸計画問題であり，その性質や解法を理解することは有用である．また，よ

*1　線形計画は，linear programming (または linear program) の訳である．近年，この術語にかわって linear optimization という術語を使おうという動きがある．これに伴って，日本語の術語もこれから変わっていくかも知れない．本書では，従来から広く使われている線形計画という術語を用いる．非線形計画や半正定値計画についても，同様である．

り難しい最適化問題を解く際の道具として用いられるなど，現在でもその重要性は失われていない．非線形であるが凸性をもつ最適化問題の例としては，本書の5章で取り上げる半正定値計画問題がある．この問題は，上で述べたように，主に1990年代以降の理論と解法・ソフトウェアの急速な発達によって容易に解けるようになった最適化問題である．半正定値計画問題の魅力の一つは，その非線形性ゆえに，線形計画問題では記述できなかったいろいろな問題を記述できることである．本書では，そのような例をできるだけたくさんあげることで，現実の問題を解きやすい最適化問題として定式化する指針を示す．

ここで少し，凸計画問題と，本書の2章で扱う非線形計画問題との関係を整理しておく．上で述べたように，(多くの) 凸計画問題は，その大域的最適解を容易に求めることができる．一方，非線形計画問題は凸とは限らない問題であり，2章で扱う非線形計画はその局所最適解を求める手法である (言い換えると，非線形計画で得られる解は大域的最適解とは限らない)．現実に解きたい問題は凸計画問題とは限らず，非線形計画問題として定式化される場合も多い．また，工学的には，大域的最適解でなくても局所最適解が得られれば十分に有用であるという場合も多い．このため，非線形計画は，複雑な現実の問題を扱う手段としてとても重要である．

ところで，物理法則の多くは，物理現象は何らかの量を最小化する，という形で与えられることが多い．例えば，Fermat (フェルマー) の原理によると，光の経路は光が進むのにかかる時間が最小の経路である．弾性体の静的な釣合い形状は，全ポテンシャルエネルギーを最小にする形状である．さらに，Newton (ニュートン) の運動方程式は微分方程式の形式であるが，最小作用の原理として述べると物体の運動の経路は作用積分を最小にする経路である．物体の運動の経路は，時々刻々の物体の位置を変数とみた最適化問題の最適解とみなせる．ここで時間は連続的に流れるので，この問題はいわば無限個の変数をもつ最適化問題である．このような問題を，変分問題とよび，変分問題の理論や解法を変分法という．本書の6章では，この変分法を扱う．工学で現れる微分方程式の多くは変分問題としても記述できるため，変分法は微分方程式の解の存在や性質を論じる理論でもある．

1.2 最適解の概念

ここでは，1.1節で導入した最適化問題の解 (つまり，最適解) の定義を述べる．

1.2.1 最適解の存在と実行可能性

最適化問題 (1.2) に対して，以下のいずれかが成立する．

(1) 実行可能解が存在する (つまり，$S \neq \emptyset$ である)．

(a) 実行可能領域において目的関数の値が下に有界であり，実際に下限を達成する実行可能解が存在する．

(b) 実行可能領域において目的関数の値が下に有界であるが，実際に下限を達成する実行可能解が存在しない．

(c) 実行可能領域において目的関数の値が下に有界でない．

(2) 実行可能解が存在しない (つまり，$S = \emptyset$ である)．

(1) の場合に最適化問題 (1.2) は**実行可能**であるといい，(2) の場合に**実行不能**であるという．与えられた最適化問題が実行可能であるか否かを判定することも，最適化法の目的に含まれる．

(1a) の「下限を達成する実行可能解」が，最適解のことである．最適化問題 (1.2) が実行可能であっても，最適解が存在するとは限らない．例えば図 1.6 の例では，実行可能領域が $S = \mathbb{R}$ だとすると，$\inf\{f(x) \mid x \in \mathbb{R}\}$ は存在するがこれを達成する $x \in \mathbb{R}$ は存在しないので，最適解は存在しない．これは，(1b) にあたる．なお，この図 1.6 の例のように実行可能領域が全空間 $\mathbb{R}^n$ である最適化問題を無制約最

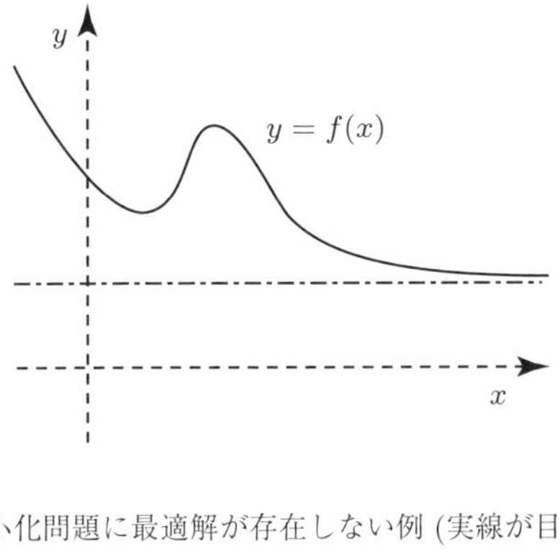

図 1.6 無制約最小化問題に最適解が存在しない例 (実線が目的関数，一点鎖線がその漸近線)

適化問題という．最適解が存在するための十分条件として，例えば，S が非空なコンパクト集合で f が連続関数であるときに問題 (1.2) が最適解をもつことが知られている．(1b)，(1c)，(2) の場合には，最適化問題 (1.2) に最適解が存在しない．

最適化法は，f と S が与えられたときに，最適化問題 (1.2) が上のいずれの場合にあてはまるかを判定し，最適解が存在するならばそれを求めるための方法論である．そのために，最適解の性質 (これを，**最適性条件**という) を調べることが重要である．実際に具体的な問題を解く際には，f や S の特徴をよく知り，問題に適した解法 (アルゴリズム) を用いることが重要である．

1.2.2　大域的最適解と局所最適解

$\bar{x}$ を問題 (1.2) の実行可能解 (つまり，$\bar{x} \in S$) とする．$\bar{x}$ が条件*2

$$f(x) \geqq f(\bar{x}), \quad \forall x \in S \tag{1.11}$$

を満たすとき，$\bar{x}$ を問題 (1.2) の**大域的最適解**とよぶ．また，$\bar{x}$ の近傍 $N(\bar{x})$ が存在して条件

$$f(x) \geqq f(\bar{x}), \quad \forall x \in N(\bar{x}) \cap S \tag{1.12}$$

が成り立つとき，$\bar{x}$ を問題 (1.2) の**局所最適解**とよぶ．条件 (1.12) において，$x \neq \bar{x}$ ならば $f(x) > f(\bar{x})$ が成り立つとき，$\bar{x}$ を**狭義の局所最適解**という．

1.1 節で扱った図 1.1 の例では，図に ■ で示す点 $\bar{x}$ が大域的最適解であり，▲ で示す点 $\hat{x}$ が (狭義の) 局所最適解である．

大域的最適解のことを，単に最適解とよぶこともある．また，文献によっては，局所最適解のことを単に最適解とよぶ場合もあるため，注意が必要である．

1.3　理論の枠組み：凸計画，線形計画，非線形計画

1.1 節で既に少し述べたように，最適化問題 (1.2) の難しさや特徴は，目的関数 f と実行可能領域 S の性質に応じてさまざまである．これらの性質に応じて適切

*2　(1.11) の記号 $\forall$ は**全称記号**とよばれ，「すべての」を意味する．つまり，(1.11) は，すべての (任意の) $x \in S$ に対して不等式 $f(x) \geqq f(\bar{x})$ が成り立つ，という意味である．

な解法や適用可能な理論が異なるため，実際に解きたい最適化問題がどのような種類の問題に属するかを認識することが重要である．

最適化問題の細かい分類や特徴は以下の各章で述べることにして，ここではまず「凸計画」,「線形計画」,「非線形計画」の三つの大きな枠組みについて解説し，その後にこれ以外の最適化問題について説明する．

なお，1.1 節で述べたように，最適化問題では複数の変数を最適化したいことが普通である．そこで，以下では最適化する変数を $x_1, \ldots, x_n$ の n 個であるとする．また，$x_1, \ldots, x_n$ を並べてできるベクトルを $\boldsymbol{x} = (x_1, \ldots, x_n)^\top \in \mathbb{R}^n$ で表す．

1.3.1 凸計画問題

集合 $S \subseteq \mathbb{R}^n$ が，任意の点 $\boldsymbol{x}, \boldsymbol{y} \in S$ に対して条件

$$\lambda \boldsymbol{x} + (1-\lambda)\boldsymbol{y} \in S, \quad \forall \lambda \in [0,1]$$

を満たすとき，S を凸集合とよぶ．また，関数 $f : \mathbb{R}^n \to \mathbb{R}$ が，任意の点 $\boldsymbol{x}, \boldsymbol{y} \in \mathbb{R}^n$ に対して条件

$$\lambda f(\boldsymbol{x}) + (1-\lambda) f(\boldsymbol{y}) \geqq f(\lambda \boldsymbol{x} + (1-\lambda)\boldsymbol{y}), \quad \forall \lambda \in [0,1]$$

を満たすとき，f を凸関数とよぶ (凸集合と凸関数は，3.1.1 節で扱う．さしあたり，図 3.1 と図 3.8 を参照のこと)．簡単な例としては，2 変数の関数 $f(\boldsymbol{x}) = {x_1}^2 + 2{x_2}^2$ は凸関数である．また，2 次元平面内の集合 $\{\boldsymbol{x} \in \mathbb{R}^2 \mid {x_1}^2 + 2{x_2}^2 \leqq 1\}$ は凸集合である．

n 変数 $\boldsymbol{x} = (x_1, \ldots, x_n)^\top$ の最適化問題

$$\left.\begin{array}{ll} \text{Minimize} & f(\boldsymbol{x}) \\ \text{subject to} & \boldsymbol{x} \in S \end{array}\right\} \tag{1.13}$$

において，実行可能領域 $S \subseteq \mathbb{R}^n$ が凸集合であり目的関数 $f : \mathbb{R}^n \to \mathbb{R}$ が凸関数である場合を**凸計画問題**という．また，この問題は，変数 t を新たに導入して

$$\left.\begin{array}{ll} \text{Minimize} & t \\ \text{subject to} & t \geqq f(\boldsymbol{x}), \\ & \boldsymbol{x} \in S \end{array}\right\} \tag{1.14}$$

と書き直しても同じことである．問題 (1.14) の実行可能領域

$$\{(\boldsymbol{x},t) \in \mathbb{R}^n \times \mathbb{R} \mid \boldsymbol{x} \in S,\ t \geqq f(\boldsymbol{x})\}$$

は凸集合であるから，凸計画問題では目的関数を線形関数に限って議論することも多い．

次の 1.3.2 節で述べる線形計画問題は，最も基礎的な凸計画問題である．また，本書の 5 章で扱う半正定値計画問題や 2 次錐計画問題も凸計画問題であり，線形計画問題を含むより一般的な問題である (図 1.7).

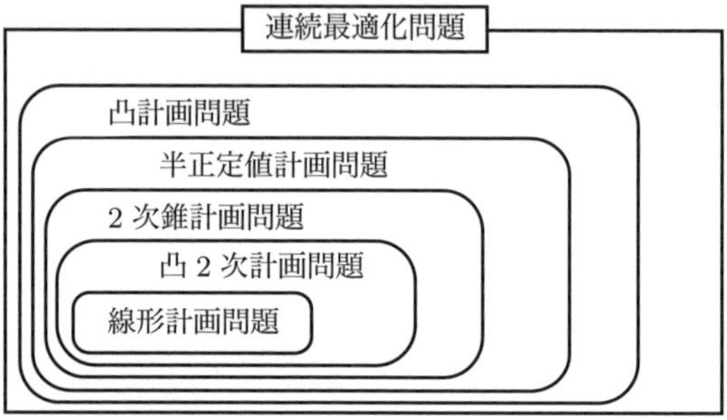

図 **1.7**　さまざまな凸計画問題

凸計画問題は，局所最適解が大域的最適解に一致するというよい性質があり，解きやすい問題である．しかし，線形計画問題以外の大規模な凸計画問題が実用レベルで解けるようになったのは，比較的最近のことである．現在では，変数が数万個程度の問題を容易に解くことができる．

1.3.2 線形計画問題

線形計画問題とは，

$$\left.\begin{array}{lll} \text{Minimize} & \boldsymbol{c}^\top \boldsymbol{x} & \\ \text{subject to} & \boldsymbol{a}_i^\top \boldsymbol{x} = b_i, & i = 1,\ldots,m, \\ & \boldsymbol{p}_l^\top \boldsymbol{x} \leqq q_l, & l = 1,\ldots,k \end{array}\right\} \qquad (1.15)$$

という形の最適化問題である．ただし，最適化の変数は $\boldsymbol{x} \in \mathbb{R}^n$ である．また，$\boldsymbol{a}_i \in \mathbb{R}^n$, $\boldsymbol{p}_l \in \mathbb{R}^n$ および $\boldsymbol{c} \in \mathbb{R}^n$ は定ベクトルであり，$b_i \in \mathbb{R}$ および $q_l \in \mathbb{R}$ は定

数である．例えば，1.1 節の例 1.1 の問題 (1.3) や例 1.2 の問題 (1.5) は線形計画問題である[*3]．線形計画問題は，凸計画問題である．線形計画問題の性質や解法は，本書の 4 章で扱う．

問題 (1.13) の形式と対応させると，まず線形計画問題では目的関数 f が線形関数である．また，実行可能領域 S は線形方程式と線形不等式で表される集合

$$S = \{\boldsymbol{x} \in \mathbb{R}^n \mid \boldsymbol{a}_i^\top \boldsymbol{x} = b_i \ (i = 1, \ldots, m),\ \boldsymbol{p}_l^\top \boldsymbol{x} \leqq q_l \ (l = 1, \ldots, k)\}$$

である．このように 1 次式だけで表される集合のことを，多面体とよぶ．つまり，線形計画問題は，多面体の上で線形関数を最小化する最適化問題である．

線形計画問題は，目的関数や制約を表現するのに 1 次式しか使えないため，問題の記述力には限界がある．とはいうものの，非常に多くの応用をもっており，また最適化問題の中で最も基本的な問題であるから，とても重要な問題である．実際に解きたい問題を線形計画問題として定式化し，その最適解を求める方法論を，**線形計画** (または，**線形計画法**) とよぶ．

線形計画問題の拡張の一つに，**凸 2 次計画問題**がある (図 1.7)．これは，実行可能領域 S が多面体であり，目的関数 f が凸な 2 次関数であるような問題である．この凸 2 次計画問題は，本書の 4.5 節で扱う．

線形計画問題と凸 2 次計画問題に密接に関連する問題として，**線形相補性問題**がある．線形相補性問題は最適化問題ではないが，線形計画問題や凸 2 次計画問題の最適解が満たすべき条件 (最適性条件) が線形相補性問題として書ける．このため，線形相補性問題を解くことによりこれらの最適化問題を解くことができる．線形相補性問題については，本書の 2.4 節で述べる．

1.3.3 非線形計画問題

非線形計画問題は，かなり一般的な最適化問題の枠組みであり，次のように表される問題である：

---

*3 例 1.1 の問題 (1.3) では，$(x_{11}, \ldots, x_{1l}, x_{21}, \ldots, x_{2l}, \ldots, x_{k1}, \ldots, x_{kl})^\top$ のように kl 個の変数を並べたものが，ここの問題 (1.15) での変数 $\boldsymbol{x} \in \mathbb{R}^n$ にあたる (つまり，$n = kl$ である)．また，例 1.2 の問題 (1.5) では，a, b, t を並べたものが，ここの問題 (1.15) での変数 $\boldsymbol{x}$ にあたる ($n = 3$ である)．

$$\left.\begin{array}{lll}\text{Minimize} & f(\boldsymbol{x}) & \\ \text{subject to} & g_i(\boldsymbol{x}) \leqq 0, & i=1,\ldots,m, \\ & h_l(\boldsymbol{x}) = 0, & l=1,\ldots,k.\end{array}\right\} \tag{1.16}$$

ただし，最適化の変数は $\boldsymbol{x} \in \mathbb{R}^n$ である．また，f, $g_1,\ldots,g_m$, $h_1,\ldots,h_k$ は n 変数の実数値関数であり，通常は微分可能であることを仮定する．制約を定義している関数 g_i および h_l を制約関数とよび，条件 $g_i(\boldsymbol{x}) \leqq 0$ を不等式制約，条件 $h_l(\boldsymbol{x}) = 0$ を等式制約とよぶ．例えば，1.1 節の例 1.3 の問題 (1.10) は非線形計画問題である．非線形計画問題は，本書の 2 章で扱う．

等式制約が一つもない場合や不等式制約が一つもない場合も，非線形計画問題である．特に，等式制約も不等式制約もない場合には，目的関数 f を全空間 $\mathbb{R}^n$ の上で最小化する問題である．このような場合を，**無制約最適化問題**という (例えば，1.1 節の例 1.2 の問題 (1.4) は無制約最適化問題である)．これに対して，等式制約や不等式制約のような制約のある場合を**制約付き最適化問題**という．

問題 (1.16) は，目的関数 f および制約関数 $g_1,\ldots,g_m$, $h_1,\ldots,h_k$ がすべて 1 次関数であれば，線形計画問題である．そこで，非線形計画問題ではこれらが必ずしも 1 次関数でないことが前提である．また，f, $g_1,\ldots,g_m$ がすべて凸関数で $h_1,\ldots,h_k$ がすべて 1 次関数であるとき，問題 (1.16) は凸計画問題である．もちろん，一般に非線形計画問題は凸計画問題とは限らない．

例えば，ベクトルのノルムや行列の最小特異値などは，連続であるが微分不可能な点をもつ関数である．このような関数を目的関数とする非線形計画問題を，**微分不可能最適化問題**とよぶ．この問題を解く際には通常の微分を用いることができないため，劣微分を用いた解法などが開発されている．例えば，文献 [55], [10, Part II] などを参照されたい．

1.3.4 整数計画問題

線形計画問題は，いくつかの実数を変数とし，目的関数も制約関数も 1 次関数であるような最適化問題であった (1.3.2 節)．このように，実数すべてをとり得る変数を**連続変数**という．線形計画問題と同様の設定において，変数が整数だけをとり得るとした最適化問題を，**整数計画問題**とよぶ．特に，変数が 0 または 1 の値しかとらない場合を考えることも多く，その場合には **0-1 整数計画問題**という．

このように，とり得る値が整数に限定された変数を**整数変数**という．さらに，一部の変数が連続変数で残りの変数が整数変数である場合を，**混合整数計画問題**とよぶ．

例えば，業務に携わる人の数や輸送に用いる車の台数など，最適化したい変数が整数であるような応用は多い．また，出発地から目的地に着くまでに通る道を選択する問題なども，整数を変数とする最適化問題として記述できる．このように，整数計画問題は多くの応用をもち，問題の表現能力も高い．その一方で，一般の整数計画問題を解くことは，容易ではない．近年になって，さまざまな技術の積み重ねにより，比較的大きな規模の整数計画問題も解けるようになってきた．整数計画問題については，『工学教程：離散数学』で扱う．

1.3.5 多目的最適化問題

事故の際に乗員を保護するための自動車の衝撃吸収構造材を設計することを考えよう．すると，いくつかの目標が互いに競合するという困難があることに気づく．つまり，衝撃時の吸収エネルギーを大きくするためには構造材の板厚を大きくとればよいので，一般に重量は増加する．しかし，自動車の燃費や運転性をよくするためには，重量は小さい方が望ましい．また，板厚を大きくすると，衝撃吸収構造材が機能を果たし始める荷重 (つまり，初期の圧潰荷重) が大きくなり，衝突安全性の観点から望ましくない．別の例として，産業用ロボットでは，作業誤差はなるべく小さいことが望ましい．その一方，位置決めなどの作業時間を短くすると，作業誤差は一般に大きくなる．このように (通常は) 競合関係にある二つ以上の目的関数を同時に最適化する必要がある問題を**多目的最適化問題**とよぶ．また，二つ以上の目的関数を同時に改善できないような実行可能解のことを **Pareto** (パレート) **最適解**とよぶ．言い換えると，Pareto 最適解からある目的関数を改善しようとすると，他のいずれかの目的関数が悪くならざるを得ない．多目的最適化では，Pareto 最適解をできるだけ多く見いだし，意思決定者がその中から最も好ましい解を選ぶ．多目的最適化は多くの応用をもつが，本書では扱わない．

1.3.6 変　分　問　題

与えられた周長をもつ平面上の閉曲線のうち，それが囲む面積が最大のものは，円である．この問題は，最適化問題と同じような形式で述べられている．曲線上の点は無限個あり，それらの位置を定めることで曲線が一つ定まる．したがって，面積最大の閉曲線を求める問題は，無限次元の最適化問題とみなせる．このような無限次元の最適化問題を，**変分問題**とよぶ．変分問題は，本書の 6 章で扱う．

曲面上で周長が与えられた閉曲線の囲む面積を最大化する問題も，変分問題であり，その解は測地的距離が一定の曲線となることが知られている．また，一様な重さの伸び縮みしないロープの両端を固定したときに重力の作用の下でロープが釣り合う曲線を求める問題も，変分問題であり，その解は**懸垂線**になる．境界の形状が与えられたときに面積が最小となる曲面を求めるという変分問題の解は**極小曲面**とよばれ，平均曲率が 0 の曲面であることが知られている．建築家 Antoni Gaudi (アントニ・ガウディ) が懸垂線をヒントに設計を行ったことはよく知られており，極小曲面は建築家 Frei Otto (フライ・オットー) が膜でできた吊り屋根を設計するために利用した．その他，多くの微分方程式が変分問題としても記述できるため，変分問題は工学に多くの応用がある問題である．

1.4 工学と最適化

最適化問題は，(1.2) にみるように，数学的に定義された問題である．同様に，最適解も数学的に定義されている．だから，目的関数 f と実行可能領域 S が定められれば，最適解は自動的に (数学的に) 定まる．

一方，最適化を意思決定の道具として用いる学問分野としては，オペレーションズ・リサーチが第一にあげられる．しかし，最適化が応用される工学上の問題は，オペレーションズ・リサーチにとどまらず，とても多い．これはおそらく，何かをつくるときにはよりよいものをつくりたいと目指すことと，ある関数を最小化 (または，最大化) するという最適化とが，ごく自然に結びつくからである．例えば，いくつかの材料を組み合わせて新しい複合材料をつくるときには，最も性能のよい複合材料ができるような配合の割合を考えることは自然である．携帯電話のような小さな電子機器をつくる際には，全体ができるだけ小さなケースに収まるように部品の配置をうまく決めたい．飛行機や自動車は，できるだけ軽量かつ高強度に設計することで燃費がよくなる．また，構造物の機能を最大限に追求することで，しばしば，論理性を備えた優れたデザインが得られる．

大事なのは，最適化自体は個々の工学の過程を自動化するものではない，ということである．言い換えると，最適化問題を解いたからといって工学的に (あるいは実世界にとって) よい解が得られるとは限らない．目的関数と制約を決めれば最適解は数学的に決まってしまうのだから，その最適解が工学的に意味があるかどうかは目的関数や制約をどう決めるかに依存する．そして，目的関数や制約の決め方は，最適化そのものではなくて工学の範疇である．最適化問題のつくり方は現実の現象のモデル化や意思決定の際の価値観などに依存するし，得られる最適解をどのように利用するかにも思いをいたすべきである．最適化の結果を鵜呑みにせずに最適解の工学的な意味をよく検討することも，当然必要である．このような前後の過程を含めたものが，工学としての最適化である．「最適化したのだから前よりもよい解である」とか「最適解は実世界では役に立たない」という意見は，最適化そのものの一般論と工学としての最適化を混同していることになる．

現在では，本書の話題の中心である非線形計画，線形計画，半正定値計画のそれぞれについて，商用・非商用の優れたソフトウェアが利用できる．また，個々の応用についても，たとえば物流業務を最適化するソフトウェアは数多く販売されているし，多くの有限要素解析ソフトウェアには最適設計の機能が既に組み込まれている．だから，データを用意しさえすれば，これらのソフトウェアを使って最適化問題を解いてみることは容易にできる．最適化そのものを学習するのではなくて最適化を単に使ってみたいという場合でも，最適化問題には解きやすい問題と解きにくい問題があることを知っておくことには大きな意味がある．本書では，凸性を軸にして問題の解きやすさについて解説している．また，一見解きにくい問題に工夫を施すことで解きやすい問題に変換できるような例を，なるべく多くあげる．最適化問題のやさしさ・難しさが区別できるようになると，現実に解きたい問題をできるだけ解きやすい最適化問題として定式化する工夫ができるし，現実に解きたい問題が難し過ぎる場合にはモデル化や問題設定自体を見直すことも視野に入れて検討できるようになる．また，さまざまなソフトウェア (あるいは，より広く，解法) を使う際に，適材適所の使い方をすることができる．以上のような知識や視点は，工学としての最適化の質を高めるために重要である．

1.5 記号について

本書では，n 次元の実ベクトル全体の集合を $\mathbb{R}^n$ で表し，ベクトル $\boldsymbol{a} \in \mathbb{R}^n$ は特に断らない限り列ベクトルであるとする．ベクトル $\boldsymbol{a}$ の転置は $\boldsymbol{a}^\top$ で表す．ベク

トル $\boldsymbol{a} \in \mathbb{R}^n$ の成分を示すときは，$\boldsymbol{a} = (a_1, \ldots, a_n)^\top$ と表す．また，これを簡単に $\boldsymbol{a} = (a_i)$ と表すこともある．二つのベクトル $\boldsymbol{a} \in \mathbb{R}^n$ と $\boldsymbol{b} \in \mathbb{R}^n$ の**内積**を

$$\langle \boldsymbol{a}, \boldsymbol{b} \rangle = \boldsymbol{a}^\top \boldsymbol{b} = \sum_{i=1}^{n} a_i b_i$$

と表す．$\boldsymbol{a} \in \mathbb{R}^n$ の**ノルム**を

$$\|\boldsymbol{a}\| = \sqrt{\boldsymbol{a}^\top \boldsymbol{a}}$$

で定義する．ゼロベクトルは $\boldsymbol{0}$ で表す．

実数 $a, b \in \mathbb{R}$ $(a < b)$ に対して，**閉区間** $[a, b]$ と**開区間** (a, b) を

$$[a, b] = \{x \in \mathbb{R} \mid a \leqq x \leqq b\},$$
$$(a, b) = \{x \in \mathbb{R} \mid a < x < b\}$$

で定義する．集合 $X \subseteq \mathbb{R}^n$ と $Y \subseteq \mathbb{R}^m$ の**直積**を $X \times Y$ で表し，

$$X \times Y = \{(\boldsymbol{a}, \boldsymbol{c}) \in \mathbb{R}^{n+m} \mid \boldsymbol{a} \in X,\ \boldsymbol{c} \in Y\}$$

で定義する．特に，$\mathbb{R}^n \times \mathbb{R}^m$ を $\mathbb{R}^{n+m}$ とも書く．二つのベクトル $\boldsymbol{a} \in \mathbb{R}^n$ と $\boldsymbol{c} \in \mathbb{R}^m$ を並べてできる $n+m$ 次元ベクトル $(\boldsymbol{a}^\top, \boldsymbol{c}^\top)^\top \in \mathbb{R}^{n+m}$ は，表記の簡単のため，しばしば $(\boldsymbol{a}, \boldsymbol{c}) \in \mathbb{R}^{n+m}$ と表す．

二つの n 次元ベクトル $\boldsymbol{a} \in \mathbb{R}^n$ および $\boldsymbol{b} \in \mathbb{R}^n$ が $a_i \geqq b_i$ $(i = 1, \ldots, n)$ を満たすとき，$\boldsymbol{a} \geqq \boldsymbol{b}$ と書く．また，$a_i > b_i$ $(i = 1, \ldots, n)$ を満たすとき，$\boldsymbol{a} > \boldsymbol{b}$ と書く．集合 $\mathbb{R}^n_+$ を

$$\mathbb{R}^n_+ = \{\boldsymbol{a} \in \mathbb{R}^n \mid a_i \geqq 0\ (i = 1, \ldots, n)\}$$

で定義する．つまり，$\boldsymbol{a} \in \mathbb{R}^n_+$ は $\boldsymbol{a} \geqq \boldsymbol{0}$ を意味する．

$m \times n$ 実行列全体の集合を $\mathbb{R}^{m \times n}$ で表す．行列 $A \in \mathbb{R}^{m \times n}$ の (i, j) 成分を A_{ij} で表し，$A = (A_{ij})$ と書く．A の**転置行列**を $A^\top$ で表す．また，A の**階数 (ランク)** を $\operatorname{rank} A$ で表す．ベクトル $\boldsymbol{b} = (b_1, \ldots, b_n)^\top \in \mathbb{R}^n$ に対して，b_i を (i, i) 成分にもつ n 次の**対角行列**を $\operatorname{diag}(\boldsymbol{b})$ で表す．n 次の**単位行列**は I_n で表す．ただし，文脈から次数が明らかである場合には，単に I と書く．正方行列 $C \in \mathbb{R}^{n \times n}$ の**行列式**を $\det C$ で表し，**トレース**を $\operatorname{tr} C$ で表す．二つの n 次正方行列 $C = (C_{ij})$ と $D = (D_{ij})$ の**内積**を $C \bullet D$ で表し，

$$C \bullet D = \mathrm{tr}(C^\top D) = \sum_{i=1}^{n}\sum_{j=1}^{n} C_{ij}D_{ij}$$

で定義する．

正方行列 $A \in \mathbb{R}^{n\times n}$ が $A = A^\top$ を満たすとき，A を**対称行列**という．$n\times n$ 実対称行列全体の集合を $\mathcal{S}^n$ で表す．対称行列 $A \in \mathcal{S}^n$ が**半正定値**であることを $A \succeq O$ と書く[*4]．ただし，右辺の O はゼロ行列である．また，A が**正定値**であることを $A \succ O$ と書く[*5]．$A \succeq O$ および $A \succ O$ のかわりに，$O \preceq A$ および $O \prec A$ と書くこともある．二つの対称行列 $A \in \mathcal{S}^n$ と $B \in \mathcal{S}^n$ が $A - B \succeq O$ を満たすとき (つまり，行列 $A - B$ が半正定値であるとき)，$A \succeq B$ とも書く．同様に，$A - B \succ O$ を満たすとき，$A \succ B$ とも書く．

二つの非負の実数列 $\{\eta_k\}$ と $\{\nu_k\}$ に対して，記号 $\eta_k = \mathrm{O}(\nu_k)$ は，十分大きな k に対して条件

$$|\eta_k| \leqq C|\nu_k|$$

を満たす定数 $C > 0$ が存在することを意味する．また，記号 $\eta_k = \mathrm{o}(\nu_k)$ は，条件

$$\lim_{k\to+\infty} \frac{\eta_k}{\nu_k} = 0$$

が成り立つことを意味する．ベクトルや行列に対してこれらの記号を使うときには，そのベクトルや行列の (適当な) ノルムについて上の関係が成り立つことを意味する．例えば，二つのベクトルの列 $\{\boldsymbol{x}_k\}$ と $\{\boldsymbol{y}_k\}$ $(\boldsymbol{x}_k, \boldsymbol{y}_k \in \mathbb{R}^n)$ に対して記号 $\boldsymbol{y}_k = \mathrm{O}(\|\boldsymbol{x}_k\|)$ は，条件

$$\|\boldsymbol{y}_k\| \leqq C\|\boldsymbol{x}_k\|, \quad \forall k \geqq k'$$

を満たす定数 $k' > 0$ および $C > 0$ が存在することを意味する．

$\mathbb{R}^n$ の各点 $\boldsymbol{x}$ に対してある実数 $f(\boldsymbol{x})$ を対応させる関係が与えられているとき，f を $\mathbb{R}^n$ で定義された**実数値関数**といい，$f : \mathbb{R}^n \to \mathbb{R}$ と書く．本書では直交座標系を考えるので，点 $\boldsymbol{x} \in \mathbb{R}^n$ において関数 $f : \mathbb{R}^n \to \mathbb{R}$ が微分可能なときに f の $\boldsymbol{x}$ における**勾配**は

---

*4 対称行列 $A \in \mathcal{S}^n$ が任意の $\boldsymbol{x} \in \mathbb{R}^n$ に対して条件 $\langle \boldsymbol{x}, A\boldsymbol{x}\rangle \geqq 0$ を満たすとき，A は**半正定値**であるという．

*5 対称行列 $A \in \mathcal{S}^n$ がゼロベクトルでない任意の $\boldsymbol{x} \in \mathbb{R}^n$ に対して条件 $\langle \boldsymbol{x}, A\boldsymbol{x}\rangle > 0$ を満たすとき，A は**正定値**であるという．

$$\nabla f(\boldsymbol{x}) = \begin{bmatrix} \dfrac{\partial f}{\partial x_1}(\boldsymbol{x}) \\ \dfrac{\partial f}{\partial x_2}(\boldsymbol{x}) \\ \vdots \\ \dfrac{\partial f}{\partial x_n}(\boldsymbol{x}) \end{bmatrix}$$

で定義されるベクトル $\nabla f(\boldsymbol{x}) \in \mathbb{R}^n$ である．さらに，点 $\boldsymbol{x}$ において f が 2 回微分可能なとき，

$$\nabla^2 f(\boldsymbol{x}) = \left(\frac{\partial^2 f}{\partial x_i \partial x_j}\right) = \begin{bmatrix} \dfrac{\partial^2 f}{\partial x_1^2}(\boldsymbol{x}) & \dfrac{\partial^2 f}{\partial x_1 \partial x_2}(\boldsymbol{x}) & \cdots & \dfrac{\partial^2 f}{\partial x_1 \partial x_n}(\boldsymbol{x}) \\ \dfrac{\partial^2 f}{\partial x_2 \partial x_1}(\boldsymbol{x}) & \dfrac{\partial^2 f}{\partial x_2^2}(\boldsymbol{x}) & \cdots & \dfrac{\partial^2 f}{\partial x_2 \partial x_n}(\boldsymbol{x}) \\ \vdots & \vdots & \ddots & \vdots \\ \dfrac{\partial^2 f}{\partial x_n \partial x_1}(\boldsymbol{x}) & \dfrac{\partial^2 f}{\partial x_n \partial x_2}(\boldsymbol{x}) & \cdots & \dfrac{\partial^2 f}{\partial x_n^2}(\boldsymbol{x}) \end{bmatrix}$$

で定義される行列 $\nabla^2 f(\boldsymbol{x}) \in \mathbb{R}^{n \times n}$ を f の $\boldsymbol{x}$ における **Hesse** (ヘッセ) **行列**とよぶ．f が $\boldsymbol{x}$ において 2 回**連続微分可能**[*6]であれば，Hesse 行列 $\nabla^2 f(\boldsymbol{x})$ は対称行列である．

実数値関数 $F_1, \ldots, F_m : \mathbb{R}^n \to \mathbb{R}$ に対して，$\mathbb{R}^n$ の各点 $\boldsymbol{x}$ に実ベクトル $\boldsymbol{F}(\boldsymbol{x}) = (F_1(\boldsymbol{x}), \ldots, F_m(\boldsymbol{x}))^\top \in \mathbb{R}^m$ を対応させるとき，$\boldsymbol{F}$ を**ベクトル値関数**といい，$\boldsymbol{F} : \mathbb{R}^n \to \mathbb{R}^m$ と書く．点 $\boldsymbol{x} \in \mathbb{R}^n$ において各 F_i $(i = 1, \ldots, m)$ が微分可能なとき，

$$\mathrm{J}\boldsymbol{F}(\boldsymbol{x}) = \begin{bmatrix} \nabla F_1(\boldsymbol{x})^\top \\ \vdots \\ \nabla F_m(\boldsymbol{x})^\top \end{bmatrix} = \begin{bmatrix} \dfrac{\partial F_1}{\partial x_1}(\boldsymbol{x}) & \cdots & \dfrac{\partial F_1}{\partial x_n}(\boldsymbol{x}) \\ \vdots & \ddots & \vdots \\ \dfrac{\partial F_m}{\partial x_1}(\boldsymbol{x}) & \cdots & \dfrac{\partial F_m}{\partial x_n}(\boldsymbol{x}) \end{bmatrix}$$

で定義される行列 $\mathrm{J}\boldsymbol{F}(\boldsymbol{x}) \in \mathbb{R}^{m \times n}$ を $\boldsymbol{F}$ の $\boldsymbol{x}$ における **Jacobi** (ヤコビ) **行列**とよぶ[*7]．

---

*6　$\nabla^2 f(\boldsymbol{x})$ が存在して $\boldsymbol{x}$ に関して連続であるとき，関数 f は 2 回連続微分可能であるという．また，f は C^2 級関数であるともいう．一般に，f の n 階までのすべての偏導関数が存在してそれらが連続であるとき，f は n 回連続微分可能 (または，C^n 級) であるという．

*7　一般に，条件 $\boldsymbol{F}(\boldsymbol{x} + \boldsymbol{h}) = \boldsymbol{F}(\boldsymbol{x}) + L(\boldsymbol{h}) + \mathrm{o}(\|\boldsymbol{h}\|)$ を満たす線形作用素 $L : \mathbb{R}^n \to \mathbb{R}^m$ を $\boldsymbol{F} : \mathbb{R}^n \to \mathbb{R}^m$ の点 $\boldsymbol{x} \in \mathbb{R}^n$ における**導関数**という．$\mathrm{J}\boldsymbol{F}(\boldsymbol{x})$ は $\boldsymbol{F}$ の導関数の (直交座標系における) 行列による表現である．また，$f : \mathbb{R}^n \to \mathbb{R}$ の点 $\boldsymbol{x} \in \mathbb{R}^n$ における導関数は $\nabla f(\boldsymbol{x})^\top$ である．

2 非線形計画

非線形計画は，問題 (1.16) のように定義される一般的な最適化問題を扱う理論と解法であり，古くから連続最適化で中心的な役割を果たしてきた．非線形な目的関数や制約関数を考える意味で非常に一般的な枠組みであり，工学的な応用も多い．この章の 2.1 節では，制約のない場合の非線形関数の最小化問題 (無制約最適化問題) の最適解の性質と解法について述べる．制約付きの最適化問題として，2.2 節では等式制約のみを含む場合を論じ，2.3 節では不等式制約も含む場合を論じる．2.4 節では，非線形最適化問題のある意味での一般化である変分不等式問題や相補性問題について述べる．

2.1 無制約最適化

この節では，最も基本的な最適化問題として，制約のない最適化問題を扱う．まず，2.1.1 節と 2.1.2 節では，無制約とは限らない一般の最適化問題に対して，最適化問題の定義と解法の基本的な考え方を説明する．2.1.3 節では，無制約最適化問題の最適解が満たす性質 (最適性条件) について述べる．そして，無制約最適化問題の解法として，最急降下法 (2.1.4 節)，Newton (ニュートン) 法 (2.1.5 節)，準 Newton 法 (2.1.6 節)，信頼領域法 (2.1.7 節) の四つを紹介する．

2.1.1 非線形計画問題の定義

非線形計画問題は，一般に，

$$\left.\begin{array}{lll} \text{Minimize} & f(\boldsymbol{x}) & \\ \text{subject to} & g_i(\boldsymbol{x}) \leqq 0, & i=1,\ldots,m, \\ & h_l(\boldsymbol{x}) = 0, & l=1,\ldots,r \end{array}\right\} \tag{2.1}$$

と表現できる最適化問題である．ここで，$f,\ g_1,\ldots,g_m,\ h_1,\ldots,h_r$ は n 変数の実数値関数である．1.1 節の最適化問題の形式 (1.2) と対応させると，実行可能領域 S が

$$S = \{\boldsymbol{x} \in \mathbb{R}^n \mid g_i(\boldsymbol{x}) \leqq 0 \ (i = 1, \ldots, m),\ h_l(\boldsymbol{x}) = 0 \ (l = 1, \ldots, r)\}$$

で定義されている．制約を定める関数 $g_1, \ldots, g_m, h_1, \ldots, h_r$ を，**制約関数**とよぶ．f は目的関数である．また，解きたい問題を非線形計画問題として定式化し，その最適解をある計算の手続きに従って求める方法論を，**非線形計画** (または，**非線形計画法**) とよぶ．非線形計画では，関数 $f, g_1, \ldots, g_m, h_1, \ldots, h_r$ がすべて微分可能であることを仮定することが多い．この章でも，そのような仮定をおく．また，$f(\boldsymbol{x})$ を最大化する問題は，$-f(\boldsymbol{x})$ を最小化する問題と同一視できるので，以下では最小化問題のみを扱う．

目的関数 f と制約関数 g_i, h_l のすべてが 1 次関数であるとき，問題 (2.1) を線形計画問題とよぶ (線形計画については，4 章で扱う)．非線形計画では，目的関数や制約関数が必ずしも 1 次関数とは限らないことが前提である．

問題 (2.1) において，制約 $g_i(\boldsymbol{x}) \leqq 0$ を**不等式制約**とよび，制約 $h_l(\boldsymbol{x}) = 0$ を**等式制約**とよぶ．等式制約のない問題や不等式制約のない問題も，非線形計画問題である．特に，等式制約も不等式制約もない問題のことを**無制約最適化問題**とよび，簡単に

$$\text{Minimize} \quad f(\boldsymbol{x}) \tag{2.2}$$

と書く．無制約最小化問題の局所最適解を**極小解** (または，極小点) ともよぶ．また，無制約最大化問題の局所最適解を**極大解** (または，極大点) ともよぶ (図 2.1)．この 2.1 節では，無制約最適化問題 (2.2) の最適解の性質と解法について述べる．

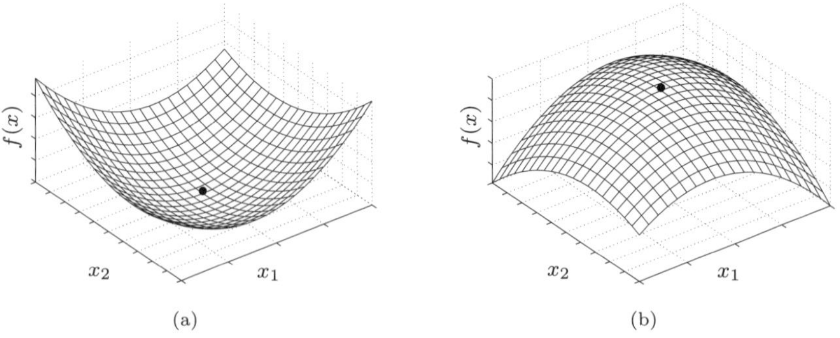

図 **2.1**　(a) 極小解と (b) 極大解の例 (● で示す点)

例 2.1 無制約最適化の応用の一つに，非線形方程式の解法がある．関数 h_l : $\mathbb{R}^n \to \mathbb{R}$ $(l = 1, \ldots, n)$ に対して，連立方程式

$$h_l(\boldsymbol{x}) = 0, \quad l = 1, \ldots, n$$

に解が存在するとする．この連立方程式を解くことは，無制約最適化問題

$$\text{Minimize} \quad \sum_{l=1}^{n} h_l(\boldsymbol{x})^2$$

の大域的最適解を求めることと等価である． ◁

例 2.2 図 2.1 の例は，極小点や極大点が一つだけ存在する場合である．しかし，実際には目的関数がいくつかの極小点をもつ場合もある．例えば，図 2.2 は

$$f(\boldsymbol{x}) = 10n + \sum_{j=1}^{n} [{x_j}^2 - 10\cos(\pi x_j/2)]$$

で定義される関数である．この関数の大域的最適解は $\boldsymbol{x} = \boldsymbol{0}$ であり，この他にもいくつもの極小点 (といくつもの極大点) をもっている．この章で述べる解法は，このような目的関数に対しては必ずしも大域的最適解を求めることはできず，一般に局所最適解のいずれかを求める方法である．ただし，目的関数や実行可能領域が 3 章で述べる凸性という性質をもっている場合には，大域的最適解を求める

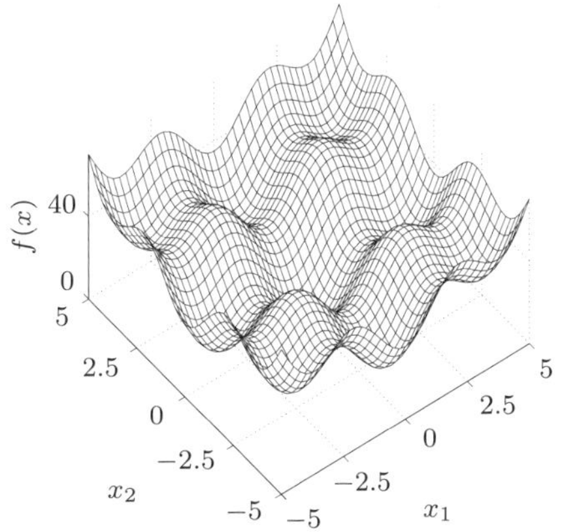

図 2.2 多くの局所最適解をもつ関数の例

ことができる．図 2.2 のような関数の大域的最適解を求めるためには，大域的最適化[59]とよばれる手法が必要である．また，メタ解法[61]とよばれる手法には，大域的最適解ではない局所最適解に収束したときに別の局所解を探索するための工夫が組み込まれている． ◁

注意 2.1　無制約最適化問題 (2.2) に最適解が存在するか否かは，自明ではない．1.2.1 節を参照のこと． ◁

2.1.2　最適化の解法の基礎

現実の最適化問題では，変数の数 (つまり，$f(\boldsymbol{x})$ の最小化では $\boldsymbol{x}$ の次元 n) が大きいため，最適解を求めるには数値計算によらざるを得ない．この節では，(無制約とは限らない) 最適化問題の多くの解法に共通する基本的な考え方を述べる．無制約最適化問題の具体的な解法は，2.1.4 節以降で述べる．

a.　解法の枠組み

非線形計画問題の解法の多くは，**反復法**とよばれる数値計算法である．反復法では，まず初期点 (初期解) $\boldsymbol{x}_0 \in \mathbb{R}^n$ を適当に決め，ある規則に従って点 $\boldsymbol{x}_0$ から次の点 $\boldsymbol{x}_1$ を生成する．次に，点 $\boldsymbol{x}_1$ から同じ規則に従って点 $\boldsymbol{x}_2$ を生成する (図 2.3(a))．このようにして最適解に収束する点列 $\{\boldsymbol{x}_k\}$ を生成し，最適解に十分に近い点が得られればそれを出力して終了する方法である．現在得られている点 $\boldsymbol{x}_k$ を次の点 $\boldsymbol{x}_{k+1}$ に更新するまでが，反復法の一反復である．そして，次の反復でも同じ規則を用いて点 $\boldsymbol{x}_{k+1}$ を次の点 $\boldsymbol{x}_{k+2}$ に更新することが多い．このような繰り返しの手続きはコンピュータで実行しやすいため，最適化問題を解くために広く用いられている．

反復法では，点 $\boldsymbol{x}_k$ を次の点 $\boldsymbol{x}_{k+1}$ に更新する規則をどう定めるかがアルゴリズムの特徴となる．2.1.4 節–2.1.6 節で述べる直線探索に基づく手法は，点 $\boldsymbol{x}_k$ を

$$\boldsymbol{x}_{k+1} = \boldsymbol{x}_k + \alpha_k \boldsymbol{d}_k \tag{2.3}$$

という規則に従って点 $\boldsymbol{x}_{k+1}$ に更新する手法である (図 2.3(b))．ここで，点 $\boldsymbol{x}_k$ から進む方向 $\boldsymbol{d}_k \in \mathbb{R}^n$ のことを**探索方向**とよび，スカラー $\alpha_k > 0$ を**ステップ幅**とよぶ．直線探索に基づく手法では，この探索方向とステップ幅の決め方の違いが

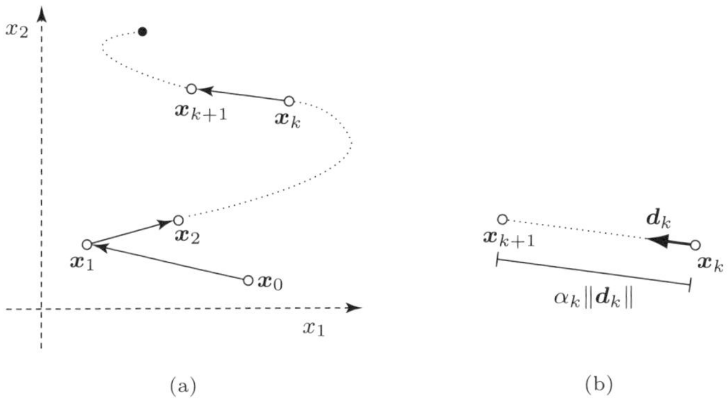

図 2.3 (a) 反復法による最適化の過程と (b) 解の更新の様子

解法 (アルゴリズム) の差となる．また，解 $\boldsymbol{x}_k$ の更新の規則としては，直線探索の他にも 2.1.7 節で述べる信頼領域法などがある．最適化問題を解く際には，解きたい問題の性質をよく理解して適切な解法を選択することが重要になる．

アルゴリズムの性能を比べるには，いくつかの観点がある．ここでは，アルゴリズムがもつべき望ましい性質として，大域的収束性をもつことと局所的な収束が速いことの二つを取り上げる．反復法では，初期解 $\boldsymbol{x}_0$ の選び方に自由度がある．初期解の選び方によってはうまく動かなくなってしまうアルゴリズムは，使い勝手が悪い．逆に，どのような初期解を選んでも最適解に収束するアルゴリズムが望ましい．このような性質を，大域的収束性という．また，計算時間の観点からは，できるだけ少ない反復回数で最適解が得られるアルゴリズムが望ましい．その尺度の一つが，局所的な収束率である．以下の 2.1.2.b 項と 2.1.2.c 項では，アルゴリズムの大域的収束性と局所的な収束率の定義を述べる．

以下では，表記を簡単にするために，記号

$$f_k = f(\boldsymbol{x}_k), \quad \nabla f_k = \nabla f(\boldsymbol{x}_k), \quad \nabla^2 f_k = \nabla^2 f(\boldsymbol{x}_k)$$

を適宜用いる．

b. 大域的収束性

任意の初期点 $\boldsymbol{x}_0$ を与えたときにアルゴリズムが生成する点列 $\{\boldsymbol{x}_k\}$ の集積点が最適化問題の (大域的) 最適解であることが保証されている場合，そのアルゴリズムは**大域的収束性**をもつという．ただし，この 2 章で扱う一般の非線形計画問題については，大域的最適解への収束が保証できるアルゴリズムを設計することは困難である (2.1.1 節の例 2.2 も参照されたい)．このため，非線形計画のアルゴリズムについては，局所最適解 (または停留解) が得られることが保証されるときに大域的収束性をもつという．したがって，一般の非線形計画問題に対しては (つまり，凸計画問題でない場合には)，2 章で扱うアルゴリズムで得られる解は必ずしも大域的最適解であるとは限らない．ただし，局所最適解しか得られないとしても，工学的には十分に有用な場面は多い．

より強い概念として，**大域的 1 次収束性**がある．一般に最適解は唯一であるとは限らないので，大域的最適解の集合を S_{opt} とおく．そして，点 $\boldsymbol{x}$ と集合 S_{opt} の近さの尺度 $d(\boldsymbol{x}, S_{\mathrm{opt}})$ を適当に定義する．つまり，$d(\boldsymbol{x}, S_{\mathrm{opt}})$ が小さいほど $\boldsymbol{x}$ は S_{opt} に近いとし，さらに $d(\boldsymbol{x}, S_{\mathrm{opt}}) = 0$ は $\boldsymbol{x} \in S_{\mathrm{opt}}$ を意味することとする．大域的 1 次収束性とは，アルゴリズムが生成する点列 $\{\boldsymbol{x}_k\}$ に対して，ある定数 $c \in (0,1)$ が存在して条件

$$d(\boldsymbol{x}_{k+1}, S_{\mathrm{opt}}) \leqq c d(\boldsymbol{x}_k, S_{\mathrm{opt}})$$

が成り立つことである．ここで，定数 c は問題のみに依存するものである．特に，問題の次元 n のみに依存する多項式 $p(n)$ を用いて $c \leqq 1 - 1/p(n)$ と表せるような点列を必ず生成できるアルゴリズムは，(もし途中で必要な計算精度が適切に抑えられるのであれば) 線形計画問題や凸 2 次計画問題に対しては多項式時間アルゴリズムを与える．そのため，連続最適化の分野でもこのような性質を有するアルゴリズムを**多項式時間アルゴリズム**とよぶことが多い．

c. 局所的収束性

点列 $\{\boldsymbol{x}_k\}$ が点 $\bar{\boldsymbol{x}}$ に収束するものとする．このとき，$\bar{\boldsymbol{x}}$ の十分近くにおける $\{\boldsymbol{x}_k\}$ の収束に関する性質を**局所的収束性**とよび，その収束の速さを**収束率** (または，**収束速度**) という．

ある定数 $q \in (0,1)$ と整数 k' が存在して条件

$$\frac{\|\boldsymbol{x}_{k+1} - \bar{\boldsymbol{x}}\|}{\|\boldsymbol{x}_k - \bar{\boldsymbol{x}}\|} \leqq q, \quad \forall k \geqq k' \tag{2.4}$$

が成り立つとき，$\{\boldsymbol{x}_k\}$ は $\bar{\boldsymbol{x}}$ に **1 次収束**するという[*1]．条件 (2.4) を言い換えると，

$$\limsup_{k\to+\infty} \frac{\|\boldsymbol{x}_{k+1} - \bar{\boldsymbol{x}}\|}{\|\boldsymbol{x}_k - \bar{\boldsymbol{x}}\|} < 1$$

である．また，$\{\boldsymbol{x}_k\}$ が条件

$$\lim_{k\to+\infty} \frac{\|\boldsymbol{x}_{k+1} - \bar{\boldsymbol{x}}\|}{\|\boldsymbol{x}_k - \bar{\boldsymbol{x}}\|} = 0$$

を満たすとき，**超 1 次収束**するという．一般に，$p = 2, 3, 4, \ldots$ に対して，ある定数 $M > 0$ と整数 k' が存在して

$$\frac{\|\boldsymbol{x}_{k+1} - \bar{\boldsymbol{x}}\|}{\|\boldsymbol{x}_k - \bar{\boldsymbol{x}}\|^p} \leqq M, \quad \forall k \geqq k'$$

が成り立つとき，$\{\boldsymbol{x}_k\}$ は p 次収束するという．これは，$\|\boldsymbol{x}_{k+1} - \bar{\boldsymbol{x}}\| = \mathrm{O}(\|\boldsymbol{x}_k - \bar{\boldsymbol{x}}\|^p)$ と同じことである (さらにこれを，$\boldsymbol{x}_{k+1} - \bar{\boldsymbol{x}} = \mathrm{O}(\|\boldsymbol{x}_k - \bar{\boldsymbol{x}}\|^p)$ と書くこともある)．

2.1.3 最適性条件

この節では，関数 $f : \mathbb{R}^n \to \mathbb{R}$ の無制約最適化問題の (局所) 最適解が満たす条件について考える．まず，局所最適解が満たすべき必要条件 (1 次の最適性条件とよばれる条件) を述べる．

命題 2.1 (1 次の最適性条件) 関数 $f : \mathbb{R}^n \to \mathbb{R}$ は連続微分可能[*2]であるとする．点 $\bar{\boldsymbol{x}} \in \mathbb{R}^n$ が f の局所最小解であるための必要条件は，$\nabla f(\bar{\boldsymbol{x}}) = \boldsymbol{0}$ を満たすことである．

1 次の最適性条件 $\nabla f(\bar{\boldsymbol{x}}) = \boldsymbol{0}$ を満たす点 $\bar{\boldsymbol{x}}$ を，f の**停留点**とよぶ．命題 2.1 より，最適解は停留点である．図 2.4 のような**鞍点**は，極小解でも極大解でもない

*1 収束率には，いくつかの尺度がある．そこで，よりていねいにいうと，(2.4) を満たす $\{\boldsymbol{x}_k\}$ は Q 次数の意味で 1 次収束するという (Q は quotient の略である)．この他の収束率の尺度としては，例えば R 次数がある (R は root の略である)．なお，$\{\boldsymbol{x}_k\}$ が $\bar{\boldsymbol{x}}$ に R 次数の意味で 1 次収束するとは，Q 次数の意味で 0 に 1 次収束する非負の数列 $\{\eta_k\}$ が存在して条件

$$\|\boldsymbol{x}_k - \bar{\boldsymbol{x}}\| \leqq \eta_k, \quad \forall k$$

が成り立つことである[17]．本書では Q 次数のみを扱うので，これ以降は Q 次数の意味での収束率であることを明記しない．

*2 $\nabla f(\boldsymbol{x})$ が存在してそれが $\boldsymbol{x}$ に関して連続であるとき，f は連続微分可能 (または，C^1 級) であるという．

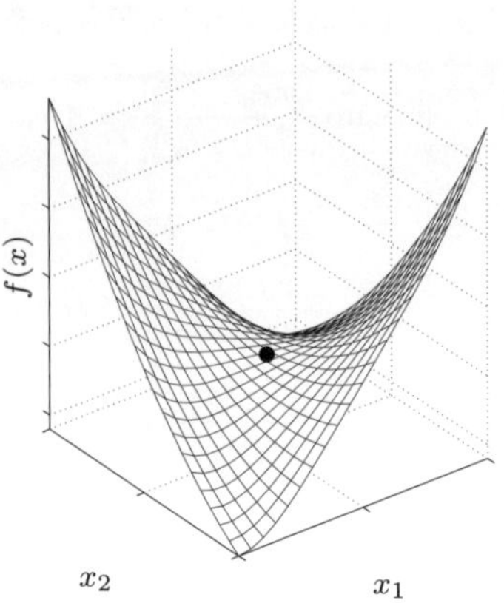

図 **2.4**　鞍点の例 (● で示す点)

停留点である．なお，f が凸関数とよばれる性質をもつ場合には，1 次の最適性条件は大域的最適性の必要十分条件である (命題 3.20 を参照のこと)．

例 2.3　$Q \in \mathbb{R}^{n \times n}$ を正則な対称行列とするとき，2 次関数

$$f(\boldsymbol{x}) = \frac{1}{2}\boldsymbol{x}^\top Q\boldsymbol{x} + \boldsymbol{p}^\top \boldsymbol{x} + r$$

の勾配は $\nabla f(\boldsymbol{x}) = Q\boldsymbol{x} + \boldsymbol{p}$ である．したがって，f の停留点は点 $-Q^{-1}\boldsymbol{p}$ である．　$\triangleleft$

図 2.5(a) および図 2.5(b) は，それぞれ図 2.1(a) および図 2.4 の関数の等高線である．現実に解かれる最適化問題は 2 変数よりもはるかにたくさんの変数を含む問題であることが普通であるが，最適化問題の意味や解法を直感的に理解するためにはこのような等高線の図が有用である．関数 f の勾配 $\nabla f(\bar{\boldsymbol{x}})$ は，点 $\bar{\boldsymbol{x}}$ における f の等高線に垂直で，かつ点 $\bar{\boldsymbol{x}}$ の近傍で f が増加する方向のベクトルである．したがって，$\nabla f(\bar{\boldsymbol{x}}) \neq \boldsymbol{0}$ ならば，点 $\bar{\boldsymbol{x}}$ から $-\nabla f(\boldsymbol{x})$ の方向に少し進むことで f の値を $f(\bar{\boldsymbol{x}})$ より小さくすることができるので，そのような点 $\bar{\boldsymbol{x}}$ は局所最小解ではない．このことを述べているのが，命題 2.1 である．

以上の説明をもう少していねいに述べると，次のようになる．点 $\bar{\boldsymbol{x}} + t\boldsymbol{d}$ $(t > 0)$ での f の Taylor (テイラー) 展開

$$f(\bar{\boldsymbol{x}} + t\boldsymbol{d}) = f(\bar{\boldsymbol{x}}) + t\langle \nabla f(\bar{\boldsymbol{x}}), \boldsymbol{d}\rangle + \mathrm{O}(t^2)$$

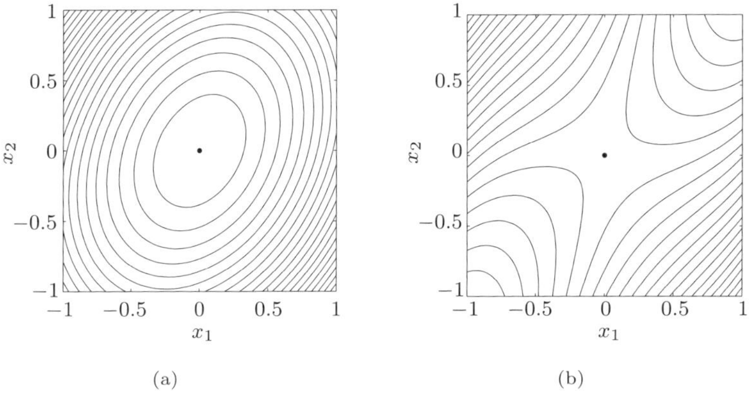

図 2.5 関数の等高線を示す図における (a) 極小点と (b) 鞍点の例 (● で示す点)

において $\boldsymbol{d} = -\nabla f(\bar{\boldsymbol{x}})$ と選ぶと

$$f(\bar{\boldsymbol{x}} - t\nabla f(\bar{\boldsymbol{x}})) = f(\bar{\boldsymbol{x}}) - t\|\nabla f(\bar{\boldsymbol{x}})\|^2 + \mathrm{O}(t^2)$$

が得られる．したがって，$\nabla f(\bar{\boldsymbol{x}}) \neq \boldsymbol{0}$ ならば，十分小さな $t > 0$ に対して $f(\bar{\boldsymbol{x}}+t\boldsymbol{d}) < f(\bar{\boldsymbol{x}})$ とできる．

次の最適性条件は，f の 2 階微分係数までを用いて述べられているため，2 次の必要条件とよばれる．

命題 2.2 (2 次の最適性必要条件) 関数 $f : \mathbb{R}^n \to \mathbb{R}$ は 2 回連続微分可能[*3]であるとする．点 $\bar{\boldsymbol{x}} \in \mathbb{R}^n$ が f の局所最小解であるための必要条件は，$\nabla f(\bar{\boldsymbol{x}}) = \boldsymbol{0}$ を満たし $\nabla^2 f(\bar{\boldsymbol{x}})$ が半正定値であることである．

(証明) $\nabla^2 f(\bar{\boldsymbol{x}}) \not\succeq O$ を仮定して，矛盾を示す．つまり，点 $\bar{\boldsymbol{x}}$ からある点 $\bar{\boldsymbol{x}} + \alpha\boldsymbol{d}$ に移動することで目的関数の値が小さくできることを示す (ただし，α は十分に小さな正の数であり，$\boldsymbol{d} \in \mathbb{R}^n$ は移動する方向である)．

仮定 $\nabla^2 f(\bar{\boldsymbol{x}}) \not\succeq O$ より，$\langle \nabla^2 f(\bar{\boldsymbol{x}})\boldsymbol{d}, \boldsymbol{d}\rangle < 0$ を満たす方向 $\boldsymbol{d} \in \mathbb{R}^n$ が存在する．また，仮定より $\nabla^2 f$ は連続なので，ある $a > 0$ が存在して

$$\langle \nabla^2 f(\bar{\boldsymbol{x}} + \alpha\boldsymbol{d})\boldsymbol{d}, \boldsymbol{d}\rangle < 0, \quad \forall \alpha \in (0, a]$$

---

*3 $\nabla^2 f(\boldsymbol{x})$ が存在してそれが $\boldsymbol{x}$ に関して連続であるとき，f は 2 回連続微分可能 (または，C^2 級) であるという．

が成り立つ．一方，**Taylor** (テイラー) **の定理**[*4]より，各 $\alpha \in (0, a]$ に対して，

$$f(\bar{\boldsymbol{x}} + \alpha \boldsymbol{d}) = f(\bar{\boldsymbol{x}}) + \alpha \langle \nabla f(\bar{\boldsymbol{x}}), \boldsymbol{d} \rangle + \frac{1}{2}\alpha^2 \langle \nabla^2 f(\bar{\boldsymbol{x}} + t\alpha \boldsymbol{d})\boldsymbol{d}, \boldsymbol{d} \rangle$$

を満たす $t \in (0,1)$ が存在する．$t\alpha \in (0, a]$ であり，また命題 2.1 より $\nabla f(\bar{\boldsymbol{x}}) = \boldsymbol{0}$ が成り立つから，不等式

$$f(\bar{\boldsymbol{x}} + \alpha \boldsymbol{d}) < f(\bar{\boldsymbol{x}})$$

が得られる．したがって，$\nabla^2 f(\bar{\boldsymbol{x}}) \not\succeq O$ ならば $\bar{\boldsymbol{x}}$ は局所最小解でない． ■

次に示すように，f の 2 階微分係数まで用いると局所最適性の十分条件が得られる．

命題 2.3 (2 次の最適性十分条件)　関数 $f : \mathbb{R}^n \to \mathbb{R}$ は 2 回連続微分可能であるとする．点 $\bar{\boldsymbol{x}} \in \mathbb{R}^n$ において $\nabla f(\bar{\boldsymbol{x}}) = \boldsymbol{0}$ が成り立ち $\nabla^2 f(\bar{\boldsymbol{x}})$ が正定値であるならば，$\bar{\boldsymbol{x}}$ は f の局所最小解である．

(証明)　点 $\bar{\boldsymbol{x}}$ の近傍 $N(\bar{\boldsymbol{x}}, r)$ を $N(\bar{\boldsymbol{x}}, r) = \{\boldsymbol{x} \in \mathbb{R}^n \mid \|\boldsymbol{x} - \bar{\boldsymbol{x}}\| < r\}$ で定義する．$\nabla^2 f$ の連続性と $\nabla^2 f(\bar{\boldsymbol{x}}) \succ O$ および正定値対称行列が開集合をなすことより，ある $\hat{r} > 0$ が存在して条件

$$\nabla^2 f(\boldsymbol{x}) \succ O, \quad \forall \boldsymbol{x} \in N(\bar{\boldsymbol{x}}, \hat{r})$$

が成り立つ．一方，$\bar{\boldsymbol{x}} + \boldsymbol{d} \in N(\bar{\boldsymbol{x}}, \hat{r})$ を満たす方向 $\boldsymbol{d} \neq \boldsymbol{0}$ を任意に選ぶと，Taylor の定理と $\nabla f(\bar{\boldsymbol{x}}) = \boldsymbol{0}$ より

$$f(\bar{\boldsymbol{x}} + \boldsymbol{d}) = f(\bar{\boldsymbol{x}}) + \frac{1}{2}\langle \nabla^2 f(\bar{\boldsymbol{x}} + t\boldsymbol{d})\boldsymbol{d}, \boldsymbol{d} \rangle$$

を満たす $t \in (0,1)$ が存在する．ここで $\bar{\boldsymbol{x}} + t\boldsymbol{d} \in N(\bar{\boldsymbol{x}}, \hat{r})$ より $\nabla^2 f(\bar{\boldsymbol{x}} + t\boldsymbol{d}) \succ O$ であるから，$f(\bar{\boldsymbol{x}} + \boldsymbol{d}) > f(\bar{\boldsymbol{x}})$ が得られる． ■

[*4] 2 回連続微分可能な関数 $g : \mathbb{R}^n \to \mathbb{R}$ と点 $\boldsymbol{p} \in \mathbb{R}^n$ に対して，Taylor の定理で 2 次式までの展開を考えると，ある $t \in (0,1)$ が存在して

$$g(\boldsymbol{x} + \boldsymbol{p}) = g(\boldsymbol{x}) + \langle \nabla g(\boldsymbol{x}), \boldsymbol{p} \rangle + \frac{1}{2}\langle \boldsymbol{p}, \nabla^2 g(\boldsymbol{x} + t\boldsymbol{p})\boldsymbol{p} \rangle$$

と書けることがわかる．

例 2.4　命題 2.2 と命題 2.3 の例として，2 変数の関数

$$f(\boldsymbol{x}) = {x_1}^3 - 2{x_1}^2 + {x_1}^2 x_2 + 2{x_2}^2$$

の無制約最小化問題の局所最適解を求めてみる．f の勾配と Hesse 行列は

$$\nabla f(\boldsymbol{x}) = \begin{bmatrix} 3{x_1}^2 - 4x_1 + 2x_1x_2 \\ {x_1}^2 + 4x_2 \end{bmatrix}, \quad \nabla^2 f(\boldsymbol{x}) = \begin{bmatrix} 6x_1 + 2x_2 - 4 & 2x_1 \\ 2x_1 & 4 \end{bmatrix}$$

である．1 次の最適性条件 $\nabla f(\boldsymbol{x}) = \boldsymbol{0}$ は連立 2 次方程式であり，これを解くと f の停留点は

$$\boldsymbol{x} = \begin{bmatrix} 2 \\ -1 \end{bmatrix}, \begin{bmatrix} 4 \\ -4 \end{bmatrix}, \begin{bmatrix} 0 \\ 0 \end{bmatrix}$$

の三点であることがわかる．停留点 $(2,-1)^\top$ における Hesse 行列は

$$\begin{bmatrix} 6 & 4 \\ 4 & 4 \end{bmatrix}$$

であり正定値であるから，点 $(2,-1)^\top$ は局所最小解である．他の二つの停留点における Hesse 行列

$$\begin{bmatrix} 12 & 8 \\ 8 & 4 \end{bmatrix}, \quad \begin{bmatrix} -4 & 0 \\ 0 & 4 \end{bmatrix}$$

は半正定値ではないため，点 $(4,-4)^\top$ および $(0,0)^\top$ は局所最小解ではない．$\triangleleft$

2.1.4　解法 (1)：最急降下法

2.1.2 節で述べたように，多くの最適化手法では，現在の点 $\boldsymbol{x}_k$ を更新公式

$$\boldsymbol{x}_{k+1} = \boldsymbol{x}_k + \alpha_k \boldsymbol{d}_k \tag{2.5}$$

に従って点 $\boldsymbol{x}_{k+1}$ に更新する．このときに，点 $\boldsymbol{x}_k$ における f の 1 次関数近似に基づいて探索方向 $\boldsymbol{d}_k$ を求める方法が，最急降下法である．

a. 探索方向

目的関数 f を点 $\boldsymbol{x}_k \in \mathbb{R}^n$ の周りで近似する1次関数を $f_k^{\mathrm{L}} : \mathbb{R}^n \to \mathbb{R}$ で表す．つまり，関数 f_k^{L} は変数を $\boldsymbol{d} \in \mathbb{R}^n$ として

$$f(\boldsymbol{x}_k + \boldsymbol{d}) \simeq f_k^{\mathrm{L}}(\boldsymbol{d}) = f(\boldsymbol{x}_k) + \langle \nabla f(\boldsymbol{x}_k), \boldsymbol{d} \rangle \tag{2.6}$$

である．この f_k^{L} を，点 $\boldsymbol{x}_k$ における f の1次近似とよぶことにする[*5]．ベクトル $\boldsymbol{d}$ の長さを固定したときに $f_k^{\mathrm{L}}(\boldsymbol{d})$ が最小となる方向は $\boldsymbol{d} = -\nabla f(\boldsymbol{x}_k)$ である．この $\boldsymbol{d}$ を，点 $\boldsymbol{x}_k$ における f の**最急降下方向**とよぶ．最急降下法は，探索方向を

$$\boldsymbol{d}_k = -\nabla f(\boldsymbol{x}_k)$$

と定める方法である．

一般に，方向 $\boldsymbol{d} \in \mathbb{R}^n$ が条件

$$\langle \nabla f(\boldsymbol{x}_k), \boldsymbol{d} \rangle < 0$$

を満たすとき，$\boldsymbol{d}$ は点 $\boldsymbol{x}_k$ における f の**降下方向**であるという．明らかに，最急降下方向は降下方向である．

図 2.6 に，最急降下法の探索方向を図示する．点線が目的関数 f の等高線であり，細い実線が f の1次近似 f_k^{L} の等高線である．また，黒丸●は最適解を表す．f_k^{L} は1次関数だから，その等高線は等間隔に並んだ直線である．また，点 $\boldsymbol{x}_k$ に

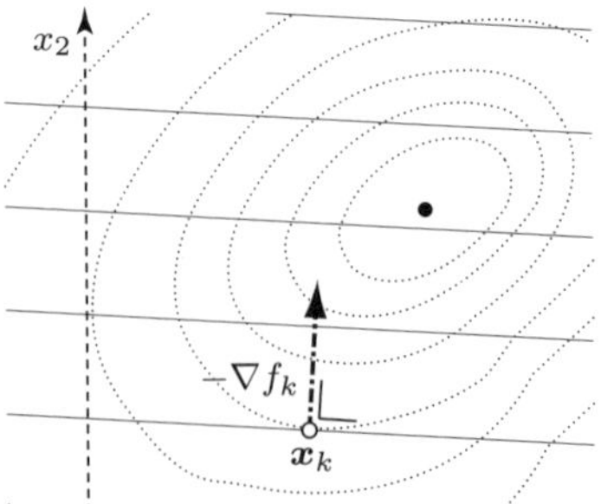

図 2.6　最急降下法の探索方向

---

*5　1次近似 f_k^{L} は $f_k^{\mathrm{L}}(\mathbf{0}) = f(\boldsymbol{x}_k)$ および $\nabla f_k^{\mathrm{L}}(\mathbf{0}) = \nabla f(\boldsymbol{x}_k)$ を満たす．

おいて f_k^{L} の等高線は f の等高線に接している．そこで点 $\boldsymbol{x}_k$ における f の勾配 ∇f_k はこれらの等高線に垂直な方向であり，最急降下方向の探索方向 $\boldsymbol{d}_k = -\nabla f_k$ は勾配と反対の向きである．

b. 直線探索

探索方向 $\boldsymbol{d}_k$ が定まると，次に，(2.5) におけるステップ幅 $\alpha_k > 0$ を適切に選ぶことを考える．そのための代表的な方法が，**直線探索**である．

正確な直線探索とよばれる方法では，関数 $l_k : \mathbb{R} \to \mathbb{R}$ を

$$l_k(\alpha) = f(\boldsymbol{x}_k + \alpha \boldsymbol{d}_k), \quad \alpha \geqq 0 \tag{2.7}$$

で定義し，1 変数の最小化問題

$$\min_{\alpha}\{l_k(\alpha) \mid \alpha \geqq 0\} \tag{2.8}$$

の最適解を α_k として採用する[*6]．$\boldsymbol{d}_k$ が降下方向ならば，正確な直線探索を行うことで $f(\boldsymbol{x}_{k+1}) < f(\boldsymbol{x}_k)$ とできる．

図 2.7 に，この直線探索の様子を図示する．図 2.7(a) の実線 (半直線) が，直線探索で探索される範囲である．また，この直線を通る平面でグラフ $y = f(\boldsymbol{x})$ を切った切り口が，$y = l_k(\alpha)$ である．その切り口の様子を，図 2.7(b) に示す．正確な直線探索で採用される α は，図に ■ で示す点である．

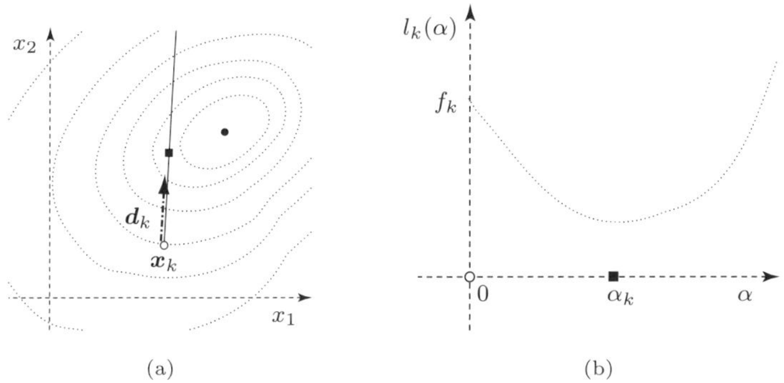

図 2.7　(a) 直線探索の探索範囲 (図の実線) と (b) 直線探索に用いられる関数

*6　(2.8) の最適解を求めることは一般に困難なので，すぐ後で述べるように，正確な直線探索はあくまで理論上の概念であり実際の解法で用いられることはほとんどない．

正確な直線探索はあくまでも理論上の概念である．実際に最適化問題を解く際の直線探索には，次に述べる **Armijo** (アルミホ) の条件や **Wolfe** (ウルフ) の条件などのより弱い条件が用いられる．

- Armijo の条件：定数 $c_1 \in (0,1)$ に対して，$\alpha > 0$ が条件

$$l_k(\alpha) \leqq f_k + c_1 \langle \nabla f_k, \boldsymbol{d}_k \rangle \alpha \tag{2.9}$$

　を満たす．

- Wolfe の条件：定数 $c_1 \in (0,1)$, $c_2 \in (c_1, 1)$ に対して，$\alpha > 0$ が条件[*7]

$$l_k(\alpha) \leqq f_k + c_1 \langle \nabla f_k, \boldsymbol{d}_k \rangle \alpha, \tag{2.10}$$

$$l_k'(\alpha) \geqq c_2 l_k'(0) \tag{2.11}$$

　を満たす．

条件 (2.10) の右辺は α の 1 次関数であり，図 2.8 の一点鎖線で示すように傾きが負である[*8]．そこで，条件 (2.10) は $f(\boldsymbol{x}_k + \alpha_k \boldsymbol{d}_k)$ が f_k に比べて十分に小さくなることを意図している．Armijo の条件は，この条件を満たす α (つまり，図 2.8 の α 軸上で太線で示す範囲にある任意の α) をステップ幅として採用することを意味している．このとき，α を 0 に十分に近く選べば，必ずこの条件 (2.10) は満

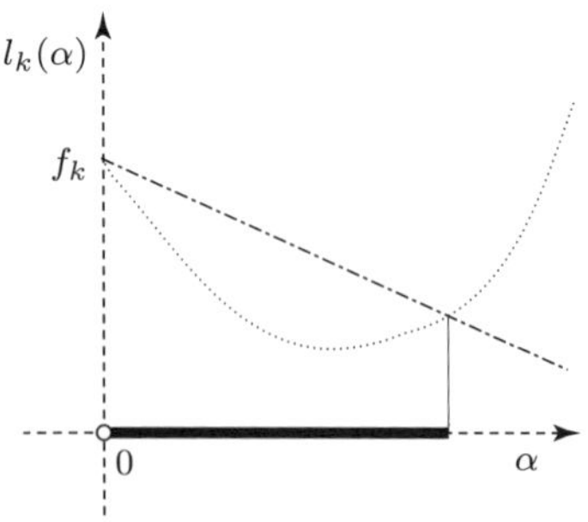

図 2.8　直線探索における Armijo の条件

---

*7　条件 (2.10) は条件 (2.9) と同じである．

*8　曲線 $y = l_k(\alpha)$ の $\alpha = 0$ における接線は，$y = f_k + \langle \nabla f_k, \boldsymbol{d}_k \rangle \alpha$ である．そして，条件 (2.10) の右辺は，この接線の傾きを c_1 倍したものである．さらに，直線探索の前提として，$\boldsymbol{d}_k$ は f の点 $\boldsymbol{x}_k$ における降下方向 (つまり，$\langle \nabla f_k, \boldsymbol{d}_k \rangle < 0$ を満たす方向) である．

たされる．しかし，あまりにも小さい α をステップ幅として採用してしまうと，目的関数の減少量も小さくなり，その結果として計算効率が悪くなる．これに対して，小さ過ぎる α を除外することを意図しているのが条件 (2.11) である．

直線探索の実装には，次の**バックトラック法** (または，**Armijo** (アルミホ) **の方法**ともいう) がよく用いられる．この方法は，まず α を大きめに選び，徐々に α を小さくして条件 (2.10) が最初に満たされるところをステップ幅 α_k とする方法である．

アルゴリズム 2.1 (バックトラック法による直線探索)

Step 0: 初期値 $\breve{\alpha} > 0$ と定数 $\rho \in (0,1)$, $c_1 \in (0,1)$ を選ぶ．$\alpha = \breve{\alpha}$ とおく．

Step 1: 停止条件 $l_k(\alpha) \leqq f_k + c_1 \langle \nabla f_k, \boldsymbol{d}_k \rangle \alpha$ が満たされていれば，$\alpha_k := \alpha$ を解として出力し，終了する．

Step 2: $\alpha := \rho\alpha$ とおいて Step 1 へ．

バックトラック法は，条件 (2.11) を陽にチェックしているわけではない．しかし，α を徐々に小さくしながら条件 (2.10) を最初に満たすところで停止するので，実用上は α_k が小さ過ぎる値になることは少ない．

c. 最急降下法のアルゴリズム

以上で最急降下法の考え方を説明したので，その手順を改めてまとめておく．

アルゴリズム 2.2 (最急降下法)

Step 0: 初期点 $\boldsymbol{x}_0 \in \mathbb{R}^n$ を選ぶ．十分小さい定数 $\epsilon > 0$ を定め，$k = 0$ とおく．

Step 1: 停止条件 $\|\nabla f(\boldsymbol{x}_k)\| < \epsilon$ が満たされていれば，$\boldsymbol{x}_k$ を解として終了する[*9]．

Step 2: 探索方向を $\boldsymbol{d}_k = -\nabla f(\boldsymbol{x}_k)$ で定める．

Step 3: 直線探索によりステップ幅 $\alpha_k > 0$ を定める．

Step 4: 解を $\boldsymbol{x}_{k+1} = \boldsymbol{x}_k + \alpha_k \boldsymbol{d}_k$ と更新する．$k \leftarrow k+1$ とおいて Step 1 へ．

---

*9 最適性の 1 次の必要条件 $\nabla f(\bar{\boldsymbol{x}}) = \boldsymbol{0}$ は $\|\nabla f(\bar{\boldsymbol{x}})\| = 0$ と等価である．しかし，現実の数値計算では誤差などが存在するため，この等式が厳密に満たされることは期待できない．そこで実際には，$\|\nabla f(\boldsymbol{x}_k)\|$ が十分に小さい点 $\boldsymbol{x}_k$ が見つかれば，それを解として出力することが多い．

最急降下法の局所的な収束の速さは 1 次収束であり[*10]，収束はとても遅い (2.1.5 節の例 2.6 の図 2.12 も参照)．このため，最急降下法は実際にはあまり用いられない．しかし，降下方向に沿った直線探索を用いることで大域的収束性を得るという考え方は，準 Newton 法などを設計する際にも用いられる．このため，最急降下法の基本的な考え方や性質を理解することは重要である．

例 2.5　2 変数の関数

$$f(\boldsymbol{x}) = \frac{1}{2}{x_1}^4 - 2{x_1}^2 x_2 + 4{x_2}^2 + 8x_1 + 8x_2 \tag{2.12}$$

の無制約最小化問題に最急降下法を適用してみる．図 2.9 は f の等高線の様子である．初期点は $\boldsymbol{x}_0 = (3, 1)^\top$ (図の ● の点) とする．また，点

$$\bar{\boldsymbol{x}} = \begin{bmatrix} -1.3647 \\ -0.5344 \end{bmatrix}$$

は f の極小解 (の一つ) である．

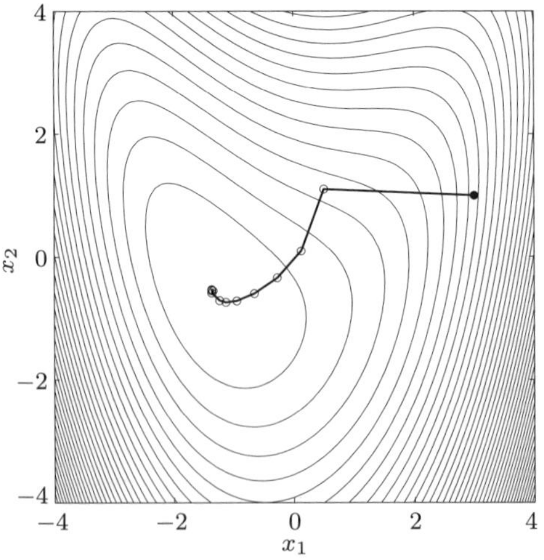

図 **2.9**　最急降下法による最適化の例 (例 2.5)

*10　収束率の解析については，例えば文献 [9, Sect. 10.1] を参照のこと．

f の勾配は

$$\nabla f(\boldsymbol{x}) = \begin{bmatrix} 2{x_1}^3 - 4x_1x_2 + 8 \\ -2{x_1}^2 + 8x_2 + 8 \end{bmatrix}$$

であるから，初期点 $\boldsymbol{x}_0$ における探索方向は

$$\boldsymbol{d}_0 = -\nabla f(\boldsymbol{x}_0) = \begin{bmatrix} -50 \\ 2 \end{bmatrix}$$

である．直線探索では，Armijo の条件 (2.9) で $c_1 = 0.01$ とおくことにする．例えば $\alpha_0 = 0.05$ は (2.9) を満たすのでステップ幅として採用すると，解は

$$\boldsymbol{x}_1 = \boldsymbol{x}_0 + \alpha_0\boldsymbol{d}_0 = \begin{bmatrix} 0.5 \\ 1.1 \end{bmatrix}$$

と更新される．以上が，最急降下法の一反復である．

このような反復を繰り返すことで，最急降下法は図 2.9 の白丸のような点列を生成し，極小点 $\bar{\boldsymbol{x}} = (-1.3647, -0.5344)^\top$ で停止する[*11]．図より，いずれの反復でも，探索方向は現在の解における f の等高線に垂直であることが確認できる．◁

d. 直線探索の大域的収束性

最後に，やや発展的であるが，理論的な結果として最急降下法の**大域的収束性**を示しておく．実は，この結果 (命題 2.4) は最急降下法だけではなく，降下方向と直線探索を組み合わせた多くのアルゴリズム (例えば，準 Newton 法など) の大域的収束性を保証するものである (2.1.6.c 項を参照).

最急降下法だけについて大域的収束性を示すのであれば，アルゴリズムが生成する点列 $\{\boldsymbol{x}_k\}$ が

$$\lim_{k\to+\infty} \|\nabla f_k\| = 0 \tag{2.13}$$

を満たすことを示せばよい．しかし，以下では他のアルゴリズムも視野に入れて，探索方向は最急降下方向と限らずに降下方向であることだけを仮定する．そして，Wolfe の条件 (2.10) および (2.11) を用いた直線探索を行う．このとき，アルゴリ

*11 実際には数値誤差などが存在するため，より正確にいうと，極小点に十分に近い点で停止する．

ズムが生成する点列 $\{\boldsymbol{x}_k\}$ は，条件

$$\sum_{k=0}^{\infty} \|\nabla f_k\|^2 \cos^2 \theta_k < +\infty \tag{2.14}$$

を満たすことを示すことができる．ただし，θ_k は探索方向 $\boldsymbol{d}_k$ が最急降下方向 $-\nabla f_k$ からずれた角度を表す．つまり，θ_k の定義は

$$\cos\theta_k = \frac{-\langle \nabla f_k, \boldsymbol{d}_k \rangle}{\|\nabla f_k\| \|\boldsymbol{d}_k\|} \tag{2.15}$$

である．最急降下法ではもちろん常に $\cos\theta_k = 1$ であるから，(2.14) を示せばただちに (2.13) が得られる．条件 (2.14) は，**Zoutendijk** (ゾーテンダイク) **の条件**とよばれている．

なお，バックトラック法 (アルゴリズム 2.1) のところで述べたように，実装上は Wolfe の条件のうちの (2.10) しかチェックしない (つまり，実質は Armijo の条件を用いる) ことも多い．一方で，次の命題 2.4 では Wolfe の条件のうちの (2.11) も用いて Zoutendijk の条件が成り立つことを示すので，Wolfe の条件には理論的な意義がある．

それではこの節の締め括りとして，Zoutendijk の条件が成り立つ十分条件とその証明を述べる．

命題 2.4 (Zoutendijk)　方向 $\boldsymbol{d}_k \in \mathbb{R}^n$ が降下方向であり，ステップ幅 α_k が Wolfe の条件 (2.10), (2.11) を満たすことを仮定する．関数 $f : \mathbb{R}^n \to \mathbb{R}$ に対して，集合 $\{\boldsymbol{x} \in \mathbb{R}^n \mid f(\boldsymbol{x}_0) \geqq f(\boldsymbol{x})\}$ を含む開集合を $\mathcal{N}$ とおく．f は下に有界で，$\mathcal{N}$ において連続微分可能であると仮定する．さらに，∇f が $\mathcal{N}$ 上で **Lipschitz** (リプシッツ) **連続**であることを仮定する[*12]．このとき，(2.15) で定義される θ_k に対して (2.14) が成り立つ．

(証明)　$\boldsymbol{d}_k$ は降下方向であるから，$-\langle \nabla f_k, \boldsymbol{d}_k \rangle > 0$ を満たす．また，解 $\boldsymbol{x}_k$ の更新の公式 (2.3) と Wolfe の条件の (2.11) より

$$\langle \nabla f_{k+1}, \boldsymbol{d}_k \rangle \geqq c_2 \langle \nabla f_k, \boldsymbol{d}_k \rangle$$

---

*12　つまり，条件

$$\|\nabla f(\boldsymbol{x}) - \nabla f(\boldsymbol{x}')\| \leqq L\|\boldsymbol{x} - \boldsymbol{x}'\|, \quad \forall \boldsymbol{x}, \boldsymbol{x}' \in \mathcal{N}$$

を満たす定数 $L > 0$ が存在することを仮定する．

が得られる．この両辺に $-\langle \nabla f_k, \boldsymbol{d}_k \rangle > 0$ を加えることで

$$\langle \nabla f_{k+1} - \nabla f_k, \boldsymbol{d}_k \rangle \geqq (c_2 - 1)\langle \nabla f_k, \boldsymbol{d}_k \rangle \tag{2.16}$$

が得られる．一方，∇f が Lipschitz 連続であることより

$$\|\nabla f_{k+1} - \nabla f_k\| \leqq L\|\alpha_k \boldsymbol{d}_k\| \tag{2.17}$$

を満たす定数 $L > 0$ が存在する．Cauchy–Schwarz (コーシー–シュワルツ) の不等式と (2.17) を用いると

$$\langle \nabla f_{k+1} - \nabla f_k, \boldsymbol{d}_k \rangle \leqq \|\nabla f_{k+1} - \nabla f_k\|\|\boldsymbol{d}_k\| \leqq \alpha_k L\|\boldsymbol{d}_k\|^2 \tag{2.18}$$

が得られる．(2.16) と (2.18) より

$$\alpha_k \geqq \frac{c_2 - 1}{L}\frac{\langle \nabla f_k, \boldsymbol{d}_k \rangle}{\|\boldsymbol{d}_k\|^2} \tag{2.19}$$

が成り立つ．Wolfe の条件の (2.10) に (2.19) を代入すると，

$$f_{k+1} \leqq f_k + c_1\frac{c_2 - 1}{L}\frac{\langle \nabla f_k, \boldsymbol{d}_k \rangle^2}{\|\boldsymbol{d}_k\|^2} \tag{2.20}$$

が得られる．θ_k の定義 (2.15) を用いると，(2.20) は

$$f_{k+1} \leqq f_k - c\|\nabla f_k\|^2 \cos^2 \theta_k, \quad c = c_1\frac{1 - c_2}{L} \tag{2.21}$$

と書き直せる．(2.21) を 0 から k ステップまで足し合わせることで不等式

$$f_{k+1} \leqq f_0 - c\sum_{j=0}^{k} \|\nabla f_j\|^2 \cos^2 \theta_j$$

が得られる．この不等式を書き直すと

$$c\sum_{j=0}^{k} \|\nabla f_j\|^2 \cos^2 \theta_j \leqq f_0 - f_{k+1} \tag{2.22}$$

となる．(2.22) の左辺は非負である．また，右辺において f は下に有界であるから，任意の k に対して $f_0 - f_{k+1} < \gamma$ を満たす正の定数 γ が存在する．したがって，(2.14) が成り立つ． ■

2.1.5 解法 (2)：Newton 法

最急降下法 (2.1.4 節) は点 $\boldsymbol{x}_k$ における目的関数 f の 1 次近似に基づいて探索方向を決める方法であった．これに対して，**Newton** (ニュートン) **法**では f の 2 次近似を用いて探索方向を決める．

具体的には，f を点 $\boldsymbol{x}_k$ の周りで近似する 2 次関数は

$$f(\boldsymbol{x}_k + \boldsymbol{d}) \simeq f_k^{\mathrm{Q}}(\boldsymbol{d}) = f(\boldsymbol{x}_k) + \langle \nabla f(\boldsymbol{x}_k), \boldsymbol{d} \rangle + \frac{1}{2}\langle \nabla^2 f(\boldsymbol{x}_k)\boldsymbol{d}, \boldsymbol{d} \rangle \tag{2.23}$$

である．この関数 $f_k^{\mathrm{Q}} : \mathbb{R}^n \to \mathbb{R}$ を，点 $\boldsymbol{x}_k$ における f の 2 次近似とよぶことにする．f_k^{Q} の最小化問題の 1 次の最適性条件は $\nabla f_k^{\mathrm{Q}}(\boldsymbol{d}) = \boldsymbol{0}$ である．Newton 法は，この条件を満たす $\boldsymbol{d}$ を探索方向 $\boldsymbol{d}_k$ とする方法である．この f_k^{Q} の 1 次の最適性条件を書き下すと，

$$\nabla^2 f(\boldsymbol{x}_k)\boldsymbol{d}_k = -\nabla f(\boldsymbol{x}_k) \tag{2.24}$$

となる．(2.24) は $\boldsymbol{d}_k \in \mathbb{R}^n$ に関する線形方程式であり，これを **Newton** (ニュートン) **方程式**とよぶ．また，Newton 方程式を満たす $\boldsymbol{d}_k$ のことを，f の点 $\boldsymbol{x}_k$ における **Newton 方向**とよぶ．

一方，非線形方程式の解法の一つにも，Newton 法とよばれる方法がある．関数 f の最小化問題に対する (最適化手法としての) Newton 法は，f の 1 次の最適性条件

$$\nabla f(\boldsymbol{x}) = \boldsymbol{0}$$

を $\boldsymbol{x} \in \mathbb{R}^n$ に関する非線形方程式とみなして (非線形方程式の解法としての) Newton 法を適用していることに相当する．(2.24) は，この非線形方程式に対する Newton 方程式である．

正定値条件 $\nabla^2 f(\boldsymbol{x}^k) \succ O$ が満たされるならば，Newton 法の探索方向 $\boldsymbol{d}_k$ は降下方向である．また，このとき，$\boldsymbol{d}_k$ は f_k^{Q} の最小解である．つまり，$\boldsymbol{d}_k$ の長さは f の 2 次近似 f_k^{Q} を最小化するという意味がある*13．このことから，Newton 法ではステップ幅を $\alpha_k = 1$ と選ぶことは，ある程度自然である．もちろん Newton 法でも直線探索を行ってもよいのであるが，後で述べるように，最適解の十分近

*13　これに比べて，最急降下法の探索方向 $-\nabla f(\boldsymbol{x}_k)$ には f の 1 次近似 f_k^{Q} を最小化するという意味はないので，最急降下法では直線探索は不可欠である．

くでは $\alpha_k = 1$ とすることで非常に速い収束を実現できる (命題 2.5 参照). なお, バックトラック法 (アルゴリズム 2.1) で初期値を $\breve{\alpha} = 1$ とおいて直線探索を行うことは, **減速 Newton 法**とよばれる方法に相当する.

図 2.10 に, Newton 法の探索方向 (つまり, Newton 方向) を図示する. 点線が目的関数 f の等高線であり, 細い実線が f の 2 次近似 f_k^{Q} の等高線である. また, 黒丸は最適解を表す. f_k^{Q} は 2 次関数だから, その等高線は 2 次曲線 (この例では, 楕円) である. また, 点 $\boldsymbol{x}_k$ において, f_k^{Q} の等高線は f の等高線に接しており, 曲率も等しい[*14]. Newton 方向 $\boldsymbol{d}_k$ は, f_k^{Q} の最小解 (この例では, 楕円の中心) である.

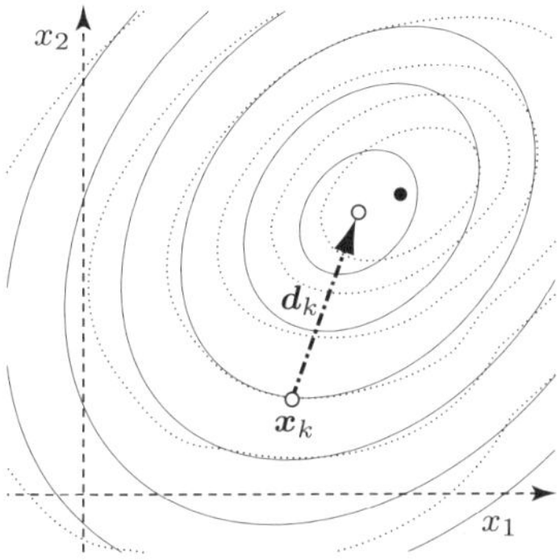

図 2.10 Newton 法の探索方向

例 2.6 2.1.4 節の例 2.5 と同じ関数 (2.12) の最小化問題を, Newton 法で解いてみる. Newton 法の結果は図 2.11 である. ただし, 初期点は $\boldsymbol{x}_0 = (3,1)^\top$ (図では ● で示す点) とし, ステップ幅は常に $\alpha_k = 1$ とする. なお, 最急降下法を適用したときの結果は例 2.5 の図 2.9 であった.

$f(\boldsymbol{x})$ の勾配と Hesse 行列は

$$\nabla f(\boldsymbol{x}) = \begin{bmatrix} 2{x_1}^3 - 4x_1x_2 + 8 \\ -2{x_1}^2 + 8x_2 + 8 \end{bmatrix}, \quad \nabla^2 f(\boldsymbol{x}) = \begin{bmatrix} 6{x_1}^2 - 4x_2 & -4x_1 \\ -4x_1 & 8 \end{bmatrix}$$

であるから, 初期点 $\boldsymbol{x}_0$ での Newton 方程式は

*14 f の $\boldsymbol{x}_k$ における 2 次近似 f_k^{Q} は, $f_k^{\mathrm{Q}}(\boldsymbol{0}) = f_k$, $\nabla f_k^{\mathrm{Q}}(\boldsymbol{0}) = \nabla f_k$, $\nabla^2 f_k^{\mathrm{Q}} = \nabla^2 f_k$ を満たす.

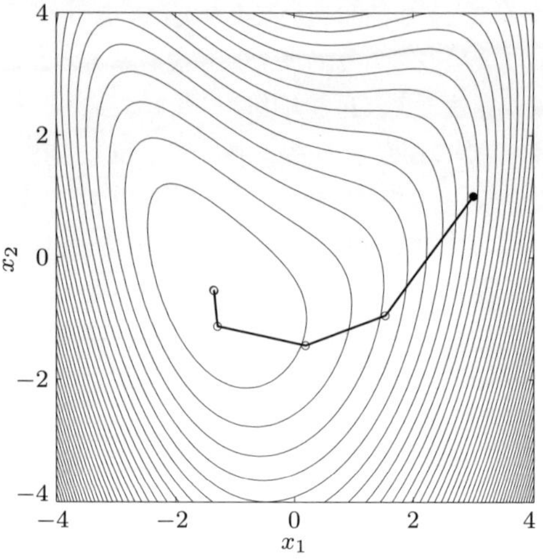

図 **2.11**　Newton 法による最適化の例 (例 2.6)

$$\begin{bmatrix} 50 & -12 \\ -12 & 8 \end{bmatrix} \boldsymbol{d}_0 = - \begin{bmatrix} 50 \\ -2 \end{bmatrix}$$

となる．これを解いて

$$\boldsymbol{d}_0 = \begin{bmatrix} -1.4687 \\ -1.9531 \end{bmatrix}$$

が得られる．ステップ幅を $\alpha_0 = 1$ とすると，解は

$$\boldsymbol{x}_1 = \boldsymbol{x}_0 + \alpha_0 \boldsymbol{d}_0 = \begin{bmatrix} 1.5313 \\ -0.9531 \end{bmatrix}$$

と更新され，以上で Newton 法の一反復が終了する．

このような反復を繰り返すことで，Newton 法は図 2.11 の白丸のような点列を生成し，停留点 $\bar{\boldsymbol{x}} = (-1.3647, -0.5344)^\top$ (の十分近く) で停止する．Newton 法の反復回数は，最急降下法 (図 2.9) よりも少ないことがわかる．二つの手法の収束の様子を比較すると，図 2.12 のようになる．ただし，グラフの横軸は反復回数 k であり，縦軸は点 $\boldsymbol{x}_k$ から最適解 $\bar{\boldsymbol{x}}$ までの距離を対数軸で示したものである．局所解の近くでの Newton 法の収束は，最急降下法よりもずっと速いことがわかる．

◁

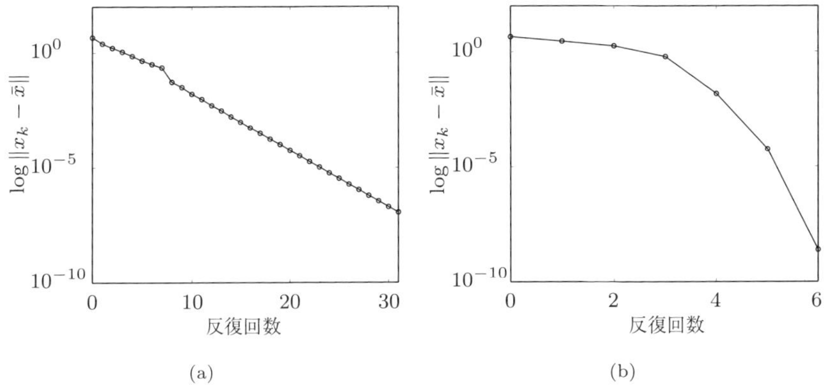

図 2.12　(a) 最急降下法と (b) Newton 法の収束の様子

Newton 法の長所は，例 2.6 でみたように，最適解 $\bar{\boldsymbol{x}}$ の十分近くでは (ステップ幅を $\alpha_k = 1$ と選ぶと) 解への収束が非常に速いことである．実際，次の命題 2.5 で示すように，この収束の速さは 2 次である．

命題 2.5　関数 $f : \mathbb{R}^n \to \mathbb{R}$ が 3 回連続微分可能であるとする．また，点 $\boldsymbol{x}_k \in \mathbb{R}^n$ が f の極小点 $\bar{\boldsymbol{x}}$ の十分近くにあり，$\nabla^2 f(\bar{\boldsymbol{x}})$ は正定値であると仮定する．このとき，$\alpha_k = 1$ $(\forall k)$ と選んだ Newton 法が生成する点列は $\bar{\boldsymbol{x}}$ に 2 次収束する．

(証明)　$\bar{\boldsymbol{x}}$ を中心とし，f の定義域に含まれる半径 $0 < r < 1$ の球 $B(\bar{\boldsymbol{x}}, r)$ を考える．$f(\boldsymbol{x})$ が Taylor 展開可能で，また，$\nabla^2 f(\bar{\boldsymbol{x}})$ が正則 (正定値対称) であることより，r を十分に小さく選ぶと，$B(\bar{\boldsymbol{x}}, r)$ 上で以下の性質が成立するようにできる．

(1) 定数 M が存在し，任意の $\boldsymbol{x} \in B(\bar{\boldsymbol{x}}, r)$ について

$$\nabla f(\bar{\boldsymbol{x}}) = \nabla f(\boldsymbol{x}) + \nabla^2 f(\boldsymbol{x})(\bar{\boldsymbol{x}} - \boldsymbol{x}) + \boldsymbol{r}(\boldsymbol{x}) = \boldsymbol{0}, \tag{2.25}$$

$$\|\boldsymbol{r}(\boldsymbol{x})\| \leqq M\|\boldsymbol{x} - \bar{\boldsymbol{x}}\|^2 \tag{2.26}$$

が成立する．

(2) 任意の $\boldsymbol{x} \in B(\bar{\boldsymbol{x}}, r)$ に対して $\|(\nabla^2 f(\boldsymbol{x}))^{-1}\| \leqq N$ なる定数 N が存在する．

そこで，(1) および (2) が満たされるように十分に小さく r を選び，$\|\boldsymbol{x}_0 - \bar{\boldsymbol{x}}\| < \min\{1/(2MN), r\}$ なる $\boldsymbol{x}_0$ を反復の初期点とする．すると，

$$\|\boldsymbol{x}_k - \bar{\boldsymbol{x}}\| \leqq 2^{-k} \min\{1/(2MN), r\} \tag{2.27}$$

が成立することを以下のように帰納法によって示すことができる．$k = 0$ で成立していることは明らか．k において (2.27) が成立するとすると，

$$\begin{aligned}
\|\boldsymbol{x}_{k+1} - \bar{\boldsymbol{x}}\| &= \|\boldsymbol{x}_k - (\nabla^2 f(\boldsymbol{x}_k))^{-1} \nabla f(\boldsymbol{x}_k) - \bar{\boldsymbol{x}}\| \\
&= \|\boldsymbol{x}_k + (\nabla^2 f(\boldsymbol{x}_k))^{-1} (\nabla^2 f(\boldsymbol{x}_k)(\bar{\boldsymbol{x}} - \boldsymbol{x}_k) + \boldsymbol{r}(\boldsymbol{x}_k)) - \bar{\boldsymbol{x}}\| \\
&= \|(\nabla^2 f(\boldsymbol{x}_k))^{-1} \boldsymbol{r}(\boldsymbol{x}_k)\| \\
&\leqq MN \|\boldsymbol{x}_k - \bar{\boldsymbol{x}}\|^2 \\
&\leqq \frac{2^{-k} \min(1/(2MN), r)}{2} = 2^{-(k+1)} \min\{1/(2MN), r\}
\end{aligned}$$

が成り立つ．ここで二つ目の等式は (2.26)，最後の不等式は (2.27) による．これより，反復列 $\boldsymbol{x}_k, k = 0, 1, \ldots$ は $\bar{\boldsymbol{x}}$ に収束する．また，上式で $\|\boldsymbol{x}_{k+1} - \bar{\boldsymbol{x}}\| \leqq MN\|\boldsymbol{x}_k - \bar{\boldsymbol{x}}\|^2$ が成立していることより収束の次数は 2 次である．よって反復列は 2 次収束する．

■

点 $\boldsymbol{x}_k$ において f の Hesse 行列 $\nabla^2 f_k$ が正定値ならば，正定値行列は正則であることより Newton 方程式 (2.24) に解が存在して $\boldsymbol{d}_k = -(\nabla^2 f_k)^{-1} \nabla f_k$ と書ける．このとき $(\nabla^2 f_k)^{-1}$ も正定値であるから，$\langle \nabla f_k, \boldsymbol{d}_k \rangle = -\langle \nabla f_k, (\nabla^2 f_k)^{-1} \nabla f_k \rangle < 0$ が成り立つ[*15]．つまり，$\nabla^2 f_k \succ O$ ならば，Newton 方向 $\boldsymbol{d}_k$ は降下方向である．しかし，一般には $\nabla^2 f_k \succ O$ が満たされるとは限らないため，Newton 方向は一般には降下方向であるとは限らない．図 2.13 に，そのような例を示す (f が 1 変数の関数の場合の例である)．2.1.4 節では，最急降下法に大域的収束性をもたせるために直線探索を用いた．直線探索の前提は探索方向が降下方向であることであったから，Newton 法はたとえ直線探索と組み合わせても大域的収束性をもたない．このことが Newton 法の短所である．

Newton 法を改良して大域的収束性をもたせる方法の一つは，直線探索のかわりに信頼領域法を用いることである (2.1.7 節を参照)．もう一つは，直線探索を正

---

*15　$\nabla f_k = \mathbf{0}$ ならば $\boldsymbol{x}_k$ は停留点なので Newton 法を終了してよいから，ここでは $\nabla f_k \neq \mathbf{0}$ の場合を考えればよい．

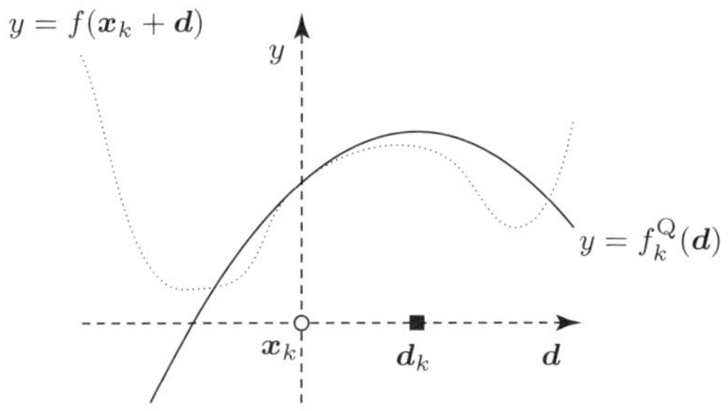

図 **2.13** Newton 方向 $\boldsymbol{d}_k$ が降下方向でない例

当化するために Newton 方程式 (2.24) の係数行列 $\nabla^2 f(\boldsymbol{x}_k)$ を適当な正定値対称行列で置き換える方法であり，これが次節で述べる準 Newton 法である．これらの二つの方法では，大域的収束性と局所的に十分に速い収束の双方を実現できる．

2.1.6 解法 (3)：準 Newton 法

Newton 法 (2.1.5 節) では，目的関数 f の 2 次近似 (2.23) に基づいて探索方向を決める．このとき，$\nabla^2 f_k$ は必ずしも正定値とは限らないため，Newton 法は大域的収束性をもたないことが問題点である．これに対して，$\nabla^2 f_k$ を適当な正定値対称行列 B_k で置き換えて得られる関数

$$\tilde{f}_k^{\mathrm{Q}}(\boldsymbol{d}) = f_k + \langle \nabla f_k, \boldsymbol{d} \rangle + \frac{1}{2}\langle B_k \boldsymbol{d}, \boldsymbol{d} \rangle \tag{2.28}$$

に基づいて探索方向を決める解法が，**準 Newton** (ニュートン) **法**である．ここで，$\tilde{f}_k^{\mathrm{Q}}$ を f の $\boldsymbol{x}_k$ における修正 2 次近似とよぶことにする．準 Newton 法は，無制約最小化問題の解法として実際に最も広く使われている方法の一つである．

準 Newton 法は，$\tilde{f}_k^{\mathrm{Q}}(\boldsymbol{d})$ を最小化する $\boldsymbol{d}$ を探索方向とする方法である．具体的には，$\tilde{f}_k^{\mathrm{Q}}(\boldsymbol{d})$ の最小化の 1 次の最適性条件 $\nabla \tilde{f}_k^{\mathrm{Q}}(\boldsymbol{d}) = \boldsymbol{0}$ より，

$$B_k \boldsymbol{d}_k = -\nabla f_k \tag{2.29}$$

が得られる．このとき，B_k の正定値性から (2.29) は可解であり，さらに[*16]

$$\langle \nabla f_k, \boldsymbol{d}_k \rangle = -\langle \nabla f_k, B_k^{-1} \nabla f_k \rangle < 0$$

*16 正定値対称行列の逆行列は正定値であるから，B_k^{-1} は正定値である．

が成り立つので $\boldsymbol{d}_k$ は降下方向である．そこで，直線探索でステップ幅 α_k を決めれば，$f(\boldsymbol{x}_k + \alpha_k \boldsymbol{d}_k) < f(\boldsymbol{x}_k)$ とすることができる．

a.　準 Newton 法のアルゴリズム

準 Newton 法の手順をまとめると，次のようになる．

アルゴリズム **2.3 (準 Newton 法)**

Step 0: 初期点 $\boldsymbol{x}_0 \in \mathbb{R}^n$ および近似行列の初期値 $B_0 \succ O$ を選ぶ．十分小さい定数 $\epsilon > 0$ を定め，$k = 0$ とおく．

Step 1: 停止条件 $\|\nabla f(\boldsymbol{x}_k)\| < \epsilon$ が満たされていれば，$\boldsymbol{x}_k$ を解として終了する．

Step 2: 線形方程式 (2.29) を解いて探索方向 $\boldsymbol{d}_k$ を求める．

Step 3: 直線探索により α_k を定める (Wolfe の条件などを用いる)．

Step 4: 解を $\boldsymbol{x}_{k+1} = \boldsymbol{x}_k + \alpha_k \boldsymbol{d}_k$ と更新する．

Step 5: $B_{k+1} \succ O$ を満たす行列 B_{k+1} 生成する (後述)．$k \leftarrow k+1$ とおいて Step 1 へ．

行列 B_k を必ず正定値対称行列の中から選ぶことは，前述のとおりである．これに加えて，局所的に速い収束を実現するためには，B_k が $\nabla^2 f_k$ の (ある意味で) よい近似となるように選ぶ必要がある．例えば，常に $B_k = I$ とおくと上のアルゴリズム 2.3 は最急降下法と一致してしまい，1 次収束しかしない．そこで，B_k がどのような性質を満たせば $\nabla^2 f_k$ の近似としてもっともらしいかを考えよう．

いま，B_{k+1} を生成する際には，$B_k, \boldsymbol{x}_k, \boldsymbol{x}_{k+1}$ の情報が利用できる．点 $\boldsymbol{x}_{k+1}$ における f の修正 2 次近似は

$$\tilde{f}^{\mathrm{Q}}_{k+1}(\boldsymbol{d}) = f_{k+1} + \langle \nabla f_{k+1}, \boldsymbol{d} \rangle + \frac{1}{2}\langle B_{k+1}\boldsymbol{d}, \boldsymbol{d} \rangle$$

と書ける．そこで，点 $\boldsymbol{x}_k$ における $\tilde{f}^{\mathrm{Q}}_{k+1}$ の勾配が f の勾配と一致するように B_{k+1} を決めることを考えよう．つまり，

$$\nabla \tilde{f}^{\mathrm{Q}}_{k+1}(\boldsymbol{x}_k - \boldsymbol{x}_{k+1}) = \nabla f_k \tag{2.30}$$

が成り立つことを要請する．簡単のために

$$\boldsymbol{s}_k = \boldsymbol{x}_{k+1} - \boldsymbol{x}_k, \quad \boldsymbol{y}_k = \nabla f_{k+1} - \nabla f_k$$

とおくと，(2.30) は

$$B_{k+1}\boldsymbol{s}_k = \boldsymbol{y}_k \tag{2.31}$$

と書き下せる．この条件を，**セカント条件**とよぶ．ここで Taylor の定理を用いて $\nabla f(\boldsymbol{x}_{k+1})$ を点 $\boldsymbol{x}_k$ の周りで展開すると

$$\boldsymbol{y}_k = \nabla f(\boldsymbol{x}_{k+1}) - \nabla f(\boldsymbol{x}_k) = \nabla^2 f(\boldsymbol{x}_k + t\boldsymbol{s}_k)\boldsymbol{s}_k$$

を満たす $t \in (0,1)$ が存在することがわかる．つまり，(2.31) は，$\nabla^2 f(\boldsymbol{x}_k)$ と $\nabla^2 f(\boldsymbol{x}_{k+1})$ のある中間値が満たす条件を B_{k+1} に要請している．

セカント条件 (2.31) を満たす正定値対称行列 B_{k+1} は無数に存在するため，さまざまな更新公式が提案されている．その中でも，次の **BFGS 公式**と **DFP 公式**の二つがよく知られている．

- BFGS 公式[*17]：

$$B_{k+1} = B_k - \frac{(B_k\boldsymbol{s}_k)(B_k\boldsymbol{s}_k)^\top}{\langle B_k\boldsymbol{s}_k, \boldsymbol{s}_k\rangle} + \frac{\boldsymbol{y}_k\boldsymbol{y}_k^\top}{\langle \boldsymbol{y}_k, \boldsymbol{s}_k\rangle}. \tag{2.32}$$

- DFP 公式[*18]：

$$B_{k+1} = B_k - \frac{\boldsymbol{y}_k\boldsymbol{s}_k^\top B_k + B_k\boldsymbol{s}_k\boldsymbol{y}_k^\top}{\langle \boldsymbol{y}_k, \boldsymbol{s}_k\rangle} + \left(1 + \frac{\langle B_k\boldsymbol{s}_k, \boldsymbol{s}_k\rangle}{\langle \boldsymbol{y}_k, \boldsymbol{s}_k\rangle}\right)\frac{\boldsymbol{y}_k\boldsymbol{y}_k^\top}{\langle \boldsymbol{y}_k, \boldsymbol{s}_k\rangle}. \tag{2.33}$$

(2.32) および (2.33) は，B_k にランク 2 あるいは 3 の対称行列を加えて B_{k+1} を生成する公式である．これらの公式で定められる B_{k+1} は，次の性質を満たす．

(a) B_{k+1} はセカント条件 (2.31) を満たす．

(b) B_k が対称行列ならば，B_{k+1} も対称行列である．

*17 C.G. Broyden (1970), R. Fletcher (1970), D. Goldfarb (1970), D.F. Shanno (1970) によって独立に提案されたので，彼らの名前の頭文字をとってこのようによばれている．

*18 W.C. Davidon (1959) によって原型が提案され，R. Fletcher and M.J.D. Powell (1963) によって広く普及されたので，彼らの名前の頭文字をとってこのようによばれている．なお，Davidon の論文は 1991 年になって初めて学術誌に掲載された．

(c) $B_k \succ O$ かつ $\langle \boldsymbol{y}_k, \boldsymbol{s}_k \rangle > 0$ ならば，$B_{k+1} \succ O$ である．

性質 (a) および (b) が成り立つことは容易に確認できるので，以下では性質 (c) について考察する．実は，アルゴリズム 2.3 の Step 3 において α_k を Wolfe の条件を満たすように選ぶと，条件 $\langle \boldsymbol{y}_k, \boldsymbol{s}_k \rangle > 0$ は自動的に満たされる．というのは，まず，$\boldsymbol{s}_k$ の定義および Wolfe の条件

$$\langle \nabla f(\boldsymbol{x}_k + \alpha_k \boldsymbol{d}_k), \boldsymbol{d}_k \rangle \geqq c_2 \langle \nabla f_k, \boldsymbol{d}_k \rangle$$

より不等式

$$\langle \nabla f_{k+1}, \boldsymbol{s}_k \rangle \geqq c_2 \langle \nabla f_k, \boldsymbol{s}_k \rangle$$

が得られる．このことと $\boldsymbol{y}_k$ の定義を用いると，

$$\begin{aligned} \langle \boldsymbol{y}_k, \boldsymbol{s}_k \rangle &= \langle \nabla f_{k+1} - \nabla f_k, \boldsymbol{s}_k \rangle \\ &\geqq (c_2 - 1) \langle \nabla f_k, \boldsymbol{s}_k \rangle = (c_2 - 1) \alpha_k \langle \nabla f_k, \boldsymbol{d}_k \rangle \end{aligned} \tag{2.34}$$

が得られる．$B_k \succ O$ ならば $\boldsymbol{d}_k$ は降下方向であるから，$\langle \nabla f_k, \boldsymbol{d}_k \rangle < 0$ を満たす．このことと $c_2 < 1$ より，(2.34) の最右辺は正である．したがって，$\langle \boldsymbol{y}_k, \boldsymbol{s}_k \rangle > 0$ が成り立つことがわかる．

例 2.7　例 2.5 と例 2.6 に続いて，関数 (2.12) の最小化問題を準 Newton 法 (アルゴリズム 2.3) で解いてみる．準 Newton 法の結果は図 2.14(a) である．なお，最急降下法の結果は図 2.9，Newton 法の結果は図 2.11 であった．他の例題と同様に，初期点は $\boldsymbol{x}_0 = (3, 1)^\top$ (図の ● で示す点) とする．また，ステップ幅 α_k はバックトラック法 (アルゴリズム 2.1) を用いた直線探索により定める．行列 B_k の更新には BFGS 公式 (2.32) を用いる．

初期点 $\boldsymbol{x}_0$ では，行列 B_k の初期値 B_0 として単位行列を用いることにする．したがって，準 Newton 法の一反復目の探索方向 $\boldsymbol{d}_0$ は最急降下方向 $-\nabla f(\boldsymbol{x}_0)$ である．その結果，$\boldsymbol{x}_1$ は最急降下法の場合と同じ点である．次の反復 $k = 1$ のために，BFGS 公式を用いて B_1 を求める．この例では

$$B_1 = \begin{bmatrix} 17.2936 & -7.1601 \\ -7.1601 & 3.9964 \end{bmatrix}$$

のようになる．この B_1 を用いて (2.29) を解くことで，探索方向 $\boldsymbol{d}_1$ が得られる．

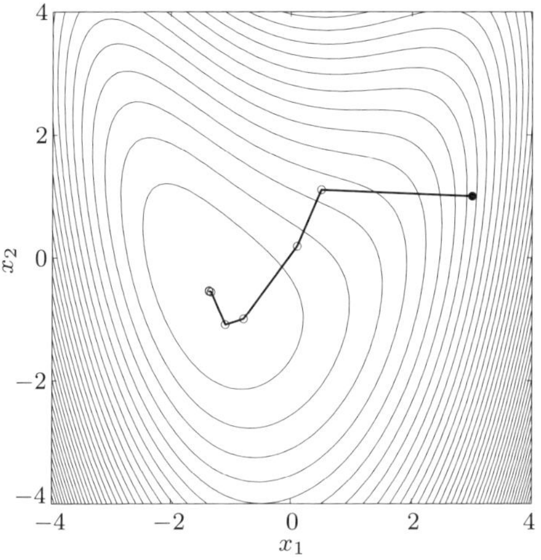

(a)

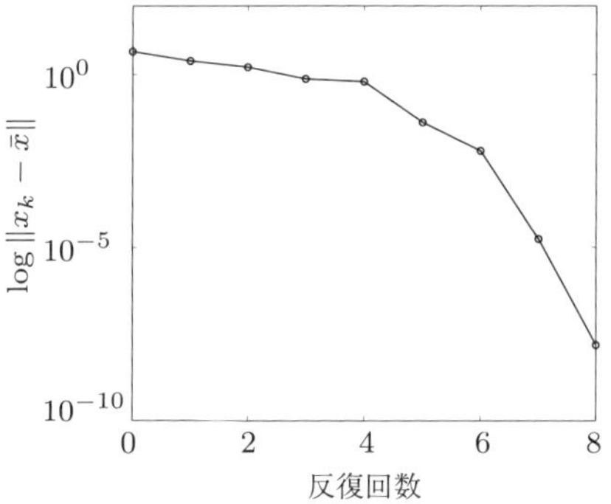

(b)

図 **2.14**　準 Newton 法による最適化の例 (例 2.7)

このような反復を繰り返すことで，準 Newton 法は図 2.14(a) の白丸のような点列を生成し，停留点 $\bar{\boldsymbol{x}} = (-1.3647, -0.5344)^\top$ (の十分近く) で停止する．準 Newton 法の収束の様子は図 2.14(b) に示したとおりである．ただし，グラフの横軸は反復回数 k であり，縦軸は点 $\boldsymbol{x}_k$ から最適解 $\bar{\boldsymbol{x}}$ までの距離を対数軸で示したものである．図 2.12 と比較すると，準 Newton 法の収束は最急降下法よりもずっと速く，Newton 法とほとんど同じ程度であることがわかる．　◁

例 2.7 でみたように準 Newton 法の収束は速く，実は超 1 次収束することを示すことができる (命題 2.6 参照)．超 1 次収束は実用的には十分に速い収束であるし，準 Newton 法は大域的収束性をもつ．このことから，準 Newton 法は現在では最も広く使われている方法である．

b.　H 公式に基づく準 Newton 法

準 Newton 法における行列 B_k の更新公式 (2.32) や (2.33) では，B_k にランク (階数) が 1 の行列をいくつか加えることで，B_{k+1} を作っている．このことに注意して **Sherman–Morrison–Woodbury** (シャーマン–モリソン–ウッドベリー) **の公式**[*19]を用いると，B_{k+1} の逆行列 B_{k+1}^{-1} を陽に求めることができる．そこで，表記の簡単のために $H_k = B_k^{-1}$ とおくと，H_k を H_{k+1} に更新する公式が得られる．この公式を，**H 公式**とよぶ．これに対して，(2.32) や (2.33) は **B 公式**とよばれることもある．

- BFGS 公式の H 公式：

$$H_{k+1} = H_k - \frac{\boldsymbol{s}_k \boldsymbol{y}_k^\top H_k + H_k \boldsymbol{y}_k \boldsymbol{s}_k^\top}{\langle \boldsymbol{y}_k, \boldsymbol{s}_k \rangle} + \left(1 + \frac{\langle \boldsymbol{y}_k, H_k \boldsymbol{y}_k \rangle}{\langle \boldsymbol{y}_k, \boldsymbol{s}_k \rangle}\right) \frac{\boldsymbol{s}_k \boldsymbol{s}_k^\top}{\langle \boldsymbol{y}_k, \boldsymbol{s}_k \rangle}.$$

- DFP 公式の H 公式：

$$H_{k+1} = H_k - \frac{(H_k \boldsymbol{y}_k)(H_k \boldsymbol{y}_k)^\top}{\langle \boldsymbol{y}_k, H_k \boldsymbol{y}_k \rangle} + \frac{\boldsymbol{s}_k \boldsymbol{s}_k^\top}{\langle \boldsymbol{y}_k, \boldsymbol{s}_k \rangle}.$$

H 公式に基づく準 Newton 法では，探索方向 $\boldsymbol{d}_k$ は $\boldsymbol{d}_k = -H_k \nabla f_k$ (つまり，行列にベクトルを乗じる演算) で求められる．したがって，1 回の反復あたり $\mathrm{O}(n^2)$ の計算で済む．ただし，実際の数値計算において B 公式と H 公式のいずれが優れているかについては，議論の分かれるところである．

ここで，最初の反復における初期値 H_0 の設定方法については，万能の方法はない．この事情は，B 公式でも同じである．例えば，H_0 は単位行列やその正数倍とする．あるいは，初期解 $\boldsymbol{x}_0$ において有限差分により f の Hesse 行列を近似的に求め，その逆行列を H_0 とおくことが考えられる．

---

*19　正則な行列 $A \in \mathbb{R}^{n \times n}$ およびベクトル $\boldsymbol{u}, \boldsymbol{v} \in \mathbb{R}^n$ に対して $\hat{A} = A + \boldsymbol{u}\boldsymbol{v}^\top$ を定義する．このとき，$\hat{A}$ が正則ならばその逆行列は $\hat{A}^{-1} = A^{-1} - \dfrac{(A^{-1}\boldsymbol{u})(\boldsymbol{v}^\top A^{-1})}{1 + \boldsymbol{v}^\top A^{-1} \boldsymbol{u}}$ である．これを，Sherman–Morrison–Woodbury の公式とよぶ．

c. 準 Newton 法の収束性

最後に，やや発展的であるが，準 Newton 法に関する理論的な結果を述べておく．

まず，準 Newton 法の大域的収束性を，命題 2.4 に基づいて考察する．探索方向 $\boldsymbol{d}_k$ は $B_k\boldsymbol{d}_k = -\nabla f_k$ で定義されるので，(2.15) で定義される $\cos\theta_k$ について[*20]

$$\cos\theta_k = \frac{\|B_k^{1/2}\boldsymbol{d}_k\|^2}{\|B_k\boldsymbol{d}_k\|\|\boldsymbol{d}_k\|} \geqq \frac{(\|\boldsymbol{d}_k\|/\|B_k^{-1/2}\|)^2}{\|B_k\boldsymbol{d}_k\|\|\boldsymbol{d}_k\|} = \frac{\|\boldsymbol{d}_k\|}{\|B_k\boldsymbol{d}_k\|\|B_k^{-1}\|} \geqq \frac{1}{\|B_k\|\|B_k^{-1}\|}$$

が得られる．そこで，もし条件

$$\|B_k\|\|B_k^{-1}\| \leqq M, \quad \forall k$$

を満たす定数 $M > 0$ が存在するならば，命題 2.4 の結論 (2.14) において $\lim_{k\to\infty} \|\nabla f_k\| = 0$ が成り立つことがわかる．つまり，Wolfe の条件に基づく直線探索を用いた準 Newton 法は，B_k の条件数が一様有界であるならば大域的収束性が保証されることがわかる．

次に，準 Newton 法の局所的な収束の速さについて述べる．例 2.7 の具体的な例題でみたように，準 Newton 法の収束は十分に速い．実際，次の命題 2.6 で示すように，準 Newton 法はある仮定の下で超 1 次収束する．その仮定とは，最適解の十分近くにおいてステップ幅 $\alpha_k = 1$ が採用されることと，行列 B_k が条件

$$\lim_{k\to\infty} \frac{\|(B_k - \nabla^2 f(\bar{\boldsymbol{x}}))\boldsymbol{d}_k\|}{\|\boldsymbol{d}_k\|} = 0 \tag{2.35}$$

を満たすことである．この条件 (2.35) は，**Dennis–Moré** (デニス–モレ) **の条件**とよばれており，準 Newton 法が局所的に超 1 次収束するための必要十分条件である．Newton 法は 2 次収束するので，もし B_k が $\nabla^2 f(\bar{\boldsymbol{x}})$ にほぼ等しくなるならば準 Newton 法が速く収束するのはある意味で当然である．しかし，Dennis–Moré の条件 (2.35) は，B_k が $\nabla^2 f(\bar{\boldsymbol{x}})$ そのものに収束することは必要なく，探索方向 $\boldsymbol{d}_k$ について $B_k\boldsymbol{d}_k$ が $\nabla^2 f(\bar{\boldsymbol{x}})\boldsymbol{d}_k$ を近似していれば十分であることを意味している．さらに，目的関数 f が十分滑らかで，かつ Wolfe の直線探索と BFGS 公式とに基づく準 Newton 法が極小解 $\bar{\boldsymbol{x}}$ に収束することを仮定すると，B_k が Dennis–Moré の条件 (2.35) を満たすことを示すことができる[*21]．

---

*20 任意の正則行列 A とベクトル $\boldsymbol{x}$ に対して，$\|A\boldsymbol{x}\| \geqq \|\boldsymbol{x}\|/\|A^{-1}\|$ および $\|A\|\|\boldsymbol{x}\| \geqq \|A\boldsymbol{x}\|$ が成り立つことを用いる．

*21 証明は，例えば文献 [10, Theorem 4.15] を参照されたい．

それでは，この節の締め括りに，Dennis–Moré の条件 (2.35) が超 1 次収束の必要十分条件であることを証明しておく．

命題 2.6　関数 $f:\mathbb{R}^n \to \mathbb{R}$ は連続微分可能であるとする．(2.3) および (2.29) により解を更新する準 Newton 法において，$\alpha_k = 1$ が採用されると仮定する．また，生成される点列 $\{\boldsymbol{x}_k\}$ が $\nabla f(\bar{\boldsymbol{x}}) = \boldsymbol{0}$ を満たす点 $\bar{\boldsymbol{x}}$ に収束することを仮定する．さらに，$\nabla^2 f(\bar{\boldsymbol{x}})$ が正則であり，$\nabla^2 f(\boldsymbol{x})$ が $\boldsymbol{x} = \bar{\boldsymbol{x}}$ で連続であることを仮定する．このとき，$\{\boldsymbol{x}_k\}$ が $\bar{\boldsymbol{x}}$ に超 1 次収束するための必要十分条件は，B_k が (2.35) を満たすことである．

(証明)　まず，十分性を示す．(2.29) より，

$$(B_k - \nabla^2 f(\bar{\boldsymbol{x}}))\boldsymbol{d}_k = -\nabla f_k - \nabla^2 f(\bar{\boldsymbol{x}})\boldsymbol{d}_k \tag{2.36}$$

が成り立つ．条件 (2.35) が成立することを仮定する．∇f の Taylor 展開より，

$$\nabla f_{k+1} = \nabla f_k + \nabla^2 f_k \boldsymbol{d}_k + \mathrm{O}(\|\boldsymbol{d}_k\|^2) \tag{2.37}$$

が得られる．$\nabla^2 f$ の連続性より $\nabla^2 f_k \to \nabla^2 f(\bar{\boldsymbol{x}})$ が成り立つことを用いると，次式が得られる：

$$\begin{aligned}\lim_{k\to\infty}\frac{\|\nabla f_{k+1}\|}{\|\boldsymbol{d}_k\|} &= \lim_{k\to\infty}\frac{\|-\nabla f_k - \nabla^2 f(\bar{\boldsymbol{x}})\boldsymbol{d}_k\|}{\|\boldsymbol{d}_k\|} && \text{((2.37) より)}\\ &= \lim_{k\to\infty}\frac{\|(B_k - \nabla^2 f(\bar{\boldsymbol{x}}))\boldsymbol{d}_k\|}{\|\boldsymbol{d}_k\|} && \text{((2.36) より)}\\ &= 0. && \text{((2.35) より)}\end{aligned} \tag{2.38}$$

次に，$\nabla f(\bar{\boldsymbol{x}}) = \boldsymbol{0}$ に注意すると，∇f の Taylor 展開より

$$\nabla f_{k+1} = \nabla f_{k+1} - \nabla f(\bar{\boldsymbol{x}}) = \nabla^2 f(\bar{\boldsymbol{x}})(\boldsymbol{x}_{k+1} - \bar{\boldsymbol{x}}) + \mathrm{O}(\|\boldsymbol{x}_{k+1} - \bar{\boldsymbol{x}}\|^2) \tag{2.39}$$

が得られる．命題の仮定より $\nabla^2 f(\bar{\boldsymbol{x}})$ は正則だから，

$$\|\nabla f_{k+1}\| \geqq \beta\|\boldsymbol{x}_{k+1} - \bar{\boldsymbol{x}}\| \tag{2.40}$$

を満たす定数 $\beta > 0$ が存在する．(2.40) と三角不等式より，

$$\frac{\|\nabla f_{k+1}\|}{\|\boldsymbol{d}_k\|} = \frac{\|\nabla f_{k+1}\|}{\|\boldsymbol{x}_{k+1} - \boldsymbol{x}_k\|} \geqq \frac{\beta\|\boldsymbol{x}_{k+1} - \bar{\boldsymbol{x}}\|}{\|\boldsymbol{x}_{k+1} - \bar{\boldsymbol{x}}\| + \|\boldsymbol{x}_k - \bar{\boldsymbol{x}}\|} \tag{2.41}$$

が得られる．簡単のために

$$\rho_k = \frac{\|\boldsymbol{x}_{k+1} - \bar{\boldsymbol{x}}\|}{\|\boldsymbol{x}_k - \bar{\boldsymbol{x}}\|}$$

とおくと，(2.38) と (2.41) より

$$0 = \lim_{k\to\infty} \frac{\|\nabla f_{k+1}\|}{\|\boldsymbol{d}_k\|} \geqq \lim_{k\to\infty} \beta \frac{\rho_k}{1+\rho_k}$$

が得られる．すなわち ρ_k は 0 に収束するので，$\{\boldsymbol{x}_k\}$ は $\bar{\boldsymbol{x}}$ に超 1 次収束する．

逆に，$\{\boldsymbol{x}_k\}$ が $\bar{\boldsymbol{x}}$ に超 1 次収束することを仮定して，必要性を示す．超 1 次収束の定義と三角不等式より

$$\left| \frac{\|\boldsymbol{x}_{k+1} - \boldsymbol{x}_k\|}{\|\boldsymbol{x}_k - \bar{\boldsymbol{x}}\|} - 1 \right| = \left| \frac{\|\boldsymbol{x}_{k+1} - \boldsymbol{x}_k\| - \|\boldsymbol{x}_k - \bar{\boldsymbol{x}}\|}{\|\boldsymbol{x}_k - \bar{\boldsymbol{x}}\|} \right| \leqq \frac{\|\boldsymbol{x}_{k+1} - \bar{\boldsymbol{x}}\|}{\|\boldsymbol{x}_k - \bar{\boldsymbol{x}}\|} \to 0$$

が得られるので，

$$\lim_{k\to\infty} \frac{\|\boldsymbol{x}_{k+1} - \boldsymbol{x}_k\|}{\|\boldsymbol{x}_k - \bar{\boldsymbol{x}}\|} = 1 \tag{2.42}$$

が成り立つ．$\nabla f(\bar{\boldsymbol{x}}) = \boldsymbol{0}$ を用いると

$$\frac{\|\nabla f_{k+1}\|}{\|\boldsymbol{d}_k\|} = \frac{\|\nabla f_{k+1}\|}{\|\boldsymbol{x}_{k+1} - \boldsymbol{x}_k\|} = \frac{\|\nabla f_{k+1} - \nabla f(\bar{\boldsymbol{x}})\|}{\|\boldsymbol{x}_k - \bar{\boldsymbol{x}}\|} \frac{\|\boldsymbol{x}_k - \bar{\boldsymbol{x}}\|}{\|\boldsymbol{x}_{k+1} - \boldsymbol{x}_k\|} \tag{2.43}$$

が得られる．(2.39) と (2.42) を用いると，(2.43) より

$$\lim_{k\to\infty} \frac{\|\nabla f_{k+1}\|}{\|\boldsymbol{d}_k\|} = \lim_{k\to\infty} \frac{\|\nabla^2 f(\bar{\boldsymbol{x}})\| \|\boldsymbol{x}_{k+1} - \bar{\boldsymbol{x}}\|}{\|\boldsymbol{x}_k - \bar{\boldsymbol{x}}\|} = 0$$

が得られる．そこで (2.36) を用いると，(2.38) と同様にして (2.35) が得られる．■

2.1.7　解法 (4)：信頼領域法

信頼領域法は，直線探索とは異なる方針により大域的収束性を実現する手法である．信頼領域法も，準 Newton 法と並んで広く使われている方法である．

点 $\boldsymbol{x}_k$ における f の 2 次近似を

$$f_k^{\mathrm{Q}}(\boldsymbol{s}) = f_k + \langle \nabla f_k, \boldsymbol{s} \rangle + \frac{1}{2} \langle B_k \boldsymbol{s}, \boldsymbol{s} \rangle$$

とおく．ここで，B_k は $\nabla^2 f_k$ またはその近似行列 (例えば，準 Newton 法に基づいて得られる行列) である．重要なのは，信頼領域法では B_k は正定値でなくても構わない，という点である．信頼領域法では，制約付き最適化問題

$$\left.\begin{array}{ll}\text{Minimize} & f_k^{\mathrm{Q}}(\boldsymbol{s}) \\ \text{subject to} & \|\boldsymbol{s}\| \leqq \Delta_k\end{array}\right\} \tag{2.44}$$

の最適解を $\boldsymbol{s}_k$ とおき，解の更新を

$$\boldsymbol{x}_{k+1} = \boldsymbol{x}_k + \boldsymbol{s}_k \tag{2.45}$$

に従って行う．ここで，$\Delta_k > 0$ は**信頼半径**とよばれるパラメータである．この Δ_k を変化させて適切な $\boldsymbol{s}_k$ を生成するというのが信頼領域法の考え方である．

問題 (2.44) の実行可能領域は有界閉集合である．したがって，B_k が正定値であるかどうかに関わらず，常に最適解が存在する．さらに，$\boldsymbol{s} = \boldsymbol{0}$ は問題 (2.44) の実行可能解であり，そのときの目的関数値は $f_k^{\mathrm{Q}}(\boldsymbol{0}) = 0$ である．したがって，最適解 $\boldsymbol{s}_k$ では $f_k^{\mathrm{Q}}(\boldsymbol{s}_k) < 0$ が成り立つ ($f_k^{\mathrm{Q}}(\boldsymbol{s}_k) = 0$ ならば，$\boldsymbol{x}_k$ は f の極小解である)．

信頼半径 Δ_k は，$\boldsymbol{x}_k$ を $\boldsymbol{x}_k + \boldsymbol{s}_k$ に更新した際に f の値が十分に減少するように選ぶ．具体的には，定数 $c_1 \in (0, 1)$ を定めて条件

$$f(\boldsymbol{x}_k + \boldsymbol{s}_k) \leqq f_k + c_1(f_k^{\mathrm{Q}}(\boldsymbol{s}_k) - f_k) \tag{2.46}$$

を用いて，次のように $\boldsymbol{x}_k$ または Δ_k のいずれかを更新する．

(1) $\boldsymbol{s}_k$ が (2.46) を満たせば，(2.45) に従って $\boldsymbol{x}_k$ を更新する．

(2) $\boldsymbol{s}_k$ が (2.46) を満たさないならば，Δ_k をより小さい値に更新する．

図 2.15(a) は，(1) の場合の例である．ここで，点線が目的関数 f の等高線であり，細い実線が f_k^{Q} の等高線である．また，● は f の最小化問題の最適解であり，■ は f_k^{Q} の無制約最小化問題の最適解であり，$\boldsymbol{s}_k$ は問題 (2.44) の最適解であり，薄く塗りつぶした部分は $\|\boldsymbol{s}\| \leqq \Delta_k$ が満たされる領域を表す．条件 (2.46) は，f の減少量と近似関数 f_k^{Q} の減少量を比較しているという意味で，Armijo の条件 (2.9) と同様の考え方に基づいていると理解できる．Δ_k を小さく選んだとき，問題 (2.44) の制約 $\|\boldsymbol{s}\| \leqq \Delta_k$ は，$\boldsymbol{s}$ の動く範囲を f_k^{Q} が f のよい近似となる範囲に限定して

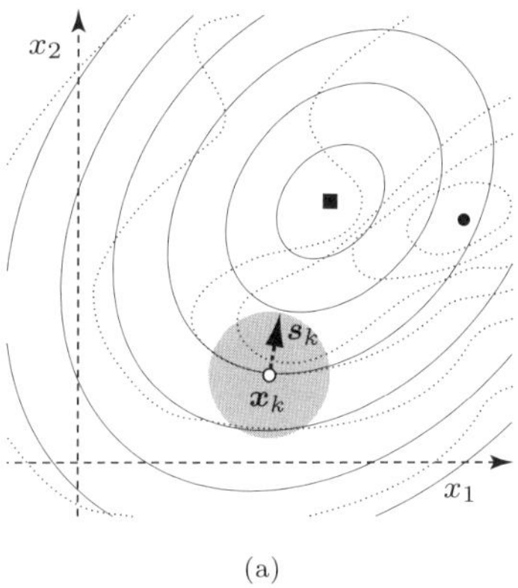

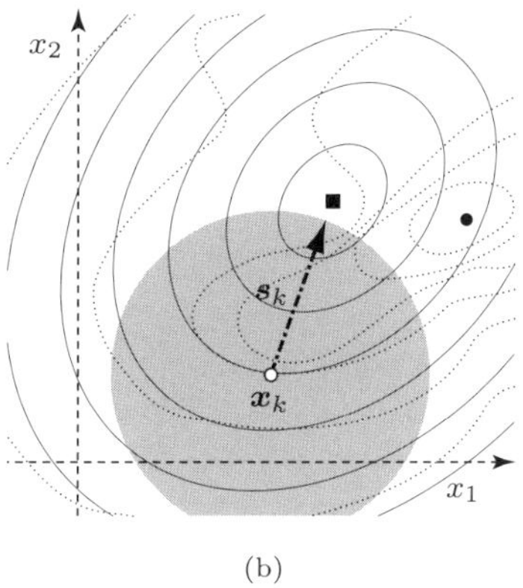

図 2.15 信頼領域法において (a) $\boldsymbol{x}_k$ を更新するときと (b) Δ_k を更新するとき

いる．したがって，十分に小さい $\Delta_k > 0$ を選べば，条件 (2.46) を満たす $\boldsymbol{s}_k$ が得られる．一方，図 2.15(b) は (2) の場合の例である．この例では，現在の点 $\boldsymbol{x}_k$ における目的関数の値 $f(\boldsymbol{x}_k)$ よりも $f(\boldsymbol{x}_k + \boldsymbol{s}_k)$ の方が大きいので，$\boldsymbol{x}_k$ は更新せずに Δ_k をより小さい値に更新する．

信頼半径を十分に小さく選べば，条件 (2.46) を満たす $\boldsymbol{s}_k$ が選べる．一方で，小さ過ぎる Δ_k を選ぶと f の減少量も小さくなり，全体の計算効率が悪くなる．したがって，条件 (2.46) が十分な余裕をもって満たされるときには，次のステップで Δ_{k+1} をより大きく選んでみる，などという工夫をする．

実際には，問題 (2.44) の最適解 (またはそれに近い解) をいかに効率よく求めるかが，大きな課題である．このためには，次のような最適解の特徴づけが利用できる．

命題 2.7 $\bar{s} \in \mathbb{R}^n$ が問題 (2.44) の最適解であるための必要十分条件は，条件

$$(B_k + \lambda I)\bar{s} = -\nabla f_k, \tag{2.47a}$$

$$\lambda(\Delta_k - \|\bar{s}\|) = 0, \tag{2.47b}$$

$$B_k + \lambda I \succeq O \tag{2.47c}$$

を満たす $\lambda \geqq 0$ が存在することである．

条件 (2.47b) は相補性条件とよばれる条件であり，$\lambda = 0$ と $\|\bar{\boldsymbol{s}}\| = \Delta_k$ の少なくとも一方が成り立つことを意味している．したがって，問題 (2.44) の最適解が $\|\bar{\boldsymbol{s}}\| < \Delta_k$ を満たす場合には $\lambda = 0$ が成り立つ．これは (2.47c) より $B_k \succeq O$ である場合であり，このとき (2.47a) より $\bar{\boldsymbol{s}}$ は $B_k\bar{\boldsymbol{s}} = -\nabla f_k$ を満たす．つまり，信頼半径 Δ_k が比較的大きくて $B_k \succeq O$ である場合には，$\bar{\boldsymbol{s}}$ は準 Newton 方向 ($B_k = \nabla^2 f_k$ ならば Newton 方向) である (図 2.16)．一方，問題 (2.44) の最適解が $\|\bar{\boldsymbol{s}}\| = \Delta_k$ を満たす場合には，(2.47a) は

$$\lambda\bar{\boldsymbol{s}} = -\nabla f_k^{\mathrm{Q}}(\bar{\boldsymbol{s}})$$

を意味している．このとき，信頼半径を小さく選ぶと (つまり，$\Delta_k = \|\bar{\boldsymbol{s}}\| \to +0$ とすると) $\nabla f_k^{\mathrm{Q}}(\bar{\boldsymbol{s}}) \to \nabla f_k$ となるので，$\bar{\boldsymbol{s}}$ は最急降下方向に近づく (図 2.15(a))．このように，信頼領域法は，Δ_k をうまく選ぶことにより，最急降下方向の利点 (大域的収束性) と (準) Newton 方向の利点 (局所的に速い収束) を取り入れている．

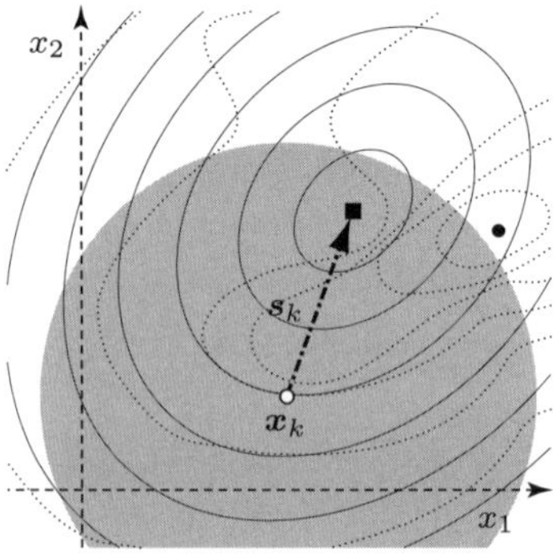

図 **2.16**　問題 (2.44) の最適解が Newton 方向になる例

実用的には，問題 (2.44) の最適解を近似的に求める方法が提案されている．例えば，B_k が正定値である場合に適用できる方法として，**ドッグレッグ法**が知られている．この方法は，ある三つの点から定義される折れ線の上で $\boldsymbol{x}_{k+1}$ の候補を探す方法である．三つの点とは，現在の点 $\boldsymbol{x}_k$，Newton 方向を用いて移動した点 $\boldsymbol{x}_k - B_k^{-1}\nabla f_k$ と最急降下方向 $-\nabla f_k$ を利用して移動した **Cauchy** (コーシー) **点**である．$\boldsymbol{s}$ が $-\nabla f_k$ と同じ向きであるという制約と信頼領域の制約 $\|\boldsymbol{s}_k\| \leqq \Delta_k$ の下で関数 $f_k^{\mathrm{Q}}(\boldsymbol{s})$ を最小化する $\boldsymbol{s}$ を $\boldsymbol{s}_k^{\mathrm{C}}$ とおく．Cauchy 点は，現在の点 $\boldsymbol{x}_k$ から

$\boldsymbol{s}_k^{\mathrm{C}}$ だけ移動した点 $\boldsymbol{x}_k + \boldsymbol{s}_k^{\mathrm{C}}$ のことである．詳細は文献 [11], [17, Chap. 4] を参照されたい．

2.2 等式制約下の最適化

2.1 節では制約のない最適化問題を扱った．しかし，実世界の最適化問題では，変数が何らかの条件 (制約) を満たすことを要求されることが多い．この 2.2 節ではまず等式で表される条件のみを制約とする場合を扱い，次の 2.3 節では不等式で表される条件を制約として含む場合を扱う．

等式制約付きの最適化問題は，一般に，次のように表せる：

$$\left.\begin{array}{ll} \text{Minimize} & f(\boldsymbol{x}) \\ \text{subject to} & h_l(\boldsymbol{x}) = 0, \quad l = 1, \ldots, r. \end{array}\right\} \tag{2.48}$$

ここで，$f : \mathbb{R}^n \to \mathbb{R}$ は目的関数であり，$h_1, \ldots, h_r : \mathbb{R}^n \to \mathbb{R}$ は制約関数である．この問題の意味は，条件 $h_l(\boldsymbol{x}) = 0$ $(l = 1, \ldots, r)$ を満たす $\boldsymbol{x}$ のうちで $f(\boldsymbol{x})$ の値を最小にするものを求めよ，ということである．

2 変数 $(n = 2)$ の問題の場合，$h_l(\boldsymbol{x}) = 0$ は x_1x_2 平面上の曲線を表す．この様子を，図 2.17 に示している．ただし，$r = 1$ の場合であり，点線は目的関数 f の等高線を表し，曲線 $h_1(\boldsymbol{x}) = 0$ 上の点が実行可能解である．したがって，この例では最適解は図中の ● で示す点である．

図 2.17 の最適解を $\bar{\boldsymbol{x}}$ とおくと，$\bar{\boldsymbol{x}}$ では $\nabla f(\bar{\boldsymbol{x}})$ が $\nabla h_1(\bar{\boldsymbol{x}})$ と平行になっていることが特徴である (図 2.18(a))．$\nabla f(\bar{\boldsymbol{x}})$ が $\nabla h_1(\bar{\boldsymbol{x}})$ と平行でなければ $\bar{\boldsymbol{x}}$ が最適解でな

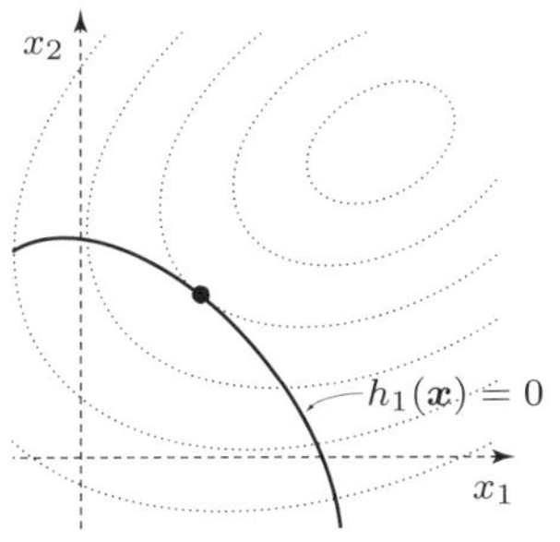

図 2.17　等式制約付き最適化問題の例

いことを説明する．$\bar{\boldsymbol{x}}$ は制約 $h_1(\bar{\boldsymbol{x}})=0$ を満たすので，$\nabla h_1(\bar{\boldsymbol{x}})$ と直交するベクトルを $\boldsymbol{d}$ とおくと，十分に小さい $t>0$ に対して $h_1(\bar{\boldsymbol{x}}+t\boldsymbol{d})\simeq h_1(\bar{\boldsymbol{x}})+t\langle\nabla h_1(\bar{\boldsymbol{x}}),\boldsymbol{d}\rangle=0$ が成り立つ．そして，$\nabla f(\bar{\boldsymbol{x}})$ が $\nabla h_1(\bar{\boldsymbol{x}})$ と平行でなければ $\langle\nabla f(\bar{\boldsymbol{x}}),\boldsymbol{d}\rangle\neq 0$ である．したがって，点 $\bar{\boldsymbol{x}}$ から $\boldsymbol{d}$ か $-\boldsymbol{d}$ のいずれかの方向に $h_1(\boldsymbol{x})=0$ に沿って少しだけ進むことで，$f(\bar{\boldsymbol{x}}+t\boldsymbol{d})\simeq f(\bar{\boldsymbol{x}})+t\langle\nabla f(\bar{\boldsymbol{x}}),\boldsymbol{d}\rangle$ の値を $f(\bar{\boldsymbol{x}})$ よりも小さくすることができる．これは，$\bar{\boldsymbol{x}}$ が最適解ではないことを意味している．

以上の議論を等式制約が複数ある場合に拡張すると，問題 (2.48) の最適解 $\bar{\boldsymbol{x}}$ では $\nabla f(\bar{\boldsymbol{x}})$ が $\nabla h_1(\bar{\boldsymbol{x}}),\ldots,\nabla h_r(\bar{\boldsymbol{x}})$ の 1 次結合で表されることがわかる．次の命題 2.8 では，このことを，**陰関数定理**を用いて証明する．

命題 2.8　点 $\bar{\boldsymbol{x}}\in\mathbb{R}^n$ が問題 (2.48) の局所最適解であるとする．また，f および $h_1,\ldots,h_r$ が点 $\bar{\boldsymbol{x}}$ の近傍で連続微分可能 (つまり，C^1 級) であることを仮定する．さらに，ベクトル $\nabla h_1(\bar{\boldsymbol{x}}),\ldots,\nabla h_r(\bar{\boldsymbol{x}})\in\mathbb{R}^n$ が 1 次独立であると仮定する．このとき，条件

$$\nabla f(\bar{\boldsymbol{x}})=\sum_{l=1}^{r}\bar{\mu}_l\nabla h_l(\bar{\boldsymbol{x}})$$

を満たす $\bar{\boldsymbol{\mu}}=(\bar{\mu}_1,\ldots,\bar{\mu}_r)\in\mathbb{R}^r$ が存在する．

(証明)　$\boldsymbol{x}=\bar{\boldsymbol{x}}$ における $\boldsymbol{h}$ の Jacobi 行列 $\mathrm{J}\boldsymbol{h}(\bar{\boldsymbol{x}})\in\mathbb{R}^{r\times n}$ の列を適当に並べ替えて行列 $G\in\mathbb{R}^{r\times n}$ をつくり，最初の r 列が線形独立であるようにする (仮定より，$r\leqq n$ である)．G の列番号の添字集合 $B=\{1,\ldots,r\}$ および $N=\{r+1,\ldots,n\}$ を定め，これらに対応する G の部分行列と $\boldsymbol{x}$ および $\nabla f(\boldsymbol{x})$ の部分ベクトルを

$$G=\begin{bmatrix}\mathrm{J}_B\boldsymbol{h}(\bar{\boldsymbol{x}}) & \mathrm{J}_N\boldsymbol{h}(\bar{\boldsymbol{x}})\end{bmatrix},\quad \boldsymbol{x}=\begin{bmatrix}\boldsymbol{x}_B\\ \boldsymbol{x}_N\end{bmatrix},\quad \nabla f(\boldsymbol{x})=\begin{bmatrix}\nabla_B f(\boldsymbol{x})\\ \nabla_N f(\boldsymbol{x})\end{bmatrix}$$

とおく．

点 $\bar{\boldsymbol{x}}=(\bar{\boldsymbol{x}}_B,\bar{\boldsymbol{x}}_N)$ は問題 (2.48) の制約

$$h_l(\boldsymbol{x})=0,\quad l=1,\ldots,r$$

を満たす．陰関数定理[*22]により，この制約は，点 $(\bar{\boldsymbol{x}}_B,\bar{\boldsymbol{x}}_N)$ の近傍において $\boldsymbol{x}_B=\boldsymbol{\psi}(\boldsymbol{x}_N)$ と書ける．ただし，$\boldsymbol{\psi}:\mathbb{R}^{n-r}\to\mathbb{R}^r$ は連続微分可能で

$$\mathrm{J}_B\boldsymbol{h}(\bar{\boldsymbol{x}})\,\mathrm{J}\boldsymbol{\psi}(\bar{\boldsymbol{x}}_N)=-\mathrm{J}_N\boldsymbol{h}(\bar{\boldsymbol{x}}) \tag{2.49}$$

*22　文献 [9] の Theorem 2.5 を参照のこと．

を満たす．

簡単のために，$\boldsymbol{z} = \boldsymbol{x}_N$ とおく．問題 (2.48) は，関数

$$\hat{f}(\boldsymbol{z}) = f(\boldsymbol{\psi}(\boldsymbol{z}), \boldsymbol{z})$$

の無制約最小化問題と局所的に等価である．この問題の 1 次の最適性条件 (命題 2.1) は

$$\mathrm{J}\boldsymbol{\psi}(\bar{\boldsymbol{z}})^\top \nabla_B f(\bar{\boldsymbol{x}}) + \nabla_N f(\bar{\boldsymbol{x}}) = \boldsymbol{0} \tag{2.50}$$

と書ける．ベクトル $\bar{\boldsymbol{\mu}} \in \mathbb{R}^r$ を

$$\mathrm{J}_B \boldsymbol{h}(\bar{\boldsymbol{x}})^\top \bar{\boldsymbol{\mu}} = \nabla_B f(\bar{\boldsymbol{x}}) \tag{2.51}$$

で定義する (行列 $\mathrm{J}_B \boldsymbol{h}(\bar{\boldsymbol{x}})$ は正則だから，この条件を満たす $\bar{\boldsymbol{\mu}}$ は一意的に存在する)．(2.49) の転置をとると

$$\mathrm{J}\boldsymbol{\psi}(\bar{\boldsymbol{z}})^\top \mathrm{J}_B \boldsymbol{h}(\bar{\boldsymbol{x}})^\top = -\mathrm{J}_N \boldsymbol{h}(\bar{\boldsymbol{x}})^\top$$

となるが，これに $\bar{\boldsymbol{\mu}}$ を右から乗じると

$$\mathrm{J}\boldsymbol{\psi}(\bar{\boldsymbol{z}})^\top \mathrm{J}_B \boldsymbol{h}(\bar{\boldsymbol{x}})^\top \bar{\boldsymbol{\mu}} = -\mathrm{J}_N \boldsymbol{h}(\bar{\boldsymbol{x}})^\top \bar{\boldsymbol{\mu}}$$

が得られ，これに (2.51) を代入することで

$$\mathrm{J}\boldsymbol{\psi}(\bar{\boldsymbol{z}})^\top \nabla_B f(\bar{\boldsymbol{x}}) = -\mathrm{J}_N \boldsymbol{h}(\bar{\boldsymbol{x}})^\top \bar{\boldsymbol{\mu}}$$

が得られる．そしてさらに (2.50) を代入することで

$$-\nabla_N f(\bar{\boldsymbol{x}}) = -\mathrm{J}_N \boldsymbol{h}(\bar{\boldsymbol{x}})^\top \bar{\boldsymbol{\mu}} \tag{2.52}$$

が得られる．(2.51) と (2.52) をまとめると

$$\nabla f(\bar{\boldsymbol{x}}) = \mathrm{J}\boldsymbol{h}(\bar{\boldsymbol{x}})^\top \bar{\boldsymbol{\mu}}$$

となる． ■

この命題 2.8 に基づいて問題 (2.48) の最適解 (の候補) を求める手法が，**Lagrange** (ラグランジュ) **乗数法** (または，**Lagrange の未定乗数法**ともいう) である．まず，問題 (2.48) に対して，

$$L(\boldsymbol{x}, \boldsymbol{\mu}) = f(\boldsymbol{x}) - \sum_{l=1}^{r} \mu_l h_l(\boldsymbol{x}) \tag{2.53}$$

で定義される関数 $L : \mathbb{R}^n \times \mathbb{R}^r \to \mathbb{R}$ を **Lagrange 関数**とよぶ．また，変数 μ_l $(l = 1, \ldots, r)$ を **Lagrange 乗数**とよぶ．このとき，問題 (2.48) の制約と命題 2.8 が与える最適性の必要条件は

$$\frac{\partial L}{\partial \boldsymbol{\mu}}(\bar{\boldsymbol{x}}, \bar{\boldsymbol{\mu}}) = \boldsymbol{0}, \tag{2.54a}$$

$$\frac{\partial L}{\partial \boldsymbol{x}}(\bar{\boldsymbol{x}}, \bar{\boldsymbol{\mu}}) = \boldsymbol{0} \tag{2.54b}$$

と書ける．これは，$\bar{\boldsymbol{x}}$ および $\bar{\boldsymbol{\mu}}$ に関する $n+r$ 本の連立方程式である．Lagrange 乗数法は，(2.54) を連立方程式として解くことで $\bar{\boldsymbol{x}}$ および $\bar{\boldsymbol{\mu}}$ を求める方法である．

変数の数が $n = 2$ の場合について，命題 2.8 の最適性条件の意味を図 2.18 に示す．ここで，目的関数 f の等高線を点線で示している．図 2.18(a) は制約の数が $r = 1$ の場合であり，最適解 $\bar{\boldsymbol{x}}$ において $\nabla f(\bar{\boldsymbol{x}})$ と $\nabla h_1(\bar{\boldsymbol{x}})$ が平行になっている．また，図 2.18(b) は制約の数が $r = 2$ の場合であり，制約を満たす点が二つ存在する．これらの点では，$\nabla f(\boldsymbol{x})$ は $\nabla h_1(\boldsymbol{x})$ と $\nabla h_2(\boldsymbol{x})$ の 1 次結合で表せる (図では，最適解 $\bar{\boldsymbol{x}}$ におけるこれらのベクトルを示している)．一方，命題 2.8 の仮定が満たされない場合の例を図 2.19 に示す．制約の数は $r = 2$ であり，曲線 $h_1(\boldsymbol{x}) = 0$ と $h_2(\boldsymbol{x}) = 0$ の共有点のみが実行可能であるからこの点が最適解である．ところが，この最適解 $\bar{\boldsymbol{x}}$ では，$\nabla h_1(\bar{\boldsymbol{x}})$ と $\nabla h_2(\bar{\boldsymbol{x}})$ が平行であり，$\nabla f(\bar{\boldsymbol{x}})$ は $\nabla h_1(\bar{\boldsymbol{x}})$ と $\nabla h_2(\bar{\boldsymbol{x}})$ の 1 次結合で表せない．

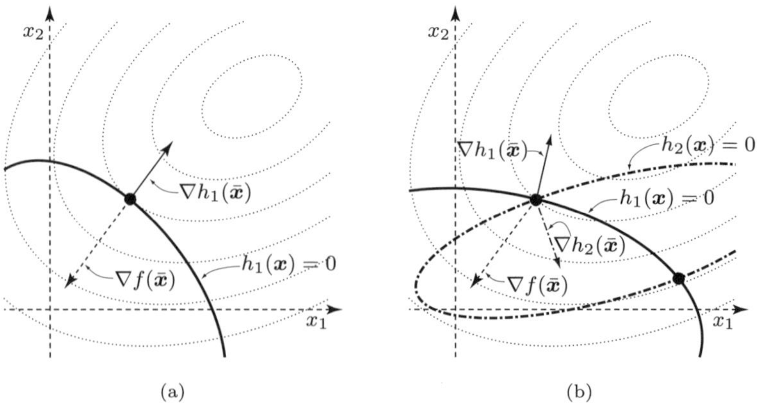

図 2.18　等式制約下の最適化問題 (2.48) の最適解における目的関数と制約関数の勾配 (命題 2.8 の仮定が成り立つ場合)

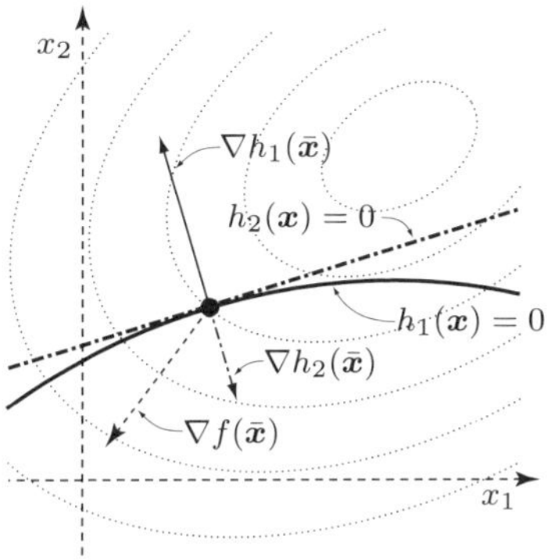

図 2.19 等式制約下の最適化問題 (2.48) の最適解における目的関数と制約関数の勾配 (命題 2.8 の仮定が成り立たない場合)

Lagrange 乗数法の例を，次の例 2.8，例 2.9 に示す．

例 2.8 体積が一定値 V の円筒のうち，表面積が最小のものの高さ h および底面の円の半径 t を求めよう．この問題を非線形計画問題として定式化すると，

$$\left.\begin{array}{ll} \text{Minimize} & 2\pi t^2 + 2\pi th \\ \text{subject to} & \pi t^2 h - V = 0 \end{array}\right\} \tag{2.55}$$

となる (t および h が変数である)．Lagrange 乗数を μ とすると，Lagrange 関数は

$$L(t, h, \mu) = 2\pi t^2 + 2\pi th - \mu(\pi t^2 h - V)$$

となる．したがって，問題 (2.55) の最適性条件は

$$\begin{aligned} \frac{\partial L}{\partial t} &= 4\pi t + 2\pi h - 2\mu\pi th = 0, \\ \frac{\partial L}{\partial h} &= 2\pi t - \mu\pi t^2 = 0, \\ \frac{\partial L}{\partial \mu} &= -\pi t^2 h + V = 0 \end{aligned}$$

である．この連立方程式を解くことで

$$t = \left(\frac{V}{2\pi}\right)^{1/3}, \quad h = 2\left(\frac{V}{2\pi}\right)^{1/3}, \quad \mu = 2\left(\frac{2\pi}{V}\right)^{1/3}$$

が得られる．この t および h が，問題 (2.55) の最適解である． ◁

例 2.9　線形の等式制約の下で 2 次関数を最小化する最適化問題

$$\left.\begin{array}{ll}\text{Minimize} & \dfrac{1}{2}\boldsymbol{x}^\top Q\boldsymbol{x} + \boldsymbol{c}^\top\boldsymbol{x} \\ \text{subject to} & A\boldsymbol{x} = \boldsymbol{b}\end{array}\right\} \tag{2.56}$$

を Lagrange 乗数法で解いてみよう．ただし，Q は n 次の正定値対称行列であり，$A \in \mathbb{R}^{r\times n}$ は $\operatorname{rank} A = r$ を満たすとする．この問題 (2.56) は，凸 2 次計画問題とよばれる問題である (4.5 節を参照).

Lagrange 関数は

$$L(\boldsymbol{x},\boldsymbol{\mu}) = \frac{1}{2}\boldsymbol{x}^\top Q\boldsymbol{x} + \boldsymbol{c}^\top\boldsymbol{x} - \boldsymbol{\mu}^\top(\boldsymbol{b} - A\boldsymbol{x})$$

で定義される．したがって，最適性条件 (2.54) は

$$\begin{bmatrix} Q & A^\top \\ A & O \end{bmatrix}\begin{bmatrix} \boldsymbol{x} \\ \boldsymbol{\mu} \end{bmatrix} = \begin{bmatrix} -\boldsymbol{c} \\ \boldsymbol{b} \end{bmatrix}$$

と得られる．仮定より $AQ^{-1}A^\top$ は正則 (正定値対称) であることに注意してこの連立方程式を解くと

$$\begin{aligned}\boldsymbol{x} &= Q^{-1}A^\top(AQ^{-1}A^\top)^{-1}(AQ^{-1}\boldsymbol{c} + \boldsymbol{b}) - Q^{-1}\boldsymbol{c},\\ \boldsymbol{\mu} &= -(AQ^{-1}A^\top)^{-1}(AQ^{-1}\boldsymbol{c} + \boldsymbol{b})\end{aligned}$$

が得られる．この $\boldsymbol{x}$ が問題 (2.56) の最適解である．　◁

2.3 不等式制約下の最適化

2.2 節では，制約が等式のみで表現される最適化問題について述べた．この 2.3 節では，不等式で表現された制約も含む一般の非線形計画問題の理論と解法を説明する．実世界の最適化問題は不等式制約を含むことがきわめて多いから，不等式制約の扱いは実用的にも重要であり，また最適化の理論の興味深い一面でもある．

等式制約と不等式制約の下での最適化問題は，一般に，次のように表せる：

$$\left.\begin{array}{lll}\text{Minimize} & f(\boldsymbol{x}) & \\ \text{subject to} & g_i(\boldsymbol{x}) \leqq 0, & i = 1,\ldots,m, \\ & h_l(\boldsymbol{x}) = 0, & l = 1,\ldots,r.\end{array}\right\} \tag{2.57}$$

ただし，関数 f, g_i $(i=1,\ldots,m)$, h_l $(l=1,\ldots,r)$ は微分可能であるとし，変数の数を n (つまり，$\boldsymbol{x}\in\mathbb{R}^n$) とする．制約を表現している関数 g_i や h_l を，制約関数とよぶ．

2 変数 $(n=2)$ の問題の場合，$g_i(\boldsymbol{x})=0$ は x_1x_2 平面上の曲線を表すから，制約 $g_i(\boldsymbol{x})\leqq 0$ はこの曲線で区切られる領域を表す．例として，不等式制約の数が $m=3$ で，等式制約がない場合の様子を図 2.20 に示している．ただし，細い点線は目的関数 f の等高線を表し，薄く塗りつぶした部分が実行可能領域を表す．したがって，この例では最適解は図中の ● で示す点である．

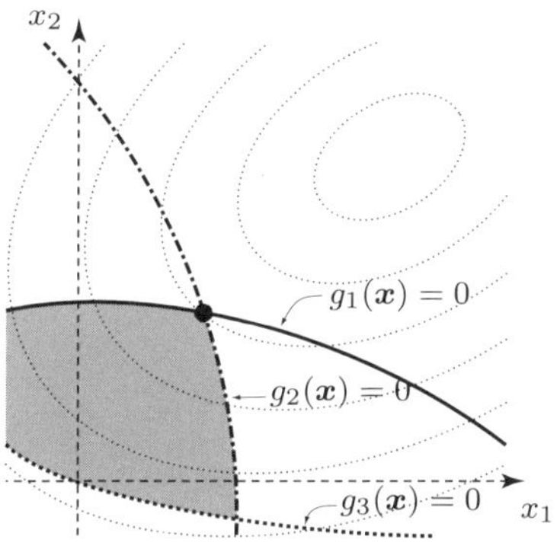

図 **2.20** 不等式制約付き最適化問題の例

制約関数がすべて微分可能という仮定は一見限定的であるが，実際には工夫をすることで微分不可能な制約を微分可能な制約で書き直せることも多い．そのような例を二つ (例 2.10 と例 2.11) あげる．

例 2.10 $\|\boldsymbol{x}\|\leqq 1$ という不等式制約は，$g_1(\boldsymbol{x})=\boldsymbol{x}^\top\boldsymbol{x}-1\leqq 0$ と等価である．また，$\|\boldsymbol{x}\|_\infty=\max_j\{|x_j|\}\leqq 1$ という制約は，例えば $n=2$ の場合には

$$g_1(\boldsymbol{x},\boldsymbol{t})=x_1-t_1\leqq 0,\quad g_2(\boldsymbol{x},\boldsymbol{t})=-x_1-t_1\leqq 0,\quad g_3(\boldsymbol{x},\boldsymbol{t})=t_1-1\leqq 0,$$
$$g_4(\boldsymbol{x},\boldsymbol{t})=x_2-t_2\leqq 0,\quad g_5(\boldsymbol{x},\boldsymbol{t})=-x_2-t_2\leqq 0,\quad g_6(\boldsymbol{x},\boldsymbol{t})=t_2-1\leqq 0$$

と書ける．ただし，$\boldsymbol{t}=(t_1,t_2)^\top$ は補助変数である． ◁

例 2.11 関数 $f(x)=\max\{x,x^2\}$ の無制約最小化問題は，変数 t を導入して

$$
\left.\begin{array}{ll}
\text{Minimize} & t \\
\text{subject to} & x - t \leqq 0, \\
 & x^2 - t \leqq 0
\end{array}\right\}
$$

と書き直すと，問題 (2.57) の形式である．　◁

2.3.1　KKT　条　件

ここでは，問題 (2.57) の最適解が満たすべき条件 (最適性条件) について述べる．

問題 (2.57) の実行可能解 $\boldsymbol{x}$ において，$g_i(\boldsymbol{x}) = 0$ が成り立つ制約を**有効な制約**とよび，$g_i(\boldsymbol{x}) < 0$ である制約を**非有効な制約**とよぶ．等式制約 $h_l(\boldsymbol{x}) = 0$ は，任意の実行可能解 $\boldsymbol{x}$ において有効である．例えば，図 2.20 の例では，● で示す点において有効な制約は $g_1(\boldsymbol{x}) \leqq 0$ および $g_2(\boldsymbol{x}) \leqq 0$ であり，非有効な制約は $g_3(\boldsymbol{x}) \leqq 0$ である．不等式制約のうち点 $\boldsymbol{x}$ で有効なものと非有効なものの添字集合を，それぞれ

$$I_0(\boldsymbol{x}) = \{i \in \{1, \ldots, m\} \mid g_i(\boldsymbol{x}) = 0\}, \tag{2.58}$$

$$I_-(\boldsymbol{x}) = \{i \in \{1, \ldots, m\} \mid g_i(\boldsymbol{x}) < 0\} \tag{2.59}$$

で表す．

等式制約下での最適化問題の最適性条件 (命題 2.8) では，Lagrange 関数の停留条件が最適性の必要条件であることを保証するために，制約関数 $h_1, \ldots, h_r$ に関する条件を仮定した．同様に，不等式制約下での最適化問題の最適性条件を有用な形で述べるためにも，制約に関する仮定が必要である．このような仮定を，**制約想定**とよぶ．次のような制約想定がよく用いられる (注意 2.2 も参照のこと)．

- 1 次独立制約想定：$\nabla g_i(\boldsymbol{x})$ $(i \in I_0(\boldsymbol{x}))$, $\nabla h_l(\boldsymbol{x})$ $(l = 1, \ldots, r)$ が 1 次独立である．
- Slater (スレーター) 制約想定：
  - g_i $(i \in I_0(\boldsymbol{x}))$ は凸関数である．
  - h_l $(l = 1, \ldots, r)$ は 1 次関数であり $\nabla h_l(\boldsymbol{x})$ $(l = 1, \ldots, r)$ が 1 次独立である．
  - $g_i(\hat{\boldsymbol{x}}) < 0$ $(i = 1, \ldots, m)$ を満たす実行可能解 $\hat{\boldsymbol{x}} \in \mathbb{R}^n$ が存在する．
- Mangasarian–Fromovitz (マンガサリアン–フロモヴィッツ) 制約想定：

– $\nabla h_l(\boldsymbol{x})$ $(l = 1, \ldots, r)$ が 1 次独立である．
– 条件

$$\langle \nabla g_i(\boldsymbol{x}), \boldsymbol{d} \rangle < 0, \quad \forall i \in I_0(\boldsymbol{x}),$$
$$\langle \nabla h_l(\boldsymbol{x}), \boldsymbol{d} \rangle = 0, \quad \forall l = 1, \ldots, r$$

を満たす $\boldsymbol{d} \in \mathbb{R}^n$ が存在する．

これらの制約想定のいずれかが満たされるという仮定の下で，**最適性条件**は次のように述べられる[*23]．

命題 2.9 点 $\bar{\boldsymbol{x}} \in \mathbb{R}^n$ が問題 (2.57) の局所最適解であると仮定する．また，関数 f, g_i $(i = 1, \ldots, m)$, h_l $(l = 1, \ldots, r)$ は $\bar{\boldsymbol{x}}$ において微分可能であるとする．さらに，$\bar{\boldsymbol{x}}$ において，上の制約想定のいずれかが満たされることを仮定する．このとき，条件

$$\nabla f(\bar{\boldsymbol{x}}) + \sum_{i=1}^{m} \bar{\lambda}_i \nabla g_i(\bar{\boldsymbol{x}}) + \sum_{l=1}^{r} \bar{\mu}_l \nabla h_l(\bar{\boldsymbol{x}}) = \boldsymbol{0}, \tag{2.60a}$$

$$g_i(\bar{\boldsymbol{x}}) \leqq 0,\ \bar{\lambda}_i \geqq 0,\ \bar{\lambda}_i g_i(\bar{\boldsymbol{x}}) = 0, \quad i = 1, \ldots, m, \tag{2.60b}$$

$$h_l(\bar{\boldsymbol{x}}) = 0, \quad l = 1, \ldots, r \tag{2.60c}$$

を満たす Lagrange 乗数 $\bar{\boldsymbol{\lambda}} \in \mathbb{R}^m$ および $\bar{\boldsymbol{\mu}} \in \mathbb{R}^r$ が存在する．

(2.60) を **Karush–Kuhn–Tucker** (カルーシュ–キューン–タッカー) **条件** (または **KKT 条件**) とよぶ．制約想定は，KKT 条件が最適性の必要条件となるために欠くことのできない仮定である．等式制約下の最適化問題の最適性条件 (命題 2.8) と比較すると，KKT 条件では，不等式制約に対応する Lagrange 乗数 λ_i $(i = 1, \ldots, m)$ に不等式制約が課されている．また，(2.60b) に現れる等式

$$\bar{\lambda}_i g_i(\bar{\boldsymbol{x}}) = 0 \tag{2.61}$$

を**相補性条件**とよぶ．問題 (2.57) に対する Lagrange 関数 $L : \mathbb{R}^n \times \mathbb{R}^{m+r} \to \mathbb{R}$ は

$$L(\boldsymbol{x}, \boldsymbol{\lambda}, \boldsymbol{\mu}) = f(\boldsymbol{x}) + \sum_{i=1}^{m} \lambda_i g_i(\boldsymbol{x}) + \sum_{l=1}^{r} \mu_l h_l(\boldsymbol{x}) \tag{2.62}$$

*23 命題 2.9 の証明は，例えば文献 [20, 定理 3.14] を参照されたい．

と定義される．KKT 条件の条件 (2.60a) は，Lagrange 関数 $L(\boldsymbol{x},\boldsymbol{\lambda},\boldsymbol{\mu})$ の $\boldsymbol{x}$ に関する停留条件である[*24]．

変数の数が $n=2$ で，等式制約がなく不等式制約の数が $m=3$ の場合について，KKT 条件 (2.60) の意味を図 2.21 に示す (より具体的な例として，例 2.12 も参照されたい)．図 2.21(a) は，目的関数 f の等高線 (点線) と実行可能領域 (塗りつぶしの領域) を示している．最適解 $\boldsymbol{x}$ (● で示す点) における $\nabla f(\boldsymbol{x})$, $\nabla g_1(\boldsymbol{x})$, $\nabla g_2(\boldsymbol{x})$ を図 2.21(b) に示す．制約 $g_3(\boldsymbol{x}) \leqq 0$ は非有効であるから，(2.60b) の相補性条件より $\lambda_3=0$ である．したがって，(2.60a) は，$-\nabla f(\boldsymbol{x})$ が $\nabla g_1(\boldsymbol{x})$ と $\nabla g_2(\boldsymbol{x})$ の非負結合で表せる (つまり，係数 $\lambda_1 \geqq 0$, $\lambda_2 \geqq 0$ を用いて $-\nabla f(\boldsymbol{x}) = \lambda_1 \nabla g_1(\boldsymbol{x}) + \lambda_2 \nabla g_2(\boldsymbol{x})$ と表せる) ことを意味している．このことが，図 2.21(b) で確認できる．一方，図 2.22 に，制約想定が満たされない場合の例を二つ示す ($m=2$, $n=2$ の例である)．図 2.22(a) の例では，実行可能領域 (塗りつぶしの領域) が非凸集合であり，

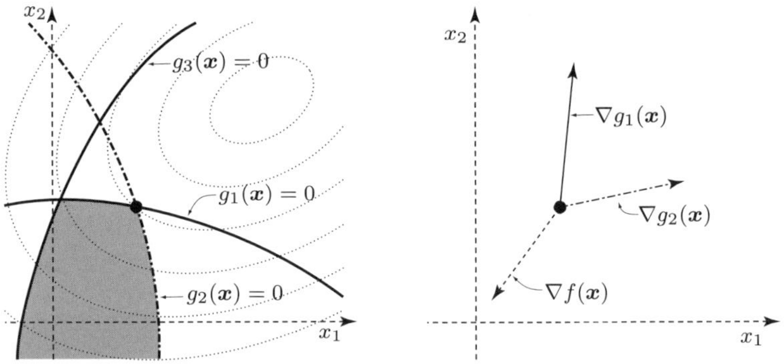

(a)　　　　(b)

図 2.21　不等式制約下の最適化問題 (2.57) の最適解 (命題 2.9 の仮定が成り立つ場合)

*24　ここでは，条件 (2.60a) が Lagrange 関数 (2.62) から導けることを述べた．一方，3.6.2 節では，関数が無限大や無限小をとることを許して，Lagrange 関数を

$$L(\boldsymbol{x},\boldsymbol{\lambda},\boldsymbol{\mu}) = \begin{cases} f(\boldsymbol{x}) + \displaystyle\sum_{i=1}^{m} \lambda_i g_i(\boldsymbol{x}) + \sum_{l=1}^{r} \mu_l h_l(\boldsymbol{x}) & (\boldsymbol{\lambda} \geqq \boldsymbol{0} \text{ のとき}) \\ -\infty & (\text{それ以外のとき}) \end{cases}$$

と定義している．すると，不等式制約なども含めて KKT 条件 (2.60) の全体を Lagrange 関数を用いて表現できる．

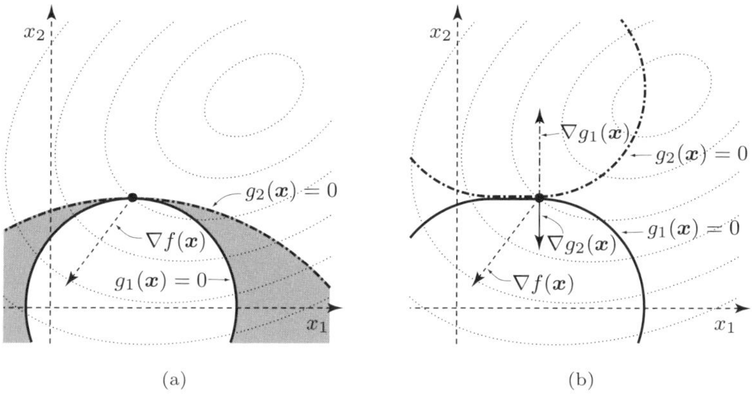

図 2.22 不等式制約下の最適化問題 (2.57) の最適解 (命題 2.9 の仮定が成り立たない場合)

最適解 (● で示す点) で 1 次独立制約想定が成り立たない．図 2.22(b) は，g_1 および g_2 が凸関数である例で，実行可能領域は線分である．この例では，Slater の制約想定が満たされない (最適解で 1 次独立制約想定も満たされない)．図 2.22 の二つの例では，最適解において，$-\nabla f(\boldsymbol{x})$ を $\nabla g_1(\boldsymbol{x})$ と $\nabla g_2(\boldsymbol{x})$ の非負結合で表すことはできない．

一般の非線形計画問題 (等式および不等式制約付き最適化問題) の解法には，逐次 2 次計画法，内点法，乗数法，ペナルティ法，**勾配射影法**，**有効制約法**，信頼領域法，フィルタ法などがある．これらのうち代表的なものを，2.3.2 節–2.3.5 節で取り上げる．これらのアルゴリズムの多くは，問題 (2.57) の 1 次の最適性条件である KKT 条件 (2.60) を満たす点 $\bar{\boldsymbol{x}}$ と Lagrange 乗数 $(\bar{\boldsymbol{\lambda}}, \bar{\boldsymbol{\mu}})$ の組に収束する点列 $\{(\boldsymbol{x}_k, \boldsymbol{\lambda}_k, \boldsymbol{\mu}_k)\}$ を生成するように設計される．したがって，これらのアルゴリズムは，基本的に非線形計画問題の局所最適解を求めるものであり，一般には (つまり，問題が凸計画問題でない場合には) 大域的最適解が得られる保証はない．解きたい問題が凸計画問題に変形できる場合には，線形計画問題 (4 章) や半正定値計画問題 (5 章) などへの変形を試みて効率的な解法の適用を検討するのが適切である．

注意 2.2 本書では，KKT 条件 (2.60) が最適性の必要条件となることを保証する制約想定として，1 次独立制約想定，Slater 制約想定，Mangasarian–Fromovitz 制約想定の三つをあげた．この他にも，さまざまな制約想定が提案されている[9,20]．ここでは，この三つの制約想定の特徴の概略を述べておく．

KKT 条件 (2.60) において，点 $\bar{\boldsymbol{x}}$ を固定したとする．(2.60b) より $\bar{\lambda}_i = 0$ $(\forall i \in I_-(\bar{\boldsymbol{x}}))$ が成り立つから，(2.60a) は $\bar{\lambda}_i$ $(\forall i \in I_0(\bar{\boldsymbol{x}}))$ および $\bar{\mu}_l$ $(l = 1, \ldots, r)$ に関する線形方程式とみなせる．1 次独立制約想定は，この線形方程式の係数行列が列フルランクであることを意味している．したがって，1 次独立制約想定が満たされるならば，KKT 条件 (2.60) を満たす Lagrange 乗数 $(\bar{\boldsymbol{\lambda}}, \bar{\boldsymbol{\mu}})$ は一意に存在する．また，同様の考察から，1 次独立制約想定が満たされるならば，Mangasarian–Fromovitz 制約想定が満たされることがわかる．実は，Mangasarian–Fromovitz 制約想定は，KKT 条件を満たす Lagrange 乗数の集合が有界であるための必要十分条件であることが知られている．一方で，最適化問題が Slater 制約想定を満たすか否かは点 $\boldsymbol{x}$ に依存せずに調べることができる．その意味で，Slater 制約想定は有用である．◁

例 2.12　最適化問題

$$\left.\begin{array}{ll} \text{Minimize} & {x_1}^2 + 2{x_2}^2 \\ \text{subject to} & -x_1 - x_2 + 1 \leqq 0, \\ & x_1 - 2x_2 - 1 \leqq 0 \end{array}\right\} \tag{2.63}$$

の KKT 条件を書き下して，最適解 (図 2.23 の ■ で示す点) を求めてみる．

まず，(2.62) で定義される Lagrange 関数は

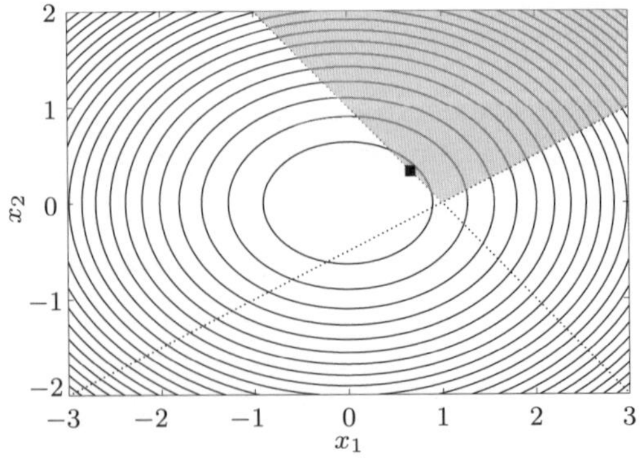

図 2.23　問題 (2.63) の実行可能領域 (薄く塗りつぶした部分) と最適解 (■)

$$L(\boldsymbol{x}, \boldsymbol{\lambda}) = {x_1}^2 + 2{x_2}^2 + \lambda_1(-x_1 - x_2 + 1) + \lambda_2(x_1 - 2x_2 - 1)$$

となる．ただし，$\lambda_1 \geqq 0$, $\lambda_2 \geqq 0$ は Lagrange 乗数である．L の x_1, x_2 に関する停留条件は

$$2x_1 - \lambda_1 + \lambda_2 = 0, \tag{2.64}$$

$$4x_2 - \lambda_1 - 2\lambda_2 = 0 \tag{2.65}$$

となる．これは，KKT 条件の (2.60a) にあたる．また，KKT 条件の (2.60b) は

$$-x_1 - x_2 + 1 \leqq 0, \quad \lambda_1 \geqq 0, \quad \lambda_1(-x_1 - x_2 + 1) = 0, \tag{2.66}$$

$$x_1 - 2x_2 - 1 \leqq 0, \quad \lambda_2 \geqq 0, \quad \lambda_2(x_1 - 2x_2 - 1) = 0 \tag{2.67}$$

と書ける．(2.64)–(2.67) が，問題 (2.63) の KKT 条件である．

表記の簡単のために，

$$g_1(\boldsymbol{x}) = -x_1 - x_2 + 1, \quad g_2(\boldsymbol{x}) = x_1 - 2x_2 - 1$$

とおく．(2.66) の相補性条件より，最適解では $g_1(\boldsymbol{x})$ と λ_1 の少なくとも一方は 0 である．同様に，(2.67) の相補性条件より，$g_2(\boldsymbol{x})$ と λ_2 の少なくとも一方は 0 である．そこで，これらのいずれが 0 になるかについて以下の (a)–(d) の四つに場合わけして，考察を進める．

(a) $\lambda_1 = \lambda_2 = 0$ のとき．(2.64) および (2.65) に $\lambda_1 = \lambda_2 = 0$ を代入すると，$x_1 = x_2 = 0$ が得られる．このとき，$g_1(\boldsymbol{x}) > 0$ となって (2.66) が満たされないので不適．

(b) $g_1(\boldsymbol{x}) = \lambda_2 = 0$ のとき．$\lambda_2 = 0$ を用いると，(2.64), (2.65), $g_1(\boldsymbol{x}) = 0$ は

$$2x_1 - \lambda_1 = 0, \quad 4x_2 - \lambda_1 = 0, \quad -x_1 - x_2 + 1 = 0$$

となる．この連立方程式を解くと $(x_1, x_2) = (2/3, 1/3)$, $\lambda_1 = 4/3$ が得られる．これらは $g_2(\boldsymbol{x}) \leqq 0$, $\lambda_1 \geqq 0$ を満たしている．

(c) $g_2(\boldsymbol{x}) = \lambda_1 = 0$ のとき．$\lambda_1 = 0$ を用いると，(2.64), (2.65), $g_2(\boldsymbol{x}) = 0$ は

$$2x_1 + \lambda_2 = 0, \quad 4x_2 - 2\lambda_1 = 0, \quad x_1 - 2x_2 - 1 = 0$$

となる．この連立方程式を解くと $(x_1, x_2) = (1/3, -1/3)$, $\lambda_2 = -2/3$ となるが，$\lambda_2 < 0$ であるため不適．

(d) $g_1(\boldsymbol{x}) = g_2(\boldsymbol{x}) = 0$ のとき．この条件は

$$-x_1 - x_2 + 1 = 0, \quad x_1 - 2x_2 - 1 = 0$$

と書ける．この連立方程式の解は $(x_1, x_2) = (1, 0)$ である．この x_1 と x_2 を (2.64), (2.65) に代入すると，λ_1 と λ_2 に関する連立方程式が得られる．それを解くと，$(\lambda_1, \lambda_2) = (4/3, -2/3)$ となるが，$\lambda_2 < 0$ であるため不適．

以上の (a)–(d) より，問題 (2.63) の最適解は $(x_1, x_2) = (2/3, 1/3)$ であり，対応する Lagrange 乗数は $(\lambda_1, \lambda_2) = (4/3, 0)$ であることがわかる．この例でみたように，KKT 条件の相補性条件は，不等式制約のうちどの制約が最適解で有効となるかという場合わけを表現している．

なお，制約の数が多い場合に (a)–(d) のような場合わけを行うことは現実的ではない．そこで実際には，2.3.2 節以降で紹介するアルゴリズムを用いて KKT 条件を満たす点を求める．　◁

最後に，最適性の 2 次の十分条件とよばれる条件を，証明なしで事実だけ述べておく．Lagrange 関数 (2.62) の $\boldsymbol{x}$ に関する Hesse 行列を

$$\nabla^2_{\boldsymbol{xx}} L(\boldsymbol{x}, \boldsymbol{\lambda}, \boldsymbol{\mu}) = \nabla^2 f(\boldsymbol{x}) + \sum_{i=1}^{m} \lambda_i \nabla^2 g_i(\boldsymbol{x}) + \sum_{l=1}^{r} \mu_l \nabla^2 h_l(\boldsymbol{x})$$

とおく．また，問題 (2.57) の実行可能解 $\boldsymbol{x} \in \mathbb{R}^n$ において，集合 $C(\boldsymbol{x}) \subseteq \mathbb{R}^n$ を

$$\begin{aligned} C(\boldsymbol{x}) = \{\boldsymbol{d} \in \mathbb{R}^n \mid & \langle \nabla g_i(\boldsymbol{x}), \boldsymbol{d} \rangle \leqq 0 \ (i \in I_0(\boldsymbol{x})) \\ & \langle \nabla h_l(\boldsymbol{x}), \boldsymbol{d} \rangle = 0 \ (l = 1, \ldots, r) \\ & \langle \nabla f(\boldsymbol{x}), \boldsymbol{d} \rangle \leqq 0\} \end{aligned}$$

で定義する[*25]．$\boldsymbol{x}$ および対応する Lagrange 乗数 $\boldsymbol{\lambda}$, $\boldsymbol{\mu}$ が KKT 条件 (2.60) を満たすならば，$C(\boldsymbol{x})$ は

$$\begin{aligned} C(\boldsymbol{x}) = \{\boldsymbol{d} \in \mathbb{R}^n \mid & \langle \nabla g_i(\boldsymbol{x}), \boldsymbol{d} \rangle = 0 \ (i \in I_0(\boldsymbol{x}) \cap \{i \mid \lambda_i > 0\}) \\ & \langle \nabla g_i(\boldsymbol{x}), \boldsymbol{d} \rangle \leqq 0 \ (i \in I_0(\boldsymbol{x}) \cap \{i \mid \lambda_i = 0\}) \\ & \langle \nabla h_l(\boldsymbol{x}), \boldsymbol{d} \rangle = 0 \ (l = 1, \ldots, r)\} \end{aligned}$$

と書き直せる．最適性の 2 次の十分条件は次のように書ける[*26]．

*25　$I_0(\boldsymbol{x})$ の定義は，(2.58) を参照のこと．

*26　命題 2.10 の証明は，例えば文献 [20, 定理 3.13] を参照のこと．

命題 2.10　問題 (2.57) において，関数 f, g_i $(i = 1, \ldots, m)$, h_l $(l = 1, \ldots, r)$ は点 $\bar{\boldsymbol{x}} \in \mathbb{R}^n$ において 2 回連続微分可能であるとする．このとき，KKT 条件 (2.60) を満たす Lagrange 乗数 $\bar{\boldsymbol{\lambda}}$ および $\bar{\boldsymbol{\mu}}$ が存在し，かつ $\bar{\boldsymbol{x}}$ が条件

$$\langle \nabla^2_{\boldsymbol{xx}} L(\bar{\boldsymbol{x}}, \bar{\boldsymbol{\lambda}}, \bar{\boldsymbol{\mu}})\boldsymbol{d}, \boldsymbol{d} \rangle > 0, \quad \forall \boldsymbol{d} \in C(\bar{\boldsymbol{x}}) \setminus \{\boldsymbol{0}\}$$

を満たすならば，$\bar{\boldsymbol{x}}$ は問題 (2.57) の狭義の局所最適解である．

2.3.2　解法 (1)：罰金関数と障壁関数

罰金関数 (ペナルティ関数) や障壁関数 (バリア関数) は，制約を目的関数に組み込むことにより制約付き最適化問題を無制約最適化問題に変換するための関数である．かつては，この無制約最適化問題を直接解くことでもとの制約付き最適化問題の最適解を得るような手法が研究された．現在では，罰金関数や障壁関数の考え方は，2.3.3 節–2.3.5 節で述べるより実用的な解法に組み込まれて使われている．

a.　ペナルティ関数

ペナルティ関数 (または，**罰金関数**) とは，最適化問題 (2.57) のそれぞれの制約が満たされる場合には 0 をとり，満たされない場合には正の値をとる関数である．例えば，関数 $h_l(\boldsymbol{x})^2$ は等式制約 $h_l(\boldsymbol{x}) = 0$ に対するペナルティ関数である．また，不等式制約 $g_i(\boldsymbol{x}) \leqq 0$ に対するペナルティ関数の例として $(\max\{g_i(\boldsymbol{x}), 0\})^2$ がある．

ペナルティ関数を直接的に用いる非線形最適化問題の解法が，**ペナルティ法**である．ペナルティ法では，解きたい問題 (2.57) の目的関数に制約のペナルティ関数を加えた関数

$$\phi_\rho(\boldsymbol{x}) = f(\boldsymbol{x}) + \rho \sum_{i=1}^{m} (\max\{g_i(\boldsymbol{x}), 0\})^2 + \rho \sum_{l=1}^{r} h_l(\boldsymbol{x})^2$$

を考える．ここで，定数 $\rho > 0$ はペナルティ関数の影響の大きさを調節するための定数であり，**ペナルティパラメータ**とよばれる．無制約最適化問題

$$\text{Minimize} \quad \phi_\rho(\boldsymbol{x}) \tag{2.68}$$

の最適解は，ある適当な条件の下で，$\rho \to +\infty$ とすればもとの問題 (2.57) の最適解に収束することが知られている[27]．そこで，各反復では固定した ρ に対して無制約最適化問題 (2.68) を解き (これには，2.1 節で述べた手法を用いる)，反復ごとに徐々に ρ の値を徐々に大きくすることで，最終的にもとの問題 (2.57) の最適解を得ようとする方法をペナルティ法という．ペナルティ法の問題点は，ρ が有限の値 $(0 < \rho < +\infty)$ では一般にはもとの最適化問題の正確な最適解は得られず，一方で ρ が大きくなるに従って ϕ_ρ の Hesse 行列の条件数も非常に大きくなるために無制約最適化問題 (2.68) を解くことがしばしば困難になることである．これらの短所を解決するために，ペナルティ関数を Lagrange 関数と組み合わせた方法が，2.3.5 節で述べる乗数法である．

例 2.13 1 変数の簡単な問題

$$\left.\begin{array}{ll}\text{Minimize} & x+1 \\ \text{subject to} & x \geqq 0\end{array}\right\} \tag{2.69}$$

を例にして，ペナルティ関数の様子をみてみよう．図 2.24 の実線が目的関数であり，最適解は $x = 0$ である．目的関数にペナルティ関数を加えると

$$\phi_\rho(x) = x + 1 + \rho(\max\{-x, 0\})^2$$

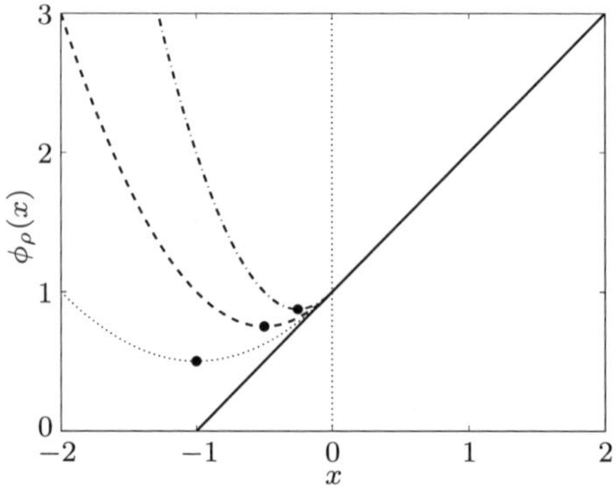

図 2.24 例 2.13 におけるペナルティ法の例 (——：$\rho = 0$，⋯⋯：$\rho = 0.5$，- - - -：$\rho = 1$，-·-·-：$\rho = 2$)

*27 証明は，例えば文献 [17, Theorem 17.1] を参照されたい．

となる．この関数でペナルティパラメータ ρ を徐々に大きくすると，図 2.24 のようになる．ここで，図の黒丸は $\phi_\rho(x)$ の最小解を表す．ρ を大きくしていくと，$\phi_\rho(x)$ の最小解が問題 (2.69) の最適解に徐々に近づいていくことがわかる．しかし，ρ が有限の値 ($\rho < +\infty$) では，$\phi_\rho(x)$ の最小解 (● で示す点) はもとの問題 (2.69) の制約 $x \geqq 0$ を満たさない． ◁

例 2.14 2 変数の最適化問題

$$\left.\begin{array}{ll}\text{Minimize} & x_1 + 2x_2 \\ \text{subject to} & -4x_1 - x_2 \leqq 6, \\ & x_1 - 3x_2 \leqq 3, \\ & (x_1 - 3)^2 + {x_2}^2 \geqq 4\end{array}\right\} \tag{2.70}$$

にペナルティ法を適用してみる．この問題は，実行可能領域が図 2.25(a) の薄く塗りつぶした部分で，目的関数の等高線が点線である．したがって，最適解は図の ■ で示す点 $\boldsymbol{x} = (-15/13, -18/13)^\top$ である．目的関数にペナルティ関数を加えると

$$\begin{aligned}\phi_\rho(x) =& (x_1 + 2x_2) + \rho(\max\{-4x_1 - x_2 - 6, 0\})^2 \\ & + \rho(\max\{x_1 - 3x_2 - 3, 0\})^2 + \rho(\max\{-(x_1 - 3)^2 - {x_2}^2 + 4, 0\})^2\end{aligned}$$

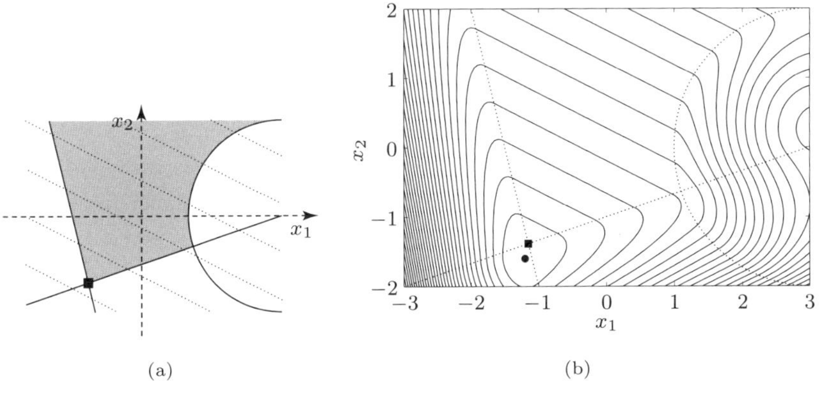

図 2.25 ペナルティ法の例 (例 2.14：2 変数の場合)

となる．ペナルティパラメータを $\rho = 0.5$ とおくと，ϕ_ρ の等高線は図 2.25(b) のようになり，その最小解は図の ● で示す点になる．この点はもとの問題の最適解の近くではあるが，制約を満たさないことに注意が必要である．　◁

b.　正確なペナルティ関数

正確なペナルティ関数とは，あるペナルティパラメータ $\rho > 0$ を選べば無制約最適化問題 (2.68) の最適解がもとの問題 (2.57) の最適解に一致するようなペナルティ関数のことである．2.3.2.a 項のペナルティ関数は，正確なペナルティ関数ではない．

制約 $g_i(\boldsymbol{x}) \leqq 0$ および制約 $h_l(\boldsymbol{x}) = 0$ に対する正確なペナルティ関数の例として $\max\{g_i(\boldsymbol{x}), 0\}$ および $|h_l(\boldsymbol{x})|$ がある．解きたい問題 (2.57) の目的関数にこれらのペナルティ関数を加えることで

$$\phi_\rho(\boldsymbol{x}) = f(\boldsymbol{x}) + \rho \sum_{i=1}^{m} \max\{g_i(\boldsymbol{x}), 0\} + \rho \sum_{l=1}^{r} |h_l(\boldsymbol{x})|$$

となる ($\rho > 0$ はペナルティパラメータである)．この関数は，ℓ_1 ノルムを用いて定義されていることから，**$\boldsymbol{\ell_1}$ 型の正確なペナルティ関数**とよばれる．正確なペナルティ関数を用いた場合には，無制約最適化問題 (2.68) の最適解は (ある適当な条件の下で) 十分大きな ρ を選べばもとの問題 (2.57) の最適解に一致することが知られている．しかし，ρ の値をどの程度大きくすればよいのかを (もとの問題の) 最適解を得る前に知ることは困難である．

ℓ_1 型の正確なペナルティ関数は，微分不可能な点を含む．2.1 節で述べた無制約最適化の解法は微分可能な関数を対象とするものであるから，これらの方法を正確なペナルティ関数の最小化に直接利用することはできない．現在では，正確なペナルティ関数は，逐次 2 次計画法や内点法の内部において直線探索を行うための評価関数 (この文脈では，ペナルティ関数は**メリット関数**とよばれる) として用いられることが多い．

なお，逐次 2 次計画法などの内部においてペナルティ関数を利用する場合でも，ペナルティパラメータをどのように選べばよいかは明らかではない．これに対して，ペナルティパラメータを用いることなく非線形計画問題を解く手法として，**フィルタ法**とよばれる方法が研究されている[*28]．

---

*28　詳細は，文献 [17, Chap. 15] を参照されたい．

c. 障　壁　関　数

障壁関数 (または，**バリア関数**) とは，制約が満たされる点では有限の値をとり，制約の境界で無限大となる関数である．例えば，$1/x_j$ や $-\log x_j$ は不等式制約 $x_j \geqq 0$ に対する障壁関数である．実際には，障壁関数の影響の大きさを調節するために，$\nu > 0$ を定数として $\nu(1/x_j)$ や $-\nu \log x_j$ という形にして用いる．ここで，ν を**障壁パラメータ**とよぶ．

例えば，解きたい問題 (2.57) が等式制約を含まない場合 (つまり，制約 $g_i(\boldsymbol{x}) \leqq 0$, $i = 1, \ldots, m$ の下で $f(\boldsymbol{x})$ を最小化したい場合) には，障壁関数を用いて

$$\psi_\nu(\boldsymbol{x}) = f(\boldsymbol{x}) - \nu \sum_{i=1}^{m} \log(-g_i(\boldsymbol{x}))$$

という関数を考える．そして，もとの問題 (2.57) の実行可能領域の内点を初期点として，各反復では固定した $\nu > 0$ に対して $\psi_\nu(\boldsymbol{x})$ の無制約最小化問題を解き，反復ごとに ν の値を徐々に小さくして $\nu \to 0$ とすることで，最終的にもとの問題の最適解を得ようとする方法が考えられる．この方法を，**古典的な意味での内点法** (または，**SUMT** = sequential unconstrained minimization technique，または，**障壁法**) という．古典的な内点法は，初期点として必要な実行可能領域の内点が必ずしも容易に得られないことや，実行可能領域の境界に近づくにつれて $\psi_\nu(\boldsymbol{x})$ の無制約最小化問題が悪条件となり解くことが難しいなどの欠点がある．しかし，1990 年代に入り，線形計画問題に対する主双対内点法の考え方を非線形計画問題に拡張する研究が進められ，より洗練された解法となったため再び注目を集めている (2.3.4 節を参照)．

例 2.15　例 2.13 でペナルティ関数を考えた 1 変数の簡単な最適化問題 (2.69) を使って，障壁関数の様子をみてみよう．図 2.26 の実線が目的関数 $x + 1$ であり，制約は $x \geqq 0$ だから，最適解は $x = 0$ である．目的関数に障壁関数を加えると

$$\phi_\nu(x) = x + 1 - \nu \log x$$

となる．図 2.26 に，ν を徐々に小さくしたときの $\phi_\nu(x)$ を示す (図の ● は $\phi_\nu(x)$ の最小解を表す)．$\nu > 0$ を 0 に近づけていくと，$\phi_\nu(x)$ の最小解がもとの問題の最適解に徐々に近づいていくことがわかる．$\phi_\nu(x)$ の最小解は，ペナルティ法 (例 2.13) の場合とは異なり，もとの問題の制約 $x \geqq 0$ を満たしている．　◁

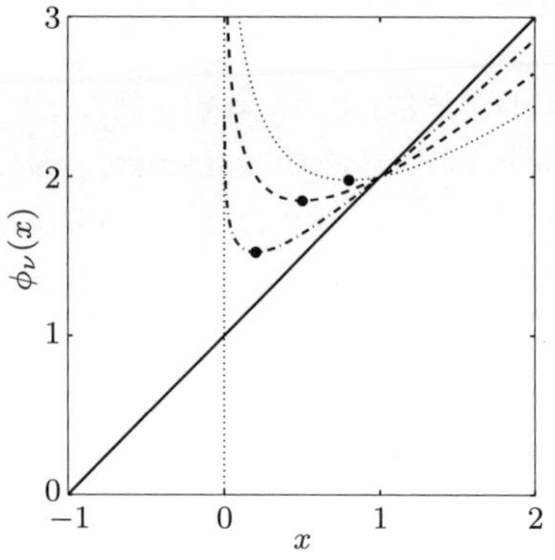

図 **2.26**　例 2.15 における障壁法の例 (——：$\nu = 0$, ⋯⋯：$\nu = 0.8$, - - - -：$\nu = 0.5$, -·-·-：$\nu = 0.2$)

例 2.16　例 2.14 で扱った問題 (2.70) について，今度は障壁関数を適用してみる．この問題の実行可能領域は図 2.25(a) の薄く塗りつぶした部分で，目的関数の等高線は点線である．目的関数に障壁関数を加えた関数は

$$\begin{aligned}\phi_\nu(x) =&(x_1 + 2x_2) - \nu\log(4x_1 + x_2 + 6)\\ &- \nu\log(-x_1 + 3x_2 + 3) - \nu\log((x_1 - 3)^2 + {x_2}^2 - 4)\end{aligned}$$

となる．障壁パラメータを $\nu = 1$ とおくと，ϕ_ν の等高線は図 2.27 のようになり，その最小解は図の ● で示す点になる (この点は，もとの問題の制約を満たしてい

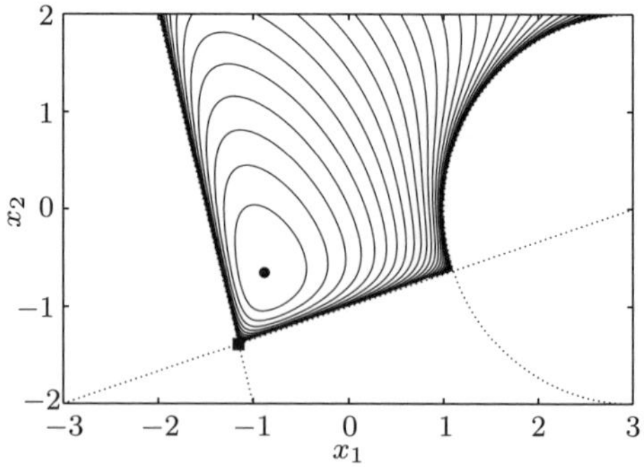

図 **2.27**　障壁法の例 (例 2.16：2 変数の場合)

る)．なお，もとの問題の最適解は，図の ■ で示す点である． ◁

2.3.3 解法 (2)：逐次 2 次計画法

逐次 2 次計画法 (SQP = sequential quadratic programming) は，Lagrange 関数から導出される 2 次計画問題を繰り返し解いて最適解を求める方法であり，主に 1970 年代から 80 年代に研究が進められた．一般の非線形計画問題の解法として現在でも最も有力な方法の一つである．

非線形計画問題 (2.57) を解く逐次 2 次計画法は，各反復において最適化問題

$$\left.\begin{array}{lll}\text{Minimize} & \frac{1}{2}\langle B_k \Delta \boldsymbol{x}, \Delta \boldsymbol{x}\rangle + \langle \nabla f(\boldsymbol{x}_k), \Delta \boldsymbol{x}\rangle & \\ \text{subject to} & g_i(\boldsymbol{x}_k) + \langle \nabla g_i(\boldsymbol{x}_k), \Delta \boldsymbol{x}\rangle \leqq 0, & i = 1, \ldots, m, \\ & h_l(\boldsymbol{x}_k) + \langle \nabla h_l(\boldsymbol{x}_k), \Delta \boldsymbol{x}\rangle = 0, & l = 1, \ldots, r\end{array}\right\} \tag{2.71}$$

を解き，その最適解 $\Delta \boldsymbol{x}$ を探索方向とする方法である．このように，もとの問題の解を得るために補助的に解くより簡単な問題のことを，**部分問題**という．逐次 2 次計画法の部分問題 (2.71) の制約はもとの問題 (2.57) の制約を点 $\boldsymbol{x}_k$ において線形化したものであり，目的関数はもとの問題の目的関数 $f(\boldsymbol{x})$ を 2 次関数で近似したものである．そして，行列 B_k はもとの問題の Lagrange 関数

$$L(\boldsymbol{x}, \boldsymbol{\lambda}, \boldsymbol{\mu}) = f(\boldsymbol{x}) + \sum_{i=1}^{m} \lambda_i g_i(\boldsymbol{x}) + \sum_{l=1}^{r} \mu_l h_l(\boldsymbol{x})$$

の $\boldsymbol{x}$ に関する Hesse 行列 $\nabla^2_{\boldsymbol{xx}} L(\boldsymbol{x}_k, \boldsymbol{\lambda}_k, \boldsymbol{\mu}_k)$ またはそれを適当に近似した正定値対称行列である (以下では，表記の簡単のために $\nabla^2_{\boldsymbol{xx}} L(\boldsymbol{x}_k, \boldsymbol{\lambda}_k, \boldsymbol{\mu}_k)$ のことを $\nabla^2_{\boldsymbol{xx}} L_k$ と書く)．ここで，$\boldsymbol{\lambda}_k$ および $\boldsymbol{\mu}_k$ はもとの問題 (2.57) の Lagrange 乗数の近似値である．例えば，$k-1$ 回目の反復での問題 (2.71) の Lagrange 乗数を $\boldsymbol{\lambda}_k$ および $\boldsymbol{\mu}_k$ とする．

部分問題 (2.71) は，次のような考え方から得られる問題である．部分問題 (2.71) の KKT 条件は，$\hat{\boldsymbol{\lambda}}$ および $\hat{\boldsymbol{\mu}}$ を Lagrange 乗数として

$$\begin{aligned}&B_k \Delta \boldsymbol{x} + \mathrm{J}\boldsymbol{g}_k^\top \hat{\boldsymbol{\lambda}} + \mathrm{J}\boldsymbol{h}_k^\top \hat{\boldsymbol{\mu}} = -\nabla f_k, \\ &\boldsymbol{g}_k + \mathrm{J}\boldsymbol{g}_k \Delta \boldsymbol{x} \leqq \boldsymbol{0}, \quad \hat{\boldsymbol{\lambda}} \geqq \boldsymbol{0}, \quad \hat{\boldsymbol{\lambda}}^\top (\boldsymbol{g}_k + \mathrm{J}\boldsymbol{g}_k \Delta \boldsymbol{x}) = 0, \\ &\boldsymbol{h}_k + \mathrm{J}\boldsymbol{h}_k \Delta \boldsymbol{x} = \boldsymbol{0}\end{aligned}$$

と書ける (ただし，表記の簡単のために $\nabla f_k = \nabla f(\boldsymbol{x}_k)$, $\boldsymbol{g}_k = \boldsymbol{g}(\boldsymbol{x}_k)$, $\mathrm{J}\boldsymbol{g}_k = \mathrm{J}\boldsymbol{g}(\boldsymbol{x}_k)$, $\boldsymbol{h}_k = \boldsymbol{h}(\boldsymbol{x}_k)$, $\mathrm{J}\boldsymbol{h}_k = \mathrm{J}\boldsymbol{h}(\boldsymbol{x}_k)$ とおいた)．これは，便宜的に $\hat{\boldsymbol{\lambda}} = \boldsymbol{\lambda}_k + \Delta\boldsymbol{\lambda}$ および $\hat{\boldsymbol{\mu}} = \boldsymbol{\mu}_k + \Delta\boldsymbol{\mu}$ とおくと

$$B_k \Delta\boldsymbol{x} + \mathrm{J}\boldsymbol{g}_k^\top \Delta\boldsymbol{\lambda} + \mathrm{J}\boldsymbol{h}_k^\top \Delta\boldsymbol{\mu} = -\nabla_{\boldsymbol{x}} L_k, \tag{2.72a}$$

$$\begin{aligned} &\boldsymbol{g}_k + \mathrm{J}\boldsymbol{g}_k \Delta\boldsymbol{x} \leqq \boldsymbol{0}, \quad \boldsymbol{\lambda}_k + \Delta\boldsymbol{\lambda} \geqq \boldsymbol{0}, \\ &\qquad (\boldsymbol{\lambda}_k + \Delta\boldsymbol{\lambda})^\top (\boldsymbol{g}_k + \mathrm{J}\boldsymbol{g}_k \Delta\boldsymbol{x}) = 0, \end{aligned} \tag{2.72b}$$

$$\boldsymbol{h}_k + \mathrm{J}\boldsymbol{h}_k \Delta\boldsymbol{x} = \boldsymbol{0} \tag{2.72c}$$

と書き直せる．条件 (2.72) で行列 B_k を $B_k = \nabla^2_{\boldsymbol{xx}} L_k$ と選び，もとの問題 (2.57) の KKT 条件

$$(\nabla_{\boldsymbol{x}} L =)\, \nabla f(\boldsymbol{x}) + \mathrm{J}\boldsymbol{g}(\boldsymbol{x})^\top \boldsymbol{\lambda} + \mathrm{J}\boldsymbol{h}(\boldsymbol{x})^\top \boldsymbol{\mu} = \boldsymbol{0}, \tag{2.73a}$$

$$\boldsymbol{g}(\boldsymbol{x}) \leqq \boldsymbol{0}, \quad \boldsymbol{\lambda} \geqq \boldsymbol{0}, \quad \boldsymbol{\lambda}^\top \boldsymbol{g}(\boldsymbol{x}) = 0, \tag{2.73b}$$

$$\boldsymbol{h}(\boldsymbol{x}) = \boldsymbol{0} \tag{2.73c}$$

と比較すると，(2.72) は (2.73) を点 $(\boldsymbol{x}_k, \boldsymbol{\lambda}_k, \boldsymbol{\mu}_k)$ において近似した条件であることがわかる．特に，(2.72a) は (2.73a) に対する Newton 方程式である．つまり，部分問題 (2.71) の最適解を求めることは，もとの問題 (2.57) の KKT 条件の近似を解いていることに相当することがわかる．また，部分問題 (2.71) の最適解が $\Delta\boldsymbol{x} = \boldsymbol{0}$ ならば，$\boldsymbol{x}_k$ はもとの問題 (2.57) の KKT 条件を満たすこともわかる．

実際には，行列 B_k は Lagrange 関数の Hesse 行列 $\nabla^2_{\boldsymbol{xx}} L_k$ そのものではなく，Hesse 行列を近似した正定値対称行列とすることが多い．このとき，部分問題 (2.71) は凸 2 次計画問題となる[*29]．準 Newton 法の場合と同様に，B_k から B_{k+1} を生成する公式が提案されている[*30]．

部分問題 (2.71) を解いて探索方向 $\Delta\boldsymbol{x}$ が得られると，次に，直線探索を行ってステップ幅 α_k を決める．このとき，もとの問題 (2.57) の**メリット関数**を用いる．メリット関数とは，点 $\boldsymbol{x}$ が最適性と実行可能性の双方をどの程度満たしているかを評価するための尺度を与える関数である．例えば，正確なペナルティ関数 (2.3.2.b 項) を用いた関数

$$\phi_\rho(\boldsymbol{x}) = f(\boldsymbol{x}) + \rho \sum_{i=1}^{m} \max\{g_i(\boldsymbol{x}), 0\} + \rho \sum_{l=1}^{r} |h_l(\boldsymbol{x})|$$

*29　凸 2 次計画問題については，4.5 節を参照のこと．

*30　文献 [17, Chap. 18] などを参照されたい．

がメリット関数としてしばしば用いられる．ステップ幅 α_k は，このメリット関数が (Armijo の方法と同様の考え方で) 十分に減少するように決める．実際，B_k が正定値で ρ が十分に大きく，かつ $\boldsymbol{x}_k$ がもとの問題 (2.57) の停留点でない場合には，部分問題 (2.71) の最適解として得られる探索方向 $\Delta\boldsymbol{x}$ はメリット関数 ϕ_ρ の降下方向になることが示せる．このことから，直線探索と組み合わせることで (適当な仮定の下で) 逐次 2 次計画法の大域的収束を実現できる[*31]．あるいは，信頼領域法と組み合わせることで，逐次 2 次計画法の大域的収束性を保証する方法もある[*32]．

2.3.4 解法 (3)：主双対内点法

主双対内点法は，もともとは線形計画問題に対するアルゴリズムとして開発されたものである (4.4 節を参照のこと)．1990 年代に入り，この考え方を非線形計画問題に拡張することで，古典的な内点法 (2.3.2.c 項) の難点を克服する研究が進められた．現在では，逐次 2 次計画法とともに，非線形計画問題の主要な解法の一つとみなされている．なお，線形計画問題や半正定値計画問題に対する主双対内点法はこれらの問題の大域的最適解への収束が保証された多項式時間アルゴリズムであるが，一般の非線形計画問題に対する主双対内点法はそのような保証はなく (適当な条件の下での) 局所最適解への大域的収束性と局所的に十分に速い収束とが理論的な保証である．

表記の簡単のため，問題 (2.57) の形式のかわりに問題

$$\left.\begin{array}{ll} \text{Minimize} & f(\boldsymbol{x}) \\ \text{subject to} & h_l(\boldsymbol{x}) = 0, \quad l = 1, \ldots, r, \\ & \boldsymbol{x} \geqq \boldsymbol{0} \end{array}\right\} \tag{2.74}$$

の形式を考える (問題 (2.57) は，スラック変数[*33]を導入するなどしてこの問題の形式に変形できる)．そして，問題 (2.74) の非負制約 $x_j \geqq 0$ に対して $\nu > 0$ を障壁パラメータとする対数障壁関数 $-\nu \log x_j$ を導入し，問題

*31 文献 [10, Chap. 17] を参照されたい．
*32 文献 [17, Chap. 18] を参照されたい．
*33 スラック変数については，4.1.1 節を参照のこと．

$$\left.\begin{array}{ll}\text{Minimize} & f(\boldsymbol{x}) - \nu \displaystyle\sum_{j=1}^{n} \log x_j \\ \text{subject to} & h_l(\boldsymbol{x}) = 0, \quad l = 1, \ldots, r, \\ & \boldsymbol{x} > \boldsymbol{0} \end{array}\right\}$$

を考える．この問題の KKT 条件は，

$$\nabla f(\boldsymbol{x}) - \boldsymbol{\lambda} + \mathrm{J}\boldsymbol{h}(\boldsymbol{x})^{\top}\boldsymbol{\mu} = \boldsymbol{0}, \tag{2.75a}$$

$$h_l(\boldsymbol{x}) = 0, \qquad l = 1, \ldots, r, \tag{2.75b}$$

$$x_j \lambda_j = \nu, \qquad j = 1, \ldots, n, \tag{2.75c}$$

$$x_j > 0, \quad \lambda_j > 0, \qquad j = 1, \ldots, n \tag{2.75d}$$

と書ける．ただし，$\boldsymbol{\lambda} \in \mathbb{R}^n$ と $\boldsymbol{\mu} \in \mathbb{R}^r$ は Lagrange 乗数である．ここで $\nu \to 0$ とすると，条件 (2.75) はもとの問題 (2.74) の KKT 条件

$$\begin{array}{l}\nabla f(\boldsymbol{x}) - \boldsymbol{\lambda} + \mathrm{J}\boldsymbol{h}(\boldsymbol{x})^{\top}\boldsymbol{\mu} = \boldsymbol{0}, \\ h_l(\boldsymbol{x}) = 0, \qquad l = 1, \ldots, r, \\ x_j \lambda_j = 0, \qquad j = 1, \ldots, n, \\ x_j \geqq 0, \quad \lambda_j \geqq 0, \qquad j = 1, \ldots, n \end{array}$$

に一致する．

主双対内点法の k 回目の反復では，非線形方程式 (2.75a)–(2.75c) を適当な精度で満たす近似解 $(\Delta\boldsymbol{x}_k, \Delta\boldsymbol{\lambda}_k, \Delta\boldsymbol{\mu}_k)$ を探索方向とする．探索方向が求まれば，不等式制約 (2.75d) を満たす範囲で直線探索を行い，次の解 $(\boldsymbol{x}_{k+1}, \boldsymbol{\lambda}_{k+1}, \boldsymbol{\mu}_{k+1})$ を生成する．次の $k+1$ 回目の反復では，$\nu > 0$ をより小さい値に更新して，(2.75a)–(2.75c) を近似的に解くことで探索方向を決める．このように，主双対内点法は，(2.75) の解を $\nu \to 0$ としながら近似的にたどることでもとの問題 (2.74) の KKT 条件を満たす点を求める方法である．

例 2.17　2.3.2 節の例 2.14 と例 2.16 で扱った問題 (2.70) について，対数障壁関数を導入した関数

$$\begin{aligned}\phi_\nu(x) =& (x_1 + 2x_2) - \nu \log(4x_1 + x_2 + 6) \\ & - \nu \log(-x_1 + 3x_2 + 3) - \nu \log((x_1 - 3)^2 + {x_2}^2 - 4)\end{aligned}$$

を考える．ν をパラメータとしたとき，ϕ_ν の最小解の軌跡は図 2.28 の曲線 (実線) のようになる ($\nu \to 0$ でもとの問題 (2.70) の最適解に収束する)．おおまかにいえば，主双対内点法は，この曲線を近似的にたどる手法である．　$\triangleleft$

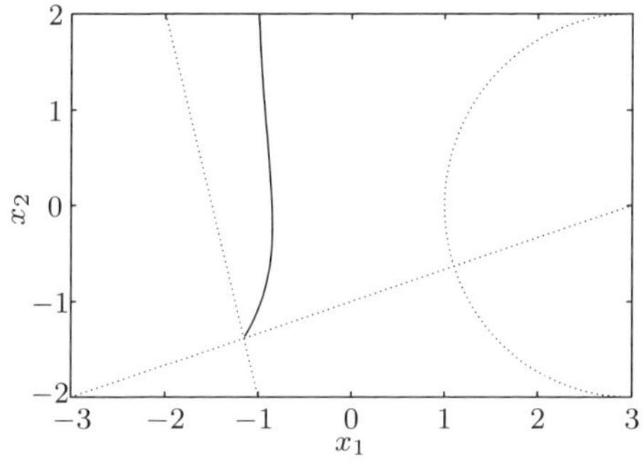

図 2.28　(2.75) の解の軌跡の例 (問題 (2.70) の場合)

探索方向 $(\Delta \boldsymbol{x}_k, \Delta \boldsymbol{\lambda}_k, \Delta \boldsymbol{\mu}_k)$ を求めるためには，非線形方程式に対する Newton 法を (一般には数反復) 利用する．この際に，(2.75a)–(2.75c) に対する点 $(\boldsymbol{x}_k, \boldsymbol{\lambda}_k, \boldsymbol{\mu}_k)$ における Newton 方程式は

$$\begin{bmatrix} \nabla^2_{\boldsymbol{x}\boldsymbol{x}} L(\boldsymbol{x}_k, \boldsymbol{\lambda}_k, \boldsymbol{\mu}_k) & \mathrm{J}\boldsymbol{h}(\boldsymbol{x}_k)^\top & -I \\ \mathrm{J}\boldsymbol{h}(\boldsymbol{x}_k) & O & O \\ \varLambda_k & O & X_k \end{bmatrix} \begin{bmatrix} \Delta \boldsymbol{x} \\ \Delta \boldsymbol{\mu} \\ \Delta \boldsymbol{\lambda} \end{bmatrix} = - \begin{bmatrix} \nabla_x L(\boldsymbol{x}_k, \boldsymbol{\lambda}_k, \boldsymbol{\mu}_k) \\ \boldsymbol{h}(\boldsymbol{x}_k) \\ X_k \boldsymbol{\lambda}_k - \nu \mathbf{1} \end{bmatrix} \tag{2.76}$$

となる．ただし，X_k, $\varLambda_k$, $\mathbf{1}$ は

$$X_k = \mathrm{diag}(\boldsymbol{x}_k), \quad \varLambda_k = \mathrm{diag}(\boldsymbol{\lambda}_k), \quad \mathbf{1} = (1, 1, \ldots, 1)^\top$$

で定義される行列およびベクトルである．また，$L(\boldsymbol{x}, \boldsymbol{\lambda}, \boldsymbol{\mu})$ は問題 (2.74) の Lagrange 関数

$$L(\boldsymbol{x}, \boldsymbol{\lambda}, \boldsymbol{\mu}) = f(\boldsymbol{x}) - \boldsymbol{\lambda}^\top \boldsymbol{x} + \boldsymbol{\mu}^\top \boldsymbol{h}(\boldsymbol{x})$$

であり，$\nabla^2_{\boldsymbol{x}\boldsymbol{x}} L(\boldsymbol{x}_k, \boldsymbol{\lambda}_k, \boldsymbol{\mu}_k)$ は $L(\boldsymbol{x}, \boldsymbol{\lambda}, \boldsymbol{\mu})$ の Hesse 行列のうち $\boldsymbol{x}$ に関する行と列に対応する $n \times n$ 部分行列である．Hesse 行列 $\nabla^2_{\boldsymbol{x}\boldsymbol{x}} L(\boldsymbol{x}_k, \boldsymbol{\lambda}_k, \boldsymbol{\mu}_k)$ そのもののかわりに，準 Newton 法に準じる方法で得られる正定値対称な近似行列 B_k を用いる

こともある．(2.76) において，最適解で狭義相補性が成り立つと仮定すると，その近傍では係数行列の第 3 行ブロックは行フルランクとなる．このことから，(2.76) は最適解の近くでもそれほど悪条件とはならないことが期待できる．

探索方向 $(\Delta\boldsymbol{x}_k, \Delta\boldsymbol{\lambda}_k, \Delta\boldsymbol{\mu}_k)$ が得られれば，解を

$$\begin{bmatrix} \boldsymbol{x}_{k+1} \\ \boldsymbol{\lambda}_{k+1} \\ \boldsymbol{\mu}_{k+1} \end{bmatrix} = \begin{bmatrix} \boldsymbol{x}_k \\ \boldsymbol{\lambda}_k \\ \boldsymbol{\mu}_k \end{bmatrix} + \begin{bmatrix} \alpha_k^x \Delta\boldsymbol{x}_k \\ \alpha_k^\lambda \Delta\boldsymbol{\lambda}_k \\ \alpha_k^\lambda \Delta\boldsymbol{\mu}_k \end{bmatrix} \tag{2.77}$$

に従って更新する．このとき，新しい点が $\boldsymbol{x}_{k+1} > \boldsymbol{0}$ および $\boldsymbol{\lambda}_{k+1} > \boldsymbol{0}$ を満たすように選びたいため，ステップ幅 α_k^x および α_k^λ の上限値を

$$\alpha_{\max}^x = \max\{\alpha \in (0,1] \mid \boldsymbol{x}_k + \alpha\Delta\boldsymbol{x}_k \geqq \epsilon\boldsymbol{x}_k\},$$
$$\alpha_{\max}^\lambda = \max\{\alpha \in (0,1] \mid \boldsymbol{\lambda}_k + \alpha\Delta\boldsymbol{\lambda}_k \geqq \epsilon\boldsymbol{\lambda}_k\}$$

で定める．ここで，ϵ は例えば $\epsilon = 0.005$ 程度の小さな正の定数である．そして，$\alpha_k^x \in (0, \alpha_{\max}^x]$ および $\alpha_k^\lambda \in (0, \alpha_{\max}^\lambda]$ の範囲で，メリット関数が (Armijo の方法と同様の考え方で) 十分に減少するようステップ幅 α_k^x および α_k^λ を決める．メリット関数としては，例えば

$$\phi_{(\nu,\rho)}(\boldsymbol{x}) = f(\boldsymbol{x}) + \rho\sum_{l=1}^{k} |h_l(\boldsymbol{x})| - \nu\sum_{j=1}^{n} \log x_j$$

などが使われる．ここで，$\rho > 0$ は解きたい問題 (2.74) の等式制約に対する正確なペナルティ関数のペナルティパラメータである．反復が進むにつれて，適当なやり方で ρ の値を次第に大きくしていく．

2.3.5　解法 (4)：乗数法

拡張 Lagrange (ラグランジュ) **関数法** (または**乗数法**) とよばれる方法は，Lagrange 関数に修正を加えることで最適解の近傍で最小値をとるような拡張 Lagrange 関数を定義し，その拡張 Lagrange 関数の無制約最小化問題を繰り返し解くことでもとの問題の最適解を得る手法である．

まず，等式制約のみをもつ非線形計画問題 (2.48) に限定して，乗数法の基本的な考え方を示す．拡張 Lagrange 関数は

$$L_\sigma^{\mathrm{a}}(\boldsymbol{x}, \boldsymbol{\mu}) = f(\boldsymbol{x}) + \boldsymbol{\mu}^\top \boldsymbol{h}(\boldsymbol{x}) + \frac{\sigma}{2}\|\boldsymbol{h}(\boldsymbol{x})\|^2$$

$$= f(\boldsymbol{x}) + \sum_{l=1}^{r} \mu_l h_l(\boldsymbol{x}) + \frac{\sigma}{2} \sum_{l=1}^{r} h_l(\boldsymbol{x})^2 \tag{2.78}$$

と定義される[*34]．これは，制約 $h_l(\boldsymbol{x}) = 0$ に対するペナルティ関数を Lagrange 関数に加えて得られる関数であり，$\sigma > 0$ はペナルティパラメータである．Lagrange 乗数を推定値 $\boldsymbol{\mu}_k$ に固定し，$L_\sigma^{\mathrm{a}}(\boldsymbol{x}, \boldsymbol{\mu}_k)$ の無制約最小化問題を解いてその解を $\boldsymbol{x}_k$ とおく．そして，$\boldsymbol{x}_k$ の情報を用いて $\boldsymbol{\mu}_k$ (と，必要ならば σ) を更新して，$L_\sigma^{\mathrm{a}}(\boldsymbol{x}, \boldsymbol{\mu}_{k+1})$ の無制約最小化問題を解いて $\boldsymbol{x}_{k+1}$ を得る．以上を繰り返すのが乗数法である．

$L_\sigma^{\mathrm{a}}(\boldsymbol{x}, \boldsymbol{\mu}_k)$ の無制約最小化の 1 次の最適性条件は

$$\nabla_{\boldsymbol{x}} L_\sigma^{\mathrm{a}}(\boldsymbol{x}, \boldsymbol{\mu}) = \nabla f(\boldsymbol{x}) + \mathrm{J}\boldsymbol{h}(\boldsymbol{x})^\top (\boldsymbol{\mu}_k + \sigma \boldsymbol{h}(\boldsymbol{x})) = \boldsymbol{0} \tag{2.79}$$

である．これをもとの問題 (2.48) の最適性条件 (命題 2.8) と比較すると，Lagrange 乗数の推定値は

$$\boldsymbol{\mu}_{k+1} = \boldsymbol{\mu}_k + \sigma \boldsymbol{h}(\boldsymbol{x}_k)$$

と更新することが妥当である．このとき，等式制約の残差 (例えば，$|h_1(\boldsymbol{x}_k)| + \cdots + |h_r(\boldsymbol{x}_k)|$) が一つ前の反復 $\boldsymbol{x}_{k-1}$ における値に比べて十分に減少しなかった場合には，σ をより大きな値にする．乗数法を正当化するのは，拡張 Lagrange 関数がもつ次のような性質である．

命題 2.11　点 $\bar{\boldsymbol{x}} \in \mathbb{R}^n$ を問題 (2.48) の局所最適解とし，対応する Lagrange 乗数を $\bar{\boldsymbol{\mu}}$ とおく．$\bar{\boldsymbol{x}}$ において線形独立制約想定が成り立ち，$\bar{\boldsymbol{x}}$ と $\bar{\boldsymbol{\mu}}$ が 2 次の最適性十分条件 (命題 2.10) を満たすことを仮定する．このとき，実数 $\hat{\sigma} > 0$ が存在して，$\sigma \geqq \hat{\sigma}$ を満たす任意の σ に対して $\bar{\boldsymbol{x}}$ は $L_\sigma^{\mathrm{a}}(\boldsymbol{x}, \bar{\boldsymbol{\mu}})$ の極小解である．

(証明)　問題 (2.48) の Lagrange 関数を $L(\boldsymbol{x}, \boldsymbol{\mu})$ で表す．題意を示すためには，$(\bar{\boldsymbol{x}}, \bar{\boldsymbol{\mu}})$ が条件

$$\nabla_{\boldsymbol{x}} L(\bar{\boldsymbol{x}}, \bar{\boldsymbol{\mu}}) = \boldsymbol{0}, \quad \boldsymbol{h}(\bar{\boldsymbol{x}}) = \boldsymbol{0}, \tag{2.80}$$

$$\langle \nabla_{\boldsymbol{x}\boldsymbol{x}}^2 L(\bar{\boldsymbol{x}}, \bar{\boldsymbol{\mu}}) \boldsymbol{z}, \boldsymbol{z} \rangle > 0, \quad \forall \boldsymbol{z} : \mathrm{J}\boldsymbol{h}(\bar{\boldsymbol{x}}) \boldsymbol{z} = \boldsymbol{0},\ \boldsymbol{z} \neq \boldsymbol{0} \tag{2.81}$$

---

*34　L_σ^{a} の "a" は，"augmented Lagrangian"(拡張 Lagrange 関数) の頭文字であり，通常の Lagrange 関数 L と区別するために用いている．

を満たすときに十分大きな σ に対して条件

$$\nabla_{\boldsymbol{x}} L^{\mathrm{a}}_{\sigma}(\bar{\boldsymbol{x}}, \bar{\boldsymbol{\mu}}) = \mathbf{0}, \tag{2.82}$$

$$\nabla^2_{\boldsymbol{x}\boldsymbol{x}} L^{\mathrm{a}}_{\sigma}(\bar{\boldsymbol{x}}, \bar{\boldsymbol{\mu}}) \succ O \tag{2.83}$$

が成り立つことを示せばよい．

$(\bar{\boldsymbol{x}}, \bar{\boldsymbol{\mu}})$ が (2.80) を満たすとき

$$\begin{aligned}\nabla_{\boldsymbol{x}} L^{\mathrm{a}}_{\sigma}(\bar{\boldsymbol{x}}, \bar{\boldsymbol{\mu}}) &= \nabla f(\bar{\boldsymbol{x}}) + \mathrm{J}\boldsymbol{h}(\bar{\boldsymbol{x}})^{\top}(\bar{\boldsymbol{\mu}} + \sigma \boldsymbol{h}(\bar{\boldsymbol{x}})) \\ &= \nabla f(\bar{\boldsymbol{x}}) + \mathrm{J}\boldsymbol{h}(\bar{\boldsymbol{x}})^{\top}\bar{\boldsymbol{\mu}} \\ &= \nabla_{\boldsymbol{x}} L(\bar{\boldsymbol{x}}, \bar{\boldsymbol{\mu}}) = \mathbf{0}\end{aligned}$$

が成り立つので，(2.82) が得られる．

次に，$(\bar{\boldsymbol{x}}, \bar{\boldsymbol{\mu}})$ が (2.81) を満たすならば (2.83) が成り立つことを示す．本質は，対称行列 $A \in \mathcal{S}^n$ と行列 $B \in \mathbb{R}^{m\times n}$ に対して次の二つの条件が等価であるという事実である：

(i) $B\boldsymbol{z} = \mathbf{0}$ を満たす任意の $\boldsymbol{z} \in \mathbb{R}^n$ $(\boldsymbol{z} \neq \mathbf{0})$ に対して $\boldsymbol{z}^{\top}A\boldsymbol{z} > 0$ が成り立つ．

(ii) 実数 $\hat{c} > 0$ が存在して，任意の $c \geqq \hat{c}$ に対して $A + cB^{\top}B \succ O$ が成り立つ．

まず，(ii) を仮定すると，$B\boldsymbol{z} = \mathbf{0}$ を満たす任意の $\boldsymbol{z} \neq \mathbf{0}$ に対して $\boldsymbol{z}^{\top}A\boldsymbol{z} = \boldsymbol{z}^{\top}(A + cB^{\top}B)\boldsymbol{z} > 0$ が成り立つ．つまり，“(ii) ⇒ (i)” が示された．

次に，“(i) ⇒ (ii)” を示す．集合 $K \subseteq \mathbb{R}^n$ を

$$K = \{\boldsymbol{z} \in \mathbb{R}^n \mid \boldsymbol{z}^{\top}A\boldsymbol{z} \leqq 0,\ \|\boldsymbol{z}\| = 1\}$$

で定義する．$K = \emptyset$ ならば $A \succ O$ であるから，任意の $c > 0$ に対して $A + cB^{\top}B \succ O$ であり，(ii) が成り立つ．次に，$K \neq \emptyset$ を仮定する．まず，任意の $c \geqq 0$ に対して

$$\boldsymbol{z}^{\top}A\boldsymbol{z} + c\boldsymbol{z}^{\top}B^{\top}B\boldsymbol{z} \geqq \boldsymbol{z}^{\top}A\boldsymbol{z} > 0, \quad \forall \boldsymbol{z} : \|\boldsymbol{z}\| = 1,\ \boldsymbol{z} \notin K \tag{2.84}$$

が成り立つ．次に，K は有界閉集合であるから，$\boldsymbol{z}^{\top}A\boldsymbol{z}$ と $\boldsymbol{z}^{\top}B^{\top}B\boldsymbol{z}$ は K において最小値をとる．それらを $\bar{a}$ および $\bar{b}$ とおくと，

$$\bar{b} = \bar{\boldsymbol{z}}^{\top}B^{\top}B\bar{\boldsymbol{z}} \geqq 0$$

を満たす $\bar{\boldsymbol{z}} \in K$ が存在する．$\bar{b}=0$ ならば，(i) より $\bar{\boldsymbol{z}}^\top A\bar{\boldsymbol{z}} > 0$ となり K の定義に反する．したがって，

$$\bar{b} = \bar{\boldsymbol{z}}^\top B^\top B\bar{\boldsymbol{z}} > 0$$

である．このことから，$\hat{c} > -\bar{a}/\bar{b}$ を満たす $\hat{c}$ を選ぶと，任意の $c \geqq \hat{c}$ に対して

$$\boldsymbol{z}^\top A\boldsymbol{z} + c\boldsymbol{z}^\top B^\top B\boldsymbol{z} \geqq \bar{a} + c\bar{b} > 0, \quad \forall \boldsymbol{z} \in K \tag{2.85}$$

が成り立つ．(2.84) と (2.85) より，$\boldsymbol{z}^\top A\boldsymbol{z} + c\boldsymbol{z}^\top B^\top B\boldsymbol{z} \succ O$ が得られる．

以上で，"(i) $\Leftrightarrow$ (ii)" が示された．

いま，L と L^{a}_σ の Hesse 行列の間には

$$\nabla^2_{\boldsymbol{xx}} L^{\mathrm{a}}_\sigma(\bar{\boldsymbol{x}}, \bar{\boldsymbol{\mu}}) = \nabla^2_{\boldsymbol{xx}} L(\bar{\boldsymbol{x}}, \bar{\boldsymbol{\mu}}) + \sigma \mathrm{J}\boldsymbol{h}(\bar{\boldsymbol{x}})^\top \mathrm{J}\boldsymbol{h}(\bar{\boldsymbol{x}})$$

という関係がある．したがって，A, B, c を

$$A = \nabla^2_{\boldsymbol{xx}} L(\bar{\boldsymbol{x}}, \bar{\boldsymbol{\mu}}), \quad B = \mathrm{J}\boldsymbol{h}(\bar{\boldsymbol{x}}), \quad c = \sigma$$

とおくと，主張 (ii) として (2.83) が得られる．■

命題 2.11 より，σ が有限の値でもとの問題 (2.48) の最適解が得られることが重要である．このことは，2.3.2.a 項のペナルティ関数と比べて大きな利点である．

等式制約と不等式制約の両方をもつ非線形計画問題 (問題 (2.57)) の場合には，拡張 Lagrange 関数は

$$\begin{aligned}
&L^{\mathrm{a}}_\sigma(\boldsymbol{x}, \boldsymbol{\lambda}, \boldsymbol{\mu}) \\
&\quad = f(\boldsymbol{x}) + \boldsymbol{\mu}^\top \boldsymbol{h}(\boldsymbol{x}) + \frac{\sigma}{2}\|\boldsymbol{h}(\boldsymbol{x})\|^2 + \frac{1}{2\sigma}\sum_{i=1}^m [(\max\{0, \lambda_i + \sigma g_i(\boldsymbol{x})\})^2 - \lambda_i^2] \\
&\quad = f(\boldsymbol{x}) + \boldsymbol{\mu}^\top \boldsymbol{h}(\boldsymbol{x}) + \frac{\sigma}{2}\|\boldsymbol{h}(\boldsymbol{x})\|^2 \\
&\qquad + \sum_{i:\lambda_i + \sigma g_i(\boldsymbol{x}) \geqq 0} \left(\lambda_i g_i(\boldsymbol{x}) + \frac{\sigma}{2} g_i(\boldsymbol{x})^2\right) - \frac{1}{2\sigma} \sum_{i:\lambda_i + \sigma g_i(\boldsymbol{x}) < 0} \lambda_i^2
\end{aligned} \tag{2.86}$$

と定義する．ただし，$\sigma > 0$ はペナルティパラメータである．等式制約のみの場合と同様に，乗数法の k 回目の反復では，Lagrange 乗数の推定値 $\boldsymbol{\lambda}_k$ および $\boldsymbol{\mu}_k$ を用いて $\boldsymbol{x}$ に関する $L^{\mathrm{a}}_\sigma(\boldsymbol{x}, \boldsymbol{\lambda}_k, \boldsymbol{\mu}_k)$ の無制約最小化問題を解き，その解を $\boldsymbol{x}_k$ とする．次に，$\boldsymbol{x}_k$ の情報を用いて $\boldsymbol{\lambda}_{k+1}$ および $\boldsymbol{\mu}_{k+1}$ を生成する．ここで，もとの

問題 (2.57) の KKT 条件では $\lambda_i \geqq 0$ $(i = 1, \ldots, m)$ という条件が課されている．乗数法を実行する際には，この非負条件は陽に課す必要がなく，収束すれば自動的に満たされる．$g_i(\boldsymbol{x}) \leqq 0$ という条件についても同様である．

$L_\sigma^{\mathrm{a}}(\boldsymbol{x}, \boldsymbol{\lambda}, \boldsymbol{\mu})$ の無制約最小化問題の最適性条件は

$$\begin{aligned}\nabla_{\boldsymbol{x}} L_\sigma^{\mathrm{a}}(\boldsymbol{x}, \boldsymbol{\lambda}_k, \boldsymbol{\mu}_k) &= \nabla f(\boldsymbol{x}) + \mathrm{J}\boldsymbol{h}(\boldsymbol{x})^\top (\boldsymbol{\mu}_k + \sigma \boldsymbol{h}(\boldsymbol{x})) \\ &\quad + \sum_{i:\lambda_{k,i} + \sigma g_i(\boldsymbol{x}) \geqq 0} (\lambda_{k,i} + \sigma g_i(\boldsymbol{x})) \nabla g_i(\boldsymbol{x}) = \boldsymbol{0}\end{aligned}$$

である．ただし，$\lambda_{k,i}$ は $\boldsymbol{\lambda}_k$ の第 i 成分を表す．この条件と KKT 条件の (2.60a) を比較することで，Lagrange 乗数は

$$\begin{aligned}\lambda_{k+1,i} &= \max\{\lambda_{k,i} + \sigma g_i(\boldsymbol{x}_k), 0\}, \quad i = 1, \ldots, m, \\ \boldsymbol{\mu}_{k+1} &= \boldsymbol{\mu}_k + \sigma \boldsymbol{h}(\boldsymbol{x}_k)\end{aligned}$$

と更新すればよいことがわかる．

2.4 変分不等式

相補性問題やその一般化である変分不等式問題は，最適化問題とは違って，特定の目的関数を最小化しようとする問題ではない．しかし，非線形計画問題の最適性条件 (KKT 条件) は，相補性問題の形で表される．この意味で，相補性問題や変分不等式問題は最適化問題を一般化した問題とみなせる．この節では，2.4.1 節と 2.4.2 節のそれぞれで相補性問題と変分不等式問題を紹介した後，2.4.3 節では解法の一つとして相補性問題を非線形方程式に定式化し直す方法について述べる．

2.4.1 相補性問題

ベクトル値関数 $\boldsymbol{F} : \mathbb{R}^n \to \mathbb{R}^n$ が与えられたとき，条件

$$\boldsymbol{x} \geqq \boldsymbol{0}, \quad \boldsymbol{F}(\boldsymbol{x}) \geqq \boldsymbol{0}, \quad \langle \boldsymbol{F}(\boldsymbol{x}), \boldsymbol{x} \rangle = 0 \tag{2.87}$$

を満たすベクトル $\boldsymbol{x} \in \mathbb{R}^n$ を求める問題を**相補性問題**とよぶ．ここで，x_j および $F_j(\boldsymbol{x})$ は非負だから，条件 $\langle \boldsymbol{F}(\boldsymbol{x}), \boldsymbol{x} \rangle = 0$ は n 個の相補性条件

$$F_j(\boldsymbol{x}) x_j = 0, \quad j = 1, \ldots, n$$

と等価である ($F_j(\boldsymbol{x})$ は $\boldsymbol{F}(\boldsymbol{x})$ の j 番目の要素を表す)．問題 (2.87) を簡単に

$$\mathbf{0} \leqq \boldsymbol{x} \perp \boldsymbol{F}(\boldsymbol{x}) \geqq \mathbf{0}$$

と書くこともある．

$\boldsymbol{F}$ が定行列 $M \in \mathbb{R}^{n\times n}$ と定ベクトル $\boldsymbol{q} \in \mathbb{R}^n$ を用いて

$$\boldsymbol{F}(\boldsymbol{x}) = M\boldsymbol{x} + \boldsymbol{q}$$

と表される場合，(2.87) を**線形相補性問題**とよぶ．また，そうでないとき，**非線形相補性問題**とよぶ．$\boldsymbol{F}$ が条件

$$\langle \boldsymbol{F}(\boldsymbol{x}) - \boldsymbol{F}(\boldsymbol{y}), \boldsymbol{x} - \boldsymbol{y} \rangle \geqq 0, \quad \forall \boldsymbol{x}, \boldsymbol{y} \in \mathbb{R}^n$$

を満たすとき，$\boldsymbol{F}$ は**単調**であるという．$\boldsymbol{F}$ が単調なとき，問題 (2.87) を**単調相補性問題**とよぶ．例えば，凸 2 次計画問題の最適性条件 (4.5 節) は，単調な線形相補性問題である．

相補性問題 (2.87) では，すべての変数 $x_1, \ldots, x_n$ に非負制約と相補性条件が課されている．これに対して，一部の変数のみにこれらの条件を課す問題を，**混合相補性問題**とよぶ．具体的には，ベクトル値関数 $\boldsymbol{F}_1 : \mathbb{R}^n \times \mathbb{R}^m \to \mathbb{R}^n$ と $\boldsymbol{F}_2 : \mathbb{R}^n \times \mathbb{R}^m \to \mathbb{R}^m$ に対して，条件

$$\begin{aligned} &\mathbf{0} \leqq \boldsymbol{x} \perp \boldsymbol{F}_1(\boldsymbol{x}, \boldsymbol{y}) \geqq \mathbf{0}, \\ &\boldsymbol{F}_2(\boldsymbol{x}, \boldsymbol{y}) = \mathbf{0} \end{aligned}$$

を満たす $\boldsymbol{x} \in \mathbb{R}^n$ および $\boldsymbol{y} \in \mathbb{R}^m$ を求める問題が混合相補性問題である．ここで $\boldsymbol{F}_2(\boldsymbol{x}, \boldsymbol{y}) = \mathbf{0}$ が $\boldsymbol{y}$ に関して $\boldsymbol{y} = \boldsymbol{H}(\boldsymbol{x})$ という形に解ける場合には，混合相補性問題は相補性問題 (2.87) に帰着できる．なお，混合相補性問題のことを，単に相補性問題とよぶこともある．

例えば，非線形計画問題の最適性条件である KKT 条件 (2.60) は，$(\boldsymbol{x}, \boldsymbol{\lambda}, \boldsymbol{\mu})$ を変数とする混合相補性問題である．この意味で，(混合) 相補性問題は最適化問題を一般化した問題であるとみなせる．また，線形計画問題や凸 2 次計画問題の最適性条件 (4 章を参照のこと) は，(混合) 線形相補性問題である．

例 2.18　二つの台車と二つのばねからなる系 (図 2.29) を考える．台車 1 および台車 2 の質量を m_1 および m_2 とおき，ばね 1 およびばね 2 のばね定数を k_1 お

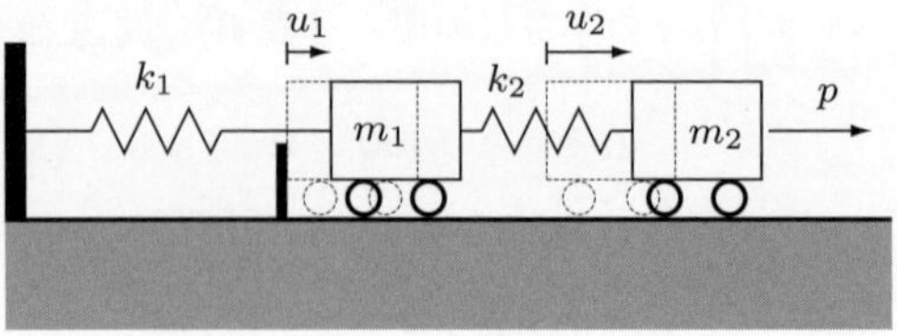

図 **2.29**　相補性システムの例

よび k_2 とおく．ばね 1 の左端は固定されており，台車 2 には外力 p が作用する．また，台車 1 の左側には剛な壁があり，台車 1 が右側から壁に衝突すると完全弾性衝突するものとする．壁は，ばね 1 が自然長のときに台車 1 がちょうど壁に接触する位置にある．さらに，台車 1 の変位を u_1，台車 2 の変位を u_2 で表し，台車 1 が壁から受ける反力を r で表す．このとき，それぞれの台車の運動方程式は

$$m_1\ddot{u}_1 + k_1 u_1 - k_2(u_2 - u_1) = r,$$
$$m_2\ddot{u}_2 + k_2(u_2 - u_1) = p$$

と書ける．ただし，$\dot{u} = \mathrm{d}u/\mathrm{d}t$, $\ddot{u} = \mathrm{d}^2 u/\mathrm{d}t^2$ であり，未知数は u_1, u_2, r である．台車 1 は壁より左側には来られないので常に $u_1 \geqq 0$ が成り立つ．また，壁から台車 1 に作用する反力は左向きにはならないので常に $r \geqq 0$ が成り立つ．さらに，台車 1 が壁から離れている (つまり，$u_1 > 0$) ならば反力は作用せず (つまり，$r = 0$)，反力が作用する (つまり，$r > 0$) ならば台車 1 は壁に接触している (つまり，$u_1 = 0$)．これらをまとめると，u_1 と r が満たすべき条件は

$$u_1 \geqq 0, \quad r \geqq 0, \quad u_1 r = 0$$

である．つまり，u_1 と r の間に相補性条件が成り立つ．

状態変数 $x_1, \ldots, x_4$ を

$$x_1 = u_1, \quad x_2 = u_2, \quad x_3 = \dot{u}_1, \quad x_4 = \dot{u}_2$$

と定義すると，この系の支配式は

$$\begin{bmatrix} \dot{x}_1 \\ \dot{x}_2 \\ \dot{x}_3 \\ \dot{x}_4 \end{bmatrix} = \begin{bmatrix} 0 & 0 & 1 & 0 \\ 0 & 0 & 0 & 1 \\ -(k_1 + k_2)/m_1 & k_2/m_1 & 0 & 0 \\ k_2/m_2 & -k_2/m_2 & 0 & 0 \end{bmatrix} \begin{bmatrix} x_1 \\ x_2 \\ x_3 \\ x_4 \end{bmatrix} + \begin{bmatrix} 0 \\ 0 \\ r \\ p \end{bmatrix}, \tag{2.88a}$$

$$0 \leqq x_1 \perp r \geqq 0 \tag{2.88b}$$

と書ける．(2.88) のように，相補性条件 (と不等式制約) を伴う微分方程式で表現されるシステムは，**相補性システム** (または，**ハイブリッドシステム**) とよばれる．

次に，外力 p が時間に対して変化しない場合 (静的な場合) の釣合い状態を求める問題を考えよう．静的な釣合い式は，(2.88) から慣性力の項 $m_1\ddot{u}_1$ および $m_2\ddot{u}_2$ を除くことで

$$\begin{bmatrix} 0 \\ 0 \end{bmatrix} = \begin{bmatrix} -(k_1+k_2) & k_2 \\ k_2 & -k_2 \end{bmatrix} \begin{bmatrix} x_1 \\ x_2 \end{bmatrix} + \begin{bmatrix} r/m_1 \\ p/m_2 \end{bmatrix}, \tag{2.89a}$$

$$0 \leqq x_1 \perp r \geqq 0 \tag{2.89b}$$

と得られる．(2.89) は，x_1, x_2, r を変数とする (混合) 相補性問題である．また，(2.89) は最適化問題

$$\left.\begin{array}{ll} \text{Minimize} & \dfrac{1}{2}\begin{bmatrix} x_1 \\ x_2 \end{bmatrix}^\top \begin{bmatrix} k_1+k_2 & -k_2 \\ -k_2 & k_2 \end{bmatrix} \begin{bmatrix} x_1 \\ x_2 \end{bmatrix} - \begin{bmatrix} 0 \\ p \end{bmatrix}^\top \begin{bmatrix} x_1 \\ x_2 \end{bmatrix} \\ \text{subject to} & x_1 \geqq 0 \end{array}\right\} \tag{2.90}$$

の KKT 条件である (r は Lagrange 乗数の役割を果たす)．問題 (2.90) は，凸 2 次計画問題[*35]とよばれる問題であり，(2.89) と (2.90) は等価である．問題 (2.90) は，全ポテンシャルエネルギーが最小となる点 (x_1, x_2) が釣り合いを満たす，という物理的な意味をもつ． ◁

2.4.2 変分不等式問題

集合 $S \subseteq \mathbb{R}^n$ (多くの場合，閉凸集合を考える) とベクトル値関数 $\boldsymbol{F} : \mathbb{R}^n \to \mathbb{R}^n$ が与えられたとき，条件

$$\boldsymbol{x} \in S, \tag{2.91a}$$

$$\langle \boldsymbol{F}(\boldsymbol{x}), \boldsymbol{y} - \boldsymbol{x} \rangle \geqq 0, \quad \forall \boldsymbol{y} \in S \tag{2.91b}$$

を満たす $\boldsymbol{x}$ を求める問題を**変分不等式問題**とよぶ．より一般的に，点 $\boldsymbol{x} \in \mathbb{R}^n$ の関数として集合 $K(\boldsymbol{x}) \subseteq \mathbb{R}^n$ が定まる場合に，条件

*35 凸 2 次計画問題については，4.5 節を参照のこと．

$$\boldsymbol{x} \in K(\boldsymbol{x}),$$
$$\langle \boldsymbol{F}(\boldsymbol{x}), \boldsymbol{y} - \boldsymbol{x} \rangle \geqq 0, \quad \forall \boldsymbol{y} \in K(\boldsymbol{x})$$

を満たす $\boldsymbol{x}$ を求める問題を**準変分不等式**とよぶ．特別な場合として，任意の $\boldsymbol{x} \in \mathbb{R}^n$ に対して $\boldsymbol{F}(\boldsymbol{x}) = \boldsymbol{0}$ である場合，準変分不等式は条件 $\boldsymbol{x} \in K(\boldsymbol{x})$ を満たす点 $\boldsymbol{x}$ を求める問題に帰着する．このような点 $\boldsymbol{x}$ は，K の**不動点**とよばれる．

変分不等式問題の特別な場合として，$S = \mathbb{R}^n$ の場合を考える．(2.91b) において，$\boldsymbol{y}$ として $\boldsymbol{y} = \boldsymbol{x} - \boldsymbol{F}(\boldsymbol{x})$ を選ぶと $-\boldsymbol{F}(\boldsymbol{x})^\top \boldsymbol{F}(\boldsymbol{x}) \geqq 0$ となる．したがって，$S = \mathbb{R}^n$ の場合には，変分不等式問題 (2.91) は非線形方程式 $\boldsymbol{F}(\boldsymbol{x}) = \boldsymbol{0}$ の解 $\boldsymbol{x}$ を求める問題になる．

また，次に述べるように，変分不等式問題は相補性問題を一般化した問題でもある．

命題 2.12　$S = \{\boldsymbol{x} \in \mathbb{R}^n \mid \boldsymbol{x} \geqq \boldsymbol{0}\}$ とおく．このとき，$\boldsymbol{x} \in \mathbb{R}^n$ が変分不等式 (2.91) の解であるための必要十分条件は，$\boldsymbol{x}$ が相補性問題 (2.87) の解であることである．

(証明)　条件 (2.87) を満たす $\boldsymbol{x}$ が条件 (2.91) を満たすことは，容易にわかる．

逆に，$\boldsymbol{x}$ が条件 (2.91) を満たすことを仮定する．すると，$\boldsymbol{x}$ は $\boldsymbol{x} \geqq \boldsymbol{0}$ を満たす．また，(2.91) において $\boldsymbol{y} = \boldsymbol{0}$ とおくことで

$$\langle \boldsymbol{F}(\boldsymbol{x}), \boldsymbol{x} \rangle \leqq 0$$

が得られる．一方，(2.91) において $\boldsymbol{y} = 2\boldsymbol{x}$ $(\geqq \boldsymbol{0})$ とおくことで

$$\langle \boldsymbol{F}(\boldsymbol{x}), \boldsymbol{x} \rangle \geqq 0$$

が得られる．これらの二つの不等式から，$\langle \boldsymbol{F}(\boldsymbol{x}), \boldsymbol{x} \rangle = 0$ が成り立つことがわかる．さらに，このことと (2.91) から

$$\langle \boldsymbol{F}(\boldsymbol{x}), \boldsymbol{y} \rangle \geqq 0, \quad \forall \boldsymbol{y} \geqq \boldsymbol{0}$$

が得られるので，$\boldsymbol{F}(\boldsymbol{x}) \geqq \boldsymbol{0}$ が成り立つ．以上より，$\boldsymbol{x}$ は条件 (2.87) を満たす．■

変分不等式問題のもう一つの特別な場合として，$\boldsymbol{F}$ が $\boldsymbol{F}(\boldsymbol{x}) = \nabla f(\boldsymbol{x})$ と与えられた場合を考えよう．ここで，$f : \mathbb{R}^n \to \mathbb{R}$ は連続微分可能な関数である．このと

き，変分不等式問題 (2.91) は

$$\boldsymbol{x} \in S, \tag{2.93a}$$

$$\langle \nabla f(\boldsymbol{x}), \boldsymbol{y} - \boldsymbol{x} \rangle \geqq 0, \quad \forall \boldsymbol{y} \in S \tag{2.93b}$$

となる．一方，f の Taylor 展開より

$$\langle \nabla f(\boldsymbol{x}), \boldsymbol{y} - \boldsymbol{x} \rangle = f(\boldsymbol{y}) - f(\boldsymbol{x}) + \mathrm{O}(\|\boldsymbol{y} - \boldsymbol{x}\|)$$

が得られる．したがって，(2.93) は $\boldsymbol{x} \in \mathbb{R}^n$ を変数とする最適化問題

$$\left.\begin{array}{ll} \text{Minimize} & f(\boldsymbol{x}) \\ \text{subject to} & \boldsymbol{x} \in S \end{array}\right\}$$

の 1 次の最適性必要条件であることがわかる．

変分不等式の応用については，例えば文献 [16, 18] を参照されたい．

2.4.3 方程式への再定式化

相補性問題 (2.87) は，方程式 $\langle \boldsymbol{F}(\boldsymbol{x}), \boldsymbol{x} \rangle = 0$ と不等式 $\boldsymbol{x} \geqq \boldsymbol{0}$, $\boldsymbol{F}(\boldsymbol{x}) \geqq \boldsymbol{0}$ で定義されている．この節では，相補性問題を，不等式を含まない非線形方程式に定式化し直す方法について述べる．

関数 $\psi_{\min} : \mathbb{R}^2 \to \mathbb{R}$ を

$$\psi_{\min}(x_j, s_j) = \min\{x_j, s_j\} \tag{2.94}$$

で定義する．このとき，条件 $\psi_{\min}(x_j, s_j) = 0$ は条件

$$x_j \geqq 0, \quad s_j \geqq 0, \quad x_j s_j = 0$$

と等価である．つまり，x_j および s_j の非負制約と相補性条件は，一本の非線形方程式 $\psi_{\min}(x_j, s_j) = 0$ で表せる．この事実を用いると，相補性問題 (2.87) は

$$\psi_{\min}(x_j, F_j(\boldsymbol{x})) = 0, \quad j = 1, \ldots, n \tag{2.95}$$

と書き換えることができる．ただし，$F_j(\boldsymbol{x})$ は $\boldsymbol{F}(\boldsymbol{x})$ の j 番目の要素を表す．(2.95) は (微分不可能な点を含む) 連立非線形方程式である．

$\psi_{\min}$ のように，関数 $\psi:\mathbb{R}^2\to\mathbb{R}$ が任意の $(x_j,s_j)\in\mathbb{R}^2$ に対して条件

$$\psi(x_j,s_j)=0 \quad\Leftrightarrow\quad x_j\geqq 0,\ s_j\geqq 0,\ x_js_j=0$$

を満たすとき，ψ を**相補性関数**とよぶ．例えば，関数

$$\psi_{\mathrm{FB}}(a,b)=\sqrt{a^2+b^2}-(a+b)$$

は，**Fischer–Burmeister** (フィッシャー–ブアマイスター) **関数**という名前で知られている相補性関数である．また，Mangasarian (マンガサリアン) によって提案された相補性関数は，

$$\psi_{\mathrm{M}}(a,b)=\zeta(|a-b|)-(\zeta(a)+\zeta(b)) \tag{2.96}$$

である．ここで，関数 $\zeta:\mathbb{R}\to\mathbb{R}$ は狭義単調増加でかつ $\zeta(0)=0$ を満たすように定める．これらの相補性関数を用いると，(2.95) と同様に，相補性問題を非線形方程式に変形できる．このように等価な非線形方程式に変形することを，相補性問題の方程式への**再定式化**という．

次に，写像 $\boldsymbol{P}_+:\mathbb{R}^n\to\mathbb{R}^n$ を

$$\boldsymbol{P}_+(\boldsymbol{z})=\begin{bmatrix}\max\{0,z_1\}\\ \vdots\\ \max\{0,z_n\}\end{bmatrix} \tag{2.97}$$

で定義する．ここで

$$\psi_{\min}(x_j,s_j)=x_j-\max\{x_j-s_j,0\}$$

が成り立つことに注意すると，(2.95) は

$$\boldsymbol{x}-\boldsymbol{P}_+(\boldsymbol{x}-\boldsymbol{F}(\boldsymbol{x}))=\boldsymbol{0}$$

と書き直せる．$\boldsymbol{P}_+(\boldsymbol{z})$ を点 $\boldsymbol{z}\in\mathbb{R}^n$ の第 1 象限 $\mathbb{R}^n_+$ への**射影**とよぶ．

射影を用いることで，変分不等式問題 (2.91) を非線形方程式に再定式化することができる．一般に，閉凸集合 $S\subseteq\mathbb{R}^n$ に対して[*36]，S に属する点のうちで点 $\boldsymbol{z}\in\mathbb{R}^n$ からの距離が最小となるものを $\boldsymbol{z}$ の S への射影とよび，$\boldsymbol{P}_S(\boldsymbol{z})$ で表す．つ

*36　凸集合の定義については，3.1 節を参照されたい．

まり，$\boldsymbol{P}_S(\boldsymbol{z})$ は条件

$$\boldsymbol{P}_S(\boldsymbol{z}) \in S, \quad \|\boldsymbol{z} - \boldsymbol{P}_S(\boldsymbol{z})\| = \min\{\|\boldsymbol{z} - \boldsymbol{y}\| \mid \boldsymbol{y} \in S\}$$

を満たす点である．S が空でない閉凸集合であるとき，任意の点 $\boldsymbol{z}$ に対して $\boldsymbol{P}_S(\boldsymbol{z})$ は一意的に存在し，条件

$$(\boldsymbol{y} - \boldsymbol{P}_S(\boldsymbol{z}))^\top(\boldsymbol{P}_S(\boldsymbol{z}) - \boldsymbol{z}) \geqq 0, \quad \forall \boldsymbol{y} \in S \tag{2.98}$$

が成り立つことが知られている．(2.97) で定義した $\boldsymbol{P}_+$ は，$S = \mathbb{R}^n_+$ に対する射影 $\boldsymbol{P}_S$ にあたる．(2.98) で $\boldsymbol{z} = \boldsymbol{x} - \boldsymbol{F}(\boldsymbol{x})$ とおくことで，任意の $\boldsymbol{x} \in \mathbb{R}^n$ に対して

$$(\boldsymbol{y} - \boldsymbol{P}_S(\boldsymbol{x} - \boldsymbol{F}(\boldsymbol{x})))^\top[\boldsymbol{P}_S(\boldsymbol{x} - \boldsymbol{F}(\boldsymbol{x})) - (\boldsymbol{x} - \boldsymbol{F}(\boldsymbol{x}))] \geqq 0, \quad \forall \boldsymbol{y} \in S \tag{2.99}$$

が成り立つことがわかる．(2.99) より，$\boldsymbol{x}$ が変分不等式問題 (2.91) の解であるための必要十分条件は，条件

$$\boldsymbol{x} - \boldsymbol{P}_S(\boldsymbol{x} - \boldsymbol{F}(\boldsymbol{x})) = \boldsymbol{0} \tag{2.100}$$

を満たすことである．このようにして，変分不等式問題 (2.91) は方程式 (2.100) に再定式化できる．ただし，$\boldsymbol{F}$ が微分可能であっても，この方程式 (2.100) は一般に微分可能ではない．

方程式へ再定式化することにより，相補性問題や変分不等式問題を非線形方程式として解くことができる．ただし，再定式化で得られる非線形方程式は一般に微分不可能な点を含むため，通常の Newton 法をそのまま適用することはできず，工夫が必要である．なお，相補性関数の中には微分可能なものもある (例えば，$\zeta(z) = z^3$ と選べば，(2.96) で定義される相補性関数 ψ_{M} は微分可能である)．しかし，微分可能な相補性関数を用いて相補性問題を再定式化すると，得られる非線形方程式の Jacobi 行列が (狭義相補性を満たさない) 解において特異となるため，(非線形方程式の解法としての) Newton 法の収束が遅くなって実用的ではない．このため，実用的には微分不可能な点を含む相補性関数を用いる再定式化が用いられることが多い．詳しくは，文献 [12], [20, 第 5 章] を参照されたい．

3 双 対 理 論

双対理論は，最適化理論の中核をなす理論であり，最適化問題の解法を設計する際の基礎ともなるため，たいへん有用である．この章ではまず，3.1 節で集合と関数の凸性という概念を導入する．一言でいうと，凸性は扱いやすい最適化問題が共通してもつ性質である．凸集合や凸関数の性質を扱う学問を**凸解析**という．凸解析の主要な結果として，3.2 節では関数の勾配の概念の拡張である劣勾配を導入し，3.3 節では分離定理を説明し，3.4 節では共役関数を説明する．これらの道具立てを使って，3.5 節では最適解の特徴づけである最適性条件を記述し，3.6 節で双対問題について論じる．なお，この章では，双対理論のおおまかな流れを解説することに重点をおくという意味で，凸解析のほとんどの結果を証明なしで述べる．数学としての論理は，他の教科書 [20,21,24] を参照していただきたい．

3.1 凸集合と凸関数

最適化の理論では，関数や集合の凸性がしばしば重要な役割を果たす．凸な関数や凸な集合の性質や関係性を扱う基礎的な理論を，凸解析という．この節では，凸集合 (3.1.1 節)，錐 (3.1.2 節)，凸関数 (3.1.3 節) の定義と主な性質を述べる．

3.1.1 凸 集 合

集合 $S \subseteq \mathbb{R}^n$ が**凸集合**であるとは，任意の点 $\boldsymbol{x}, \boldsymbol{y} \in S$ に対して条件

$$\lambda \boldsymbol{x} + (1-\lambda)\boldsymbol{y} \in S, \quad \forall \lambda \in [0,1]$$

が満たされることである (図 3.1)．集合 S を含む最小の凸集合を S の**凸包**とよび，$\operatorname{co} S$ と書く (図 3.2)．

点 $\boldsymbol{x}_1, \ldots, \boldsymbol{x}_k \in \mathbb{R}^n$ が与えられたとき，条件

$$\sum_{i=1}^{k} \lambda_i = 1, \quad \lambda_1, \ldots, \lambda_k \geqq 0 \tag{3.1}$$

を満たす実数 $\lambda_1, \ldots, \lambda_k$ を用いて

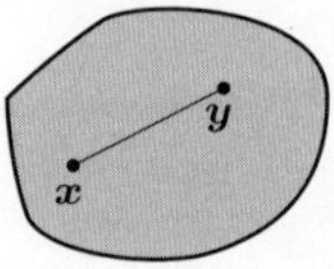

図 **3.1**　凸集合の例

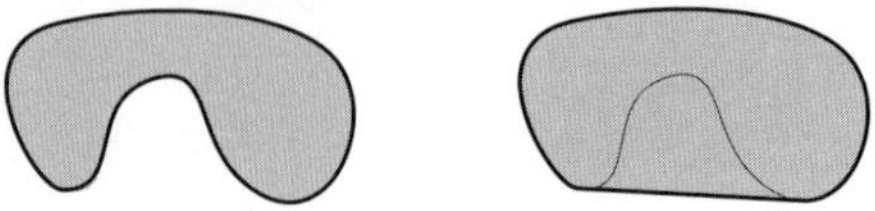

(a)　　(b)

図 **3.2**　(a) 非凸集合の例と (b) その凸包

$$\boldsymbol{x} = \sum_{i=1}^{k} \lambda_i \boldsymbol{x}_i$$

と表せる点 $\boldsymbol{x}$ を $\boldsymbol{x}_1, \ldots, \boldsymbol{x}_k$ の**凸結合**とよぶ．集合 $S \subseteq \mathbb{R}^n$ の凸包 $\mathrm{co}\, S$ の任意の点は，S に属する高々$n+1$ 個の点の凸結合として表現できる．この事実は，**Carathéodory** (カラテオドリ) **の定理**として知られている．

例 3.1　凸集合の例をあげる．

a) 全空間 $\mathbb{R}^n$，一点からなる集合 $\{\boldsymbol{x}\}$，空集合 $\emptyset$ は凸集合である．

b) 線分は凸集合である．

c) 線形方程式・線形不等式系を満たす点の集合

$$\{\boldsymbol{x} \in \mathbb{R}^n \mid A_1\boldsymbol{x} = \boldsymbol{b}_1,\ A_2\boldsymbol{x} \geqq \boldsymbol{b}_2\}$$

は凸集合である．このような集合のことを多面体という ((3.2) を参照)．

d) $Q \in \mathbb{R}^{n\times n}$ を対称行列，$\boldsymbol{p} \in \mathbb{R}^n$, $r \in \mathbb{R}$ とする．このとき，集合

$$\{\boldsymbol{x} \in \mathbb{R}^n \mid \boldsymbol{x}^\top Q\boldsymbol{x} + \boldsymbol{p}^\top \boldsymbol{x} + r \leqq 0\}$$

は，Q が半正定値ならば凸集合である．

e) 集合 $\{(x_1, x_2)^\top \mid x_1x_2 \geqq 1,\ x_1 \geqq 0,\ x_2 \geqq 0\}$ は凸集合である．　◁

例 3.2 集合の凸性を保つ変換の例をあげる.

a) 有限個の凸集合の交わりは凸集合である.

b) 無限個の凸集合の交わりも凸集合である.

c) 凸集合のアフィン写像による像や逆像は凸集合である.

d) 凸集合 $S \subseteq \mathbb{R}^n$ に対して, $U = \{t\boldsymbol{x} \mid \boldsymbol{x} \in S,\ t \geqq 0\}$ は凸集合である. ◁

集合 $S \subseteq \mathbb{R}^n$ を含む最小の閉集合を S の**閉包**とよび, $\mathrm{cl}\, S$ と書く. 任意の集合 S に対して, $\mathrm{co}(\mathrm{cl}\, S) \subseteq \mathrm{cl}(\mathrm{co}\, S)$ が成立する. 特に, S が有界であれば等号が成り立つ.

例 3.3 $\mathrm{co}(\mathrm{cl}\, S) \neq \mathrm{cl}(\mathrm{co}\, S)$ となる例をあげる. $I_1, I_2 \subseteq \mathbb{R}^2$ を

$$
\begin{aligned}
I_1 &= \{(x, y) \mid x \in [0, 1],\ y = 0\}, \\
I_2 &= \{(x, y) \mid x = 0,\ y \in [0, \infty)\}
\end{aligned}
$$

とおいて, $S \subseteq \mathbb{R}^2$ を $S = I_1 \cup I_2$ と定義する. このとき,

$$
\begin{aligned}
\mathrm{co}(\mathrm{cl}\, S) &= \{(x, y) \mid x \in [0, 1),\ y \in [0, \infty)\} \cup (1, 0), \\
\mathrm{cl}(\mathrm{co}\, S) &= \{(x, y) \mid x \in [0, 1],\ y \in [0, \infty)\}
\end{aligned}
$$

である. ◁

$\mathbb{R}^n$ の部分空間を平行移動して得られる集合を, **アフィン集合**とよぶ. アフィン集合は, ある点 $\boldsymbol{x}_0, \boldsymbol{x}_1, \ldots, \boldsymbol{x}_k \in \mathbb{R}^n$ を用いて

$$
\left\{\boldsymbol{x} \in \mathbb{R}^n \mid \boldsymbol{x} = \boldsymbol{x}_0 + \sum_{i=1}^{k} \alpha_i \boldsymbol{x}_i,\ \alpha_1, \ldots, \alpha_k \in \mathbb{R}\right\}
$$

と表される. 集合 $S \subseteq \mathbb{R}^n$ に対して, S を含む最小のアフィン空間を S の**アフィン包**とよび, $\mathrm{aff}\, S$ と書く (図 3.3(a)).

点 $\boldsymbol{x} \in \mathbb{R}^n$ を中心とする半径 $\varepsilon > 0$ の球 (閉球) を $B(\boldsymbol{x}, \varepsilon) = \{\boldsymbol{s} \in \mathbb{R}^n \mid \|\boldsymbol{s} - \boldsymbol{x}\| \leqq \varepsilon\}$ で表す. 集合 $S \subseteq \mathbb{R}^n$ と点 $\boldsymbol{x} \in S$ に対して $B(\boldsymbol{x}, \varepsilon) \subseteq S$ となる $\varepsilon > 0$ が存在するとき, $\boldsymbol{x}$ を S の**内点**とよぶ. S の内点全体の集合を S の**内部**とよび, $\mathrm{int}\, S$ と書く. 集合 $\mathrm{cl}\, S \setminus \mathrm{int}\, S$ を S の**境界**とよび, $\mathrm{bd}\, S$ と書く. また, 集合 $S \subseteq \mathbb{R}^n$ と点 $\boldsymbol{x} \in S$ に対して $(B(\boldsymbol{x}, \varepsilon) \cap \mathrm{aff}\, S) \subseteq S$ となる $\varepsilon > 0$ が存在するとき, $\boldsymbol{x}$ を S の**相**

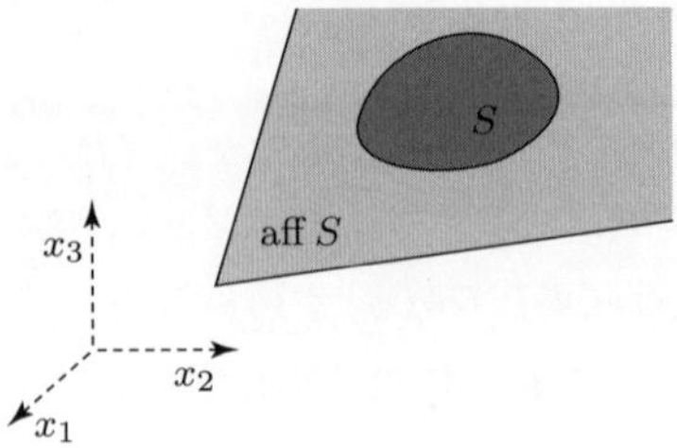

(a)

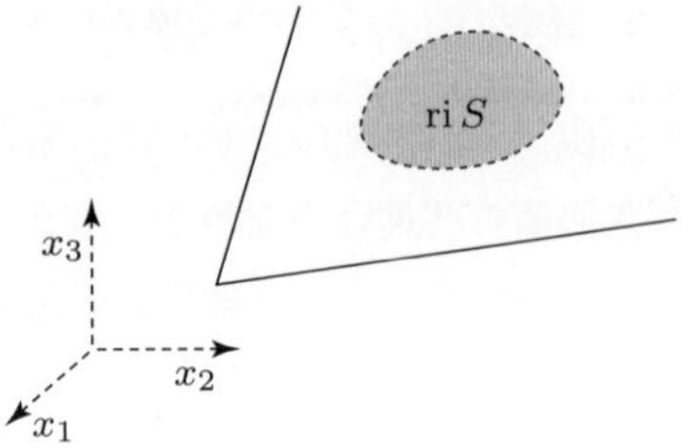

(b)

図 3.3　集合 $S \in \mathbb{R}^3$ の (a) アフィン包と (b) 相対的内部

対的内点とよぶ．S の相対的内点全体の集合を S の**相対的内部**とよび，$\mathrm{ri}\, S$ と書く．図 3.3 の例では，$\mathrm{int}\, S$ は空集合であるが $\mathrm{ri}\, S$ は非空である．

有限個の半空間の共通集合を**多面体**とよぶ．つまり，多面体は，ゼロベクトルでない $\boldsymbol{s}_1, \ldots, \boldsymbol{s}_m \in \mathbb{R}^n$ と $r_1, \ldots, r_m \in \mathbb{R}$ を用いて

$$P = \{\boldsymbol{x} \in \mathbb{R}^n \mid \boldsymbol{s}_i^\top \boldsymbol{x} \leqq r_i \ (i = 1, \ldots, m)\} \tag{3.2}$$

と表せる集合である[*1]．多面体は凸集合である．

多面体 P の部分集合で，P を定義する不等式の一部を等式で満たす点の集合を P の**面**という．つまり，多面体 P が (3.2) で表されるとき，ある添え字集合 $J \subseteq \{1, \ldots, m\}$ を用いて

$$F = \{\boldsymbol{x} \in P \mid \boldsymbol{s}_i^\top \boldsymbol{x} = r_i \ (\forall i \in J)\} \tag{3.3}$$

と表せる集合 F を，P の面という．空集合と P 自身も面である．面は，多面体である．また，0 次元の面を**頂点**とよび，1 次元の面を**稜**という．二つの頂点が稜で結ばれているとき，これらの頂点は隣接するという．例えば，4 章で扱う線形計画問題では，実行可能領域が多面体であり，最適解 (の一つ) がその多面体の頂点である．このように，凸集合の性質は最適化の理論と深い関係がある．

---

*1　多面体のことを，英語では polyhedron という．なお，英語では，有界な多面体を意味する polytope という用語も用いられる．

3.1.2　錐

空でない集合 $C \subseteq \mathbb{R}^n$ は，任意の元 $\boldsymbol{x} \in C$ と任意の実数 $\lambda \geqq 0$ に対して条件 $\lambda \boldsymbol{x} \in C$ を満たすときに**錐**であるという．原点から延びる半直線で C に属するものを，C の**射線**とよぶ．凸集合であるような錐を**凸錐**という (図 3.4)．また，閉集合であるような凸錐を**閉凸錐**という．

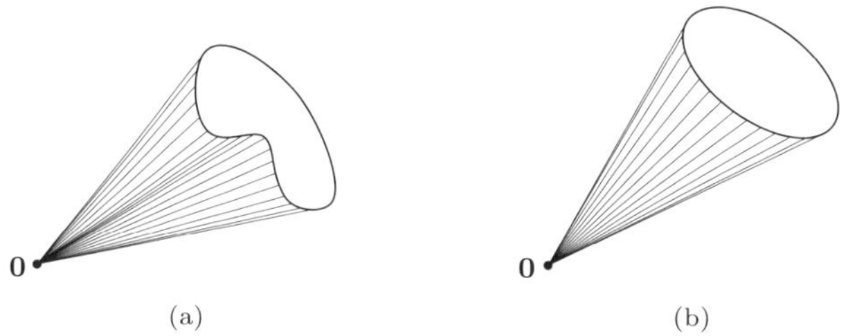

図 **3.4**　(a) 錐の例と (b) 凸錐の例

点 $\boldsymbol{x}_1, \ldots, \boldsymbol{x}_k \in \mathbb{R}^n$ が与えられたとき，非負の実数 $\lambda_1, \ldots, \lambda_k \geqq 0$ を用いて

$$\boldsymbol{x} = \sum_{i=1}^{k} \lambda_i \boldsymbol{x}_i$$

と表せる点 $\boldsymbol{x}$ を $\boldsymbol{x}_1, \ldots, \boldsymbol{x}_k$ の**錐結合**とよぶ．このときに，錐結合全体の集合は閉凸錐であり，これを $\boldsymbol{x}_1, \ldots, \boldsymbol{x}_k$ によって生成される錐とよぶ．集合 $S \subseteq \mathbb{R}^n$ に対して，S の任意の有限個の要素の錐結合全体の集合を S の**錐包**とよび，$\mathrm{cone}\, S$ と書く．$\mathrm{cone}\, S$ は，S を含む最小の凸錐である．

例 3.4　凸錐の例をあげる．

a) 原点を通る直線は凸錐である．

b) $\|\boldsymbol{x}\|_p$ をベクトル $\boldsymbol{x} \in \mathbb{R}^n$ の p 乗ノルム $(1 \leqq p \leqq +\infty)$ とする．つまり，

$$\|\boldsymbol{x}\|_p = \left(\sum_{j=1}^{n} |x_j|^p \right)^{1/p}, \quad 1 \leqq p < +\infty,$$

$$\|\boldsymbol{x}\|_\infty = \max_{j=1,\ldots,n} |x_j|$$

である．このとき，集合 $C_p = \{(t, \boldsymbol{x}) \in \mathbb{R} \times \mathbb{R}^n \mid t \geqq \|\boldsymbol{x}\|_p\}$ は凸錐である．特に，C_2 を **2 次錐**とよぶ．

c) $n \times n$ 実対称行列の独立な成分の数は $n(n+1)/2$ 個である．そこで，$n \times n$ 実対称行列の集合 $\mathcal{S}^n$ は，$n(n+1)/2$ 次元のベクトルの集合 $\mathbb{R}^{n(n+1)/2}$ とみなせる．例えば，$X = (X_{ij}) \in \mathcal{S}^3$ には，その上三角の成分を並べてできるベクトル $(X_{11}, X_{12}, X_{13}, X_{22}, X_{23}, X_{33})^\top \in \mathbb{R}^6$ を対応させればよい．半正定値である $n \times n$ 実対称行列の集合は，$\mathbb{R}^{n(n+1)/2}$ 上の凸錐である．というのも，$X, Y \in \mathcal{S}^n$ が半正定値ならば，任意の $\lambda_1, \lambda_2 \geqq 0$ に対して $\lambda_1 X + \lambda_2 Y$ も半正定値であるからである．　◁

錐 $C \subseteq \mathbb{R}^n$ に対して，集合 $C^\circ \subseteq \mathbb{R}^n$ を

$$C^\circ = \{\boldsymbol{s} \in \mathbb{R}^n \mid \boldsymbol{s}^\top \boldsymbol{x} \leqq 0 \ (\forall \boldsymbol{x} \in C)\}$$

で定義する．この C° は錐であり，C の**極錐**とよばれる (図 3.5)．また，

$$C^* = -C^\circ = \{\boldsymbol{s} \in \mathbb{R}^n \mid \boldsymbol{s}^\top \boldsymbol{x} \geqq 0 \ (\forall \boldsymbol{x} \in C)\}$$

で定義される C^* を C の**双対錐**とよぶ*2．$C^* = C$ を満たす錐 C を**自己双対錐**とよぶ．

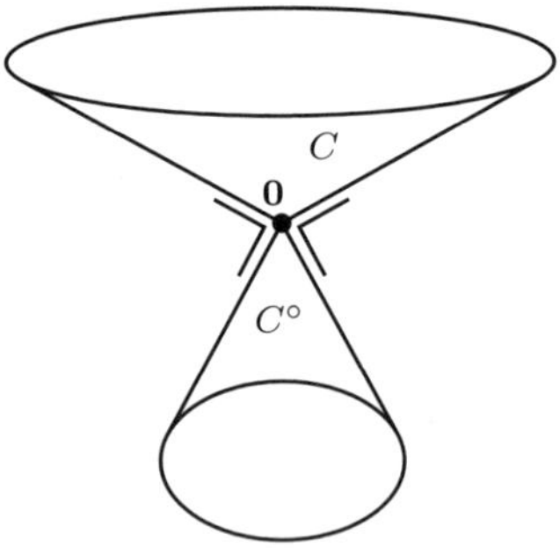

図 3.5　極錐

例 3.5　極錐の例をあげる．

a) 点 $\boldsymbol{x}_1, \ldots, \boldsymbol{x}_m \in \mathbb{R}^n$ が生成する錐 $C = \mathrm{cone}\{\boldsymbol{x}_1, \ldots, \boldsymbol{x}_m\}$ の極錐は

$$C^\circ = \{\boldsymbol{s} \in \mathbb{R}^n \mid \boldsymbol{s}^\top \boldsymbol{x}_i \leqq 0 \ (i = 1, \ldots, m)\}$$

である．

*2　文献によっては，極錐のことを双対錐とよぶこともあるので，注意が必要である．

b) 錐 $\mathbb{R}^n_+ = \{\boldsymbol{x} \in \mathbb{R}^n \mid x_j \geqq 0\ (j = 1, \ldots, n)\}$ の極錐は

$$(\mathbb{R}^n_+)^\circ = \{\boldsymbol{x} \in \mathbb{R}^n \mid x_j \leqq 0\ (j = 1, \ldots, n)\}$$

である．したがって，$\mathbb{R}^n_+$ は自己双対錐である．

c) 例 3.4.b で扱った錐 $C_p = \{(t, \boldsymbol{x}) \in \mathbb{R} \times \mathbb{R}^n \mid t \geqq \|\boldsymbol{x}\|_p\}$ の極錐は

$$C_p^\circ = -C_q, \quad \frac{1}{p} + \frac{1}{q} = 1$$

である．したがって，C_2 は自己双対錐である (5.4 節の命題 5.5 も参照のこと).

d) 例 3.4.c で扱った $n \times n$ 半正定値対称行列の集合 C の極錐は $C^\circ = -C$ (つまり，半負定値対称行列の集合) である．したがって，C は自己双対錐である (5.1 節の命題 5.1 を参照).　◁

次の命題 3.1，命題 3.2，命題 3.3 で，極錐の性質を述べる．

命題 3.1　錐 $C \subseteq \mathbb{R}^n$ に対して，C° は閉凸錐である．

命題 3.2　錐 $C_1, C_2 \subseteq \mathbb{R}^n$ に対して，$C_1 \subseteq C_2$ ならば $C_1^\circ \supseteq C_2^\circ$ が成り立つ．

命題 3.3　凸錐 $C \subseteq \mathbb{R}^n$ に対して，$C^{\circ\circ} = \mathrm{cl}\, C$ が成り立つ．特に，C が閉凸錐ならば $C^{\circ\circ} = C$ が成り立つ．

非空の凸集合 $S \subseteq \mathbb{R}^n$ に対して，どの $\boldsymbol{x}_1, \boldsymbol{x}_2 \in S$ $(\boldsymbol{x}_1 \neq \boldsymbol{x}_2)$ を用いても $\boldsymbol{x} = \frac{1}{2}(\boldsymbol{x}_1 + \boldsymbol{x}_2)$ と表すことのできない点 $\boldsymbol{x} \in S$ を S の**端点**とよぶ．言い換えると，$S \setminus \{\boldsymbol{x}\}$ が凸集合であるとき，$\boldsymbol{x}$ は S の端点である．凸錐 $C \subseteq \mathbb{R}^n$ の射線のうち，C の他の二つの射線上の点の錐結合の集合として表現できないものを C の**端射線**とよぶ．凸集合の端点には，次の性質がある．

命題 3.4　有界な閉凸集合 $C \subseteq \mathbb{R}^n$ に対して，C の端点全体がなす集合の凸包は C に等しい．

多面体の定義 (3.2) において $r_1 = \cdots = r_m = 0$ であるとき，P を**多面錐**とよぶ．多面錐と多面体について，それぞれ命題 3.5 と命題 3.6 のような性質が知られている．

命題 3.5　集合 $P \subseteq \mathbb{R}^n$ が多面錐であるための必要十分条件は，有限個の点 $\boldsymbol{x}_1, \ldots, \boldsymbol{x}_k \in \mathbb{R}^n$ を用いて

$$P = \mathrm{cone}(\{\boldsymbol{x}_1, \ldots, \boldsymbol{x}_k\})$$

と表せることである*3.

命題 3.6　集合 $P \subseteq \mathbb{R}^n$ が多面体であるための必要十分条件は，有限個の点 $\boldsymbol{x}_1, \ldots, \boldsymbol{x}_k \in \mathbb{R}^n$ と $\boldsymbol{y}_1, \ldots, \boldsymbol{y}_{k'} \in \mathbb{R}^n$ を用いて

$$P = \mathrm{cone}(\{\boldsymbol{x}_1, \ldots, \boldsymbol{x}_k\}) + \mathrm{co}(\{\boldsymbol{y}_1, \ldots, \boldsymbol{y}_{k'}\})$$

と表せることである*4．ここで，$U, V \subseteq \mathbb{R}^n$ に対して $U + V$ は **Minkowski** (ミンコフスキー) **和** (つまり，$U + V = \{\boldsymbol{u} + \boldsymbol{v} \mid \boldsymbol{u} \in U,\ \boldsymbol{v} \in V\}$) を表す.

次に定義する接錐や法線錐は，最適化問題の最適性条件を記述する際にしばしば有用である (例えば，命題 3.18 を参照).

空でない集合 $S \subseteq \mathbb{R}^n$ と点 $\boldsymbol{x} \in S$ に着目する．条件*5

$$\boldsymbol{x}_k \to \boldsymbol{x}, \quad t_k \searrow 0 \quad (k \to +\infty)$$

を満たす点列 $\{\boldsymbol{x}_k\} \subseteq S$ と数列 $\{t_k\}$ によって

$$\boldsymbol{d} = \lim_{k \to \infty} \frac{\boldsymbol{x}_k - \boldsymbol{x}}{t_k}$$

と表される $\boldsymbol{d} \in \mathbb{R}^n$ を，集合 S の点 $\boldsymbol{x}$ における**接ベクトル**とよぶ．また，そのような接ベクトル全体の集合を S の点 $\boldsymbol{x}$ における**接錐**とよび，$T_S(\boldsymbol{x})$ で表す (図 3.6). $\boldsymbol{x} \in \mathrm{int}\, S$ ならば，$T_S(\boldsymbol{x}) = \mathbb{R}^n$ である．空でない集合 $S \subseteq \mathbb{R}^n$ と点 $\boldsymbol{x} \in S$ に対して，接錐 $T_S(\boldsymbol{x})$ は空でない閉錐である.

例 3.6　連続微分可能な関数 $g : \mathbb{R}^n \to \mathbb{R}$ によって S が

$$S = \{\boldsymbol{x} \in \mathbb{R}^n \mid g(\boldsymbol{x}) \leqq 0\}$$

で定義されるとする．点 $\boldsymbol{x} \in S$ において，$g(\boldsymbol{x}) = 0$ かつ $\nabla g(\boldsymbol{x}) \neq \boldsymbol{0}$ が成り立つ

---

*3　証明は，『工学教程・線形代数 II (3.4.3 節)』[23] や文献 [26, 定理 1.3] を参照されたい.

*4　証明は，『工学教程・線形代数 II (3.4.4 節)』[23] や文献 [26, 定理 1.2] を参照されたい.

*5　$t_k \searrow 0$ は，$t_k > 0$ で $t_k \to 0$ であることを表す.

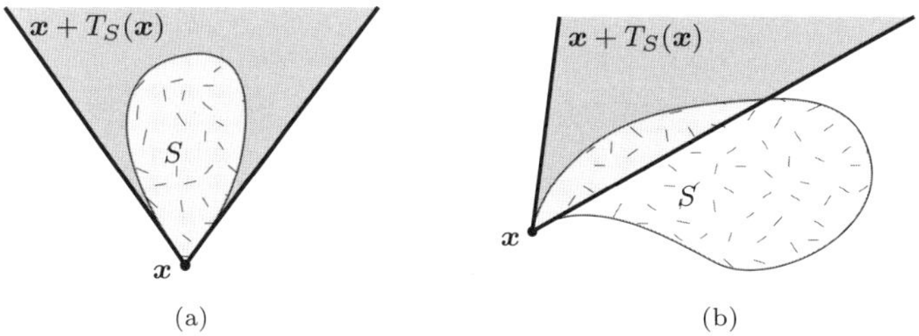

図 3.6 接錐 (S が (a) 凸集合の場合の例と (b) 非凸集合の場合の例)

とき，S の $\boldsymbol{x}$ における接錐は半空間

$$T_S(\boldsymbol{x}) = \{\boldsymbol{d} \in \mathbb{R}^n \mid \langle \nabla g(\boldsymbol{x}), \boldsymbol{d} \rangle \leqq 0\}$$

である． ◁

接錐 $T_S(\boldsymbol{x})$ の極錐 $T_S(\boldsymbol{x})^\circ$ を，点 $\boldsymbol{x}$ における S の**法線錐**とよび，$N_S(\boldsymbol{x})$ で表す．

例 3.7 多面体

$$S = \{\boldsymbol{x} \in \mathbb{R}^n \mid \boldsymbol{a}_i^\top \boldsymbol{x} \leqq b_i \ (i = 1, \ldots, m)\}$$

と点 $\boldsymbol{x} \in S$ に対して，$I(\boldsymbol{x})$ を

$$I(\boldsymbol{x}) = \{i \in \{1, \ldots, m\} \mid \boldsymbol{a}_i^\top \boldsymbol{x} = b_i\}$$

で定義する．このとき，$\boldsymbol{x}$ における S の接錐と法線錐は

$$T_S(\boldsymbol{x}) = \{\boldsymbol{d} \in \mathbb{R}^n \mid \boldsymbol{a}_i^\top \boldsymbol{d} \leqq 0 \ (i \in I(\boldsymbol{x}))\},$$
$$N_S(\boldsymbol{x}) = \operatorname{cone}(\{\boldsymbol{a}_i \mid i \in I(\boldsymbol{x})\})$$

である (図 3.7)． ◁

3.1.3 凸　関　数

実数値関数 $f : \mathbb{R}^n \to \mathbb{R}$ は，各点 $\boldsymbol{x} \in \mathbb{R}^n$ に対してある実数 $f(\boldsymbol{x}) \in \mathbb{R}$ を対応させる関係を与えている．これに対して最適化の理論では，関数値が $+\infty$ や $-\infty$ をとることを許すとしばしば便利である．このとき，f を**拡張実数値関数**と

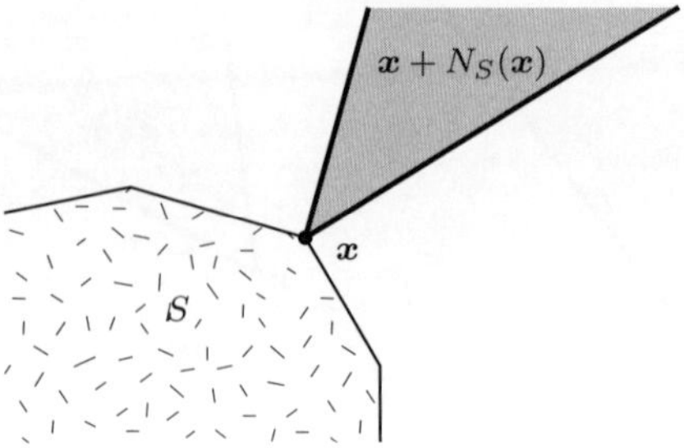

図 **3.7**　法線錐

よぶ．例えば関数値が $+\infty$ をとることを許す場合は，$f : \mathbb{R}^n \to \mathbb{R} \cup \{+\infty\}$ や $f : \mathbb{R}^n \to (-\infty, +\infty]$ などと書く．関数 $f : \mathbb{R}^n \to \mathbb{R} \cup \{+\infty\}$ に対し，集合

$$\mathrm{dom}\, f = \{\boldsymbol{x} \in \mathbb{R}^n \mid f(\boldsymbol{x}) < +\infty\}$$

を f の**実効定義域**とよぶ．

例 3.8　実数値関数 $f, g_1, \ldots, g_m : \mathbb{R}^n \to \mathbb{R}$ を用いて定義される制約付き最適化問題

$$\left.\begin{array}{ll} \text{Minimize} & f(\boldsymbol{x}) \\ \text{subject to} & g_i(\boldsymbol{x}) \leqq 0, \quad i = 1, \ldots, m \end{array}\right\}$$

は，拡張実数値関数 $\phi : \mathbb{R}^n \to \mathbb{R} \cup \{+\infty\}$ を

$$\phi(\boldsymbol{x}) = \begin{cases} f(\boldsymbol{x}) & (g_i(\boldsymbol{x}) \leqq 0 \ (i = 1, \ldots, m) \text{ のとき}) \\ +\infty & (\text{それ以外のとき}) \end{cases}$$

で定義すると $\phi(\boldsymbol{x})$ の無制約最小化問題と同一視できる．　◁

関数 $f : \mathbb{R}^n \to \mathbb{R} \cup \{+\infty\}$ が**凸関数**であるとは，任意の点 $\boldsymbol{x}, \boldsymbol{y} \in \mathbb{R}^n$ に対して条件

$$\lambda f(\boldsymbol{x}) + (1 - \lambda) f(\boldsymbol{y}) \geqq f(\lambda \boldsymbol{x} + (1 - \lambda)\boldsymbol{y}), \quad \forall \lambda \in [0, 1] \tag{3.4}$$

が成り立つことである (図 3.8)．ただし，$+\infty \geqq +\infty$ が成り立つとする．また，$-f$ が凸関数であるとき，f は**凹関数**であるという．凸関数の実効定義域は凸集合である．

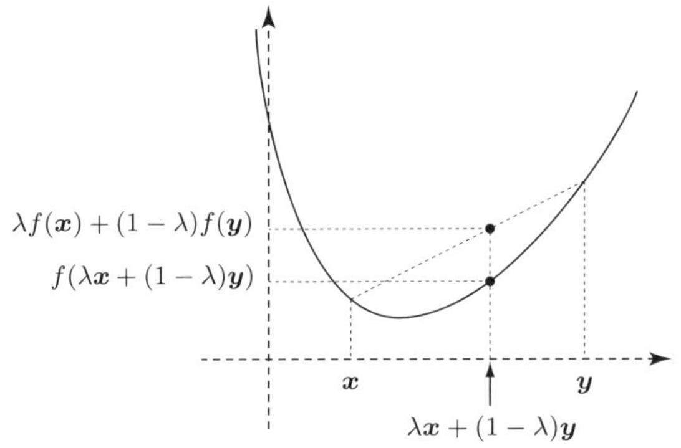

図 **3.8** 凸関数の例

凸関数の定義 (3.4) では，二つの点 $\boldsymbol{x}$ および $\boldsymbol{y}$ における関数の値を比較している．これを任意の個数 k ($k \geqq 2$) の点に関する条件に拡張したものが，次の命題 3.7 である．

命題 3.7 (Jensen (イェンセン) の不等式) 関数 $f : \mathbb{R}^n \to \mathbb{R} \cup \{+\infty\}$ が凸関数ならば，任意の点 $\boldsymbol{x}_1, \ldots, \boldsymbol{x}_k \in \mathrm{dom}\, f$ と条件

$$\sum_{i=1}^{k} \lambda_i = 1, \quad \lambda_1, \ldots, \lambda_k \geqq 0$$

を満たす任意の実数 $\lambda_1, \ldots, \lambda_k$ に対して不等式

$$\sum_{i=1}^{k} \lambda_i f(\boldsymbol{x}_i) \geqq f\Bigl(\sum_{i=1}^{k} \lambda_i \boldsymbol{x}_i\Bigr)$$

が成立する．

次に，凸集合と凸関数の関係を述べる．関数 $f : \mathbb{R}^n \to \mathbb{R} \cup \{+\infty\}$ に対して，$\mathbb{R}^n \times \mathbb{R}$ の部分集合

$$\mathrm{epi}\, f = \{(\boldsymbol{x}, Y) \in \mathbb{R}^n \times \mathbb{R} \mid Y \geqq f(\boldsymbol{x})\}$$

を f の**エピグラフ**とよぶ (図 3.9)．このとき，f が凸関数であることは，$\mathrm{epi}\, f$ が凸集合であることと等価である．また，集合 $S \subseteq \mathbb{R}^n$ に対して

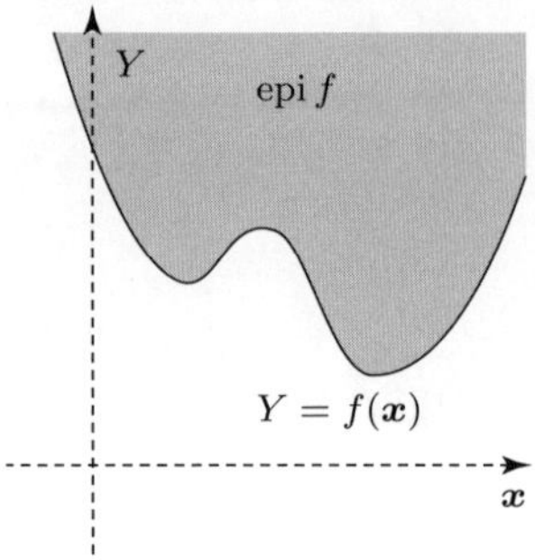

図 3.9　関数 f のグラフ $\{(\boldsymbol{x}, Y) \mid Y = f(\boldsymbol{x})\}$ とエピグラフ epi f

$$\delta_S(\boldsymbol{x}) = \begin{cases} 0 & (\boldsymbol{x} \in S \text{ のとき}) \\ +\infty & (\boldsymbol{x} \notin S \text{ のとき}) \end{cases}$$

で定義される関数 $\delta_S : \mathbb{R}^n \to \mathbb{R} \cup \{+\infty\}$ を S の**標示関数**とよぶ．S が凸集合であることは，δ_S が凸関数であることと等価である．

凸関数 $f : \mathbb{R}^n \to \mathbb{R} \cup \{+\infty\}$ が $\mathrm{dom}\, f \neq \emptyset$ を満たすとき，f を**真凸関数**とよぶ．空でない凸集合 $S \subseteq \mathbb{R}^n$ の標示関数 δ_S は真凸関数である．凸とは限らない関数 $f : \mathbb{R}^n \to \mathbb{R} \cup \{+\infty\}$ と点 $\boldsymbol{x} \in \mathbb{R}^n$ に収束する任意の点列 $\{\boldsymbol{x}_k\}$ に対して

$$f(\boldsymbol{x}) \leqq \lim_{k \to \infty} \inf_{k' \geqq k} f(\boldsymbol{x}_{k'})$$

が成り立つとき，f は $\boldsymbol{x}$ において**下半連続**であるという．f が任意の点 $\boldsymbol{x} \in \mathbb{R}^n$ において下半連続であるとき，単に f は下半連続であるという (図 3.10)．f および

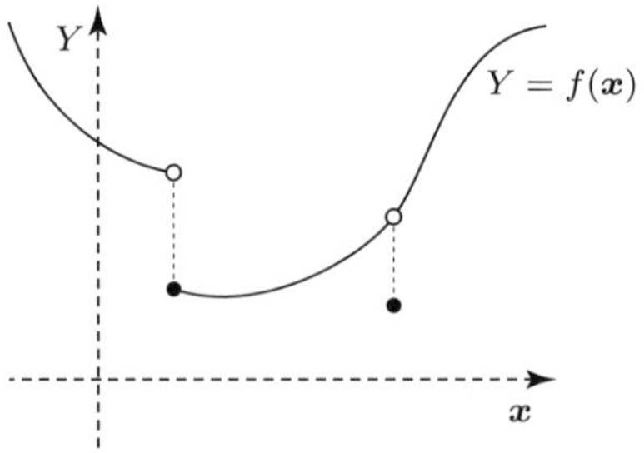

図 3.10　下半連続関数の例

$-f$ が下半連続ならば，f は**連続**である．f が下半連続であることと $\mathrm{epi}\, f$ が閉集合であることは同値である．下半連続な凸関数を，**閉凸関数**とよぶ．また，下半連続な真凸関数を，**閉真凸関数**とよぶ．関数 f が閉凸関数であることと $\mathrm{epi}\, f$ が閉凸集合であることは同値である．また，S が閉凸集合であることと δ_S が閉凸関数であることは同値である．

関数 f が十分に滑らかであれば，定義 (3.4) を直接用いなくても f の凸性を調べられる場合がある．特に，次の三つの命題 (命題 3.8，命題 3.9，命題 3.10) で述べる条件は，しばしば有用である．

命題 3.8 微分可能な関数 $f : \mathbb{R}^n \to \mathbb{R}$ が凸関数であるための必要十分条件は，任意の点 $\boldsymbol{x}, \boldsymbol{y} \in \mathbb{R}^n$ に対して不等式

$$f(\boldsymbol{y}) \geqq f(\boldsymbol{x}) + \langle \nabla f(\boldsymbol{x}), \boldsymbol{y} - \boldsymbol{x} \rangle \tag{3.5}$$

が成り立つことである．

(証明) まず，f が凸関数であることを仮定する．凸関数の定義より，任意の $\lambda \in (0,1)$ に対して不等式

$$\lambda f(\boldsymbol{y}) - \lambda f(\boldsymbol{x}) \geqq f(\boldsymbol{x} + \lambda(\boldsymbol{y} - \boldsymbol{x})) - f(\boldsymbol{x})$$

が成り立つ．この式の両辺を λ で割ることで

$$f(\boldsymbol{y}) - f(\boldsymbol{x}) \geqq \frac{f(\boldsymbol{x} + \lambda(\boldsymbol{y} - \boldsymbol{x})) - f(\boldsymbol{x})}{\lambda} \to \langle \nabla f(\boldsymbol{x}), \boldsymbol{y} - \boldsymbol{x} \rangle \quad (\lambda \to +0)$$

が得られる．

逆に (3.5) を仮定する．任意の $\boldsymbol{x}_1, \boldsymbol{x}_2 \in \mathbb{R}^n$ に対して $\boldsymbol{x}$ を

$$\boldsymbol{x} = \lambda \boldsymbol{x}_1 + (1-\lambda)\boldsymbol{x}_2, \quad \lambda \in (0,1)$$

で定義する．このとき，(3.5) より

$$f(\boldsymbol{x}_i) \geqq f(\boldsymbol{x}) + \langle \nabla f(\boldsymbol{x}), \boldsymbol{x}_i - \boldsymbol{x} \rangle, \quad i = 1, 2$$

が成り立つ．この式で $i=1$ とおいた式を λ 倍し，$i=2$ とおいた式を $(1-\lambda)$ 倍して辺々加えると

$$\begin{aligned}\lambda f(\boldsymbol{x}_1) + (1-\lambda) f(\boldsymbol{x}_2) &\geqq f(\boldsymbol{x}) + \langle \nabla f(\boldsymbol{x}), \lambda \boldsymbol{x}_1 + (1-\lambda)\boldsymbol{x}_2 - \boldsymbol{x} \rangle \\ &= f(\boldsymbol{x}) = f(\lambda \boldsymbol{x}_1 + (1-\lambda)\boldsymbol{x}_2)\end{aligned}$$

が得られるので，f は凸関数である．■

命題 3.8 の条件 (3.5) を図示すると，図 3.11 のようになる．点 $\boldsymbol{x}$ を固定すると，(3.5) の右辺は $\boldsymbol{y}$ の 1 次関数であり，点 $\boldsymbol{x}$ における f のグラフの接線になっている．条件 (3.5) は，この接線のグラフが f のグラフより上にくることはない，という意味である．

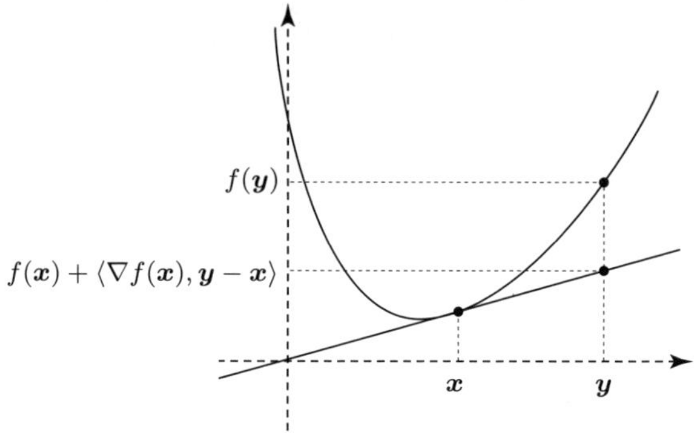

図 3.11　命題 3.8 の例

命題 3.9　2 回連続微分可能な関数 $f : \mathbb{R}^n \to \mathbb{R}$ が凸関数であるための必要十分条件は，任意の点 $\boldsymbol{x} \in \mathbb{R}^n$ において f の Hesse 行列 $\nabla^2 f(\boldsymbol{x})$ が半正定値であることである．

(証明)　まず，f が凸関数であることを仮定する．方向を表すベクトル $\boldsymbol{d} \in \mathbb{R}^n$ と十分小さい実数 $\epsilon > 0$ に対して点 $\boldsymbol{x} + \epsilon \boldsymbol{d}$ を考える．Taylor 展開と命題 3.8 より

$$\begin{aligned} f(\boldsymbol{x}) + \epsilon \langle \nabla f(\boldsymbol{x}), \boldsymbol{d} \rangle &\leqq f(\boldsymbol{x} + \epsilon \boldsymbol{d}) \\ &= f(\boldsymbol{x}) + \epsilon \langle \nabla f(\boldsymbol{x}), \boldsymbol{d} \rangle + \epsilon^2 \frac{1}{2} \langle \nabla^2 f(\boldsymbol{x}) \boldsymbol{d}, \boldsymbol{d} \rangle + \mathrm{O}(\epsilon^3) \end{aligned}$$

が得られる．したがって

$$0 \leqq \epsilon^2 \frac{1}{2} \langle \nabla^2 f(\boldsymbol{x}) \boldsymbol{d}, \boldsymbol{d} \rangle + \mathrm{O}(\epsilon^3)$$

が成り立つ．この不等式の両辺を ϵ^2 で割り $\epsilon \to +0$ とすると，

$$0 \leqq \langle \nabla^2 f(\boldsymbol{x}) \boldsymbol{d}, \boldsymbol{d} \rangle$$

が得られる．この不等式が任意の方向 $\boldsymbol{d}$ と任意の点 $\boldsymbol{x}$ に対して得られるので，$\nabla^2 f(\boldsymbol{x})$ は任意の点 $\boldsymbol{x}$ において半正定値である．

逆に，$\nabla^2 f(\boldsymbol{x})$ が任意の点 $\boldsymbol{x}$ において半正定値であることを仮定する．Taylor の定理より，任意の $\boldsymbol{x}$ および $\boldsymbol{d}$ に対して

$$f(\boldsymbol{x}+\boldsymbol{d}) = f(\boldsymbol{x}) + \langle \nabla f(\boldsymbol{x}), \boldsymbol{d}\rangle + \frac{1}{2}\langle \nabla^2 f(\boldsymbol{x}+\theta\boldsymbol{d})\boldsymbol{d}, \boldsymbol{d}\rangle$$

を満たす θ $(0<\theta<1)$ が存在する．$\boldsymbol{y}=\boldsymbol{x}+\boldsymbol{d}$ とおき，$\nabla^2 f(\boldsymbol{x}+\theta\boldsymbol{d})$ の半正定値性を用いると

$$f(\boldsymbol{y}) \geqq f(\boldsymbol{x}) + \langle \nabla f(\boldsymbol{x}), \boldsymbol{y}-\boldsymbol{x}\rangle$$

が得られる．つまり，命題 3.8 の (3.5) が成り立つので，f は凸関数である． ■

$\mathbb{R}^n$ から $\mathbb{R}^n$ への写像 $\mathbb{R}^n \ni \boldsymbol{x} \mapsto \boldsymbol{h}(\boldsymbol{x}) \in \mathbb{R}^n$ が**単調**であるとは，任意の点 $\boldsymbol{x}$, $\boldsymbol{y} \in \mathbb{R}^n$ に対して

$$\langle \boldsymbol{h}(\boldsymbol{x}) - \boldsymbol{h}(\boldsymbol{y}), \boldsymbol{x}-\boldsymbol{y}\rangle \geqq 0$$

が成り立つことと定義される．次の命題は，関数の凸性と勾配の単調性の関係を述べている．

命題 3.10 連続微分可能な関数 $f:\mathbb{R}^n\to\mathbb{R}$ が凸関数であるための必要十分条件は，f の勾配写像 $\mathbb{R}^n \ni \boldsymbol{x} \mapsto \nabla f(\boldsymbol{x}) \in \mathbb{R}^n$ が単調であることである．

(証明) f が凸関数であることを仮定すると，命題 3.8 より，任意の $\boldsymbol{x}, \boldsymbol{y} \in \mathbb{R}^n$ に対して

$$\langle \nabla f(\boldsymbol{x}), \boldsymbol{y}-\boldsymbol{x}\rangle \leqq f(\boldsymbol{y}) - f(\boldsymbol{x}),$$
$$\langle \nabla f(\boldsymbol{y}), \boldsymbol{x}-\boldsymbol{y}\rangle \leqq f(\boldsymbol{x}) - f(\boldsymbol{y})$$

が成り立つ．この二つの不等式の両辺を足すことで

$$\langle \nabla f(\boldsymbol{y}) - \nabla f(\boldsymbol{x}), \boldsymbol{y}-\boldsymbol{x}\rangle \geqq 0$$

が得られる．つまり，∇f は単調である．

逆に，∇f が単調であることを仮定する．任意の点 $\boldsymbol{x}_1, \boldsymbol{x}_2 \in \mathbb{R}^n$ に対して，平均値の定理より，条件

$$f(\boldsymbol{x}_2) - f(\boldsymbol{x}_1) = \langle \nabla f(\boldsymbol{z}), \boldsymbol{x}_2 - \boldsymbol{x}_1 \rangle \tag{3.6}$$

を満たす点 $\boldsymbol{z} = \boldsymbol{x}_1 + \theta(\boldsymbol{x}_2 - \boldsymbol{x}_1)$ $(\theta \in (0,1))$ が存在する．一方，$\boldsymbol{x}_2 - \boldsymbol{x}_1 = (\boldsymbol{z} - \boldsymbol{x}_1)/\theta$ であることと ∇f の単調性より

$$\langle \nabla f(\boldsymbol{z}) - \nabla f(\boldsymbol{x}_1), \boldsymbol{x}_2 - \boldsymbol{x}_1 \rangle = \frac{1}{\theta} \langle \nabla f(\boldsymbol{z}) - \nabla f(\boldsymbol{x}_1), \boldsymbol{z} - \boldsymbol{x}_1 \rangle \geqq 0 \tag{3.7}$$

が得られる．(3.6) と (3.7) を順に用いることで

$$\begin{aligned} & f(\boldsymbol{x}_2) - f(\boldsymbol{x}_1) \\ & \quad = \langle \nabla f(\boldsymbol{z}) - \nabla f(\boldsymbol{x}_1), \boldsymbol{x}_2 - \boldsymbol{x}_1 \rangle + \langle \nabla f(\boldsymbol{x}_1), \boldsymbol{x}_2 - \boldsymbol{x}_1 \rangle \\ & \quad \geqq \langle \nabla f(\boldsymbol{x}_1), \boldsymbol{x}_2 - \boldsymbol{x}_1 \rangle \end{aligned}$$

が得られる．この不等式と命題 3.8 により，f は凸関数である．■

例 3.9　凸関数の例をあげる．

a) 1 次関数 $f(\boldsymbol{x}) = \boldsymbol{a}^\top \boldsymbol{x} + b$ は凸関数である．

b) 2 次関数

$$f(x_1, x_2) = \frac{(x_1 - x_2)^2}{8} + \frac{x_1 + x_2}{2}$$

は凸関数である．

c) b) のより一般的な場合として，$Q \in \mathbb{R}^{n \times n}$ を半正定値対称行列，$\boldsymbol{p} \in \mathbb{R}^n$ を定ベクトル，$r \in \mathbb{R}$ を定数とすると，2 次関数

$$f(\boldsymbol{x}) = \frac{1}{2} \boldsymbol{x}^\top Q \boldsymbol{x} + \boldsymbol{p}^\top \boldsymbol{x} + r$$

は凸関数である．◁

例 3.10　関数の凸性を保存する変換の例をあげる．

a) いくつかの凸関数の非負の重み付き和として定義される関数は，凸関数である．

b) 凸関数 $f:\mathbb{R}^m \to \mathbb{R}\cup\{+\infty\}$ と定行列 $A \in \mathbb{R}^{m\times n}$ および定ベクトル $\boldsymbol{b} \in \mathbb{R}^m$ を用いて定義される関数 $f(A\boldsymbol{x}+\boldsymbol{b})$ は $\boldsymbol{x}$ の凸関数である．

c) 有限個または無限個の凸関数の最大値として表現される関数は，凸関数である (ただし，任意の点で関数値が $+\infty$ をとる場合も凸関数であると定義する).

例えば，凸関数 $g:\mathbb{R}^n \to \mathbb{R}\cup\{+\infty\}$ を用いて関数 $f:\mathbb{R}^n \to \mathbb{R}\cup\{+\infty\}$ を

$$f(\boldsymbol{x}) = \sup\{\boldsymbol{v}^\top \boldsymbol{x} - g(\boldsymbol{v}) \mid \boldsymbol{v} \in \mathbb{R}^n\}$$

で定義する ($\boldsymbol{v} \in \mathbb{R}^n$ を固定すると，$\boldsymbol{v}^\top \boldsymbol{x} - g(\boldsymbol{v})$ は $\boldsymbol{x}$ に関する凸関数であることに注意する)．このように定義された f は凸関数である．というのも，$\boldsymbol{x}_1, \boldsymbol{x}_2 \in \mathbb{R}^n$ と任意の $\lambda \in [0,1]$ に対して

$$\begin{aligned}
&f(\lambda\boldsymbol{x}_1 + (1-\lambda)\boldsymbol{x}_2) \\
&\quad = \sup_{\boldsymbol{v}\in\mathbb{R}^n} \{\lambda(\boldsymbol{v}^\top\boldsymbol{x}_1 - g(\boldsymbol{v})) + (1-\lambda)(\boldsymbol{v}^\top\boldsymbol{x}_2 - g(\boldsymbol{v}))\} \\
&\quad \leqq \lambda \sup_{\boldsymbol{v}\in\mathbb{R}^n} \{\boldsymbol{v}^\top\boldsymbol{x}_1 - g(\boldsymbol{v})\} + (1-\lambda) \sup_{\boldsymbol{v}\in\mathbb{R}^n} \{\boldsymbol{v}^\top\boldsymbol{x}_2 - g(\boldsymbol{v})\} \\
&\quad = \lambda f(\boldsymbol{x}_1) + (1-\lambda) f(\boldsymbol{x}_2)
\end{aligned}$$

が成り立つからである (ただし，$+\infty \leqq +\infty$ が成り立つとしている).

d) 凸関数 $f:\mathbb{R}^n \to \mathbb{R}$ に対して，$g:\mathbb{R}^{n+1} \to \mathbb{R}\cup\{+\infty\}$ を

$$g(\boldsymbol{x},t) = \begin{cases} tf(\boldsymbol{x}/t) & (t>0 \text{ のとき}) \\ +\infty & (\text{それ以外のとき}) \end{cases}$$

で定義すると，g は凸関数である[*6]．例えば，$f(\boldsymbol{x}) = \boldsymbol{x}^\top\boldsymbol{x}$ は凸関数であるから，$t>0$ の範囲で定義される $(\boldsymbol{x},t)$ の関数 $\boldsymbol{x}^\top\boldsymbol{x}/t$ も凸関数である． ◁

関数 $f:\mathbb{R}^n \to \mathbb{R}\cup\{+\infty\}$ が**狭義凸関数**であるとは，任意の点 $\boldsymbol{x}, \boldsymbol{y} \in \mathbb{R}^n$ $(\boldsymbol{x} \neq \boldsymbol{y})$ に対して条件

$$\lambda f(\boldsymbol{x}) + (1-\lambda) f(\boldsymbol{y}) > f(\lambda\boldsymbol{x} + (1-\lambda)\boldsymbol{y}), \quad \forall\lambda \in (0,1)$$

*6 このように定義される g は，関数 f の**錐拡張**という (錐拡張は perspective の訳語である)[34].

が成り立つことである．また，ある定数 $\alpha > 0$ が存在して条件

$$\lambda f(\boldsymbol{x}) + (1-\lambda) f(\boldsymbol{y}) \geqq f(\lambda \boldsymbol{x} + (1-\lambda)\boldsymbol{y}) + \frac{1}{2}\alpha\lambda(1-\lambda)\|\boldsymbol{x}-\boldsymbol{y}\|^2, \quad \forall \lambda \in [0,1] \tag{3.8}$$

が成り立つとき，f は**強凸関数**であるという．

関数 $f : \mathbb{R}^n \to \mathbb{R} \cup \{+\infty\}$ と実数 $\alpha \in \mathbb{R}$ に対して定義される集合

$$S_\alpha = \{\boldsymbol{x} \in \mathbb{R}^n \mid f(\boldsymbol{x}) \leqq \alpha\}$$

を，f の**レベル集合**とよぶ．f が凸関数ならば，任意の $\alpha \in \mathbb{R}$ に対してレベル集合 S_α は凸集合である．一方，任意の $\alpha \in \mathbb{R}$ に対してレベル集合 S_α が凸集合であるような関数 f を**準凸関数**とよぶ．準凸関数は，必ずしも凸関数ではない (図 3.12)．

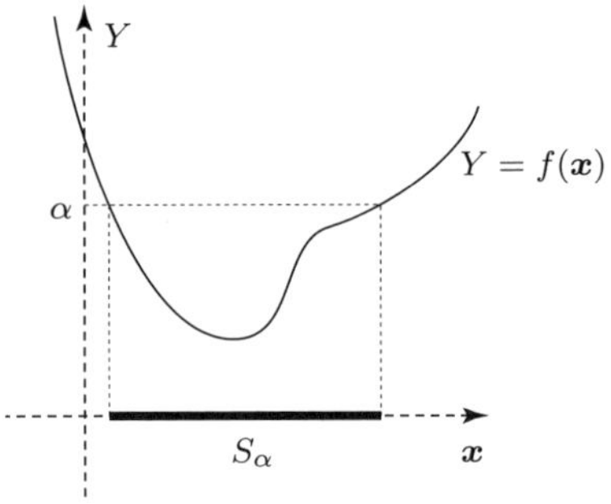

図 **3.12**　準凸関数の例

関数 $f : \mathbb{R}^n \to \mathbb{R}$ が微分可能な凸関数ならば，命題 3.8 より，任意の点 $\boldsymbol{x}, \boldsymbol{y} \in \mathbb{R}^n$ に対して条件

$$\langle \nabla f(\boldsymbol{x}), \boldsymbol{y} - \boldsymbol{x} \rangle \geqq 0 \quad \Rightarrow \quad f(\boldsymbol{y}) \geqq f(\boldsymbol{x}) \tag{3.9}$$

が成り立つ．一方，この条件 (3.9) を満たす微分可能な関数 f を**擬凸関数**とよぶ．つまり，方向微分 (3.2 節参照) が非負であるような方向 $\boldsymbol{y} - \boldsymbol{x}$ に対して関数値が減少しないという関数である．擬凸関数は準凸関数である．

例 3.11　$Q \in \mathbb{R}^{n \times n}$ を正定値対称行列，$\boldsymbol{p} \in \mathbb{R}^n$ を定ベクトル，$r \in \mathbb{R}$ を定数とすると，2 次関数

$$f(\boldsymbol{x}) = \frac{1}{2}\boldsymbol{x}^\top Q \boldsymbol{x} + \boldsymbol{p}^\top \boldsymbol{x} + r$$

は強凸関数である．定義 (3.8) において，定数 $\alpha > 0$ を Q の最小固有値以下に選べばよい．

一般に，関数 $f : \mathbb{R}^n \to \mathbb{R} \cup \{+\infty\}$ が (3.8) を満たすことと，関数 $\boldsymbol{x} \mapsto f(\boldsymbol{x}) - \frac{1}{2}\alpha\|\boldsymbol{x}\|^2$ が凸関数であることは同値である．というのも，後者の関数に凸関数の定義 (3.4) を適用すると

$$\begin{aligned}&\lambda f(\boldsymbol{x}) + (1-\lambda)f(\boldsymbol{y}) - \frac{1}{2}\alpha(\lambda\|\boldsymbol{x}\|^2 + (1-\lambda)\|\boldsymbol{y}\|^2)\\ &\quad \geqq f(\lambda\boldsymbol{x} + (1-\lambda)\boldsymbol{y}) - \frac{1}{2}\alpha\|\lambda\boldsymbol{x} + (1-\lambda)\boldsymbol{y}\|^2\end{aligned}$$

が得られるからである． ◁

3.2 劣　勾　配

3.1.3 節では，関数値が $+\infty$ や $-\infty$ をとることを許した拡張実数値関数を導入し，これを用いると最適化問題の制約を表現するのに便利であることをみた．このような関数は，一般に微分不可能である．一方で，関数の勾配は最適化問題の最適性条件と深い関係がある．そこで，勾配の概念を微分不可能な凸関数にも拡張すると有用である．

凸関数 $f : \mathbb{R}^n \to \mathbb{R} \cup \{+\infty\}$ と点 $\boldsymbol{x} \in \mathbb{R}^n$ に対して，条件

$$f(\boldsymbol{y}) \geqq f(\boldsymbol{x}) + \langle \boldsymbol{s}, \boldsymbol{y} - \boldsymbol{x} \rangle, \quad \forall \boldsymbol{y} \in \mathbb{R}^n \tag{3.10}$$

を満たす $\boldsymbol{s} \in \mathbb{R}^n$ を，f の $\boldsymbol{x}$ における**劣勾配**とよぶ．また，劣勾配全体の集合を，f の $\boldsymbol{x}$ における**劣微分**とよび，$\partial f(\boldsymbol{x})$ で表す (図 3.13)．つまり，

$$\partial f(\boldsymbol{x}) = \{\boldsymbol{s} \in \mathbb{R}^n \mid f(\boldsymbol{y}) \geqq f(\boldsymbol{x}) + \langle \boldsymbol{s}, \boldsymbol{y} - \boldsymbol{x} \rangle \ (\forall \boldsymbol{y} \in \mathbb{R}^n)\} \tag{3.11}$$

である．f が点 $\boldsymbol{x}$ において微分可能な場合には，$\partial f(\boldsymbol{x}) = \{\nabla f(\boldsymbol{x})\}$ が成り立つ．

次の二つの命題で，劣微分の基本的な性質を述べる．

命題 3.11　真凸関数 $f, g : \mathbb{R}^n \to \mathbb{R} \cup \{+\infty\}$ に対して，次の性質が成り立つ．

(i) $\lambda > 0$ を定数とすると，任意の点 $\boldsymbol{x} \in \mathbb{R}^n$ において $\partial(\lambda f)(\boldsymbol{x}) = \lambda \partial f(\boldsymbol{x})$ が成り立つ．

(ii) 任意の点 $\boldsymbol{x} \in \mathbb{R}^n$ において $\partial(f+g)(\boldsymbol{x}) \supseteq \partial f(\boldsymbol{x}) + \partial g(\boldsymbol{x})$ が成り立つ．

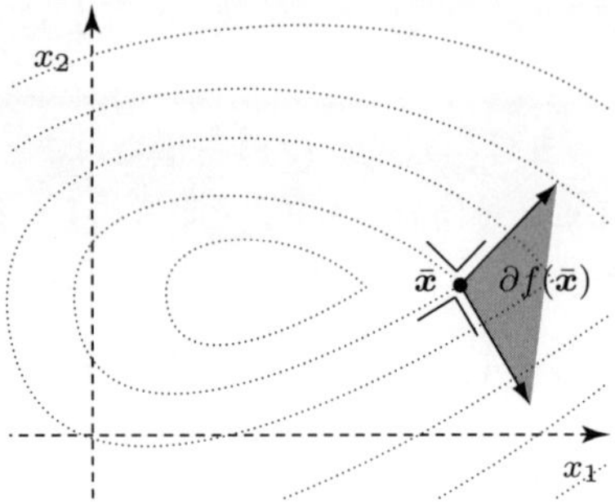

図 **3.13**　劣微分 (点線は関数 f の等高線を表す)

(iii) $\mathrm{ri}(\mathrm{dom}\, f) \cap \mathrm{ri}(\mathrm{dom}\, g) \neq \emptyset$ ならば，任意の点 $\boldsymbol{x} \in \mathbb{R}^n$ において $\partial(f+g)(\boldsymbol{x}) = \partial f(\boldsymbol{x}) + \partial g(\boldsymbol{x})$ が成り立つ[*7]．

命題 3.12　凸関数 $f : \mathbb{R}^n \to \mathbb{R} \cup \{+\infty\}$ と点 $\boldsymbol{s} \in \mathbb{R}^n$ に対して，条件 $\boldsymbol{s} \in \partial f(\boldsymbol{x})$ が成り立つための必要十分条件は，条件

$$\boldsymbol{x} \in \arg\max_{\boldsymbol{y}} \{\langle \boldsymbol{s}, \boldsymbol{y} \rangle - f(\boldsymbol{y}) \mid \boldsymbol{y} \in \mathbb{R}^n\} \tag{3.12}$$

が成り立つことである．

(証明)　劣微分の定義 (3.10) より，$\boldsymbol{s} \in \partial f(\boldsymbol{x})$ は条件

$$\langle \boldsymbol{s}, \boldsymbol{x} \rangle - f(\boldsymbol{x}) \geqq \langle \boldsymbol{s}, \boldsymbol{y} \rangle - f(\boldsymbol{y}), \quad \forall \boldsymbol{y} \in \mathbb{R}^n$$

と等価であることから得られる．　■

凸関数 f の点 $\boldsymbol{x}$ における劣微分 $\partial f(\boldsymbol{x})$ は (空集合である場合も含めて) 凸集合である．特に，f が真凸関数であり $\boldsymbol{x} \in \mathrm{ri}(\mathrm{dom}\, f)$ ならば，$\partial f(\boldsymbol{x})$ は非空である[*8]．

関数 $f : \mathbb{R}^n \to \mathbb{R} \cup \{+\infty\}$ に対して，点 $\boldsymbol{x} \in \mathrm{dom}\, f$ での方向 $\boldsymbol{d} \in \mathbb{R}^n$ に関する **(片側) 方向微分係数**とは

$$f'(\boldsymbol{x}; \boldsymbol{d}) = \lim_{t \searrow 0} \frac{f(\boldsymbol{x} + t\boldsymbol{d}) - f(\boldsymbol{x})}{t}$$

---

*7　証明は，例えば文献 [24, Theorem 23.8] を参照されたい．
*8　証明は，例えば文献 [24, Theorem 23.4] を参照されたい．

で定義されるスカラーである．ここで，$t \searrow 0$ は t が正の側から 0 に近づくことを表す．条件 $\boldsymbol{s} \in \partial f(\boldsymbol{x})$ を方向微分を用いて書き直すと

$$f'(\boldsymbol{x};\boldsymbol{d}) \geqq \langle \boldsymbol{s}, \boldsymbol{d} \rangle, \quad \forall \boldsymbol{d} \in \mathbb{R}^n$$

となる[*9]．また，f が $\boldsymbol{x}$ において微分可能ならば，$f'(\boldsymbol{x};\boldsymbol{d}) = \langle \nabla f(\boldsymbol{x}), \boldsymbol{d} \rangle$ が成り立つ．

3.3 分 離 定 理

3.1 節と 3.2 節では，凸解析の基礎として，凸集合と凸関数のさまざまな性質について述べてきた．凸解析の重要な帰結は，3.6 節で紹介する最適化問題の双対性である．この節では，その双対性の別の顔ともいえる分離定理を紹介する (命題 3.22 も参照のこと)．さらに，分離定理を用いて，線形計画問題の双対性 (4.2 節を参照) の本質である Farkas (ファルカス) の補題を示す．

ベクトル $\boldsymbol{h} \in \mathbb{R}^n$ ($\boldsymbol{h} \neq \boldsymbol{0}$) とスカラー $g \in \mathbb{R}$ を用いて定義される集合

$$H(\boldsymbol{h}, g) = \{\boldsymbol{x} \in \mathbb{R}^n \mid \boldsymbol{h}^\top \boldsymbol{x} = g\}$$

を $\boldsymbol{h}$ と g が定める**超平面**とよぶ．空間 $\mathbb{R}^n$ を $H(\boldsymbol{h}, g)$ によって二つに区切ることを考えて，二つの集合

$$H^+(\boldsymbol{h}, g) = \{\boldsymbol{x} \in \mathbb{R}^n \mid \boldsymbol{h}^\top \boldsymbol{x} \geqq g\},$$
$$H^-(\boldsymbol{h}, g) = \{\boldsymbol{x} \in \mathbb{R}^n \mid \boldsymbol{h}^\top \boldsymbol{x} \leqq g\}$$

を定義する．$H^+(\boldsymbol{h}, g)$ および $H^-(\boldsymbol{h}, g)$ を，超平面 $H(\boldsymbol{h}, g)$ が定義する**半空間**とよぶ．

集合 S_1, $S_2 \subseteq \mathbb{R}^n$ に対して条件

$$S_1 \subseteq H^+(\boldsymbol{h}, g), \quad S_2 \subseteq H^-(\boldsymbol{h}, g)$$

が成り立つとき，超平面 $H(\boldsymbol{h}, g)$ によって S_1 と S_2 が分離されるという．また，このときに $H(\boldsymbol{h}, g)$ を S_1 と S_2 の**分離超平面**とよぶ．分離超平面 $H(\boldsymbol{h}, g)$ が $H(\boldsymbol{h}, g) \cap S_1 = \emptyset$ または $H(\boldsymbol{h}, g) \cap S_2 = \emptyset$ を満たすとき，$H(\boldsymbol{h}, g)$ は S_1 と S_2 を厳密に分離するという．

---

*9 証明は，文献 [24, Theorem 23.2] を参照されたい．

凸集合 $S \subseteq \mathbb{R}^n$ が超平面 $H(\boldsymbol{h}, g)$ によって定められる半空間 $H^+(\boldsymbol{h}, g)$ と $H^-(\boldsymbol{h}, g)$ のいずれか一方に含まれ，さらに点 $\boldsymbol{x} \in \operatorname{bd} S$ が $H(\boldsymbol{h}, g)$ に含まれるとき，$H(\boldsymbol{h}, g)$ を点 $\boldsymbol{x}$ における S の**支持超平面**であるという (図 3.14)．点 $\boldsymbol{x}$ における S の支持超平面は S と $\boldsymbol{x}$ を分離する．

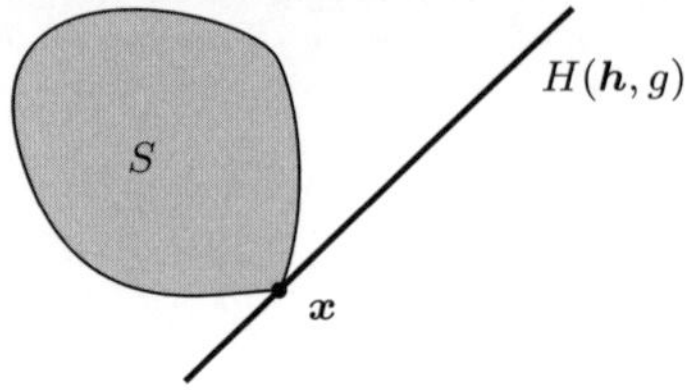

図 3.14 支持超平面の例

超平面と凸集合との関係を，次の命題 3.13 と命題 3.14 で述べる．

命題 3.13 閉凸集合 $S \subseteq \mathbb{R}^n$ は，S を含むすべての半空間の共通集合に一致する．

命題 3.14

(i) 空でない凸集合 $S \subseteq \mathbb{R}^n$ と点 $\boldsymbol{x} \notin \operatorname{cl} S$ に対して，S と $\boldsymbol{x}$ を厳密に分離する分離超平面が存在する．

(ii) 空でない凸集合 $S \subseteq \mathbb{R}^n$ は，任意の点 $\boldsymbol{x} \in \operatorname{bd} S$ において支持超平面をもつ．

命題 3.14 より，**分離定理**とよばれる次の重要な定理が導かれる (図 3.15)[*10]．

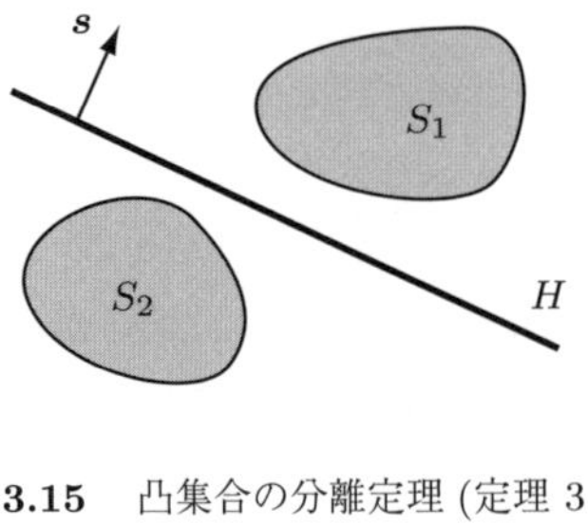

図 3.15 凸集合の分離定理 (定理 3.1)

*10 証明は，例えば文献 [24, Theorem 11.3, Corollaly 11.4.2] や文献 [25, 定理 5.8, 定理 5.9] などを参照されたい．

定理 3.1 二つの空でない凸集合 $S_1,\, S_2 \subseteq \mathbb{R}^n$ が $S_1 \cap S_2 = \emptyset$ を満たすならば，S_1 と S_2 の分離超平面が存在する．つまり，条件

$$\inf\{\boldsymbol{s}^\top \boldsymbol{x} \mid \boldsymbol{x} \in S_1\} \geqq \sup\{\boldsymbol{s}^\top \boldsymbol{x} \mid \boldsymbol{x} \in S_2\}$$

を満たす $\boldsymbol{s} \in \mathbb{R}^n$ $(\boldsymbol{s} \neq \boldsymbol{0})$ が存在する．さらに，S_1 と S_2 が閉集合で少なくとも一方が有界ならば，条件

$$\inf\{\boldsymbol{s}^\top \boldsymbol{x} \mid \boldsymbol{x} \in S_1\} > \sup\{\boldsymbol{s}^\top \boldsymbol{x} \mid \boldsymbol{x} \in S_2\}$$

を満たす $\boldsymbol{s} \in \mathbb{R}^n$ が存在する．

定理 3.1 より，次のような関数の分離定理が得られる (図 3.16).

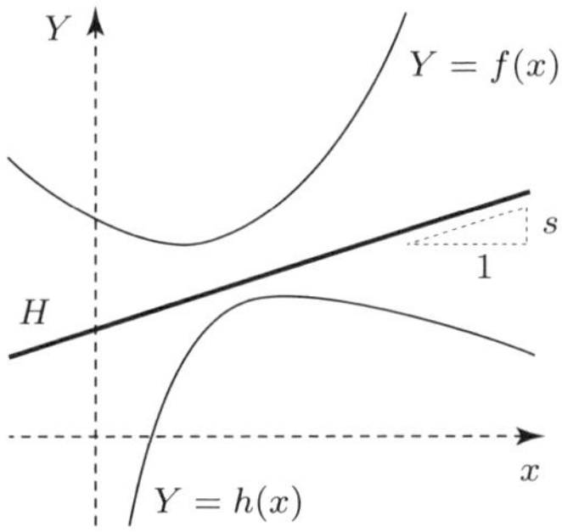

図 3.16 凸関数と凹関数の分離定理 (定理 3.2)

定理 3.2 真凸関数 $f : \mathbb{R}^n \to \mathbb{R} \cup \{+\infty\}$ と真凹関数 $h : \mathbb{R}^n \to \mathbb{R} \cup \{-\infty\}$ が $\mathrm{ri}(\mathrm{dom}\, f) \cap \mathrm{ri}(\mathrm{dom}\, {-h}) \neq \emptyset$ を満たすとする．さらに，$f(\boldsymbol{x}) \geqq h(\boldsymbol{x})$ $(\forall \boldsymbol{x} \in \mathbb{R}^n)$ が成り立つならば，条件

$$f(\boldsymbol{x}) \geqq r + \boldsymbol{s}^\top \boldsymbol{x} \geqq h(\boldsymbol{x}) \quad (\forall \boldsymbol{x} \in \mathbb{R}^n)$$

を満たす $\boldsymbol{s} \in \mathbb{R}^n$ および $r \in \mathbb{R}$ が存在する．

凸集合の分離定理 (定理 3.1) を用いることで，線形計画問題などの最適性条件において重要な役割を果たす **Farkas** (ファルカス) **の補題**が得られる[*11].

*11 『工学教程・線形代数 II (3.3.1 節)』[23] に，分離定理を用いない代数的な証明がある．

定理 3.3 (Farkas の補題)　定行列 $A \in \mathbb{R}^{m\times n}$ と定ベクトル $\boldsymbol{b} \in \mathbb{R}^m$ に対して，次のいずれか一方のみが必ず成り立つ．

(a) $A\boldsymbol{x} = \boldsymbol{b},\ \boldsymbol{x} \geqq \boldsymbol{0}$ を満たす $\boldsymbol{x} \in \mathbb{R}^n$ が存在する．

(b) $A^\top \boldsymbol{y} \geqq \boldsymbol{0},\ \boldsymbol{b}^\top \boldsymbol{y} < 0$ を満たす $\boldsymbol{y} \in \mathbb{R}^m$ が存在する．

(証明)　まず，$\boldsymbol{x} \in \mathbb{R}^n$ および $\boldsymbol{y} \in \mathbb{R}^m$ が $A\boldsymbol{x} = \boldsymbol{b},\ \boldsymbol{x} \geqq \boldsymbol{0},\ A^\top \boldsymbol{y} \geqq \boldsymbol{0}$ を満たすことを仮定すると，

$$\boldsymbol{b}^\top \boldsymbol{y} = (A\boldsymbol{x})^\top \boldsymbol{y} = \boldsymbol{x}^\top (A^\top \boldsymbol{y}) \geqq 0$$

が得られる．したがって，(a) が成り立つならば，(b) は満たされない．

次に，A の列ベクトルを $\boldsymbol{a}_j \in \mathbb{R}^m$ $(j = 1, \ldots, n)$ で表し，S を

$$S = \mathrm{cone}(\{\boldsymbol{a}_1, \ldots, \boldsymbol{a}_n\}) = \Bigl\{\sum_{j=1}^{n} x_j \boldsymbol{a}_j \mid \boldsymbol{x} \geqq \boldsymbol{0}\Bigr\}$$

で定義する．(a) が成り立たないことを仮定すると，$\boldsymbol{b} \notin S$ である．したがって，分離定理 (定理 3.1) より，条件

$$\inf\Bigl\{\sum_{j=1}^{n} \boldsymbol{y}^\top \boldsymbol{a}_j x_j \mid \boldsymbol{x} \geqq \boldsymbol{0}\Bigr\} > \boldsymbol{y}^\top \boldsymbol{b}$$

を満たす $\boldsymbol{y} \in \mathbb{R}^m$ が存在する．したがって，

$$\boldsymbol{y}^\top \boldsymbol{a}_j \geqq 0 \ (j = 1, \ldots, n), \quad \boldsymbol{y}^\top \boldsymbol{b} < 0$$

が成り立つので，(b) が満たされる．　■

Farkas の補題 (定理 3.3) は，二つの条件のうちのいずれか一方のみが必ず成り立つという形の定理である．このような形の定理を，一般に，**二者択一定理**とよぶ．Farkas の補題を必要十分条件の形式の主張に言い換えると，条件

$$A^\top \boldsymbol{y} \geqq \boldsymbol{0} \quad \Rightarrow \quad \boldsymbol{b}^\top \boldsymbol{y} \geqq 0$$

と条件[*12]

$$\exists \boldsymbol{x} \in \mathbb{R}^n: \quad A\boldsymbol{x} = \boldsymbol{b},\ \boldsymbol{x} \geqq \boldsymbol{0} \tag{3.13}$$

が等価である，という主張になる．Farkas の補題の重要な応用は，線形計画問題の双対定理である (4.2.2 節の定理 4.2 を参照のこと)．

---

*12　(3.13) の記号 ∃ は**存在記号**とよばれる．(3.13) は，ある $\boldsymbol{x} \in \mathbb{R}^n$ が存在して条件 $A\boldsymbol{x} = \boldsymbol{b}$ および $\boldsymbol{x} \geqq \boldsymbol{0}$ を満たすことを意味する．

3.4 Legendre 変換と共役関数

関数 $f : \mathbb{R}^n \to \mathbb{R} \cup \{+\infty\}$ (凸とは限らないが $\mathrm{dom}\, f \neq \emptyset$ を満たすものとする) に対して，

$$f^*(\boldsymbol{s}) = \sup\{\langle \boldsymbol{s}, \boldsymbol{x} \rangle - f(\boldsymbol{x}) \mid \boldsymbol{x} \in \mathbb{R}^n\} \tag{3.14}$$

で定義される関数 $f^* : \mathbb{R}^n \to \mathbb{R} \cup \{+\infty\}$ を f の**共役関数**とよぶ (図 3.17)．また，写像 $f \mapsto f^*$ を **Legendre** (ルジャンドル) **変換**とよぶ (**Fenchel** (フェンシェル) **変換**や **Fenchel–Legendre 変換**ともよばれる)．$\langle \boldsymbol{s}, \boldsymbol{x} \rangle - f(\boldsymbol{x})$ ($\forall \boldsymbol{x} \in \mathbb{R}^n$) を $\boldsymbol{s}$ に関する 1 次関数の族とみなすと，f^* はその族に属する 1 次関数の各点ごとの上極限として定義されているから凸関数である (3.1.3 節の例 3.10.c を参照)．特に，f が真凸関数ならば f^* は閉真凸関数である．

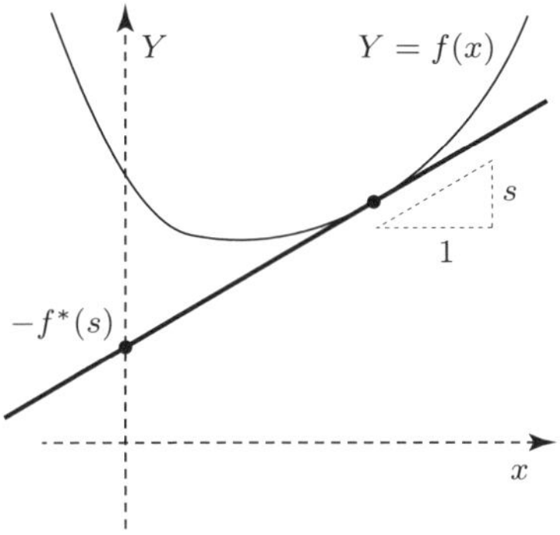

図 3.17 共役関数

共役関数の定義より，次の不等式が得られる．

命題 3.15 (Fenchel–Young の不等式) $\mathrm{dom}\, f \neq \emptyset$ を満たす関数 $f : \mathbb{R}^n \to \mathbb{R} \cup \{+\infty\}$ に対して，不等式

$$f(\boldsymbol{x}) + f^*(\boldsymbol{s}) \geqq \langle \boldsymbol{s}, \boldsymbol{x} \rangle, \quad \forall \boldsymbol{x},\ \boldsymbol{s} \in \mathbb{R}^n$$

が成り立つ．

この Fenchel–Young (フェンシェル–ヤング) の不等式が等号で成立するための必要十分条件は，命題 3.17 で述べる．

共役関数 f^* の共役関数 $(f^*)^*$ を f^{**} とも書き，f の**双共役関数**とよぶ．関数 $f:\mathbb{R}^n \to \mathbb{R}\cup\{+\infty\}$ (凸とは限らないが $\mathrm{dom}\, f \neq \emptyset$ を満たすものとする) に対して，f の**閉包**とは

$$\mathrm{epi}(\mathrm{cl}\, f) = \mathrm{cl}(\mathrm{epi}\, f)$$

で定義される (すなわち，エピグラフが $\mathrm{cl}(\mathrm{epi}\, f)$ に等しいという条件で定義される) 関数 $\mathrm{cl}\, f:\mathbb{R}^n \to \mathbb{R}\cup\{+\infty\}$ のことである．また，f の**閉凸包**とは

$$\mathrm{epi}(\mathrm{cl}\,\mathrm{co}\, f) = \mathrm{cl}(\mathrm{co}\,\mathrm{epi}\, f)$$

で定義される (すなわち，エピグラフが $\mathrm{cl}(\mathrm{co}\,\mathrm{epi}\, f)$ に等しいという条件で定義される) 関数 $\mathrm{cl}\,\mathrm{co}\, f:\mathbb{R}^n \to \mathbb{R}\cup\{+\infty\}$ のことである．このとき，

$$f^{**} = \mathrm{cl}\,\mathrm{co}\, f$$

が成り立つ．また，$f:\mathbb{R}^n \to \mathbb{R}\cup\{+\infty\}$ が真凸関数ならば，

$$\mathrm{cl}\, f = f^{**}$$

が成り立つ．さらに，双共役関数 f^{**} ともとの関数 f との間には次の関係がある．

命題 3.16　関数 $f:\mathbb{R} \to \mathbb{R}\cup\{+\infty\}$ が $\mathrm{dom}\, f \neq \emptyset$ を満たすとする．

(i) 任意の点 $\boldsymbol{x} \in \mathbb{R}^n$ において，$f^{**}(\boldsymbol{x}) \leqq f(\boldsymbol{x})$ が成り立つ．

(ii) $f^{***} = f^*$ が成り立つ．

(iii) f が閉真凸関数ならば，$f^{**} = f$ が成り立つ．

凸関数の共役関数と劣微分との間には，次の関係がある．

命題 3.17　$f:\mathbb{R}^n \to \mathbb{R}\cup\{+\infty\}$ が閉真凸関数であるとき，$\boldsymbol{x}, \boldsymbol{s} \in \mathbb{R}^n$ に対して次の三つの条件は互いに等価である．

(a) $\boldsymbol{s} \in \partial f(\boldsymbol{x})$.

(b) $f(\boldsymbol{x}) + f^*(\boldsymbol{s}) = \langle \boldsymbol{s}, \boldsymbol{x} \rangle$.

(c) $\boldsymbol{x} \in \partial f^*(\boldsymbol{s})$.

(証明) まず，(a) と (b) が等価であることを示す．劣微分の定義 (3.11) より，(a) は条件

$$\langle \boldsymbol{s}, \boldsymbol{x} \rangle - f(\boldsymbol{x}) \geqq \sup_{\boldsymbol{y}} \{ \langle \boldsymbol{s}, \boldsymbol{y} \rangle - f(\boldsymbol{y}) \mid \boldsymbol{y} \in \mathbb{R}^n \}$$

と等価である．この不等式の右辺に共役関数の定義 (3.14) を適用することで，

$$\langle \boldsymbol{s}, \boldsymbol{x} \rangle - f(\boldsymbol{x}) \geqq f^*(\boldsymbol{s})$$

が得られる．一方で，Fenchel–Young の不等式 (命題 3.15) が成り立つので，(a) と (b) は等価である．

次に，(b) と (c) が等価であることを示す．f は閉真凸関数なので，命題 3.16 (iii) より (b) は

$$f^*(\boldsymbol{s}) + f^{**}(\boldsymbol{x}) = \langle \boldsymbol{s}, \boldsymbol{x} \rangle$$

と等価である．この式に，(b) と (a) が等価であることを適用すると，(c) が得られる． ■

命題 3.17 の証明から明らかなように，(a) と (b) が等価であることを示すためには，f が真凸関数であることを仮定すれば十分である．

例 3.12 共役関数の例として，3.1.3 節の例 3.9 で扱った関数の共役関数を示す．

a) $f(\boldsymbol{x}) = \boldsymbol{a}^\top \boldsymbol{x} + b$ の共役関数は

$$f^*(\boldsymbol{s}) = \begin{cases} -b & (\boldsymbol{s} = \boldsymbol{a} \text{ のとき}) \\ +\infty & (\text{それ以外のとき}) \end{cases}$$

である．

b) 2 次関数 $f(x_1, x_2) = \frac{1}{8}(x_1 - x_2)^2 + \frac{1}{2}(x_1 + x_2)$ の共役関数は

$$f^*(\boldsymbol{s}) = \begin{cases} \frac{1}{2}(s_1 - s_2)^2 & (s_1 + s_2 = 1 \text{ のとき}) \\ +\infty & (\text{それ以外のとき}) \end{cases}$$

である．

c) $f(\boldsymbol{x}) = \dfrac{1}{2}\boldsymbol{x}^\top Q\boldsymbol{x} + \boldsymbol{p}^\top \boldsymbol{x} + r$ (ただし，Q は正定値対称行列) の共役関数は

$$f^*(\boldsymbol{s}) = \frac{1}{2}(\boldsymbol{s}-\boldsymbol{p})^\top Q^{-1}(\boldsymbol{s}-\boldsymbol{p}) - r$$

である． ◁

例 3.13 $1 \leqq p \leqq +\infty$ に対してベクトル $\boldsymbol{x} \in \mathbb{R}^n$ の p 乗ノルム

$$f(\boldsymbol{x}) = \|\boldsymbol{x}\|_p = \begin{cases} \left(\displaystyle\sum_{j=1}^{n} |x_j|^p\right)^{1/p} & (1 \leqq p \leqq +\infty \text{ のとき}) \\ \displaystyle\max_{j=1,\ldots,n} |x_j| & (p = +\infty \text{ のとき}) \end{cases}$$

の共役関数は，

$$\frac{1}{p} + \frac{1}{q} = 1$$

を満たす q を用いて定義される**双対ノルム**

$$f^*(\boldsymbol{s}) = \|\boldsymbol{s}\|_q$$

である． ◁

集合 $S \subseteq \mathbb{R}^n$ の標示関数 δ_S の共役関数 δ_S^* を，S の**支持関数**とよぶ．支持関数は，任意の $\lambda > 0$ に対して条件

$$\delta_S^*(\lambda \boldsymbol{s}) = \lambda \delta_S^*(\boldsymbol{s})$$

を満たす．このような性質をもつ関数を，**正斉次関数**とよぶ．命題 3.16 (iii) より，任意の正斉次閉凸関数は，ある閉凸集合の支持関数である．S が閉凸錐ならば，δ_S^* は S の極錐の標示関数である．

例 3.14 Legendre 変換の力学における応用例をみてみよう．

図 3.18 に示すように，直線状の棒をまっすぐに引っ張る (または圧縮する) ことを考える．このときの力 (軸力) を q，伸びを c で表す．q が正ならば引張力であり，負ならば圧縮力であることを意味する．変形前の棒の長さを l とすると，単位長さあたりの伸び c/l を**ひずみ**とよび ε で表す．また，棒の断面積を a とすると，単位面積あたりの力 q/a を**応力**とよび σ で表す．

図 3.18 軸力 q と伸び c の定義

応力とひずみの関係は材料に応じて決まるものであり，**構成則**とよばれる．応力がひずみのみの関数として

$$\sigma = \hat{\sigma}(\varepsilon) \tag{3.15}$$

と表せるような材料の性質を**弾性**とよぶ．また，応力 $\hat{\sigma}(\varepsilon)$ のひずみ ε に関する積分

$$\hat{w}(\varepsilon) = \int_0^{\varepsilon} \hat{\sigma}(\varepsilon)\,\mathrm{d}\varepsilon \tag{3.16}$$

を**ひずみエネルギー**とよぶ．

特に，$\hat{\sigma}$ が線形関数で定数 $E > 0$ を用いて

$$\hat{\sigma}(\varepsilon) = E\varepsilon \tag{3.17}$$

と表される場合を線形弾性という (図 3.19(a))．ここで，$E > 0$ は **Young** (ヤング) **率**とよばれる材料定数である．線形弾性の場合には，ひずみエネルギーは

$$\hat{w}(\varepsilon) = \frac{1}{2}E\varepsilon^2$$

である．ひずみエネルギーと対をなすエネルギー量として，**補ひずみエネルギー**がある．補ひずみエネルギーは応力の関数であり，これを $\hat{w}^{\mathrm{c}}(\sigma)$ で表す．ひずみエネルギーと補ひずみエネルギーは，和が応力とひずみの積に等しい，つまり

$$\hat{w}(\varepsilon) + \hat{w}^{\mathrm{c}}(\sigma) = \sigma\varepsilon \quad (\sigma = \hat{\sigma}(\varepsilon)) \tag{3.18}$$

を満たすという意味で，対をなしている (図 3.19(b))．線形弾性の場合には，ひずみエネルギー関数 $\hat{w}$ の共役関数 $\hat{w}^*$ が補ひずみエネルギー $\hat{w}^{\mathrm{c}}$ に一致することを容易に確かめることができる．つまり，(3.18) は

$$\hat{w}^{\mathrm{c}}(\sigma) = \sigma\varepsilon - \frac{1}{2}E\varepsilon^2 \quad (\sigma = E\varepsilon) \tag{3.19}$$

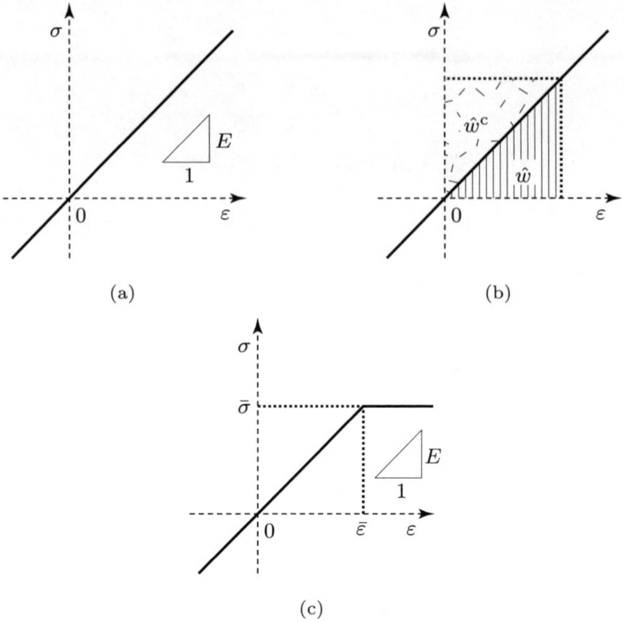

図 3.19　例 3.14 の構成則

と書けるので，$\hat{\sigma}$ の逆関数

$$\varepsilon = \hat{\sigma}^{-1}(\sigma) = \frac{\sigma}{E} \tag{3.20}$$

を用いて (3.19) から ε を消去すると

$$\hat{w}^{\mathrm{c}}(\sigma) = \frac{1}{2E}\sigma^2$$

が得られる．一方，$\hat{w}$ の共役関数が

$$\hat{w}^*(\sigma) = \sup\left\{\sigma\varepsilon - \frac{1}{2}E\varepsilon^2 \middle| \varepsilon \in \mathbb{R}\right\} = \frac{1}{2E}\sigma^2$$

であることは，σ を固定したときに $\sigma\varepsilon - (1/2)E\varepsilon^2$ の上限を達成するのは $\varepsilon = \sigma/E$ であることからわかる．ここで，補ひずみエネルギーと構成則の逆関数 (3.20) の間には

$$\hat{\sigma}^{-1}(\sigma) = \frac{\mathrm{d}\hat{w}^{\mathrm{c}}(\sigma)}{\mathrm{d}\sigma} \tag{3.21}$$

という関係がある．

線形弾性の場合には，古典的な変換 (3.18) で得られる関数と共役関数は一致するので，共役関数をわざわざ導入する意図は理解しにくい．そこで次に，構成則の逆関数 $\hat{\sigma}^{-1}$ が (関数として) 定義できない場合を考えて，そのような場合でも共役関数と劣微分を用いれば (3.21) のような関係をうまく表現できることをみてみよう．

図 3.19(c) に示す構成則を考える．ただし，$\bar{\varepsilon}$ および $\bar{\sigma}$ $(= E\bar{\varepsilon})$ は定数である．ひずみエネルギーは

$$\hat{w}(\varepsilon) = \begin{cases} \frac{1}{2}E\varepsilon^2 & (\varepsilon \leqq \bar{\varepsilon} \text{ のとき}) \\ \frac{1}{2}E\bar{\varepsilon}^2 + \bar{\sigma}(\varepsilon - \bar{\varepsilon}) & (\text{それ以外のとき}) \end{cases}$$

で与えられ，その共役関数は

$$\hat{w}^*(\sigma) = \begin{cases} \frac{1}{2E}\sigma^2 & (\sigma \leqq \bar{\sigma} \text{ のとき}) \\ +\infty & (\text{それ以外のとき}) \end{cases}$$

である．ここで $\hat{w}^*$ の劣微分を考えると，図 3.19(c) の ε と σ の関係は

$$\varepsilon \in \partial\hat{w}^*(\sigma) = \begin{cases} \{\sigma/E\} & (\sigma < \bar{\sigma} \text{ のとき}) \\ [\bar{\varepsilon}, +\infty) & (\sigma = \bar{\sigma} \text{ のとき}) \\ \emptyset & (\sigma > \bar{\sigma} \text{ のとき}) \end{cases} \tag{3.22}$$

と書ける．一方，$\hat{w}$ は微分可能なので，σ は ε の関数として

$$\sigma \in \partial\hat{w}(\varepsilon) = \left\{ \frac{\mathrm{d}\hat{w}}{\mathrm{d}\varepsilon}(\varepsilon) \right\} \tag{3.23}$$

と表せる．したがって，(3.22) は構成則 (3.23) のいわば逆関数としての役割を果たしている．このように，共役関数と劣微分の概念を用いることで，構成則に逆関数が存在しない場合でも補ひずみエネルギーを定義したりひずみ ε を応力 σ で表したりできる． ◁

3.5 最適性条件

これまで述べた概念を用いて，最適性条件 (最適化問題の最適解が満たすべき条件) を記述する．

実行可能領域が $S \subseteq \mathbb{R}^n$ で目的関数が $f : \mathbb{R}^n \to \mathbb{R}$ である最適化問題

$$\left.\begin{array}{ll}\text{Minimize} & f(\boldsymbol{x}) \\ \text{subject to} & \boldsymbol{x} \in S\end{array}\right\} \tag{3.24}$$

の最適解が満たすべき条件を考える．2 章の 2.2 節では，実行可能領域 S が等式制約を用いて

$$S = \{\boldsymbol{x} \in \mathbb{R}^n \mid h_l(\boldsymbol{x}) = 0 \ (l = 1, \ldots, r)\}$$

と定義される場合の最適性条件を述べた (命題 2.8)．また，2.3 節では，不等式制約も含む場合，つまり S が

$$S = \{\boldsymbol{x} \in \mathbb{R}^n \mid g_i(\boldsymbol{x}) \leqq 0 \ (i = 1, \ldots, m),\ h_l(\boldsymbol{x}) = 0 \ (l = 1, \ldots, r)\}$$

と定義される場合の最適性条件を述べた (命題 2.9)．2 章のこれらの議論は，関数 $f, g_1, \ldots, g_m, h_1, \ldots, h_r$ がすべて微分可能であることが前提である．これに対して，この節では，劣微分や法線錐を用いることで，制約関数などの微分可能性を仮定しない形での最適性条件を述べる．

まず，問題 (3.24) の局所最適解が満たす基本的な条件 (1 次の最適性条件) を述べる．

命題 3.18　$f : \mathbb{R}^n \to \mathbb{R}$ が微分可能とする．点 $\bar{\boldsymbol{x}} \in S$ が問題 (3.24) の局所最適解ならば

$$-\nabla f(\bar{\boldsymbol{x}}) \in N_S(\bar{\boldsymbol{x}}) \tag{3.25}$$

が成立する．

条件 (3.25) を満たす点のことを，問題 (3.24) の**停留点**とよぶ．例えば，関数 $g : \mathbb{R}^n \to \mathbb{R}$ を連続微分可能として，実行可能領域 S が

$$S = \{\boldsymbol{x} \in \mathbb{R}^n \mid g(\boldsymbol{x}) \leqq 0\}$$

と表されるものとする．このとき，点 $\boldsymbol{x} \in S$ において $g(\boldsymbol{x}) = 0$ かつ $\nabla g(\boldsymbol{x}) \neq \boldsymbol{0}$ が成り立つならば，S の $\boldsymbol{x}$ における法線錐は半直線

$$N_S(\boldsymbol{x}) = \{\lambda \nabla g(\boldsymbol{x}) \mid \lambda \geqq 0\}$$

である．このことから，条件 (3.25) は非線形計画問題の KKT 条件 (命題 2.9 の条件 (2.60) を参照) に相当する条件である．ただし，前述のように，命題 3.18 では制約関数 g の微分可能性などは仮定していない点が異なっている．

問題 (3.24) において，f が凸関数で S が凸集合である場合を**凸計画問題** (または，**凸最適化問題**) とよぶ．次の命題 3.19 で述べるように，凸計画問題では 1 次の最適性条件は大域的最適解であるための必要十分条件である*13．

命題 3.19 $f : \mathbb{R}^n \to \mathbb{R}$ が凸関数で $S \subseteq \mathbb{R}^n$ が閉凸集合とする．点 $\bar{\boldsymbol{x}} \in S$ が問題 (3.24) の (大域的) 最適解であるための必要十分条件は，条件

$$\mathbf{0} \in \partial f(\bar{\boldsymbol{x}}) + N_S(\bar{\boldsymbol{x}})$$

が満たされることである．

命題 3.19 の特別な場合として，微分可能な凸関数 $f : \mathbb{R}^n \to \mathbb{R}$ の無制約最小化問題を考える．命題 3.19 で $S = \mathbb{R}^n$ とおくと，$N_S(\boldsymbol{x}) = \{\mathbf{0}\}$ $(\forall \boldsymbol{x} \in \mathbb{R}^n)$ より，1 次の最適性条件は $\nabla f(\boldsymbol{x}) = \mathbf{0}$ と書ける．このことを述べたのが，次の命題である．

命題 3.20 $f : \mathbb{R}^n \to \mathbb{R}$ が微分可能な凸関数とする．点 $\bar{\boldsymbol{x}} \in \mathbb{R}^n$ が f の無制約最小化問題の (大域的) 最適解であるための必要十分条件は，$\bar{\boldsymbol{x}}$ が $\nabla f(\bar{\boldsymbol{x}}) = \mathbf{0}$ を満たすことである．

命題 3.20 は，実は命題 3.18 を用いなくても凸関数の性質 (命題 3.8) からただちに得られる．というのは，命題 3.8 より，任意の $\boldsymbol{x} \in \mathbb{R}^n$ に対して不等式

$$f(\boldsymbol{x}) \geqq f(\bar{\boldsymbol{x}}) + \langle \nabla f(\bar{\boldsymbol{x}}), \boldsymbol{x} - \bar{\boldsymbol{x}} \rangle = f(\bar{\boldsymbol{x}})$$

が成り立つからである．

3.6 双 対 問 題

双対問題とは，一つの最適化問題からある系統的な手続きによって導出されるもう一つの最適化問題である．その手続きの違いによって，Fenchel (フェンシェル) 双対問題や Lagrange (ラグランジュ) 双対問題などいくつもの双対問題が知られている．

*13 証明は，例えば文献 [21, Theorem VII.1.1.1] を参照されたい．

3.6.1 Fenchel 双対性

$f : \mathbb{R}^n \to \mathbb{R} \cup \{+\infty\}$ と $g : \mathbb{R}^m \to \mathbb{R} \cup \{+\infty\}$ を閉真凸関数とし，$A \in \mathbb{R}^{m \times n}$ を定行列とする．いま，解きたい問題が，f, g, A を用いて定義される凸計画問題

$$(\mathrm{P_F}) : \quad \text{Minimize} \quad f(\boldsymbol{x}) + g(A\boldsymbol{x})$$

であるとする．このとき，$\boldsymbol{w} \in \mathbb{R}^m$ を変数とする最大化問題

$$(\mathrm{D_F}) : \quad \text{Maximize} \quad -f^*(A^\top \boldsymbol{w}) - g^*(-\boldsymbol{w})$$

を **Fenchel 双対問題**という．そして，これに対してもとの問題 $(\mathrm{P_F})$ のことを**主問題**とよぶ．Fenchel 双対問題 $(\mathrm{D_F})$ は，閉真凸関数 $f^*(A^\top \boldsymbol{w}) + g^*(-\boldsymbol{w})$ の最小化問題と同一視できるから，凸計画問題である．

例 3.15　5 変数の凸計画問題

$$\left.\begin{array}{ll} \text{Minimize} & x_1 + 2x_3 + x_4 \\ \text{subject to} & x_1 + 3x_5 = 0, \\ & x_1 - 2x_2 - x_3 = 0, \\ & x_3 - 2x_4 = 1, \\ & x_1 \geqq \left\| \begin{bmatrix} x_2 \\ x_3 \end{bmatrix} \right\|, \quad x_4 \geqq |x_5| \end{array}\right\} \tag{3.26}$$

の Fenchel 双対問題を導いてみる．この問題は，関数 f, g を

$$f(\boldsymbol{x}) = \begin{cases} x_1 + 2x_3 + x_4 & (x_1 \geqq \|(x_2, x_3)\|,\ x_4 \geqq |x_5| \text{ のとき}) \\ +\infty & (\text{それ以外のとき}) \end{cases},$$

$$g(\boldsymbol{z}) = \begin{cases} 0 & (\boldsymbol{z} = (0, 0, 1)^\top \text{ のとき}) \\ +\infty & (\text{それ以外のとき}) \end{cases}$$

で定義し，行列 A を

$$A = \begin{bmatrix} 1 & 0 & 0 & 0 & 3 \\ 1 & -2 & -1 & 0 & 0 \\ 0 & 0 & 1 & -2 & 0 \end{bmatrix}$$

で定義すると，主問題 $(\mathrm{P_F})$ の形式で書ける $(m=3, n=5$ である$)$．共役関数の定義より

$$f^*(\boldsymbol{s}) = \begin{cases} 0 & (-s_1 \geqq \|(1-s_2, 2-s_3)\|,\ 1-s_4 \geqq |-s_5| \text{ のとき}) \\ +\infty & (\text{それ以外のとき}) \end{cases},$$

$$g^*(\boldsymbol{w}) = w_3$$

が得られる．さらに $\boldsymbol{s} = A^\top \boldsymbol{w}$ を代入することで，Fenchel 双対問題 $(\mathrm{D_F})$ は

$$\left.\begin{array}{ll} \text{Maximize} & w_3 \\ \text{subject to} & -w_1 - w_2 \geqq \left\| \begin{bmatrix} 2w_2+1 \\ w_2 - w_3 + 2 \end{bmatrix} \right\|, \\ & 2w_3 + 1 \geqq |-w_3| \end{array}\right\} \tag{3.27}$$

であることがわかる[*14]．　◁

例 3.16　線形計画問題

$$\left.\begin{array}{ll} \text{Minimize} & \boldsymbol{c}^\top \boldsymbol{x} \\ \text{subject to} & A\boldsymbol{x} = \boldsymbol{b}, \\ & \boldsymbol{x} \geqq \boldsymbol{0} \end{array}\right\} \tag{3.28}$$

を考える．ただし，$A \in \mathbb{R}^{m\times n}$ は定行列であり，$\boldsymbol{b} \in \mathbb{R}^m, \boldsymbol{c} \in \mathbb{R}^n$ は定ベクトルである．ここで，$f : \mathbb{R}^n \to \mathbb{R} \cup \{+\infty\}$ および $g : \mathbb{R}^m \to \mathbb{R} \cup \{+\infty\}$ を

$$f(\boldsymbol{x}) = \begin{cases} \boldsymbol{c}^\top \boldsymbol{x} & (\boldsymbol{x} \geqq \boldsymbol{0} \text{ のとき}) \\ +\infty & (\text{それ以外のとき}) \end{cases}, \quad g(\boldsymbol{z}) = \begin{cases} 0 & (\boldsymbol{z} = \boldsymbol{b} \text{ のとき}) \\ +\infty & (\text{それ以外のとき}) \end{cases}$$

で定義すると，問題 (3.28) は Fenchel 双対性の主問題 $(\mathrm{P_F})$ の形式で書ける．ここで，共役関数の定義より

$$f^*(\boldsymbol{s}) = \begin{cases} 0 & (\boldsymbol{c} - \boldsymbol{s} \geqq \boldsymbol{0} \text{ のとき}) \\ +\infty & (\text{それ以外のとき}) \end{cases}, \quad g^*(\boldsymbol{w}) = \boldsymbol{b}^\top \boldsymbol{w}$$

---

*14　問題 (3.26) および問題 (3.27) は，2 次錐計画問題とよばれる問題の主問題と双対問題である．5.4.1 節の例 5.11 も参照されたい．

が得られる．したがって，Fenchel 双対問題 $(\mathrm{D_F})$ は

$$\left.\begin{array}{ll}\text{Maximize} & \boldsymbol{b}^\top \boldsymbol{w} \\ \text{subject to} & \boldsymbol{c} - A^\top \boldsymbol{w} \geqq \boldsymbol{0}\end{array}\right\} \tag{3.29}$$

である． ◁

表記の簡単のために，記号 $\inf(\mathrm{P_F})$ および $\sup(\mathrm{D_F})$ を

$$\inf(\mathrm{P_F}) = \{f(\boldsymbol{x}) + g(A\boldsymbol{x}) \mid \boldsymbol{x} \in \mathbb{R}^n\},$$
$$\sup(\mathrm{D_F}) = \{-f^*(A^\top \boldsymbol{w}) - g^*(-\boldsymbol{w}) \mid \boldsymbol{w} \in \mathbb{R}^m\}$$

で定義する．また，問題 $(\mathrm{P_F})$ に $\inf(\mathrm{P_F})$ を達成するような $\boldsymbol{x} \in \mathbb{R}^n$ が存在するとき，$\inf(\mathrm{P_F})$ のかわりに $\min(\mathrm{P_F})$ と書く．同様に，問題 $(\mathrm{D_F})$ に $\sup(\mathrm{D_F})$ を達成するような $\boldsymbol{w} \in \mathbb{R}^m$ が存在するとき，$\sup(\mathrm{D_F})$ のかわりに $\max(\mathrm{D_F})$ と書く．

いま，共役関数の定義より，任意の $\boldsymbol{x} \in \mathbb{R}^n$ および $\boldsymbol{w} \in \mathbb{R}^m$ に対して

$$f^*(A^\top \boldsymbol{w}) \geqq (A^\top \boldsymbol{w})^\top \boldsymbol{x} - f(\boldsymbol{x}),$$
$$g^*(-\boldsymbol{w}) \geqq -\boldsymbol{w}^\top (A\boldsymbol{x}) - g(A\boldsymbol{x})$$

が成り立つので，不等式

$$\inf(\mathrm{P_F}) \geqq \sup(\mathrm{D_F}) \tag{3.30}$$

が得られる．つまり，双対問題 $(\mathrm{D_F})$ の最適値は主問題 $(\mathrm{P_F})$ の最適値の下界を与えている．この関係を，**弱双対性**とよぶ．

一般に，主問題と双対問題の最適値に差があるとき，**双対性ギャップ**が存在するという．また，差がないとき，つまり $\inf(\mathrm{P_F}) = \sup(\mathrm{D_F})$ が成り立つとき，主問題と双対問題の間に**双対性**が成り立つという．双対性が成立するならば，少なくとも最適値の意味で，双対問題は主問題と同等な問題とみなせる．言い換えると，主問題と双対問題はいわば一つの問題の別の顔と考えられる．このことの実用的な利点として，主問題と双対問題のいずれか解きやすい方を選んで解けばよいことがわかる．あるいは，双対性ギャップが十分に小さい実行可能解は，最適解に近い解であることがわかる．このことは，多くの最適化のアルゴリズムを設計する際の基本原理になっている[*15]．したがって，双対性が成り立つことは，数

*15 例えば，線形計画問題に対する主双対内点法 (4.4 節) を参照されたい．

学的に美しいばかりでなく，実用的な意義も大きい．このような理由で，双対性は最適化の理論の中核である．

次の命題は，主問題と双対問題に最適解が存在して双対性が成り立つという仮定の下で，これらの問題の最適性条件を与えている．

命題 3.21　問題 $(\mathrm{P_F})$ と問題 $(\mathrm{D_F})$ の双方に最適解が存在して

$$-\infty < \min (\mathrm{P_F}) = \max (\mathrm{D_F}) < +\infty$$

が成り立つことを仮定する．このとき，$\bar{\boldsymbol{x}} \in \mathbb{R}^n$ および $\bar{\boldsymbol{w}} \in \mathbb{R}^m$ が問題 $(\mathrm{P_F})$ と問題 $(\mathrm{D_F})$ の最適解であるための必要十分条件は

$$A^\top \bar{\boldsymbol{w}} \in \partial f(\bar{\boldsymbol{x}}),$$
$$-\bar{\boldsymbol{w}} \in \partial g(A\bar{\boldsymbol{x}})$$

が成り立つことである．

命題 3.21 では，主問題と双対問題の最適解が存在して最適値が一致することを仮定している．それでは，どのような場合に，最適解の存在と最適値の一致が保証されるのであろうか．その十分条件を述べているのが，次の命題 3.22 である．

命題 3.22　$\inf (\mathrm{P_F})$ が有限であり，$A\boldsymbol{x} \in \mathrm{ri}(\mathrm{dom}\, g)$ を満たす $\boldsymbol{x} \in \mathrm{ri}(\mathrm{dom}\, f)$ が存在することを仮定する．このとき，問題 $(\mathrm{D_F})$ に最適解が存在して，$\inf (\mathrm{P_F}) = \max (\mathrm{D_F})$ が成立する．

(証明)　簡単な場合として，$m = n$ で $A = I$ の場合に限って，関数の分離定理 (定理 3.2) を用いて証明してみる．

命題の仮定より，凸関数 $f(\boldsymbol{x}) - \inf (\mathrm{P_F})$ と凹関数 $-g(\boldsymbol{x})$ は条件 $\mathrm{ri}(\mathrm{dom}\, f - \inf (\mathrm{P_F})) \cap \mathrm{ri}(\mathrm{dom}\, g) \neq \emptyset$ を満たす．そこで，この二つの関数に対して定理 3.2 を適用すると，条件

$$f(\boldsymbol{x}) - \inf (\mathrm{P_F}) \geqq \bar{r} + \bar{\boldsymbol{w}}^\top \boldsymbol{x} \geqq -g(\boldsymbol{x}) \quad (\forall \boldsymbol{x} \in \mathbb{R}^n)$$

を満たす $\bar{\boldsymbol{w}} \in \mathbb{R}^n$ および $\bar{r} \in \mathbb{R}$ が存在することがわかる．つまり，

$$\bar{\boldsymbol{w}}^\top \boldsymbol{x} - f(\boldsymbol{x}) \leqq -\inf (\mathrm{P_F}) - \bar{r} \quad (\forall \boldsymbol{x} \in \mathbb{R}^n),$$
$$-\bar{\boldsymbol{w}}^\top \boldsymbol{x} - g(\boldsymbol{x}) \leqq \bar{r} \quad (\forall \boldsymbol{x} \in \mathbb{R}^n)$$

が成り立つ．この二つの不等式に共役関数の定義を適用することで

$$f^*(\bar{\boldsymbol{w}}) \leqq -\inf(\mathrm{P_F}) - \bar{r},$$
$$g^*(-\bar{\boldsymbol{w}}) \leqq \bar{r}$$

が得られるから，

$$\inf(\mathrm{P_F}) \leqq -f^*(\bar{\boldsymbol{w}}) - \bar{r} \leqq -f^*(\bar{\boldsymbol{w}}) - g^*(-\bar{\boldsymbol{w}}) \leqq \sup(\mathrm{D_F})$$

が成り立つ．この不等式と弱双対性 (3.30) より，$\inf(\mathrm{P_F}) = \sup(\mathrm{D_F})$ が成り立って $\sup(\mathrm{D_F})$ が $\bar{\boldsymbol{w}}$ で達成されることがわかる． ■

命題 3.22 は，主問題の性質を仮定して，双対問題の最適解の存在を保証している．ここで，主問題と双対問題の役割を入れ替えることにより，主問題の最適解が存在するための十分条件を双対問題の側の仮定として得ることができる．それらの結果をまとめることで，次の双対定理が得られる．

命題 3.23　次の二つの条件を仮定する：

$$\exists \boldsymbol{x} \in \mathrm{ri}(\mathrm{dom}\, f): \quad A\boldsymbol{x} \in \mathrm{ri}(\mathrm{dom}\, g),$$
$$\exists \boldsymbol{w} \in \mathrm{ri}(\mathrm{dom}\, g^*): \quad -A^\top \boldsymbol{w} \in \mathrm{ri}(\mathrm{dom}\, f^*).$$

このとき，問題 $(\mathrm{P_F})$ と問題 $(\mathrm{D_F})$ の双方に最適解が存在して，$\min(\mathrm{P_F}) = \max(\mathrm{D_F})$ が成立する．

命題 3.23 の仮定は，非線形計画における制約想定 (2.3.1 節を参照) に相当する．

Fenchel 双対性では，問題 $(\mathrm{D_F})$ を主問題とみなしてその Fenchel 双対問題をつくると主問題 $(\mathrm{P_F})$ に一致する．この意味で，主問題と双対問題について対称である．

双対問題は，定義としては，主問題を定めれば機械的に得られる問題である．実世界で解きたい最適化問題を主問題としたとき，主問題の変数や目的関数・制約関数には意味がある．多くの場合には，(一見，機械的に定義された) 双対問題の変数も実世界での意味をもつ．そしてそのような場合には，双対問題の制約や目的関数にも，自然な解釈が存在する (具体的な例は，4.2.3 節の例 4.14 および例 4.15 を参照されたい)．このような解釈を通して，本来解きたい問題を主問題と双対問題の両側から多角的に捉えることができるため，しばしば問題への理解が深まることがある．

3.6.2 Lagrange双対性

ここでは具体的に

$$\left.\begin{array}{ll}\text{Minimize} & f(\boldsymbol{x}) \\ \text{subject to} & g_i(\boldsymbol{x}) \leqq 0, \quad i = 1, \ldots, m\end{array}\right\} \tag{3.31}$$

という形の最適化問題を取り上げて Lagrange (ラグランジュ) 双対性について述べる[*16]．ただし，$f, g_1, \ldots, g_m : \mathbb{R}^n \to \mathbb{R}$ である．この問題に対して，次のように定義される関数 $L : \mathbb{R}^n \times \mathbb{R}^m \to \mathbb{R} \cup \{-\infty\}$ を **Lagrange 関数**とよぶ：

$$L(\boldsymbol{x}, \boldsymbol{\lambda}) = \begin{cases} f(\boldsymbol{x}) + \displaystyle\sum_{i=1}^{m} \lambda_i g_i(\boldsymbol{x}) & (\boldsymbol{\lambda} \geqq \boldsymbol{0} \text{ のとき}) \\ -\infty & (\text{それ以外のとき}) \end{cases}. \tag{3.32}$$

また，ここで導入した変数 $\boldsymbol{\lambda} \in \mathbb{R}^m$ は **Lagrange 乗数**である．

注意 3.1 より一般的には，次のようにして Lagrange 関数を定義することができる．まず，関数 $\varPhi : \mathbb{R}^n \times \mathbb{R}^m \to \mathbb{R} \cup \{+\infty\}$ を条件

$$\varPhi(\boldsymbol{x}, \boldsymbol{0}) = \begin{cases} f(\boldsymbol{x}) & (g_i(\boldsymbol{x}) \leqq 0 \ (i = 1, \ldots, m) \text{ のとき}) \\ +\infty & (\text{それ以外のとき}) \end{cases}$$

を満たす閉真凸関数とする．このとき，

$$\hat{L}(\boldsymbol{x}, \boldsymbol{\lambda}) = -\sup_{\boldsymbol{z}} \{\boldsymbol{\lambda}^\top \boldsymbol{z} - \varPhi(\boldsymbol{x}, \boldsymbol{z}) \mid \boldsymbol{z} \in \mathbb{R}^m\}$$

で定義される $\hat{L}$ を (より広い意味での) Lagrange 関数とよぶ．実際，$\varPhi$ を

$$\varPhi(\boldsymbol{x}, \boldsymbol{z}) = \begin{cases} f(\boldsymbol{x}) & (g_i(\boldsymbol{x}) + z_i \leqq 0 \ (i = 1, \ldots, m) \text{ のとき}) \\ +\infty & (\text{それ以外のとき}) \end{cases}$$

で定義すると，$\hat{L}$ は (3.32) の L と一致する． $\lhd$

定義 (3.32) より L は

$$\sup\{L(\boldsymbol{x}, \boldsymbol{\lambda}) \mid \boldsymbol{\lambda} \in \mathbb{R}^m\} = \begin{cases} f(\boldsymbol{x}) & (g_i(\boldsymbol{x}) \leqq 0 \ (i = 1, \ldots, m) \text{ のとき}) \\ +\infty & (\text{それ以外のとき}) \end{cases}$$

---

*16 簡単のために不等式制約のみをもつ場合について論じる．等式制約を含む場合については注意 3.2 を参照のこと．

を満たすので，問題 (3.31) は問題

$$(\mathrm{P_L}): \quad \underset{\boldsymbol{x}\in\mathbb{R}^n}{\text{Minimize}} \quad \sup_{\boldsymbol{\lambda}}\{L(\boldsymbol{x},\boldsymbol{\lambda}) \mid \boldsymbol{\lambda}\in\mathbb{R}^m\}$$

と等価である．これに対して，最小化と最大化の順序を入れ替えた問題

$$(\mathrm{D_L}): \quad \underset{\boldsymbol{\lambda}\in\mathbb{R}^m}{\text{Maximize}} \quad \inf_{\boldsymbol{x}}\{L(\boldsymbol{x},\boldsymbol{\lambda}) \mid \boldsymbol{x}\in\mathbb{R}^n\} \tag{3.33}$$

を考える．この問題 $(\mathrm{D_L})$ を，もとの問題 $(\mathrm{P_L})$ の **Lagrange 双対問題**とよぶ．任意の $\boldsymbol{x}\in\mathbb{R}^n$, $\boldsymbol{\lambda}\in\mathbb{R}^m$ に対して不等式

$$\sup_{\boldsymbol{\lambda}\in\mathbb{R}^m} L(\boldsymbol{x},\boldsymbol{\lambda}) \geqq L(\boldsymbol{x},\boldsymbol{\lambda}) \geqq \inf_{\boldsymbol{x}\in\mathbb{R}^n} L(\boldsymbol{x},\boldsymbol{\lambda})$$

が成り立つので，主問題と Lagrange 双対問題の間には弱双対性

$$\inf(\mathrm{P_L}) \geqq \sup(\mathrm{D_L}) \tag{3.34}$$

が成り立つ．

注意 3.2　等式制約を含む最適化問題

$$\left.\begin{array}{lll} \text{Minimize} & f(\boldsymbol{x}) & \\ \text{subject to} & g_i(\boldsymbol{x}) \leqq 0, & i=1,\ldots,m, \\ & h_l(\boldsymbol{x}) = 0, & l=1,\ldots,r \end{array}\right\}$$

の場合には，$(\boldsymbol{\lambda},\boldsymbol{\mu})\in\mathbb{R}^{m+r}$ を Lagrange 乗数として Lagrange 関数を

$$L(\boldsymbol{x},\boldsymbol{\lambda},\boldsymbol{\mu}) = \begin{cases} f(\boldsymbol{x}) + \displaystyle\sum_{i=1}^m \lambda_i g_i(\boldsymbol{x}) + \sum_{l=1}^r \mu_l h_l(\boldsymbol{x}) & (\boldsymbol{\lambda}\geqq\boldsymbol{0}\text{ のとき}) \\ -\infty & (\text{それ以外のとき}) \end{cases}$$

と定義すればよい．　◁

(3.32) の L について，点 $(\bar{\boldsymbol{x}},\bar{\boldsymbol{\lambda}})\in\mathbb{R}^n\times\mathbb{R}^m$ が条件

$$L(\bar{\boldsymbol{x}},\boldsymbol{\lambda}) \leqq L(\bar{\boldsymbol{x}},\bar{\boldsymbol{\lambda}}) \leqq L(\boldsymbol{x},\bar{\boldsymbol{\lambda}}), \quad \forall\boldsymbol{x}\in\mathbb{R}^n,\ \forall\boldsymbol{\lambda}\in\mathbb{R}^m \tag{3.35}$$

を満たすとき，$(\bar{\boldsymbol{x}},\bar{\boldsymbol{\lambda}})$ を L の**鞍点**とよぶ．次の命題 3.24 で示すように，最適化問題の最適解は Lagrange 関数の鞍点として特徴づけることができる．

命題 3.24 (鞍点定理)　点 $(\bar{\boldsymbol{x}}, \bar{\boldsymbol{\lambda}}) \in \mathbb{R}^n \times \mathbb{R}^m$ において，$L(\bar{\boldsymbol{x}}, \bar{\boldsymbol{\lambda}})$ は有限であるとする．このとき，$(\bar{\boldsymbol{x}}, \bar{\boldsymbol{\lambda}})$ が L の鞍点であるための必要十分条件は，$\bar{\boldsymbol{x}}$ および $\bar{\boldsymbol{\lambda}}$ がそれぞれ $(\mathrm{P_L})$ および $(\mathrm{D_L})$ の最適解であり $\min(\mathrm{P_L}) = \max(\mathrm{D_L})$ が成り立つことである．

(証明)　$(\bar{\boldsymbol{x}}, \bar{\boldsymbol{\lambda}}) \in \mathbb{R}^n \times \mathbb{R}^m$ が L の鞍点ならば，鞍点の定義 (3.35) より

$$\sup_{\boldsymbol{\lambda} \in \mathbb{R}^m} L(\bar{\boldsymbol{x}}, \boldsymbol{\lambda}) = L(\bar{\boldsymbol{x}}, \bar{\boldsymbol{\lambda}}) = \inf_{\boldsymbol{x} \in \mathbb{R}^n} L(\boldsymbol{x}, \bar{\boldsymbol{\lambda}})$$

が成り立つ．したがって，

$$\inf_{\boldsymbol{x} \in \mathbb{R}^n} \sup_{\boldsymbol{\lambda} \in \mathbb{R}^m} L(\boldsymbol{x}, \boldsymbol{\lambda}) \leqq L(\bar{\boldsymbol{x}}, \bar{\boldsymbol{\lambda}}) \leqq \sup_{\boldsymbol{\lambda} \in \mathbb{R}^m} \inf_{\boldsymbol{x} \in \mathbb{R}^n} L(\boldsymbol{x}, \boldsymbol{\lambda})$$

が得られ，この不等式と弱双対性 (3.34) を用いると

$$\inf(\mathrm{P_L}) = L(\bar{\boldsymbol{x}}, \bar{\boldsymbol{\lambda}}) = \sup(\mathrm{D_L})$$

が成り立つことがわかる．

逆に，不等式

$$\min(\mathrm{P_L}) = \sup_{\boldsymbol{\lambda} \in \mathbb{R}^m} L(\bar{\boldsymbol{x}}, \boldsymbol{\lambda}) \geqq L(\bar{\boldsymbol{x}}, \bar{\boldsymbol{\lambda}}) \geqq \inf_{\boldsymbol{x} \in \mathbb{R}^n} L(\boldsymbol{x}, \bar{\boldsymbol{\lambda}}) = \max(\mathrm{D_L})$$

と $\min(\mathrm{P_L}) = \max(\mathrm{D_L})$ より

$$\sup_{\boldsymbol{\lambda} \in \mathbb{R}^m} L(\bar{\boldsymbol{x}}, \boldsymbol{\lambda}) = L(\bar{\boldsymbol{x}}, \bar{\boldsymbol{\lambda}}) = \inf_{\boldsymbol{x} \in \mathbb{R}^n} L(\boldsymbol{x}, \bar{\boldsymbol{\lambda}})$$

が成り立つ．したがって，$(\bar{\boldsymbol{x}}, \bar{\boldsymbol{\lambda}})$ は L の鞍点である．■

命題 3.24 は，鞍点の存在については何も保証していない．一般には，鞍点が存在せずに $\inf(\mathrm{P_L}) > \sup(\mathrm{D_L})$ となる (つまり，双対性ギャップが存在する) 可能性もある．次の命題は，凸計画問題の場合について，双対性が成り立つための十分条件を与えている．

命題 3.25　主問題 $(\mathrm{P_L})$ において，目的関数 f と制約関数 $g_1, \ldots, g_m$ が微分可能な凸関数であるとする．さらに，$\inf(\mathrm{P_L})$ が有限で Slater 制約想定が満たされる (つまり，$g_i(\hat{\boldsymbol{x}}) < 0 \ (i = 1, \ldots, m)$ を満たす $\hat{\boldsymbol{x}} \in \mathbb{R}^n$ が存在する) とする．このとき，双対問題 $(\mathrm{D_L})$ に最適解が存在し，$\inf(\mathrm{P_L}) = \max(\mathrm{D_L})$ が成立する．

Lagrange 双対性は，双対問題 $(\mathrm{D_L})$ の Lagrange 双対問題をつくると主問題 $(\mathrm{P_L})$ に戻るという意味において主問題と双対問題について対称である．また，凸計画問題では，Lagrange 双対問題 $(\mathrm{D_L})$ は Fenchel 双対問題 $(\mathrm{D_F})$ と一致する．

例 3.17　3.6.1 節の例 3.16 で考えたのと同じ線形計画問題

$$\left.\begin{array}{ll}\text{Minimize} & \boldsymbol{c}^\top \boldsymbol{x} \\ \text{subject to} & A\boldsymbol{x} = \boldsymbol{b}, \\ & \boldsymbol{x} \geqq \boldsymbol{0}\end{array}\right\}$$

を考える．ただし，$A \in \mathbb{R}^{m\times n}$, $\boldsymbol{b} \in \mathbb{R}^m$, $\boldsymbol{c} \in \mathbb{R}^n$ とする．Lagrange 関数は

$$L(\boldsymbol{x}, \boldsymbol{\lambda}, \boldsymbol{\mu}) = \begin{cases} \boldsymbol{c}^\top \boldsymbol{x} + \boldsymbol{\lambda}^\top(-\boldsymbol{x}) + \boldsymbol{\mu}^\top(\boldsymbol{b} - A\boldsymbol{x}) & (\boldsymbol{\lambda} \geqq \boldsymbol{0} \text{ のとき}) \\ -\infty & (\text{それ以外のとき}) \end{cases}$$

で定義される．ここで

$$\begin{aligned}
&\inf\{L(\boldsymbol{x}, \boldsymbol{\lambda}, \boldsymbol{\mu}) \mid \boldsymbol{x} \in \mathbb{R}^n\} \\
&= \begin{cases} \boldsymbol{b}^\top \boldsymbol{\mu} + \displaystyle\inf_{\boldsymbol{x}\in\mathbb{R}^n}\{(\boldsymbol{c} - \boldsymbol{\lambda} - A^\top \boldsymbol{\mu})^\top \boldsymbol{x}\} & (\boldsymbol{\lambda} \geqq \boldsymbol{0} \text{ のとき}) \\ -\infty & (\text{それ以外のとき}) \end{cases} \\
&= \begin{cases} \boldsymbol{b}^\top \boldsymbol{\mu} & (\boldsymbol{\lambda} \geqq \boldsymbol{0},\ \boldsymbol{c} - \boldsymbol{\lambda} - A^\top \boldsymbol{\mu} = \boldsymbol{0} \text{ のとき}) \\ -\infty & (\text{それ以外のとき}) \end{cases}
\end{aligned}$$

である．したがって，Lagrange 双対問題 $(\mathrm{D_L})$ は

$$\left.\begin{array}{ll}\text{Maximize} & \boldsymbol{b}^\top \boldsymbol{\mu} \\ \text{subject to} & A^\top \boldsymbol{\mu} + \boldsymbol{\lambda} = \boldsymbol{c}, \\ & \boldsymbol{\lambda} \geqq \boldsymbol{0}\end{array}\right\}$$

と得られる．この問題は，変数 $\boldsymbol{\lambda}$ を消去し $\boldsymbol{\mu}$ を $\boldsymbol{w}$ と書き直すと，例 3.16 の Fenchel 双対問題 (3.29) に一致することがわかる．　$\lhd$

3.6.3　Wolfe双対問題

3.6.2 節では，問題 (3.31) の Lagrange 双対問題を (3.33) で定義した．しかしこれはあくまで形式的な定義であって，実際に $\inf\{L(\boldsymbol{x}, \boldsymbol{\lambda}) \mid \boldsymbol{x} \in \mathbb{R}^n\}$ が扱いやすい

形に書き下せるかどうかは主問題の性質に依存する．そこでこの下限値を厳密に求めるかわりに 1 次の最適性条件を用いて得られる双対問題が，Wolfe (ウルフ) 双対問題である．

3.6.2 節と同様に，問題 (3.31) の形の最適化問題を考える．ただし，$f, g_1, \ldots, g_m$ は連続微分可能であるとする．このとき，最適化問題

$$
(\mathrm{D_W}):\quad \left.\begin{array}{ll} \text{Maximize} & L(\boldsymbol{x}, \boldsymbol{\lambda}) \\ \text{subject to} & \nabla_{\boldsymbol{x}} L(\boldsymbol{x}, \boldsymbol{\lambda}) = \boldsymbol{0}, \\ & \boldsymbol{\lambda} \geqq \boldsymbol{0} \end{array}\right\}
$$

を問題 (3.31) の **Wolfe 双対問題**とよぶ．ここで $\nabla_{\boldsymbol{x}} L(\boldsymbol{x}, \boldsymbol{\lambda})$ は，L を $\boldsymbol{x}$ のみの関数とみたときの勾配である．Lagrange 双対問題 (3.33) の変数は Lagrange 乗数 $\boldsymbol{\lambda}$ のみであったのに対して，Wolfe 双対問題 $(\mathrm{D_W})$ は一般に主問題の変数 $\boldsymbol{x}$ も変数として含んでいる．

問題 $(\mathrm{D_W})$ に対する Wolfe 双対問題をつくると，主問題 (3.31) と必ずしも一致しない．この意味で，Wolfe 双対問題は，Fenchel 双対問題や Lagrange 双対問題のような対称性はもたない．また，主問題が凸計画問題であっても Wolfe 双対問題が凸計画問題になる保証はない．しかし，凸 2 次計画問題などのように，Wolfe 双対問題が主問題と同じ形の問題となる問題もある．また，そうでない場合にも，問題 $(\mathrm{D_W})$ は容易に書き下せるためしばしば有用である．次の定理 3.4 にまとめるように，凸計画問題では，主問題と Wolfe 双対問題の間に双対性が成り立つ[*17]．

定理 3.4　主問題 (3.31) において，$f, g_1, \ldots, g_m$ が連続微分可能な凸関数であり，Slater 制約想定が満たされ，かつ最適解 $\bar{\boldsymbol{x}}$ が存在するものとする．このとき，KKT 条件を満たす $(\bar{\boldsymbol{x}}, \bar{\boldsymbol{\lambda}})$ は Wolfe 双対問題 $(\mathrm{D_W})$ の最適解であり，主問題と双対問題の最適値は一致する．

例 3.18　Q を n 次の正定値対称行列として，$\boldsymbol{x} \in \mathbb{R}^n$ を変数とする最適化問題

$$
\left.\begin{array}{ll} \text{Minimize} & \dfrac{1}{2}\boldsymbol{x}^\top Q \boldsymbol{x} + \boldsymbol{p}^\top \boldsymbol{x} \\ \text{subject to} & A\boldsymbol{x} \geqq \boldsymbol{b} \end{array}\right\}
$$

を考える．ただし，$A \in \mathbb{R}^{m \times n}$ は定行列であり，$\boldsymbol{b} \in \mathbb{R}^m$, $\boldsymbol{c} \in \mathbb{R}^n$ は定ベクトルで

*17　証明は，例えば文献 [13, Theorem 9.5.1] を参照されたい．

ある．このような問題を，凸 2 次計画問題という[*18]．Wolfe 双対問題 $(\mathrm{D_W})$ は

$$\left.\begin{array}{ll}\text{Maximize} & \frac{1}{2}\boldsymbol{x}^\top Q\boldsymbol{x} + \boldsymbol{p}^\top \boldsymbol{x} + \boldsymbol{\lambda}^\top(\boldsymbol{b} - A\boldsymbol{x}) \\ \text{subject to} & Q\boldsymbol{x} + \boldsymbol{p} - A^\top\boldsymbol{\lambda} = \boldsymbol{0}, \\ & \boldsymbol{\lambda} \geqq \boldsymbol{0}\end{array}\right\}$$

と得られる．目的関数に含まれる $-\boldsymbol{\lambda}^\top A\boldsymbol{x}$ は凸関数ではないので，この問題は凸計画問題の形式ではない．しかし，等式制約を用いて $\boldsymbol{x}$ を消去することができ，凸 2 次計画問題

$$\left.\begin{array}{ll}\text{Maximize} & -\frac{1}{2}(A^\top\boldsymbol{\lambda} - \boldsymbol{p})^\top Q^{-1}(A^\top\boldsymbol{\lambda} - \boldsymbol{p}) + \boldsymbol{b}^\top\boldsymbol{\lambda} \\ \text{subject to} & \boldsymbol{\lambda} \geqq \boldsymbol{0}\end{array}\right\} \tag{3.36}$$

に帰着できる (目的関数に負号をつけて最小化問題に変換すると，主問題と同じ形式であることがわかる)．　◁

*18　凸 2 次計画問題については，4.5 節を参照のこと．

4 線形計画

3 章では，凸な最適化問題の双対性を一般的な形で論じた．双対性は主問題と双対問題との間の表裏一体の関係性であり，最適性そのものでもあるから，最適化問題の理論と解法の双方にとって重要である．そのような双対性が最もわかりやすい形で現れるのが，線形計画問題である．線形計画問題は，線形の目的関数と線形の制約をもつ最適化問題である．非線形な条件は含まれないという意味では限定的である一方，適当な工夫をすることでさまざまな問題を線形計画問題として定式化することができる．このため，実世界での意思決定を支援する道具として，広く浸透している．さらには，整数計画問題などのより難しい最適化問題を解くための基本的な道具としても重要である．

4.1 線形計画問題

線形計画問題は，最も基本的な凸最適化問題である．まず 4.1.1 節でその定義を述べ，4.1.2 節で線形計画問題として定式化できる最適化問題の例をあげる．

4.1.1 定義

いくつかの線形方程式や線形不等式を制約とし，線形関数を目的関数とする最適化問題を，**線形計画問題**とよぶ．現実に解きたい線形計画問題は，さまざまな形に定式化される (例えば，1.1 節の例 1.1 の問題 (1.3) は線形計画問題である)．しかし，線形計画問題の理論や解法を議論する上での統一的な表現として，次の形式がよく用いられる：

$$\left.\begin{array}{ll}\text{Minimize} & \displaystyle\sum_{j=1}^{n} c_j x_j \\ \text{subject to} & \boldsymbol{a}_i^\top \boldsymbol{x} = b_i, \quad i = 1, \ldots, m, \\ & x_j \geqq 0, \quad j = 1, \ldots, n. \end{array}\right\} \tag{4.1}$$

ただし，最適化の変数は $x_j \in \mathbb{R}$ $(j = 1, \ldots, n)$ であり，$\boldsymbol{a}_i \in \mathbb{R}^n$ $(i = 1, \ldots, m)$ は定ベクトル，$b_i \in \mathbb{R}$ $(i = 1, \ldots, m)$ および $c_j \in \mathbb{R}$ $(j = 1, \ldots, n)$ は定数である．問題 (4.1) の形を，線形計画問題の**等式標準形**とよぶ．線形計画問題の等式標準形の目的関数は線形関数であり，制約は $x_1, \ldots, x_n$ に関する線形な等式制約と**非負制約**である．

より簡潔な表記として，行列 $A \in \mathbb{R}^{m \times n}$ およびベクトル $\boldsymbol{b} \in \mathbb{R}^m$, $\boldsymbol{c} \in \mathbb{R}^n$ を

$$A = \begin{bmatrix} \boldsymbol{a}_1^\top \\ \vdots \\ \boldsymbol{a}_m^\top \end{bmatrix}, \quad \boldsymbol{b} = \begin{bmatrix} b_1 \\ \vdots \\ b_m \end{bmatrix}, \quad \boldsymbol{c} = \begin{bmatrix} c_1 \\ \vdots \\ c_n \end{bmatrix}$$

で定義し，変数を $\boldsymbol{x} = (x_1, \ldots, x_n)^\top \in \mathbb{R}^n$ として

$$\left.\begin{array}{lll} \text{(P)}: & \text{Minimize} & \boldsymbol{c}^\top \boldsymbol{x} \\ & \text{subject to} & A\boldsymbol{x} = \boldsymbol{b}, \\ & & \boldsymbol{x} \geqq \boldsymbol{0} \end{array}\right\} \tag{4.2}$$

とも書く．ここで，ベクトルの不等式 $\boldsymbol{x} \geqq \boldsymbol{0}$ は成分ごとの不等式 $x_j \geqq 0$ $(j = 1, \ldots, n)$ を意味している．

どのような線形計画問題も，適当な変形を施すことで，等式標準形 (4.2) に書き直すことができる．

例 4.1　次のような 2 変数の線形計画問題を等式標準形に直すことを考える：

$$\left.\begin{array}{ll} \text{Maximize} & 2x_1 + x_2 + 3 \\ \text{subject to} & x_1 + 3x_2 \leqq 3, \\ & x_1 - x_2 \leqq 1, \\ & x_1 \geqq 0. \end{array}\right\} \tag{4.3}$$

この問題を図示すると，図 4.1(a) のようになる．ここで，点線は目的関数の等高線を表し，網掛けの領域は実行可能領域を表している．また，黒丸 $(3/2, 1/2)$ が最適解を表している．この例のように，線形計画問題では，制約関数はすべて 1 次式なので実行可能領域は多面体であり，目的関数の等高線は間隔が一定で平行な直線になる．

問題 (4.3) を等式標準形に直す際には，まず，目的関数の定数項は無視しても最適解は変わらないことに注意する．また，$2x_1 + x_2$ の最大化のかわりに $-2x_1 - x_2$

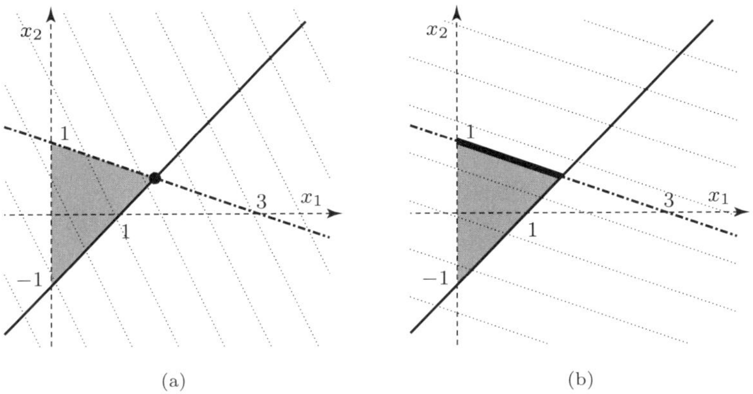

図 4.1 線形計画問題の例 ((a) 問題 (4.3) の場合と (b) 問題 (4.5) の場合)

の最小化を考えても最適解は変わらない．次に，不等式制約 $x_1 + 3x_2 \leqq 3$ は，新たに非負の変数 $s_1 \geqq 0$ を導入すると

$$x_1 + 3x_2 + s_1 = 3$$

という等式制約に変換できる．残りの不等式制約 $x_1 - x_2 \leqq 1$ についても同様に，非負の変数 $s_2 \geqq 0$ を用いて等式制約

$$x_1 - x_2 + s_2 = 1$$

に直す．さらに，自由変数 x_2 は，新たに二つの非負の変数 $z_1, z_2 \geqq 0$ を導入して $x_2 = z_1 - z_2$ とおく．

以上より，問題 (4.3) は，x_1, s_1, s_2, z_1, z_2 を変数とする問題

$$\left.\begin{array}{ll} \text{Minimize} & -2x_1 - (z_1 - z_2) \\ \text{subject to} & x_1 + 3(z_1 - z_2) + s_1 = 3, \\ & x_1 - (z_1 - z_2) + s_2 = 1, \\ & x_1 \geqq 0,\ s_1 \geqq 0,\ s_2 \geqq 0,\ z_1 \geqq 0,\ z_2 \geqq 0 \end{array}\right\} \quad (4.4)$$

に変換できる．この問題 (4.4) は等式標準形である．実際，すべての変数に非負制約が課されており，それ以外の制約はすべて 1 次の等式制約である． ◁

例 4.1 で不等式制約を等式制約に変換するために用いた変数 s_1, s_2 を，**スラック変数**とよぶ．

線形計画問題 (4.2) の制約は 1 次の等式と 1 次の不等式であるから，実行可能領域は多面体である．例 4.1 では，この多面体の頂点の一つが最適解になっている．実際，一般に，線形計画問題が最適解をもつならば，最適解のうちで実行可能領域の頂点であるものが存在する．例 4.1 の問題 (4.3) の目的関数だけを変更して

$$\left.\begin{array}{ll}\text{Maximize} & x_1 + 3x_2 \\ \text{subject to} & x_1 + 3x_2 \leqq 3, \\ & x_1 - x_2 \leqq 1, \\ & x_1 \geqq 0\end{array}\right\} \tag{4.5}$$

という問題を考えると，図 4.1(b) のようになり，最適解は太線で示した線分上の各点である．このように，一般に線形計画問題の最適解の集合は実行可能領域の面である．

4.1.2　種々の線形計画問題

線形計画は，線形の目的関数と線形の等式・不等式制約しか扱えないため，一見，単純な最適化問題しか表現できないように思える．しかし，非線形の目的関数や制約の中には，工夫を凝らすことで，線形計画の枠組みで扱えるものも多い．一見難しそうな非線形最適化問題を上手に線形計画問題に変換できれば，最適解を求めることも簡単であるし理論的にも多くのことがわかる．したがって，このような工夫は重要である．以下に，いくつかの例をあげる．

例 4.2　絶対値を含む不等式を制約にもつ問題

$$\left.\begin{array}{ll}\text{Minimize} & \boldsymbol{c}^\top \boldsymbol{x} \\ \text{subject to} & |\boldsymbol{a}_i^\top \boldsymbol{x} + b_i| \leqq d_i, \quad i = 1, \ldots, m\end{array}\right\}$$

は，線形計画問題

$$\left.\begin{array}{lll}\text{Minimize} & \boldsymbol{c}^\top \boldsymbol{x} & \\ \text{subject to} & \boldsymbol{a}_i^\top \boldsymbol{x} + b_i \leqq d_i, & i = 1, \ldots, m, \\ & \boldsymbol{a}_i^\top \boldsymbol{x} + b_i \geqq -d_i, & i = 1, \ldots, m\end{array}\right\}$$

に書き直すことができる．　◁

例 4.3 目的関数に絶対値を含む問題

$$\left.\begin{array}{ll}\text{Minimize} & |x_1 + x_2 + \cdots + x_n| \\ \text{subject to} & A\boldsymbol{x} \geqq \boldsymbol{b}\end{array}\right\} \tag{4.6}$$

は，補助変数 $t \in \mathbb{R}$ を用いて

$$\left.\begin{array}{ll}\text{Minimize} & t \\ \text{subject to} & t \geqq |x_1 + x_2 + \cdots + x_n|, \\ & A\boldsymbol{x} \geqq \boldsymbol{b}\end{array}\right\}$$

と書き直せる．さらに，絶対値を含む制約は例 4.2 と同様にして二つの線形不等式に書き直せる．このようにして，問題 (4.6) を線形計画問題に変形できる．

例えば，ある線形関数 $\boldsymbol{h}^\top \boldsymbol{x}$ の目標値 $\bar{h}$ が与えられているとき，条件 $A\boldsymbol{x} \geqq \boldsymbol{b}$ の下で目標値 $\bar{h}$ からの誤差 $|\boldsymbol{h}^\top \boldsymbol{x} - \bar{h}|$ が最小となる $\boldsymbol{x}$ を求める問題は，線形計画問題で書ける． ◁

例 4.4 目的関数に絶対値の和を含む問題

$$\left.\begin{array}{ll}\text{Minimize} & |c_1x_1| + |c_2x_2| + \cdots + |c_nx_n| \\ \text{subject to} & A\boldsymbol{x} \geqq \boldsymbol{b}\end{array}\right\}$$

は，補助変数 $t_1, \ldots, t_n$ を追加して

$$\left.\begin{array}{ll}\text{Minimize} & t_1 + t_2 + \cdots + t_n \\ \text{subject to} & t_j \geqq |c_jx_j|, \quad j = 1, \ldots, n, \\ & A\boldsymbol{x} \geqq \boldsymbol{b}\end{array}\right\}$$

と書き直すことができる．さらに，絶対値を含む制約を例 4.2 の方法で書き直すことで，線形計画問題に変形できる． ◁

例 4.5 線形方程式

$$C\boldsymbol{x} = \boldsymbol{d}$$

が不定なときに，解 $\boldsymbol{x}$ のうちで，できるだけ多くの要素が 0 となるものを求める問題を考える．このような問題は，画像処理や機械学習などの応用において重要である．実は，$\boldsymbol{x}$ の絶対値和ノルム (ℓ_1 ノルム) $\|\boldsymbol{x}\|_1 = |x_1| + |x_2| + \cdots + |x_n|$

を最小化すると，多くの場合に疎な解[*1]が得られることが知られている．つまり，最適化問題

$$\left.\begin{array}{ll}\text{Minimize} & |x_1|+|x_2|+\cdots+|x_n| \\ \text{subject to} & C\boldsymbol{x}=\boldsymbol{d}\end{array}\right\}$$

を解けば線形方程式 $C\boldsymbol{x}=\boldsymbol{d}$ の疎な解が得られることが多いのである．この最適化問題は，例 4.4 と同様にして線形計画問題に変形できる． ◁

例 4.6 いくつかの線形関数の最大値で定義される関数

$$g(\boldsymbol{x})=\max_{i=1,\ldots,m}\{\boldsymbol{a}_i^\top\boldsymbol{x}+b_i\}$$

の無制約最小化問題

$$\text{Minimize}\quad g(\boldsymbol{x}) \tag{4.7}$$

を考える．この問題は，補助変数 t を用いて

$$\left.\begin{array}{ll}\text{Minimize} & t \\ \text{subject to} & t \geqq g(\boldsymbol{x})\end{array}\right\}$$

と書き直すことができる．さらに，制約 $t \geqq g(\boldsymbol{x})$ は

$$t \geqq \boldsymbol{a}_i^\top\boldsymbol{x}+b_i,\quad i=1,\ldots,m$$

と等価だから，問題 (4.7) は線形計画問題に変形できる． ◁

例 4.7 条件 $A\boldsymbol{x} \geqq \boldsymbol{b}$ を満たす $\boldsymbol{x}$ はそもそも存在するのかどうかを判定することを考えよう．このためには，$\boldsymbol{x}$ と $\boldsymbol{s}$ を変数とする線形計画問題

$$\left.\begin{array}{ll}\text{Minimize} & \displaystyle\sum_{i=1}^m s_i \\ \text{subject to} & A\boldsymbol{x}+\boldsymbol{s} \geqq \boldsymbol{b}, \\ & \boldsymbol{s} \geqq \boldsymbol{0}\end{array}\right\}$$

を解けばよい．この問題には，必ず実行可能解が存在する (各 s_i を十分に大きくとればよい)．また，最適値が正ならば条件 $A\boldsymbol{x} \geqq \boldsymbol{b}$ を満たす $\boldsymbol{x}$ は存在しないし，0 ならば存在することがわかる．

*1 多くの要素が 0 であるベクトルを，疎なベクトルとよぶ．

このような線形不等式の解の存在や性質については，『工学教程：線形代数 II (3 章)』[23] も参照されたい． ◁

例 4.8 2.3 節の例 2.10 で示したように，$\|\boldsymbol{x}\|_\infty = \max_{j=1,\ldots,n}\{|x_j|\} \leqq 1$ という制約は，変数を増やすことでいくつかの線形不等式で記述できる． ◁

例 4.9 多面体

$$P = \{\boldsymbol{x} \in \mathbb{R}^n \mid \boldsymbol{a}_i^\top \boldsymbol{x} \leqq b_i \ (i = 1, \ldots, m)\}$$

が与えられたとき，P に含まれる最大の球の中心 $\boldsymbol{x}_\mathrm{c}$ と半径 r を求める問題を考える (図 4.2)．中心 $\boldsymbol{x}_\mathrm{c}$ を始点とするベクトルを $\boldsymbol{u}$ とおくと，球が P に含まれるという条件は

$$\|\boldsymbol{u}\| \leqq r \quad \Rightarrow \quad \boldsymbol{a}_i^\top (\boldsymbol{x}_\mathrm{c} + \boldsymbol{u}) \leqq b_i \ (i = 1, \ldots, m)$$

と書ける．この条件は，各 $i = 1, \ldots, m$ に対して条件

$$\max_{\boldsymbol{u}}\{\boldsymbol{a}_i^\top (\boldsymbol{x}_\mathrm{c} + \boldsymbol{u}) \mid \|\boldsymbol{u}\| \leqq r\} \leqq b_i \tag{4.8}$$

が成り立つことと等価である．この不等式の左辺の最大化問題で $\boldsymbol{a}_i^\top \boldsymbol{u}$ に Cauchy–Schwarz の不等式を適用すると，条件 (4.8) は不等式

$$\boldsymbol{a}_i^\top \boldsymbol{x}_\mathrm{c} + r\|\boldsymbol{a}_i\| \leqq b_i$$

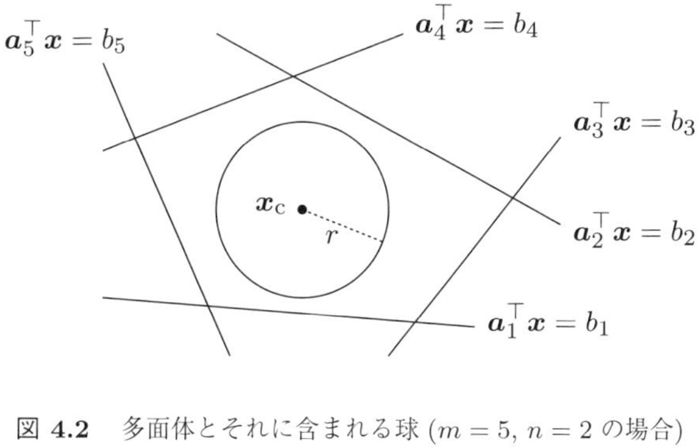

図 4.2 多面体とそれに含まれる球 ($m = 5$, $n = 2$ の場合)

と等価であることがわかる．したがって，解きたい問題は r と $\boldsymbol{x}_{\mathrm{c}}$ を変数とする線形計画問題

$$\left.\begin{array}{ll}\text{Maximize} & r \\ \text{subject to} & \boldsymbol{a}_i^{\top}\boldsymbol{x}_{\mathrm{c}} + r\|\boldsymbol{a}_i\| \leqq b_i, \quad i = 1,\ldots,m\end{array}\right\}$$

である．　◁

例 4.10　線形計画問題は連続変数の (つまり，変数が実数すべてをとり得る) 問題であるが，変数がとる値を整数のみに限定した問題を**整数計画問題**とよぶ．特に，変数が 0 か 1 のみの値をとるような整数計画問題

$$\left.\begin{array}{ll}\text{Minimize} & \boldsymbol{c}^{\top}\boldsymbol{x} \\ \text{subject to} & A\boldsymbol{x} = \boldsymbol{b}, \\ & x_j \in \{0,1\}, \quad j = 1,\ldots,n\end{array}\right\} \tag{4.9}$$

を，0-1 整数計画問題という[*2]．また，一部の変数 $x_1,\ldots,x_p$ は整数変数で残りの変数 $x_{p+1},\ldots,x_n$ は連続変数であるような整数計画問題は，**混合整数計画問題**とよばれる．これらの整数計画問題は，いわば，連続最適化と離散最適化をつなぐ最適化問題である．実際，多くの組合せ最適化問題が整数計画問題として定式化できる．

問題 (4.9) は，直接解くことが難しい問題である．一般に，難しい最適化問題を解くために，より簡単に解ける近似的な最適化問題を利用することが多い．例えば，問題 (4.9) の整数性制約 $x_j \in \{0,1\}$ を不等式制約に置き換えた問題

$$\left.\begin{array}{ll}\text{Minimize} & \boldsymbol{c}^{\top}\boldsymbol{x} \\ \text{subject to} & A\boldsymbol{x} = \boldsymbol{b}, \\ & 0 \leqq x_j \leqq 1, \quad j = 1,\ldots,n\end{array}\right\} \tag{4.10}$$

を考える．ここで，もとの問題 (4.9) の任意の実行可能解を $\hat{\boldsymbol{x}}$ とすると，$\hat{\boldsymbol{x}}$ は線形計画問題 (4.10) の実行可能解であり $\hat{\boldsymbol{x}}$ における両方の問題の目的関数値は一致する．したがって，問題 (4.10) の最適値は問題 (4.9) の最適値以下になる．さらに，もし問題 (4.10) の最適解 $\bar{\boldsymbol{x}}$ が整数性制約 $\bar{x}_j \in \{0,1\}$ $(j = 1,\ldots,n)$ を満たす

---

*2　詳しくいうと，問題 (4.9) は線形整数計画問題ということになる．これに対して，目的関数や (整数制約以外の) 制約が必ずしも線形でない問題を非線形整数計画問題とよぶ．しかし，線形整数計画問題のことを単に整数計画問題とよぶことが多い．

ならば，$\bar{\boldsymbol{x}}$ はもとの問題 (4.9) の最適解である．このような性質をもつ最適化問題 (4.10) を，もとの問題 (4.9) の**緩和問題**という．特に，問題 (4.10) は線形計画問題であるから，整数計画問題 (4.9) の線形計画緩和とよばれる．線形計画緩和は整数計画問題を解くための基本的な道具である (詳しくは『工学教程：離散数学』，文献 [54] などを参照のこと)． ◁

4.2 双　対　性

線形計画問題が与えられたとき，これと対をなすもう一つの線形計画問題を定義することができる．この問題を双対問題とよび，もとの問題を主問題とよぶ．主問題と双対問題は，いわば一枚のコインの表と裏である．二つの問題の関係は双対性とよばれ，最適解の特徴づけやアルゴリズムの設計などにおいて重要な役割を果たす．

4.2.1 双　対　問　題

線形計画問題の等式標準形 (4.2) に対して，同じデータ $A, \boldsymbol{b}, \boldsymbol{c}$ を用いて定義される最適化問題

$$\left.\begin{array}{lll}(\mathrm{D}): & \text{Maximize} & \boldsymbol{b}^\top \boldsymbol{y} \\ & \text{subject to} & A^\top \boldsymbol{y} \leqq \boldsymbol{c}\end{array}\right\} \tag{4.11}$$

を**双対問題**とよぶ[*3]．ただし，変数は $\boldsymbol{y} \in \mathbb{R}^m$ である．このとき，もとの問題 (4.2) を主問題とよぶ．双対問題も線形計画問題であり，等式標準形 (4.2) の形式に変形することができる．主問題と双対問題は，双対問題の双対問題が主問題となるという意味で対称である (例 4.11 を参照のこと)．

双対問題 (4.11) は，新しい変数 $\boldsymbol{s} \in \mathbb{R}^n$ を導入して

$$\left.\begin{array}{ll}\text{Maximize} & \boldsymbol{b}^\top \boldsymbol{y} \\ \text{subject to} & A^\top \boldsymbol{y} + \boldsymbol{s} = \boldsymbol{c}, \\ & \boldsymbol{s} \geqq \boldsymbol{0}\end{array}\right\} \tag{4.12}$$

---

*3　実際，問題 (4.2) の Fenchel 双対問題や Lagrange 双対問題をつくると問題 (4.11) が得られる．3.6.1 節の例 3.16 および 3.6.2 節の例 3.17 を参照のこと．

とも書ける．この $\boldsymbol{s}$ はスラック変数である[*4]．

例 4.11 問題 (4.11) の双対問題をつくると主問題 (4.2) にもどることを確認しておこう．そのために，問題 (4.12) を等式標準形に変換する．まず，$\boldsymbol{y}$ を二つの非負変数 $\boldsymbol{y}^+, \boldsymbol{y}^-$ を用いて $\boldsymbol{y} = \boldsymbol{y}^+ - \boldsymbol{y}^-$ と分解する．これを代入して整理することで，問題 (4.12) は等式標準形

$$\left.\begin{array}{ll}\text{Minimize} & \begin{bmatrix}-\boldsymbol{b}\\ \boldsymbol{b}\\ \boldsymbol{0}\end{bmatrix}^\top \begin{bmatrix}\boldsymbol{y}^+\\ \boldsymbol{y}^-\\ \boldsymbol{s}\end{bmatrix}\\ \text{subject to} & \begin{bmatrix}-A^\top & A^\top & -I\end{bmatrix}\begin{bmatrix}\boldsymbol{y}^+\\ \boldsymbol{y}^-\\ \boldsymbol{s}\end{bmatrix} = -\boldsymbol{c},\\ & \boldsymbol{y}^+, \boldsymbol{y}^-, \boldsymbol{s} \geqq \boldsymbol{0}\end{array}\right\}$$

に直せる．この問題に対して，主問題 (4.2) から双対問題 (4.11) をつくったときと同じ操作を施すと

$$\left.\begin{array}{ll}\text{Maximize} & -\boldsymbol{c}^\top \boldsymbol{x}\\ \text{subject to} & \begin{bmatrix}-A\\ A\\ -I\end{bmatrix}\boldsymbol{x} \leqq \begin{bmatrix}-\boldsymbol{b}\\ \boldsymbol{b}\\ \boldsymbol{0}\end{bmatrix}\end{array}\right\}$$

という問題が得られる．これは，主問題 (4.2) に他ならない．

このように，線形計画では，双対問題の双対問題は主問題である．　◁

4.2.2 双 対 定 理

線形計画問題の主問題 (4.2) と双対問題 (4.11) の間には，双対性とよばれる密接な関係がある．

主問題 (4.2) と双対問題 (4.11) の実行可能領域を

$$F_{\mathrm{P}} = \{\boldsymbol{x} \in \mathbb{R}^n \mid A\boldsymbol{x} = \boldsymbol{b},\ \boldsymbol{x} \geqq \boldsymbol{0}\},$$
$$F_{\mathrm{D}} = \{\boldsymbol{y} \in \mathbb{R}^m \mid A^\top \boldsymbol{y} \leqq \boldsymbol{c}\}$$

---

*4　$\boldsymbol{y}$ および $\boldsymbol{s}$ はそれぞれ，主問題 (4.2) の等式制約と不等式制約に対する Lagrange 乗数に相当する．双対問題の導出については，3.6.2 節の例 3.17 を参照のこと．

とおく．これらの問題の実行可能解における目的関数値に関して，**弱双対定理**[*5]とよばれる次の関係が成立する．

定理 4.1 (弱双対性)　主問題 (4.2) の任意の実行可能解 $\boldsymbol{x}$ と双対問題 (4.11) の任意の実行可能解 $\boldsymbol{y}$ に対して，不等式

$$\boldsymbol{c}^\top \boldsymbol{x} \geqq \boldsymbol{b}^\top \boldsymbol{y}$$

が成り立つ．

(証明)　$\boldsymbol{x} \in F_\mathrm{P}, \boldsymbol{y} \in F_\mathrm{D}$ ならば

$$\boldsymbol{y}^\top \boldsymbol{b} = \boldsymbol{y}^\top A\boldsymbol{x} \leqq \boldsymbol{c}^\top \boldsymbol{x}$$

が成り立つ．■

弱双対定理より，双対問題 (4.11) の目的関数値が上に非有界ならば，主問題 (4.2) は実行可能解をもたない．また，主問題 (4.2) の目的関数値が下に非有界ならば，双対問題 (4.11) は実行可能解をもたない．さらに，もし実行可能解 $\boldsymbol{x}$ と $\boldsymbol{y}$ における目的関数値が一致すれば，$\boldsymbol{x}$ および $\boldsymbol{y}$ はそれぞれの問題の最適解である．次に示す**強双対定理**は，この逆を保証するものである．

定理 4.2 (強双対性)　主問題 (4.2) と双対問題 (4.11) がともに実行可能解をもつことと，両者に最適解が存在して最適値が一致することとは，同値である．

(証明)　Farkas の補題 (定理 3.3) を用いる．
(a)　$F_\mathrm{P} = \emptyset$, $F_\mathrm{D} \neq \emptyset$ ならば双対問題 (4.11) の目的関数値が上に非有界であることを示す．$F_\mathrm{P} = \emptyset$ と Farkas の補題より，条件

$$A^\top \hat{\boldsymbol{y}} \geqq \boldsymbol{0}, \quad \boldsymbol{b}^\top \hat{\boldsymbol{y}} < 0$$

を満たす $\hat{\boldsymbol{y}} \in \mathbb{R}^m$ が存在する．点 $\boldsymbol{y}_0 \in F_\mathrm{D}$ を選ぶと，任意の $\lambda \geqq 0$ に対して $\boldsymbol{y}_0 - \lambda\hat{\boldsymbol{y}} \in F_\mathrm{D}$ であり，$\boldsymbol{b}^\top(\boldsymbol{y}_0 - \lambda\hat{\boldsymbol{y}}) \to +\infty$ $(\lambda \to +\infty)$ が成立する．したがって，双対問題 (4.11) の目的関数値は上に非有界である．

---

*5　双対定理は，英語では duality theorem であるから，本来は双対性定理とよぶのが適切であるが，本書では慣例に従って双対定理とよぶことにする．

(b) $F_\mathrm{P} \neq \emptyset$, $F_\mathrm{D} = \emptyset$ ならば主問題 (4.2) の目的関数値が下に非有界であることを示す．双対問題 (4.11) の制約は

$$\begin{bmatrix} A^\top & -A^\top & I \end{bmatrix} \begin{bmatrix} \boldsymbol{y}^+ \\ \boldsymbol{y}^- \\ \boldsymbol{z} \end{bmatrix} = \boldsymbol{c}, \quad \begin{bmatrix} \boldsymbol{y}^+ \\ \boldsymbol{y}^- \\ \boldsymbol{z} \end{bmatrix} \geqq \boldsymbol{0}$$

と書き直すことができる．これを満たす $(\boldsymbol{y}^+, \boldsymbol{y}^-, \boldsymbol{z})$ が存在しないことと Farkas の補題より，条件

$$A\hat{\boldsymbol{x}} = \boldsymbol{0}, \quad \hat{\boldsymbol{x}} \geqq \boldsymbol{0}, \quad \boldsymbol{c}^\top \hat{\boldsymbol{x}} < 0$$

を満たす $\hat{\boldsymbol{x}} \in \mathbb{R}^n$ が存在する．点 $\boldsymbol{x}_0 \in F_\mathrm{P}$ を選ぶと，任意の $\lambda \geqq 0$ に対して $\boldsymbol{x}_0 + \lambda\hat{\boldsymbol{x}} \in F_\mathrm{P}$ であり，$\boldsymbol{c}^\top(\boldsymbol{x}_0 + \lambda\hat{\boldsymbol{x}}) \to -\infty$ $(\lambda \to +\infty)$ が成立する．したがって，主問題 (4.2) の目的関数値は下に非有界である．

(c) $F_\mathrm{P} \neq \emptyset$, $F_\mathrm{D} \neq \emptyset$ ならば，主問題 (4.2) と双対問題 (4.11) に最適解が存在して最適値が一致することを示す．弱双対性が成り立つので，$\boldsymbol{c}^\top \boldsymbol{x} \leqq \boldsymbol{b}^\top \boldsymbol{y}$ を満たす $\boldsymbol{x} \in F_\mathrm{P}$, $\boldsymbol{y} \in F_\mathrm{D}$ が存在することを示せばよい．この条件は

$$\begin{bmatrix} 1 & \boldsymbol{c}^\top & -\boldsymbol{b}^\top & \boldsymbol{b}^\top & \boldsymbol{0}^\top \\ \boldsymbol{0} & -A & O & O & O \\ \boldsymbol{0} & O & A^\top & -A^\top & I \end{bmatrix} \begin{bmatrix} w \\ \boldsymbol{x} \\ \boldsymbol{y}^+ \\ \boldsymbol{y}^- \\ \boldsymbol{z} \end{bmatrix} = \begin{bmatrix} 0 \\ -\boldsymbol{b} \\ \boldsymbol{c} \end{bmatrix}, \quad \begin{bmatrix} w \\ \boldsymbol{x} \\ \boldsymbol{y}^+ \\ \boldsymbol{y}^- \\ \boldsymbol{z} \end{bmatrix} \geqq \boldsymbol{0} \tag{4.13}$$

と書き直せる (ただし，$\boldsymbol{b}^\top \boldsymbol{y} - \boldsymbol{c}^\top \boldsymbol{x} = w$, $\boldsymbol{y} = \boldsymbol{y}^+ - \boldsymbol{y}^-$, $\boldsymbol{c} - A^\top \boldsymbol{y} = \boldsymbol{z}$ とおいた)．Farkas の補題より，(4.13) は

$$\theta \geqq 0,\ A\hat{\boldsymbol{x}} = \boldsymbol{b}\theta,\ \hat{\boldsymbol{x}} \geqq \boldsymbol{0},\ \boldsymbol{c}\theta - A^\top \hat{\boldsymbol{y}} \geqq \boldsymbol{0} \quad \Rightarrow \quad \boldsymbol{c}^\top \hat{\boldsymbol{x}} \geqq \boldsymbol{b}^\top \hat{\boldsymbol{y}} \tag{4.14}$$

と等価である．$\theta > 0$ のときは例えば $\theta = 1$ としてよく，このときに (4.14) は弱双対性により成立する．$\theta = 0$ のとき (4.14) は

$$\begin{bmatrix} A & O \\ -A & O \\ I & O \\ O & -A^\top \end{bmatrix} \begin{bmatrix} \hat{\boldsymbol{x}} \\ \hat{\boldsymbol{y}} \end{bmatrix} \leqq \boldsymbol{0} \quad \Rightarrow \quad \begin{bmatrix} \boldsymbol{c}^\top & -\boldsymbol{b}^\top \end{bmatrix} \begin{bmatrix} \hat{\boldsymbol{x}} \\ \hat{\boldsymbol{y}} \end{bmatrix} \geqq 0$$

となる．再び Farkas の補題を用いると，この条件は $F_{\mathrm{P}} \neq \emptyset$ かつ $F_{\mathrm{D}} \neq \emptyset$ と同値であることがわかる．■

線形計画問題は，凸計画問題の特殊な場合である．線形計画問題の双対定理は，問題の特殊性ゆえに，一般の凸計画問題における双対定理よりも強い性質をもつ．一般の凸計画問題に対して強双対性を保証するためには，例えば実行可能領域の内部が非空であることを仮定する必要がある (例えば，3.6.1 節の命題 3.23 や 3.6.2 節の命題 3.25 を参照)．しかし，定理 4.2 で示したように，線形計画問題では内点実行可能解 (つまり，実行可能領域の相対的内点) の存在を仮定する必要はない．

例 4.12　ゲーム理論における，線形計画の双対性の応用の例をみてみよう．

行列 $A = (A_{ij}) \in \mathbb{R}^{m \times n}$ が与えられたとき，二人のプレイヤー R と C が次のようなルールのゲームを行うものとする．プレイヤー R (= row) は行列 A の行を一つ選んでこれを i とし，プレイヤー C (= column) は A の列を一つ選んでこれを j とする．このとき，C は R に A_{ij} を支払う ($A_{ij} < 0$ ならば，実際は R が C に $|A_{ij}|$ を支払うという意味である)．つまり，$A_{ij} > 0$ ならば R の勝ちで，$A_{ij} < 0$ ならば C の勝ちである．このようなゲームは，二人のプレイヤーの利得と損失の大きさが等しいことから，**ゼロ和ゲーム**とよばれる．また，このようなゲームを解析する理論を，一般に，**ゲーム理論**とよぶ．

さて，R は確率 x_i で行 i を選び，C は確率 y_j で列 j を選ぶとする．そして，$\boldsymbol{x} = (x_i) \in \mathbb{R}^m$ を R の戦略とよび，$\boldsymbol{y} = (y_j) \in \mathbb{R}^n$ を C の戦略とよぶ．前提として，各プレイヤーは相手の戦略を予想して自分の取り分を最大化するような戦略を立てるものとする．このとき，R の取り分の期待値は $\boldsymbol{x}^\top A\boldsymbol{y}$ である．R が C の戦略 $\bar{\boldsymbol{y}}$ を知っているならば，R が列 i を選んだときの取り分の期待値 $u_i(\bar{\boldsymbol{y}})$ は

$$u_i(\bar{\boldsymbol{y}}) = \sum_{j=1}^{n} A_{ij}\bar{y}_j, \quad i = 1, \dots, m$$

と計算できる．そこで，R が自分の取り分の期待値を最大にしたいと考えるとすると，R は $u_1(\bar{\boldsymbol{y}}), \dots, u_m(\bar{\boldsymbol{y}})$ のうち最大のものを確率 1 で選ぶ戦略をとる．したがって，このときの R の取り分 (したがって，C の支払い分) の期待値 $u(\bar{\boldsymbol{y}})$ は

$$u(\bar{\boldsymbol{y}}) = \max_{i=1,\dots,m} \sum_{j=1}^{n} A_{ij}\bar{y}_j$$

である．実際には R は C の戦略を知らないので，C は自分の支払い分 $u(\bar{\boldsymbol{y}})$ が最小になるように戦略を選ぶとする．このような C の戦略は，線形計画問題

$$\left.\begin{array}{ll}\text{Minimize} & u \\ \text{subject to} & u \geqq \displaystyle\sum_{j=1}^{n} A_{ij} y_j, \quad i=1,\ldots,m, \\ & \displaystyle\sum_{j=1}^{n} y_j = 1, \\ & y_j \geqq 0, \qquad\qquad j=1,\ldots,n\end{array}\right\} \tag{4.15}$$

の最適解として得られる．ただし，$u \in \mathbb{R}$ は補助変数である．

同様に，C が R の戦略 $\bar{\boldsymbol{x}}$ を知っており，自分の支払い分を最小にする戦略をとるとすると，列ベクトル $\bar{\boldsymbol{x}}^\top A$ の最小の列を選ぶ．このときの支払い分の期待値 $v(\bar{\boldsymbol{x}})$ は

$$v(\bar{\boldsymbol{x}}) = \min_{j=1,\ldots,n} \sum_{i=1}^{m} A_{ij} \bar{x}_i$$

である．これに対して，R は $v(\bar{\boldsymbol{x}})$ を最大にする戦略を選ぶ．そのような R の戦略 $\boldsymbol{x}$ は，線形計画問題

$$\left.\begin{array}{ll}\text{Maximize} & v \\ \text{subject to} & v \leqq \displaystyle\sum_{i=1}^{m} A_{ij} x_i, \quad j=1,\ldots,n, \\ & \displaystyle\sum_{i=1}^{m} x_i = 1, \\ & x_i \geqq 0, \qquad\qquad i=1,\ldots,m\end{array}\right\} \tag{4.16}$$

の最適解として得られる．ただし，$v \in \mathbb{R}$ は補助変数である．

ここで，問題 (4.15) と問題 (4.16) は，線形計画問題の主問題と双対問題の組であることが確かめられる．さらに，これらの問題は実行可能解をもつ．したがって，強双対性 (定理 4.2) より，双方の問題に最適解が存在して最適値が一致する．ところで，これらの問題の目的関数は R の取り分の期待値 $\boldsymbol{x}^\top A\boldsymbol{y}$ であった．したがって，以上より，$A \in \mathbb{R}^{m\times n}$ が与えられたときに，条件

$$\min_{\boldsymbol{y}}\left\{\bar{\boldsymbol{x}}^\top A\boldsymbol{y}\,\middle|\,\sum_{j=1}^{n} y_j = 1,\ \boldsymbol{y} \geqq \boldsymbol{0}\right\} = \max_{\boldsymbol{x}}\left\{\boldsymbol{x}^\top A\bar{\boldsymbol{y}}\,\middle|\,\sum_{i=1}^{m} x_i = 1,\ \boldsymbol{x} \geqq \boldsymbol{0}\right\}$$

を満たす $\bar{\boldsymbol{x}} \in \mathbb{R}^m$ および $\bar{\boldsymbol{y}} \in \mathbb{R}^n$ が存在することがわかる．この形式の主張は，**ミニマックス定理**という名前で知られている．　$\triangleleft$

4.2.3 最適性条件

ここでは，線形計画問題の最適解を特徴づける条件を考える．まず，双対定理(定理 4.2) より，線形計画問題の主問題 (4.2) と双対問題 (4.11) の実行可能解が最適解であるための必要十分条件が得られる．

定理 4.3 (相補性定理)　ベクトル $\boldsymbol{c} - A^\top \boldsymbol{y}$ の第 j 成分を $(\boldsymbol{c} - A^\top \boldsymbol{y})_j$ で表す．主問題 (4.2) の実行可能解 $\boldsymbol{x}$ と双対問題 (4.11) の実行可能解 $\boldsymbol{y}$ がそれぞれの問題の最適解であるための必要十分条件は，条件

$$x_j(\boldsymbol{c} - A^\top \boldsymbol{y})_j = 0, \quad j = 1, \ldots, n \tag{4.17}$$

が成り立つことである．

(証明)　$\boldsymbol{x}$ および $\boldsymbol{y}$ が実行可能ならば，主問題 (4.2) と双対問題 (4.11) の目的関数の差は

$$\boldsymbol{c}^\top \boldsymbol{x} - \boldsymbol{b}^\top \boldsymbol{y} = \boldsymbol{c}^\top \boldsymbol{x} - (A\boldsymbol{x})^\top \boldsymbol{y} = \boldsymbol{x}^\top (\boldsymbol{c} - A^\top \boldsymbol{y})$$

と書ける．$\boldsymbol{x} \geqq \boldsymbol{0}$ および $\boldsymbol{c} - A^\top \boldsymbol{y} \geqq \boldsymbol{0}$ に注意すると，定理 4.2 より (4.17) が得られる．　■

x_j と $(\boldsymbol{c} - A^\top \boldsymbol{y})_j$ に関する条件 (4.17) を，**相補性条件**とよぶ．この条件は，各 $j = 1, \ldots, n$ に対して，x_j と $(\boldsymbol{c} - A^\top \boldsymbol{y})_j$ の少なくとも一方が 0 であることを表している．これはつまり，最適解 $\boldsymbol{x}$ と $\boldsymbol{y}$ では，主問題 (4.2) の不等式制約 $x_j \geqq 0$ と双対問題 (4.11) の不等式制約 $(\boldsymbol{c} - A^\top \boldsymbol{y})_j \geqq 0$ の少なくとも一方が有効になることを表している．さらに，すべての $j = 1, \ldots, n$ に対して $x_j \geqq 0$ と $(\boldsymbol{c} - A^\top \boldsymbol{y})_j \geqq 0$ のいずれか一方のみが有効となるとき，つまり

$$x_j + (\boldsymbol{c} - A^\top \boldsymbol{y})_j > 0, \quad j = 1, \ldots, n$$

が成り立つとき，解 $\boldsymbol{x}$ と $\boldsymbol{y}$ は**狭義相補性**を満たすという．

最適解 $\boldsymbol{x}$ と $\boldsymbol{y}$ が狭義相補性を満たすとき，相補性条件から n 本の等式

$$
\begin{aligned}
x_j &= 0, & j &\in N, \\
(\boldsymbol{c} - A^\top \boldsymbol{y})_j &= 0, & j &\in B
\end{aligned}
$$

が得られる．ただし，N, B は $\{1, \ldots, n\}$ の部分集合で $N \cup B = \{1, \ldots, n\}$ および $N \cap B = \emptyset$ を満たすものである．主問題 (4.2) の等式制約 $A\boldsymbol{x} = \boldsymbol{b}$ と合わせると，$m + n$ 個の変数 $(\boldsymbol{x}, \boldsymbol{y})$ が満たす $m + n$ 本の線形方程式が得られたことになり，この連立方程式の解が最適解である[*6]．線形計画問題は，定義より，連続最適化問題である．しかし，集合 $\{1, \ldots, n\}$ の分割 $\{N, B\}$ を求める問題とみなすと，組合せ的な側面が現れる．

最適解であるための必要十分条件は，次のように，問題 (4.12) の形式の双対問題と主問題 (4.2) との組に対して記述するのが見やすい．

定理 4.4　$\boldsymbol{x} \in \mathbb{R}^n$ および $\boldsymbol{y} \in \mathbb{R}^m$ がそれぞれ主問題 (4.2) と双対問題 (4.12) の最適解であるための必要十分条件は，これらが

$$A\boldsymbol{x} = \boldsymbol{b}, \tag{4.18a}$$

$$A^\top \boldsymbol{y} + \boldsymbol{s} = \boldsymbol{c}, \tag{4.18b}$$

$$x_j s_j = 0, \quad j = 1, \ldots, n, \tag{4.18c}$$

$$\boldsymbol{x} \geqq \boldsymbol{0}, \quad \boldsymbol{s} \geqq \boldsymbol{0} \tag{4.18d}$$

を満たすことである．

最適性条件 (4.18) において，n 本の相補性条件 (4.18c) は 1 本の非線形方程式

$$\boldsymbol{x}^\top \boldsymbol{s} = 0 \tag{4.19}$$

に置き換えることができる．実際，(4.18a) および (4.18b) が満たされるとき $\boldsymbol{x}^\top \boldsymbol{s} = \boldsymbol{c}^\top \boldsymbol{x} - \boldsymbol{b}^\top \boldsymbol{y}$ が成り立つので，(4.19) は主問題と双対問題の目的関数値の差が 0 になることを表している．

最適性条件 (4.18) は，線形計画問題の解法の設計の基礎となる重要な条件である．

*6　実際には最適解における N と B は未知なのだから，最適解を求めるために線形方程式を解けばよいという意味ではない．

例 4.13 3 変数の線形計画問題

$$\left.\begin{array}{ll}\text{Minimize} & 3x_1 + x_2 \\ \text{subject to} & x_1 + x_2 - x_3 = 2, \\ & 3x_1 - x_2 = 1, \\ & x_1 \geqq 0,\ x_2 \geqq 0,\ x_3 \geqq 0\end{array}\right\} \tag{4.20}$$

の最適性条件を考えてみる．定理 4.4 より，(x_1, x_2, x_3) が最適解であるための必要十分条件は，条件

$$\begin{bmatrix} 1 & 1 & -1 \\ 3 & -1 & 0 \end{bmatrix} \begin{bmatrix} x_1 \\ x_2 \\ x_3 \end{bmatrix} = \begin{bmatrix} 2 \\ 1 \end{bmatrix}, \tag{4.21a}$$

$$\begin{bmatrix} 1 & 3 \\ 1 & -1 \\ -1 & 0 \end{bmatrix} \begin{bmatrix} y_1 \\ y_2 \end{bmatrix} + \begin{bmatrix} s_1 \\ s_2 \\ s_3 \end{bmatrix} = \begin{bmatrix} 3 \\ 1 \\ 0 \end{bmatrix}, \tag{4.21b}$$

$$x_j s_j = 0, \quad j = 1, 2, 3, \tag{4.21c}$$

$$x_j \geqq 0,\ s_j \geqq 0, \quad j = 1, 2, 3 \tag{4.21d}$$

を満たす (y_1, y_2) および (s_1, s_2, s_3) が存在することである．また，問題 (4.20) の双対問題は

$$\left.\begin{array}{ll}\text{Maximize} & 2y_1 + y_2 \\ \text{subject to} & y_1 + 3y_2 + s_1 = 3, \\ & y_1 - y_2 + s_2 = 1, \\ & -y_1 + s_3 = 0, \\ & s_1 \geqq 0,\ s_2 \geqq 0,\ s_3 \geqq 0\end{array}\right\} \tag{4.22}$$

である．(y_1, y_2) および (s_1, s_2, s_3) がこの問題の最適解であるための必要十分条件は，条件 (4.21) を満たす (x_1, x_2, x_3) が存在することである．

双対問題 (4.22) の方が状況を図で表しやすいので，条件 (4.21) を双対問題 (4.22) の最適性条件とみて解釈してみる．実は，この問題は，変数の名前が異なるだけで 4.1.1 節の例 4.1 の問題 (4.3) と本質的に同じである．実際，問題 (4.22) の制約から変数 s_1, s_2, s_3 を消去すると

$$y_1 + 3y_2 \leqq 3, \quad y_1 - y_2 \leqq 1, \quad y_1 \geqq 0$$

となり，変数 $\boldsymbol{y}$ と問題 (4.3) の変数 $\boldsymbol{x}$ が対応していることがわかる．そこで，変数 $\boldsymbol{y}$ のみについて問題 (4.22) の様子を図示すると図 4.3(a) のようになる．ただし，網掛けの部分が実行可能領域であり，点線が目的関数の等高線であり，黒丸が最適解である．最適解での $\boldsymbol{y}$ の値は図より $\boldsymbol{y} = (3/2, 1/2)^\top$ である．したがって，等式制約より，最適解では $s_1 = s_2 = 0,\ s_3 > 0$ が成り立つ．このことと相補性条件 (4.21c) より，$x_3 = 0$ が得られる．したがって，(4.21a) は

$$x_1 \begin{bmatrix} 1 \\ 3 \end{bmatrix} + x_2 \begin{bmatrix} 1 \\ -1 \end{bmatrix} = \begin{bmatrix} 2 \\ 1 \end{bmatrix} \tag{4.23}$$

と書ける．ここで，$(1,3)^\top$ および $(1,-1)^\top$ は制約 $y_1 + 3y_2 \leqq 3$ および $y_1 - y_2 \leqq 1$ の左辺の関数の勾配である (図 4.3(b) を参照)．さらに (4.21c) より x_1 と x_2 は非負だから，(4.23) は，双対問題 (4.22) の目的関数の勾配 $(2,1)^\top$ が二つの制約関数の勾配 $(1,3)^\top$ および $(1,-1)^\top$ の非負結合で書けることを意味している．さらに，この非負結合の係数 $(x_1, x_2) = (5/4, 3/4)$ と $x_3 = 0$ は，主問題 (4.20) の最適解である．　◁

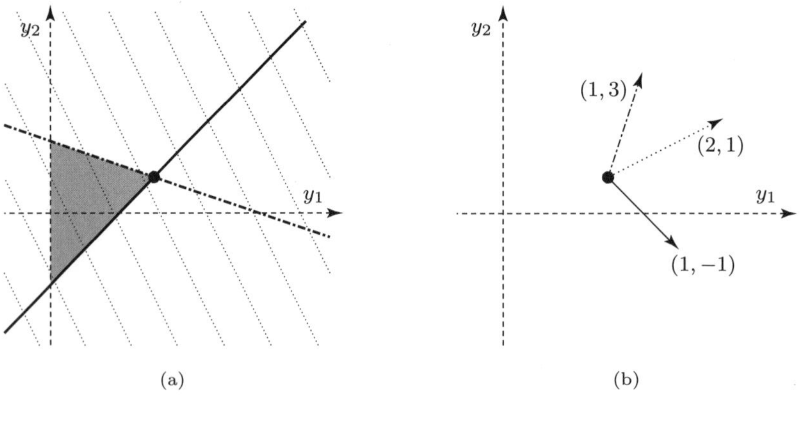

図 **4.3**　問題 (4.22) の最適性条件

例 4.14　1.1 節の例 1.1 で扱った輸送問題を再び取り上げて，線形計画の双対性と相補性定理を具体的にみてみよう．

輸送問題とは，次のような問題であった (図 4.4)．メーカー P は，倉庫 S_1, $\mathrm{S}_2, \ldots, \mathrm{S}_k$ に商品を保管しており，その商品を店舗 $\mathrm{Q}_1, \mathrm{Q}_2, \ldots, \mathrm{Q}_l$ に届ける．倉

庫 S_i から出荷すべき商品の量 (供給量) を s_i とおき，店舗 Q_j に納品すべき商品の量 (需要量) を q_j とおく．また，倉庫 S_i から店舗 Q_j に輸送するとき，商品の単位量あたりの輸送費用を R_{ij} とおく．このときに，各倉庫での供給量と各店舗での需要量の制約の下で輸送費用の総和を最小化する問題が輸送問題である．

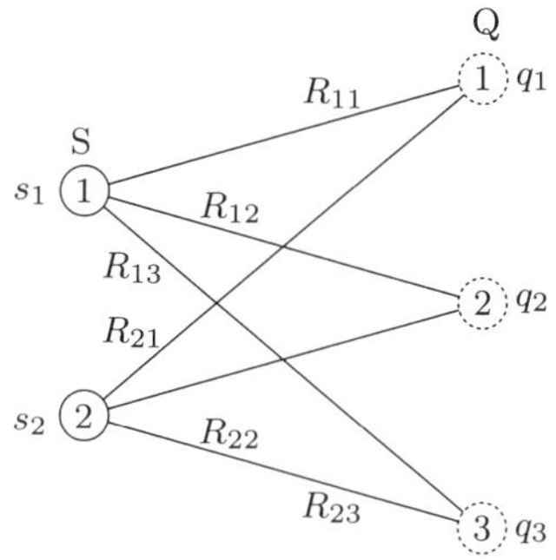

図 **4.4** 輸送問題 ($k=2,\, l=3$ の場合)

簡単のために，図 4.4 の例のように $k=2,\, l=3$ の場合を考えると，輸送問題は次の線形計画問題として定式化できる：

$$\left.\begin{array}{ll} \text{Minimize} & \displaystyle\sum_{i=1}^{2}\sum_{j=1}^{3} R_{ij}x_{ij} \\ \text{subject to} & x_{11}+x_{12}+x_{13}=s_1, \\ & x_{21}+x_{22}+x_{23}=s_2, \\ & x_{11}+x_{21}=q_1, \\ & x_{12}+x_{22}=q_2, \\ & x_{13}+x_{23}=q_3, \\ & x_{11},x_{12},x_{13},x_{21},x_{22},x_{23} \geqq 0. \end{array}\right\} \tag{4.24}$$

この問題は等式標準形である．双対問題は，後の説明のために変数を $(y^{\mathrm{s}}_1, y^{\mathrm{s}}_2, y^{\mathrm{q}}_1, y^{\mathrm{q}}_2, y^{\mathrm{q}}_3)$ と書くことにすると

$$\left.\begin{array}{lll}\text{Maximize} & \displaystyle\sum_{i=1}^{2} s_i y_i^{\mathrm{s}} + \sum_{j=1}^{3} q_j y_j^{\mathrm{q}} & \\ \text{subject to} & y_1^{\mathrm{s}} + y_1^{\mathrm{q}} \leqq R_{11}, & y_2^{\mathrm{s}} + y_1^{\mathrm{q}} \leqq R_{21}, \\ & y_1^{\mathrm{s}} + y_2^{\mathrm{q}} \leqq R_{12}, & y_2^{\mathrm{s}} + y_2^{\mathrm{q}} \leqq R_{22}, \\ & y_1^{\mathrm{s}} + y_3^{\mathrm{q}} \leqq R_{13}, & y_2^{\mathrm{s}} + y_3^{\mathrm{q}} \leqq R_{23} \end{array}\right\} \tag{4.25}$$

となることがわかる．なお，不等式制約 $y_i^{\mathrm{s}} + y_j^{\mathrm{q}} \leqq R_{ij}$ はスラック変数 t_{ij} を用いて

$$y_i^{\mathrm{s}} + y_j^{\mathrm{q}} + t_{ij} = R_{ij}, \quad t_{ij} \geqq 0 \tag{4.26}$$

と書き直すことができる．このように書き直すと，問題 (4.12) の形式の双対問題が得られる．

この双対問題には，次のような意味がある．メーカー P は自前で商品を輸送するのではなく，商社 D に輸送を委託するとしよう．商社 D は，倉庫 S_i から商品を運び出すときには商品の単位量あたり y_i^{s} だけ手数料を取り，店舗 Q_j に納品するときには商品の単位量あたり y_j^{q} の手数料を取る．その結果，倉庫 S_i で生じる手数料は $s_i y_i^{\mathrm{s}}$ であり，店舗 Q_j で生じる手数料は $q_j y_j^{\mathrm{q}}$ である．以上の条件の下で，商社 D はメーカー P から受け取る手数料の総和をできるだけ大きくしたい．問題 (4.25) の目的関数は，この手数料の総和にあたる．また，不等式制約は，倉庫 S_i と店舗 Q_j の間に発生する手数料がメーカー P の自前の輸送費用を超えないことを意味している[*7]．

具体例として，問題のデータが

$$\boldsymbol{s} = \begin{bmatrix} 20 \\ 15 \end{bmatrix}, \quad \boldsymbol{q} = \begin{bmatrix} 12 \\ 14 \\ 9 \end{bmatrix}, \quad \boldsymbol{R} = (r_{ij}) = \begin{bmatrix} 1 & 3 & 2 \\ 4 & 1 & 3 \end{bmatrix}$$

と与えられたとする．このとき，主問題 (4.24) の最適解は

$$\begin{bmatrix} x_{11} & x_{12} & x_{13} \\ x_{21} & x_{22} & x_{23} \end{bmatrix} = \begin{bmatrix} 12 & 0 & 8 \\ 0 & 14 & 1 \end{bmatrix}$$

*7　さもなければ，メーカー P が商社 D に輸送を委託する意味がない．

となり，最適値は 45 である．また，双対問題 (4.25) の最適解は

$$\begin{bmatrix} y_1^{\mathrm{s}} \\ y_2^{\mathrm{s}} \end{bmatrix} = \begin{bmatrix} 0 \\ 1 \end{bmatrix}, \quad \begin{bmatrix} y_1^{\mathrm{q}} \\ y_2^{\mathrm{q}} \\ y_3^{\mathrm{q}} \end{bmatrix} = \begin{bmatrix} 1 \\ 0 \\ 2 \end{bmatrix}$$

となり，最適値は 45 となって，主問題の最適値と一致する．つまり，双対性が確かに成り立っている．

これらの最適解を図示すると，図 4.5 のようになる．ただし，図 4.5(a) は主問題の最適解 x_{ij} の値を対応する枝 (辺) に示している．また，図 4.5(b) は双対問題の最適解 y_i^{s} および y_j^{q} の値を対応する頂点に示し，(4.26) で導入した t_{ij} の値を対応する枝 (辺) に示している．図 4.5 より，x_{ij} が正ならば t_{ij} は 0 であり，t_{ij} が正ならば x_{ij} は 0 である．つまり，相補性定理が確かに成り立っている．ここで，$t_{ij}=0$ の意味は，商社 D が枝 (i,j) に課す手数料が上限値 R_{ij} に等しいということである．したがって，商社 D が利益を最大化しようとするならば，主問題の最適解でメーカー P が輸送に用いている枝の手数料を上限値まで上げるのが最適な戦略であることがわかる． ◁

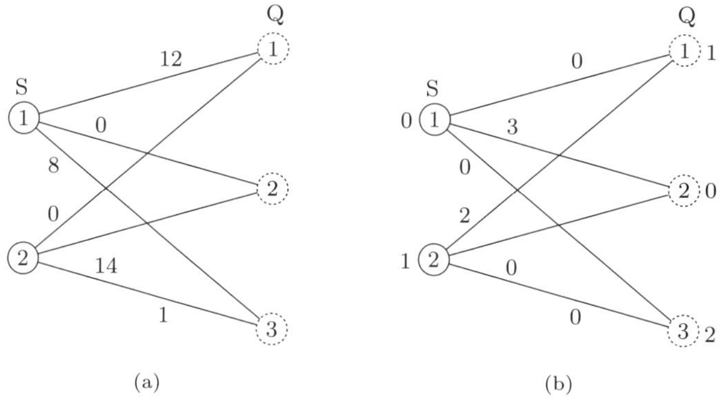

図 4.5 輸送問題の最適解 ((a) 主問題 (4.24) の最適解と (b) 双対問題 (4.25) の最適解)

例 4.15 この例では，力学の簡単な問題を題材にして線形計画問題の双対問題や最適性条件の意味を解釈する．

図 4.6 に示すような四つのばねからなる構造物が，どのくらい大きな力を支持できるかについて考える．白丸で示した節点の変位を u_1, u_2 とおき，変位ベクトルを $\boldsymbol{u} = (u_1, u_2)^\top$ で表す．また，右端の節点に作用する右向きの外力を p とおく．それぞれのばねに作用する内力を q_i で表し，ばねの伸びを e_i で表す．図 4.7(a) は，内力 q_i と伸び e_i の関係 (構成則) を示している ($q_i > 0$ ならば引張力が，$q_i < 0$ ならば圧縮力がばねに作用することを意味する)．ばねに作用する引張力の大きさが R_i に達すると，ばねは劣化して剛性が低下する．簡単のため，この構成則を図 4.7(b) のように単純化する．つまり，ばねの剛性は十分に大きく，力 q_i が限界値 R_i に達するまでは伸び縮みしないとする．そして，限界値 R_i に達すると，ばねは壊れて $q_i = R_i$ (一定値) のまま伸び続ける．また，圧縮側でばねが壊れることはないものとする (実際，図 4.6 の設定では各ばねに圧縮力が働くことはない)．このとき，図 4.6 の構造物が支持できる外力 p の最大値を求めたい．

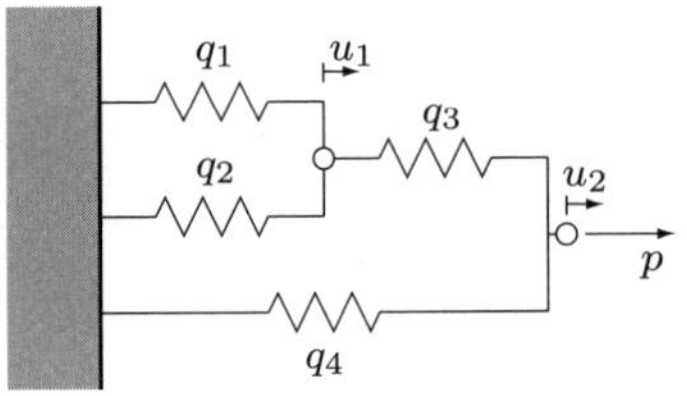

図 **4.6**　四つのばねからなる構造物

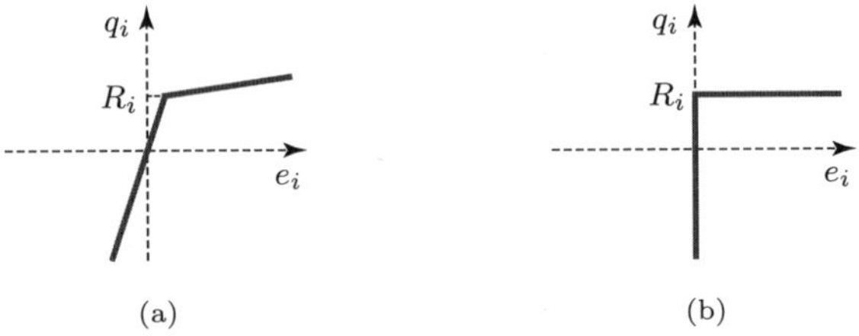

図 **4.7**　(a) ばねの構成則と (b) その単純モデル

外力 p と内力 $\boldsymbol{q}$ の釣合い式は

$$\begin{bmatrix} 1 & 1 & -1 & 0 \\ 0 & 0 & 1 & 1 \end{bmatrix} \begin{bmatrix} q_1 \\ q_2 \\ q_3 \\ q_4 \end{bmatrix} = \begin{bmatrix} 0 \\ p \end{bmatrix} \tag{4.27}$$

と書ける．構造物が外力 p を支持できるのは，内力 q_i が釣合い式 (4.27) を満たしつつ限界値 R_i を超えないときである．したがって，外力 p がとり得る最大値は，最適化問題

$$\left.\begin{array}{ll} \text{Maximize} & p \\ \text{subject to} & q_1 + q_2 - q_3 = 0, \\ & q_3 + q_4 = p, \\ & R_i \geqq q_i, \quad i = 1,2,3,4 \end{array}\right\} \tag{4.28}$$

の解として得られる．ただし，最適化の変数は q_1, q_2, q_3, q_4 および p である．この問題は，線形計画問題である．外力 p がこの問題の最適値に達したときに，構造物は伸び続ける (崩壊する).

問題 (4.28) の双対問題は

$$\left.\begin{array}{lll} \text{Minimize} & \displaystyle\sum_{i=1}^{4} R_i e_i & \\ \text{subject to} & e_1 = u_1, & e_2 = u_1, \\ & e_3 = -u_1 + u_2, & e_4 = u_2, \\ & u_2 = 1, & \\ & e_i \geqq 0, & i = 1,2,3,4 \end{array}\right\} \tag{4.29}$$

である．ただし，最適化の変数は e_1, e_2, e_3, e_4 および u_1, u_2 である．u_1, u_2 は節点変位 (図 4.6) であり，e_i はばね i の伸びを表す．実際，問題 (4.29) の制約のうち e_i と u_j に関する四つの等式は伸びと節点変位の関係を与えており，**適合条件**とよばれる．また，$e_i \geqq 0$ はばねが圧縮側では壊れないことを意味しており，目的関数はばねの内力による仕事の総和である．さらに制約 $u_2 = 1$ は，ベクトル $\boldsymbol{u}$ の大きさを規準化する役割を果たしている．以上より，この問題 (4.29) は，構造物のさまざまな崩壊形 $\boldsymbol{u}$ の中で内力仕事が最小になるものを求める問題である．線形計画問題の双対性より，この問題の最適値は外力 p の最大値と一致する．

問題 (4.28) および問題 (4.29) の最適性条件は，定理 4.4 を参照することで

$$q_1 + q_2 - q_3 = 0, \quad q_3 + q_4 = p, \tag{4.30a}$$

$$e_1 = u_1, \quad e_2 = u_1, \quad e_3 = -u_1 + u_2, \quad e_4 = u_2, \tag{4.30b}$$

$$u_2 = 1, \tag{4.30c}$$

$$(R_i - q_i)e_i = 0, \quad i = 1,2,3,4, \tag{4.30d}$$

$$R_i \geqq q_i, \quad e_i \geqq 0, \quad i = 1,2,3,4 \tag{4.30e}$$

となることがわかる．この最適性条件のうち，相補性条件 (4.30d) の意味を解釈する．この条件は，物理的には，ばねの内力が上限値に達しない (つまり，$R_i > q_i$) ならばばねは変形せず (つまり，$e_i = 0$)，ばねが伸びる (つまり，$e_i > 0$) ならばばねの内力は上限値に達している (つまり，$R_i = q_i$) という条件を意味している．また，各 i について，(4.30d) および (4.30e) が表す領域は図 4.7(b) の実線部分に他ならない．

ここで説明したのは，構造物の**極限解析**とよばれる解析の概要である．極限解析は，機械や建築などの構造物を設計する際に構造物の強度を評価する基礎的な手法としてよく用いられる．極限解析の文献では，問題 (4.28) および問題 (4.29) はそれぞれ下界定理および上界定理とよばれ，これらの最適値は崩壊荷重とよばれる[*8]．この例でみたように，線形計画の応用では，双対問題や最適性条件は単なる人工的な数式ではなくて自然な解釈をもっていることが多い．　◁

4.3 単　体　法

単体法 (または，**シンプレックス法**) は，線形計画問題を解く手法として 1947 年に G.B. Dantzig によって提案された．4.4 節で紹介する主双対内点法と並んで，現在でも広く使われている解法である．

*8　より正確に述べると，下界定理の内容は「問題 (4.28) の実行可能解は崩壊荷重の下界を与える」というものである．同様に，上界定理は「問題 (4.29) の実行可能解は崩壊荷重の上界を与える」ことを主張する．この二つの主張は，線形計画の弱双対性に対応する．さらに，タイトな下界と上界が一致することを保証するのが，線形計画の強双対性である．

4.3.1 基　底　解

単体法は，実行可能基底解とよばれる点を順々にたどることで線形計画問題の最適解を得る方法である．この節では，実行可能基底解について説明する．

線形計画問題の主問題 (4.2) において，行列 $A \in \mathbb{R}^{m\times n}$ の行が 1 次独立であることを仮定する．A の $m \times m$ 正則部分行列を一つ選び，対応する列ベクトルの列番号の添字集合を B とする．そして，この正則な部分行列を A_B で表す．A_B を基底行列とよび，A_B の列ベクトルを基底ベクトルとよぶ．また，B の補集合を N とおき，対応する列ベクトルを並べてできる行列を $A_N \in \mathbb{R}^{m\times(n-m)}$ とおく．A_N を非基底行列とよび，A_N の列ベクトルを非基底ベクトルとよぶ．さらに，変数 $\boldsymbol{x}$ についても，添字集合 B に対応する部分ベクトルを $\boldsymbol{x}_B \in \mathbb{R}^m$ で表し，**基底変数**とよぶ．また，N に対応する部分ベクトルを $\boldsymbol{x}_N \in \mathbb{R}^{n-m}$ で表し，**非基底変数**とよぶ．

A の列を適当に並べ替え，それに伴って $\boldsymbol{x}$ の行も並べ替えたとすると，

$$A = \left[\begin{array}{c|c} A_B & A_N \end{array}\right], \quad \boldsymbol{x} = \left[\begin{array}{c} \boldsymbol{x}_B \\ \hline \boldsymbol{x}_N \end{array}\right]$$

となる．このとき，ベクトル $\hat{\boldsymbol{x}} = (\hat{\boldsymbol{x}}_B, \hat{\boldsymbol{x}}_N) \in \mathbb{R}^n$ を

$$\hat{\boldsymbol{x}} = \left[\begin{array}{c} \hat{\boldsymbol{x}}_B \\ \hline \hat{\boldsymbol{x}}_N \end{array}\right] = \left[\begin{array}{c} A_B^{-1}\boldsymbol{b} \\ \hline \boldsymbol{0} \end{array}\right]$$

で定義し，これを**基底解**とよぶ．つまり，基底解は等式制約を満たす変数のうちの特殊なものである．

定義より，基底解 $\hat{\boldsymbol{x}}$ は $A\hat{\boldsymbol{x}} = \boldsymbol{b}$ を満たす．さらにもし $\hat{\boldsymbol{x}}_B \geqq \boldsymbol{0}$ を満たすならば $\hat{\boldsymbol{x}}$ は主問題の実行可能解である．このとき，$\hat{\boldsymbol{x}}$ を添字集合 B により定まる**実行可能基底解**とよぶ．さらに，$\hat{\boldsymbol{x}}_B > \boldsymbol{0}$ (つまり，$\hat{x}_j > 0$ $(\forall j \in B)$) のとき $\hat{\boldsymbol{x}}$ は**非退化** (または，非縮退) であるといい，そうでないとき $\hat{\boldsymbol{x}}$ は**退化** (または，縮退) しているという．実行可能基底解は，実行可能領域の頂点であり，たかだか有限 $(\leqq {}_nC_m)$ 個しか存在しない．

ベクトル $\boldsymbol{c}$ も $\boldsymbol{c} = (\boldsymbol{c}_B, \boldsymbol{c}_N)$ と分割し，$\hat{\boldsymbol{y}} \in \mathbb{R}^m$ および $\hat{\boldsymbol{s}} = (\hat{\boldsymbol{s}}_B, \hat{\boldsymbol{s}}_N) \in \mathbb{R}^n$ を

$$\hat{\boldsymbol{y}} = (A_B^{-1})^\top \boldsymbol{c}_B, \quad \hat{\boldsymbol{s}} = \boldsymbol{c} - A^\top \hat{\boldsymbol{y}}$$

で定義する．すると，

$$\hat{\boldsymbol{s}}_B = \boldsymbol{0}, \tag{4.31a}$$

$$\hat{\boldsymbol{s}}_N = \boldsymbol{c}_N - A_N^\top (A_B^{-1})^\top \boldsymbol{c}_B \tag{4.31b}$$

となり，これと $\hat{\boldsymbol{x}}_N = \boldsymbol{0}$ より $\hat{\boldsymbol{x}}^\top \hat{\boldsymbol{s}} = 0$ が成立する．したがって，もし $\hat{\boldsymbol{s}}$ が $\hat{\boldsymbol{s}}_N \geqq \boldsymbol{0}$ を満たせば，$\hat{\boldsymbol{x}}$ と $(\hat{\boldsymbol{y}}, \hat{\boldsymbol{s}})$ は (4.18) を満たす．つまり，$\hat{\boldsymbol{x}}$ と $(\hat{\boldsymbol{y}}, \hat{\boldsymbol{s}})$ はそれぞれ主問題 (4.2) と双対問題 (4.12) の最適解となる．

4.3.2　枢軸変換 (非退化な問題の場合)

単体法は，ある一つの実行可能基底解から出発して，目的関数値が改善するような他の実行可能基底解へ順々に移っていくことで，線形計画問題の最適解を求める解法である．このときに，一つの実行可能基底解から新しい実行可能基底解を生成する変換を，**枢軸変換**とよぶ．以下では，主問題 (4.2) のすべての実行可能基底解が非退化であること (**非退化仮定**という) と実行可能領域が有界であることを仮定し，単体法の手続きとその正当性を説明する．

現在，添字集合 B から定まる実行可能基底解 $\hat{\boldsymbol{x}}$ が得られているとして，単体法の一反復を説明する．等式制約 $A\boldsymbol{x} = \boldsymbol{b}$ は連立 1 次方程式だから，その一般解 $\boldsymbol{x} = (\boldsymbol{x}_B, \boldsymbol{x}_N)$ は $\boldsymbol{x}_N$ をパラメータとして

$$\boldsymbol{x} = \begin{bmatrix} \boldsymbol{x}_B \\ \boldsymbol{x}_N \end{bmatrix} = \begin{bmatrix} \hat{\boldsymbol{x}}_B - A_B^{-1} A_N \boldsymbol{x}_N \\ \boldsymbol{x}_N \end{bmatrix} \tag{4.32}$$

と書ける．現在の基底解 $\hat{\boldsymbol{x}}$ は，この式で $\boldsymbol{x}_N = \boldsymbol{0}$ とした場合である．また，(4.32) で定められた $\boldsymbol{x}$ における目的関数値は，$\hat{\boldsymbol{x}}_B$ と $\hat{\boldsymbol{y}}$ の定義と $\hat{\boldsymbol{s}}_N$ の定義 (4.31b) を用いると

$$\begin{aligned} \boldsymbol{c}^\top \hat{\boldsymbol{x}} &= \boldsymbol{c}_B^\top \hat{\boldsymbol{x}}_B + [\boldsymbol{c}_N - A_N^\top (A_B^{-1})^\top \boldsymbol{c}_B]^\top \boldsymbol{x}_N \\ &= \hat{\boldsymbol{y}}^\top \boldsymbol{b} + \hat{\boldsymbol{s}}_N^\top \boldsymbol{x}_N \end{aligned} \tag{4.33}$$

と書ける．このとき，$\hat{\boldsymbol{s}}_N$ に関して次のいずれかが成立する．

(i) $\hat{\boldsymbol{s}}_N \geqq \boldsymbol{0}$.

(ii) $\hat{\boldsymbol{s}}_N$ の要素のうちで負のものがある．

(i) の場合，$\hat{\boldsymbol{x}}$ と $(\hat{\boldsymbol{y}}, \hat{\boldsymbol{s}})$ は最適性条件 (4.18) を満たすので最適解である．(ii) の場合，そのような負の要素のうちの一つを $\hat{s}_j < 0$ $(j \in N)$ とする．一方，$\hat{\boldsymbol{x}}$ は $\hat{\boldsymbol{x}}_B > \boldsymbol{0}$ および $\hat{\boldsymbol{x}}_N = \boldsymbol{0}$ を満たすから，(4.32) において $\boldsymbol{x}_N$ の各要素の値を有限だけ増加させても (増加量が十分に小さければ) $\boldsymbol{x} = (\boldsymbol{x}_B, \boldsymbol{x}_N)$ は実行可能性を失うことはない．そこで，特に $\hat{s}_j$ に対応する x_j に注目して，x_j 以外の $\boldsymbol{x}_N$ の要素の値は 0 に固定したままで x_j だけを 0 から増加させることを考える．このとき，$\hat{s}_j < 0$ なので目的関数値 (4.33) は必ず減少する．同時に，(4.32) において，$\boldsymbol{x}_B$ の各要素が $\hat{\boldsymbol{x}}_B$ から増加あるいは減少することになる．ここで，実行可能領域が有界であるという仮定から，$\boldsymbol{x}_B$ の要素のうちで値が減少するものが必ず存在する．そこで，$\boldsymbol{x}_B$ の要素のいずれかが最初に 0 となるまで x_j の値を増やし続ける．このときに，最初に値が 0 となる $\boldsymbol{x}_B$ の要素を x_i とおく[*9]．以上の手続きで得られる点は添字集合 $(B \setminus \{i\}) \cup \{j\}$ によって定まる新たな実行可能基底解であり，目的関数値は $\hat{\boldsymbol{x}}$ での値よりも小さくなっている．この手続きを，枢軸変換という．枢軸変換によって現在の実行可能基底解から新たな実行可能基底解に移動するのが，単体法の一反復である．

ある実行可能基底解から出発して単体法を実行することを考える．実行可能領域は有界であると仮定しているため，目的関数値は下に有界である．一方，非退化仮定により，単体法の各反復の枢軸変換によって目的関数値が有限値だけ減少する．実行可能基底解の個数は高々有限であるため，有限回の枢軸変換ののちに最適解である実行可能基底解に到達できることがわかる．

4.3.3 退化した問題の場合

非退化仮定が成立しない場合には，より複雑な議論が必要となる．この場合には，退化が繰り返し発生して同じ基底解に戻ってしまうという現象 (これを，**巡回**という) が起こり得る．しかし，枢軸変換における x_j や x_i の選び方を工夫することによって，単体法が有限回で終了し最適解が得られることが知られている．そのような枢軸変換の規則としては，最小添字規則や辞書式規則が知られている．詳しくは，文献 [28, Chap. 5] などを参照されたい．

*9 非退化仮定より，このような i は一意に定まる．

4.3.4　初期化 (2 段階単体法)

4.3.2 節では，線形計画問題の主問題 (4.2) の実行可能基底解が一つわかっているものと仮定して，それを初期解とする単体法の手続きを述べた．**2 段階単体法**は，問題 (4.2) の実行可能基底解をみつけるために，まず別の線形計画問題を単体法で解くという方法である．

2 段階単体法の第 1 段階では，問題 (4.2) をもとにして**補助問題**とよばれるもう一つの線形計画問題をつくる．補助問題は，実行可能基底解のうちの一つが自明にわかっており，かつ，最適解から問題 (4.2) の実行可能基底解の情報が得られるようにつくる．そして，その自明な実行可能基底解を初期解として補助問題を単体法で解く．第 2 段階では，第 1 段階で得られた補助問題の最適解から解きたい問題 (4.2) の実行可能基底解をつくり，これを初期解として問題 (4.2) を単体法で解く．

問題 (4.2) に対する補助問題は，例えば次のようにつくる．もとの問題の変数 $\boldsymbol{x} \in \mathbb{R}^n$ に加えて**人工変数**とよばれる新たな変数 $\boldsymbol{x}_{\mathrm{a}} \in \mathbb{R}^m$ を導入し，線形計画問題

$$\left.\begin{array}{ll} \text{Minimize} & \boldsymbol{1}^\top \boldsymbol{x}_{\mathrm{a}} \\ \text{subject to} & A\boldsymbol{x} + \boldsymbol{x}_{\mathrm{a}} = \boldsymbol{b}, \\ & \boldsymbol{x} \geqq \boldsymbol{0}, \quad \boldsymbol{x}_{\mathrm{a}} \geqq \boldsymbol{0} \end{array}\right\} \tag{4.34}$$

を考える．ただし，$\boldsymbol{1} = (1, 1, \ldots, 1)^\top \in \mathbb{R}^m$ である．この問題は，$\boldsymbol{x}_{\mathrm{a}}$ を基底変数とする実行可能基底解 $(\boldsymbol{x}, \boldsymbol{x}_{\mathrm{a}}) = (\boldsymbol{0}, \boldsymbol{b})$ をもつ．そこで，第 1 段階ではこの実行可能基底解を初期解として単体法で問題 (4.34) を解く．このとき，得られた最適値が正であれば，もとの問題 (4.2) は実行可能解をもたない．また，得られた最適値が 0 で最適解が $\boldsymbol{x}_{\mathrm{a}} = \boldsymbol{0}$ を満たしていれば，そのときの $\boldsymbol{x}$ はもとの問題 (4.2) の実行可能基底解となっている．そこで，これを初期解として，もとの問題 (4.2) に対して単体法を実行できる．これが第 2 段階である．

4.3.5　その他の単体法

線形計画問題の双対問題 (4.12) を解くことによって主問題 (4.2) の最適解を得る単体法を，**双対単体法**という．一つの線形計画問題に対して，(主) 単体法と双対単体法のいずれを用いた方がよいかは，問題の種類に依存する．

感度解析や整数計画への応用では，問題のデータや制約が少しずつ異なる多数の線形計画問題を解く必要がある．このときに，一つ一つの問題を最初から解くのではなく，前に解いた問題の最適解の情報や解く際に得られた情報を有効に利用して現在の問題を解く手間を減らすことができれば便利である．単体法および双対単体法は，このような状況における再最適化にも柔軟に対応できる*10．

ある種の線形計画問題に対しては，その問題がもつ特殊な構造を単体法に利用することができる．例えば，A がネットワーク (グラフ) の接続行列である場合には基底解をグラフ上の木と対応させることができ，この性質を利用することで単体法を効率よく実行できる．これを，**ネットワーク単体法**という*11．

4.4 内　点　法

内点法は，1984 年に N. Karmarkar によって提案されたアルゴリズムを契機として大きく発展した実用性の高い解法である．線形計画問題の主問題 (4.2) および双対問題 (4.12) において，条件 $\boldsymbol{x} > \boldsymbol{0}$ および $\boldsymbol{s} > \boldsymbol{0}$ を満たす実行可能解を，それぞれの問題の**内点実行可能解**とよぶ*12．内点法は，最適解に収束する内点実行可能解の点列を生成する解法であり，大規模な線形計画問題を解く際には単体法より優れているとされている．また，半正定値計画問題 (5.2.3 節) や 2 次錐計画問題 (5.4.2 節) などにも一般化されている．

内点法には，主問題の空間で点列 (近似解列) を生成する**主内点法** (4.4.2 節) と，主問題および双対問題の両方の空間に点列を生成する**主双対内点法** (4.4.3 節) とがある．双対問題の空間に点列を生成する**双対内点法**という方法もあるが，これは主内点法を双対問題に適用したものであり本質的には主内点法と同じである．

4.4.1 線形計画問題のサイズ

線形計画問題 (4.2) において，$A = (A_{ij})$, $\boldsymbol{b} = (b_i)$, $\boldsymbol{c} = (c_j)$ の各要素が整数であるとする (A は $m \times n$ 行列である)．このとき，この問題のサイズ L を

*10 文献 [27, Chap. 10], [28, Sect. 6.3], [30, Sect. 11.7] を参照されたい．
*11 文献 [27, Chap. 19], [53, 2.3 節] を参照されたい．
*12 $\boldsymbol{x} > \boldsymbol{0}$ は，成分ごとの不等式 $x_j > 0$ $(j = 1, \ldots, n)$ を意味する．

$$L = \sum_{i=1}^{m}\sum_{j=1}^{n}\lceil \log_2(|A_{ij}|+1)\rceil + \sum_{i=1}^{m}\lceil \log_2(|b_i|+1)\rceil + \sum_{j=1}^{n}\lceil \log_2(|c_j|+1)\rceil + mn + 1$$

と定義する．さらにこの 4.4 節では，A の行ベクトルは 1 次独立であるとする．

線形計画問題 (4.2) を解くために必要なビット演算の回数が L, m, n の多項式で抑えられるアルゴリズムを，線形計画問題に対する**多項式時間アルゴリズム**とよぶ．線形計画問題のサイズ L を用いて，最適解の大きさや最適値について，次のような有用な評価が得られる [29, B2 節].

定理 4.5

(i) 線形計画問題 (4.2) および (4.11) に最適解が存在するならば，最適解の中には $x_1,\ldots,x_n$, $y_1,\ldots,y_m$ の絶対値がすべて 2^L 以下のものが存在する．

(ii) 線形計画問題 (4.2) および (4.11) に対して最適値との差が 2^{-L} 以下の近似解が得られたら，その近似解を利用して厳密解を多項式時間で求めることができる．

これらの評価は，線形計画問題の多項式時間アルゴリズムの初期値や終了条件の設定で重要な役割を果たす.

4.4.2　主　内　点　法

2.3.2.c 項で述べたように，制約が満たされる点では有限の値をとり，制約の境界に近づくにつれて値が無限大に発散するような関数を，障壁関数という．関数 $-\sum_{j=1}^{n}\log x_j$ は，問題 (4.2) の制約 $\boldsymbol{x} \geqq \boldsymbol{0}$ に対する凸な障壁関数であり，対数障壁関数とよばれる．$n=2$ の場合に，この対数障壁関数の等高線は図 4.8 のようになる．

線形計画問題の主問題 (4.2) に対し，$\nu > 0$ を障壁パラメータとした対数障壁関数を用いて定義される凸最適化問題

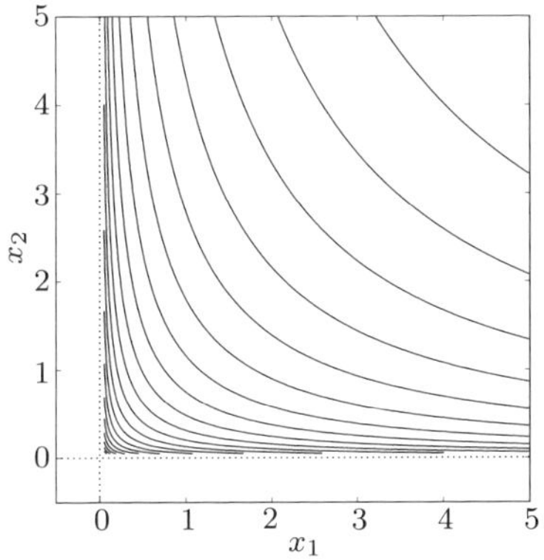

図 4.8　関数 $-\sum_{j=1}^{2} \log x_j$ の等高線

$$\left.\begin{array}{ll} \text{Minimize} & \boldsymbol{c}^\top \boldsymbol{x} - \nu \displaystyle\sum_{j=1}^{n} \log x_j \\ \text{subject to} & A\boldsymbol{x} = \boldsymbol{b}, \\ & \boldsymbol{x} > \boldsymbol{0} \end{array}\right\} \tag{4.35}$$

を考える．$\nu > 0$ を固定したとき，問題 (4.35) の目的関数は狭義凸関数である．線形計画問題 (4.2) が内点実行可能解と最適解をもち，最適解集合が有界ならば，問題 (4.35) の最適解は各 $\nu > 0$ に対して一意に存在する．その最適解を $\boldsymbol{x}(\nu)$ とおき，$\nu > 0$ を動かしたときの $\boldsymbol{x}(\nu)$ の軌跡 $\{\boldsymbol{x}(\nu) \mid \nu > 0\}$ を**中心曲線**という (主問題に対して定義された中心曲線であることを明確にしたいときには，主中心曲線という)．中心曲線は，線形計画問題 (4.2) の実行可能領域の相対的内部に存在する滑らかで枝分かれのない曲線であり，$\nu \searrow 0$ で問題 (4.2) の最適解に収束する (問題 (4.2) の最適解が一意でないときは，最適解集合の相対的内点に収束する)．

主内点法は，主中心曲線を追跡して主問題 (4.2) の最適解を得る方法である．内点実行可能解を初期解とすると，問題 (4.35) は，制約 $\boldsymbol{x} > \boldsymbol{0}$ を陽に考慮せずに線形の等式制約 $A\boldsymbol{x} = \boldsymbol{b}$ の下での最適化問題とみなせる．そこで，Lagrange 乗数法 (2.2 節) の考え方を用いて無制約の最適化問題に変換すると，Newton 法を適用できる．このようにして問題 (4.35) を近似的に解き，$\nu > 0$ を徐々に小さくすることで中心曲線をたどることで，線形計画問題 (4.2) の最適解を求めることができる．このような主内点法では，中心曲線の十分に近くに初期点を選んで ν を適切

に更新することで条件

$$(\boldsymbol{c}^\top \boldsymbol{x}_k - \bar{c}) \leqq (1 - 0.1/\sqrt{n})^k (\boldsymbol{c}^\top \boldsymbol{x}_0 - c_0)$$

を満たす点列を生成することができる．ここで，$\bar{c}$ は問題 (4.2) の最適値，$\boldsymbol{x}_0$ は初期点，c_0 は $\boldsymbol{x}_0$ において推定された最適値の適当な下界，$\boldsymbol{x}_k$ は k 反復目の近似解である．このことから，$\mathrm{O}(\sqrt{n}L)$ 回の反復で線形計画問題 (4.2) を解くことができる (アルゴリズムの多項式性).

例 4.16　2 変数の線形計画問題

$$\left.\begin{array}{ll} \text{Minimize} & x_1 + 2x_2 \\ \text{subject to} & -4x_1 - x_2 \leqq 6, \\ & x_1 - 3x_2 \leqq 3, \\ & 2x_1 - x_2 \leqq 4 \end{array}\right\} \tag{4.36}$$

を例に，中心曲線の様子を調べてみる．この問題は，実行可能領域が図 4.9(a) の薄く塗りつぶした部分で，目的関数の等高線が点線である．したがって，最適解は図の ■ で示す点 $(-15/13, -18/13)^\top$ である．不等式制約に対する対数障壁関数を導入し，目的関数に加えることで

$$\begin{aligned} \phi_\nu(x) =& (x_1 + 2x_2) - \nu \log(4x_1 + x_2 + 6) \\ & - \nu \log(-x_1 + 3x_2 + 3) - \nu \log(-2x_1 + x_2 + 4) \end{aligned}$$

を得る．例えば $\nu = 1$ とおくと，ϕ_ν の等高線は図 4.9(b) のようになり，その最小解は図の黒丸で示す点になる．$\nu > 0$ を動かしたときの ϕ_ν の最小解の軌跡は，図 4.10 の実線のようになる．この曲線が中心曲線であり，$\nu \to 0$ で問題 (4.36) の最適解に収束していることがわかる．　◁

4.4.3　主双対内点法

線形計画問題の主問題 (4.2) および双対問題 (4.12) の最適性条件は (4.18) で与えられている．主双対内点法では，この最適性条件に正のパラメータ ν を導入した以下のような方程式を考える：

$$A\boldsymbol{x} = \boldsymbol{b}, \tag{4.37a}$$

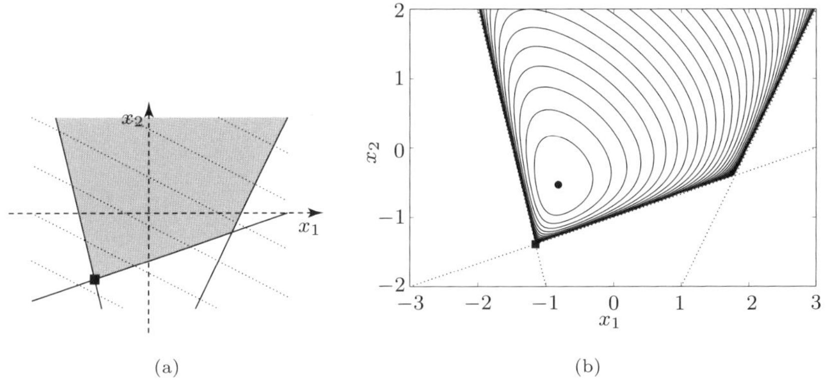

図 **4.9**　線形計画問題 (4.36) と対数障壁関数

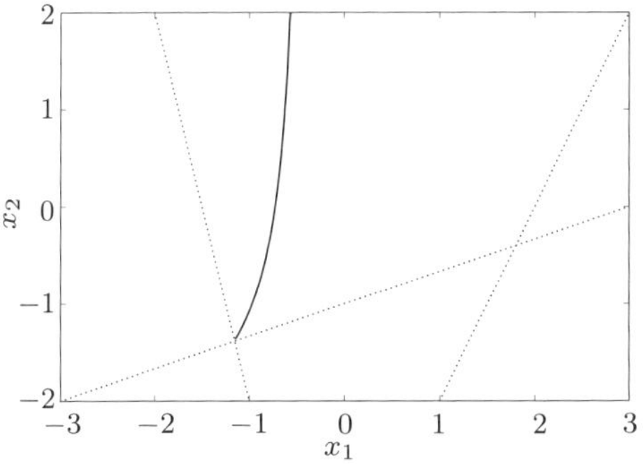

図 **4.10**　問題 (4.36) の中心曲線

$$A^\top \boldsymbol{y} + \boldsymbol{s} = \boldsymbol{c}, \tag{4.37b}$$

$$x_j s_j = \nu, \quad j = 1, \ldots, n, \tag{4.37c}$$

$$\boldsymbol{x} > \boldsymbol{0}, \quad \boldsymbol{s} > \boldsymbol{0}. \tag{4.37d}$$

パラメータ $\nu > 0$ を固定したとき (線形計画問題に内点実行可能解が存在するならば) (4.37) を満たす解は一意的に存在する．その解を $(\boldsymbol{x}(\nu), \boldsymbol{y}(\nu), \boldsymbol{s}(\nu))$ とおくと，$\nu > 0$ を変化させたときの軌跡 $\{(\boldsymbol{x}(\nu), \boldsymbol{y}(\nu), \boldsymbol{s}(\nu)) \mid \nu > 0\}$ を (主双対) 中心曲線とよぶ．中心曲線は，主問題 (4.2) と双対問題 (4.12) の実行可能領域の内部を通る滑らかな曲線であり，$\nu \searrow 0$ でこれらの問題の最適解に収束する．また，(4.37) は，主中心曲線を定義する最適化問題 (4.35) の最適性条件でもある．

主双対内点法は，主双対中心曲線を追跡して最適解を求める方法で，その概要は，次のとおりである．まず初期点 $(\boldsymbol{x}_0, \boldsymbol{y}_0, \boldsymbol{s}_0)$ として $\boldsymbol{x}_0 > \boldsymbol{0}$, $\boldsymbol{s}_0 > \boldsymbol{0}$ を満たす点を選び，順次

$$\begin{bmatrix} \boldsymbol{x}_{k+1} \\ \boldsymbol{y}_{k+1} \\ \boldsymbol{s}_{k+1} \end{bmatrix} = \begin{bmatrix} \boldsymbol{x}_k \\ \boldsymbol{y}_k \\ \boldsymbol{s}_k \end{bmatrix} + \alpha_k \begin{bmatrix} \Delta\boldsymbol{x}_k \\ \Delta\boldsymbol{y}_k \\ \Delta\boldsymbol{s}_k \end{bmatrix} \tag{4.38}$$

に従って解を更新しながら線形計画問題を解く．ここで，$(\Delta\boldsymbol{x}, \Delta\boldsymbol{y}, \Delta\boldsymbol{s})$ は探索方向であり，α_k はステップ幅である．また，$(\boldsymbol{x}_k, \boldsymbol{y}_k, \boldsymbol{s}_k)$ は現在の反復において得られている点である．この点に対する双対性ギャップの尺度 ρ_k を

$$\rho_k = \frac{\boldsymbol{x}_k^\top \boldsymbol{s}_k}{n}$$

で定義する．もし点 $(\boldsymbol{x}_k, \boldsymbol{y}_k, \boldsymbol{s}_k)$ が中心曲線上にあれば，ρ_k はこの点における ν の値に一致する．実際には中心曲線上にあるとは限らないので，ρ_k は ν の近似値 (推定値) の役割を果たす．中心曲線を ν が減少する方向にたどりたいため，次の点 $(\boldsymbol{x}_{k+1}, \boldsymbol{y}_{k+1}, \boldsymbol{s}_{k+1})$ における ν の目標値 ν_{k+1} を定数 $\gamma \in (0, 1]$ を用いて

$$\nu_{k+1} = \gamma\rho_k$$

と定める．そして，(4.37a)–(4.37c) で $\nu = \nu_{k+1}$ とおいた式の Newton 方程式

$$\begin{bmatrix} A & O & O \\ O & A^\top & I \\ S_k & O & X_k \end{bmatrix} \begin{bmatrix} \Delta\boldsymbol{x} \\ \Delta\boldsymbol{y} \\ \Delta\boldsymbol{s} \end{bmatrix} = - \begin{bmatrix} \boldsymbol{r}_k^b \\ \boldsymbol{r}_k^c \\ X_k\boldsymbol{s}_k - \nu_{k+1}\boldsymbol{1} \end{bmatrix} \tag{4.39}$$

の解 $(\Delta\boldsymbol{x}, \Delta\boldsymbol{y}, \Delta\boldsymbol{s})$ を探索方向とする．ただし，$X_k = \mathrm{diag}(\boldsymbol{x}_k)$, $S_k = \mathrm{diag}(\boldsymbol{s}_k)$, $\boldsymbol{1} = (1, 1, \ldots, 1)^\top$ であり，

$$\boldsymbol{r}_k^b = A\boldsymbol{x}_k - \boldsymbol{b},$$
$$\boldsymbol{r}_k^c = A^\top\boldsymbol{y}_k + \boldsymbol{s}_k - \boldsymbol{c}$$

である．特に，$\gamma = 1$ とおいたときの線形方程式 (4.39) の解は**中心化方向**とよばれる．典型的には，$\gamma \in (0, 1)$ と選んで探索方向 $(\Delta\boldsymbol{x}, \Delta\boldsymbol{y}, \Delta\boldsymbol{s})$ を求める．そして，

(4.38) に従って，次の点 $(\boldsymbol{x}_{k+1}, \boldsymbol{y}_{k+1}, \boldsymbol{s}_{k+1})$ を求める．このとき，条件

$$\boldsymbol{x}_{k+1} > \boldsymbol{0}, \quad \boldsymbol{s}_{k+1} > \boldsymbol{0}$$

を満たすようにステップ幅 $\alpha_k > 0$ を定める．以上を繰り返して，制約と相補性を十分な精度で満たす点，すなわち $\epsilon > 0$ を十分に小さな定数として

$$\rho_k < \epsilon, \quad \|A\boldsymbol{x}_k - \boldsymbol{b}\| < \epsilon, \quad \|A^\top \boldsymbol{y}_k + \boldsymbol{s}_k - \boldsymbol{c}\| < \epsilon$$

を満たす点 $(\boldsymbol{x}_k, \boldsymbol{y}_k, \boldsymbol{s}_k)$ が得られれば，これを最適解として出力して終了する．

この節で紹介した主双対内点法は，初期点を内点実行可能解に選ぶ必要がないということで，実用的に広く使われているものである．このアルゴリズムを原型として，さまざまな工夫を凝らすことにより，数百万から一千万変数程度の線形計画問題が解かれている．

4.4.4　内点法の多項式性と計算に要する手間

内点法の多項式性の本質部分である以下の定理を示そう．

定理 4.6　前節の主双対内点法において，$\gamma = 1 - 0.1/\sqrt{n}$ とし，ステップ幅 α_k を常に 1 としたものを考える．初期点 $(\boldsymbol{x}_0, \boldsymbol{y}_0, \boldsymbol{s}_0)$ が，条件

$$\|X_0 \boldsymbol{s}_0 - \rho_0 \boldsymbol{1}\| \leqq 0.2\rho_0$$

を満たす内点実行可能解であるとする．ここで，$X_0 = \mathrm{diag}(\boldsymbol{x}_0)$ である．このとき，主双対内点法は，すべての $k = 0, 1, \ldots$ について，次の条件を満たす内点実行可能解の点列を生成する：

$$\text{(i)} \quad \boldsymbol{x}_{k+1}^\top \boldsymbol{s}_{k+1} = (1 - 0.1/\sqrt{n})\boldsymbol{x}_k^\top \boldsymbol{s}_k, \tag{4.40}$$

$$\text{(ii)} \quad \|X_k \boldsymbol{s}_k - \rho_k \boldsymbol{1}\| \leqq 0.2\rho_k. \tag{4.41}$$

ここで，$X_k = \mathrm{diag}(\boldsymbol{x}_k)$ である．

まず，(i) で述べているように，双対ギャップがデータの次元にしかよらない 1 次収束をすることに注意しよう．これが「アルゴリズムの多項式性」の本質的部分である．条件 (4.41) は，$\boldsymbol{x}_k$ と $\boldsymbol{s}_k$ を要素ごとにかけたベクトル $X_k \boldsymbol{s}_k$ の各要素

が概ね同程度の大きさであることを示しており，これが，$(\boldsymbol{x}_k, \boldsymbol{y}_k, \boldsymbol{s}_k)$ が中心曲線の近くにあることの具体的表現である (中心曲線上ではこのベクトルの各要素がすべて同じ大きさとなる).

以下，すべての k について (i), (ii) が満たされることを示す．そのためには，$(\boldsymbol{x}_k, \boldsymbol{y}_k, \boldsymbol{s}_k)$ が (ii) を満たす内点実行可能解であるとして，(i) が成り立ち，さらに，$(\boldsymbol{x}_{k+1}, \boldsymbol{y}_{k+1}, \boldsymbol{s}_{k+1})$ が (ii) を満たす内点実行可能解となることを示せばよい．$(\boldsymbol{x}_k, \boldsymbol{y}_k, \boldsymbol{s}_k)$ を $(\boldsymbol{x}, \boldsymbol{y}, \boldsymbol{s})$，$\rho_k$ を ρ，$(\boldsymbol{x}_{k+1}, \boldsymbol{y}_{k+1}, \boldsymbol{s}_{k+1})$ を $(\boldsymbol{x}_+, \boldsymbol{y}_+, \boldsymbol{s}_+)$，$\rho_{k+1}$ を ρ_+ と記すことにする．また，$X = \mathrm{diag}(\boldsymbol{x})$, $S = \mathrm{diag}(\boldsymbol{s})$ とする．

[(i) の証明] $\boldsymbol{r}_k^c = \boldsymbol{0}$, $\boldsymbol{r}_k^b = \boldsymbol{0}$ より，$\Delta\boldsymbol{x}^\top \Delta\boldsymbol{s} = \Delta\boldsymbol{x}^\top A^\top \Delta\boldsymbol{y} = 0$ である．このことを考慮すると，

$$
\begin{aligned}
\boldsymbol{x}_+^\top \boldsymbol{s}_+ &= (\boldsymbol{x} + \Delta\boldsymbol{x})^\top (\boldsymbol{s} + \Delta\boldsymbol{s}) \\
&= \boldsymbol{x}^\top \boldsymbol{s} + \boldsymbol{x}^\top \Delta\boldsymbol{s} + \boldsymbol{s}^\top \Delta\boldsymbol{x} + \Delta\boldsymbol{x}^\top \Delta\boldsymbol{s} \\
&= \boldsymbol{x}^\top \boldsymbol{s} + \boldsymbol{1}^\top (X\Delta\boldsymbol{s} + S\Delta\boldsymbol{x}) \\
&= \boldsymbol{x}^\top \boldsymbol{s} - \boldsymbol{1}^\top (X\boldsymbol{s} - \gamma\rho\boldsymbol{1}) \\
&= \gamma n \rho = \left(1 - \frac{0.1}{\sqrt{n}}\right) \boldsymbol{x}^\top \boldsymbol{s}
\end{aligned}
$$

となる．

[(ii) の証明] $\rho(\boldsymbol{x}, \boldsymbol{s}) = \boldsymbol{x}^\top \boldsymbol{s}/n$ とおくと，(i) より，$\rho(\boldsymbol{x}_+, \boldsymbol{s}_+) = \gamma\rho(\boldsymbol{x}, \boldsymbol{s})$ である．また，$X_+ = \mathrm{diag}(\boldsymbol{x}_+)$, $\Delta X = \mathrm{diag}(\Delta\boldsymbol{x})$ とおくと，

$$
\begin{aligned}
\|X_+\boldsymbol{s}_+ - \rho_+\boldsymbol{1}\| &= \|X_+\boldsymbol{s}_+ - \gamma\rho\boldsymbol{1}\| \\
&= \|X\boldsymbol{s} + X\Delta\boldsymbol{s} + S\Delta\boldsymbol{x} + \Delta X \Delta\boldsymbol{s} - \gamma\rho\boldsymbol{1}\| \\
&= \|X\boldsymbol{s} - (X\boldsymbol{s} - \gamma\rho\boldsymbol{1}) + \Delta X \Delta\boldsymbol{s} - \gamma\rho\boldsymbol{1}\| \\
&= \|\Delta X \Delta\boldsymbol{s}\| \qquad (4.42)
\end{aligned}
$$

となる．(4.39) の最後の方程式に $X^{-1/2}S^{-1/2}$ を乗じ，$D = X^{-1/2}S^{1/2}$, $V = X^{1/2}S^{1/2}$ と記すことにすると，

$$
D\Delta\boldsymbol{x} + D^{-1}\Delta\boldsymbol{s} = -(V\boldsymbol{1} - \gamma\rho V^{-1}\boldsymbol{1})
$$

を得る．両辺のノルムをとると，$\Delta\boldsymbol{x}^\top \Delta\boldsymbol{s} = 0$ より，

$$
\|D\Delta\boldsymbol{x}\|^2 + \|D^{-1}\Delta\boldsymbol{s}\|^2 \leqq \|V^{-1}\|^2 \|(V^2 - \gamma\rho I)\boldsymbol{1}\|^2. \qquad (4.43)
$$

左辺に相加相乗平均の不等式を適用して，

$$\|\Delta X\Delta \boldsymbol{s}\| = \|D\Delta X D^{-1}\Delta \boldsymbol{s}\| \leqq \|D\Delta \boldsymbol{x}\|\|D^{-1}\Delta \boldsymbol{s}\| \leqq \frac{\|V^{-1}\|^2\|(V^2-\gamma\rho I)\mathbf{1}\|^2}{2} \tag{4.44}$$

を得る．また，(4.41) と γ の定義より，

$$\|(V^2-\gamma\rho I)\mathbf{1}\| = \|X\boldsymbol{s}-\gamma\rho\mathbf{1}\| \leqq \|X\boldsymbol{s}-\rho\mathbf{1}\| + \|(1-\gamma)\rho\mathbf{1}\| \leqq 0.3\rho. \tag{4.45}$$

(4.41) より，各 j について $0.8\rho \leqq x_j s_j \leqq 1.2\rho$ が成り立つので，

$$\|V^{-1}\| = \max_j \frac{1}{\sqrt{x_j s_j}} \leqq \frac{1}{\sqrt{0.8\rho}}. \tag{4.46}$$

これらを合わせて (4.44) に代入して，(4.42) を用いると，

$$\|X_+\boldsymbol{s}_+ - \rho_+\mathbf{1}\| = \|\Delta X\Delta\boldsymbol{s}\| \leqq \frac{0.09}{2\cdot 0.8}\rho \leqq 0.2(1-0.1/\sqrt{n})\rho = 0.2\rho_+$$

を得る．最後に，$\boldsymbol{x}_+, \boldsymbol{s}_+ > \mathbf{0}$ であることを確認する．$\boldsymbol{x}_+ > \mathbf{0}$ を示すためには，$D(\boldsymbol{x}+\Delta\boldsymbol{x}) > \mathbf{0}$ であることを示せばよい．これは，(4.43), (4.45), (4.46) を用いて

$$(D\boldsymbol{x})_j = (x_j s_j)^{1/2} \geqq \sqrt{0.8\rho}, \quad |(D\Delta\boldsymbol{x})_j| \leqq \|D\Delta\boldsymbol{x}\| \leqq \frac{0.3}{\sqrt{0.8}}\sqrt{\rho}$$

と評価できることより明らか．$\boldsymbol{s}_+$ についても同様である．以上で証明終わり．

このアルゴリズムの生成する点列の性質 (i) より，双対ギャップを g_1 から g_2 まで減らすのに必要な反復回数は $10\sqrt{n}\log(g_2/g_1)$ で抑えることができる．また，一回の反復に必要な計算は大体 $\mathrm{O}(n^2m)$ 回の四則演算となり，その主要な部分は探索方向の計算である．定理 4.5 より，線形計画問題は，双対ギャップが $2^{-\mathrm{O}(L)}$ 程度の近似解が得られれば問題が解ける．そこで，「双対ギャップが $2^{\mathrm{O}(L)}$ 程度の実行可能内点解から出発できる」という前提で考えると，双対ギャップを $2^{-\mathrm{O}(L)}$ 程度まで減らすのに必要な反復回数は，上の結果より，$\mathrm{O}(\sqrt{n}L)$ 回となる．このようにして内点法が多項式時間の解法であることが示せる．

一般の問題をこの方法で解くには，「双対ギャップが $2^{\mathrm{O}(L)}$ 程度の中心曲線に近い内点実行可能解」を何らかの形で用意する必要がある．これについては与えられた問題を変形して，もとの問題と同値でこれまで述べてきた仮定を満たし，さらに，上に述べた条件を満たす初期値をとれるような人工問題が簡単につくれるので，人工問題にこのアルゴリズムを適用すればよいことが知られている．

4.5　凸 2 次計画問題とその解法

凸 2 次計画問題は，多面体上で凸 2 次関数を最小化する最適化問題であり，凸最適化問題の一つである[*13]．この問題は線形計画問題の最も単純な拡張であり，金融工学[41]やパターン認識などに多くの応用をもつ．

凸 2 次計画問題とは，$\boldsymbol{y} \in \mathbb{R}^m$ を変数とする次のような最適化問題である：

$$\left.\begin{array}{ll} \text{Minimize} & \dfrac{1}{2}\boldsymbol{y}^\top Q\boldsymbol{y} + \boldsymbol{c}^\top\boldsymbol{y} \\ \text{subject to} & A^\top\boldsymbol{y} \geqq \boldsymbol{b}. \end{array}\right\} \tag{4.47}$$

ただし，Q は m 次の半正定値対称行列である．この問題の双対問題は，$\boldsymbol{x} \in \mathbb{R}^n$ および $\boldsymbol{u} \in \mathbb{R}^m$ を変数とする問題

$$\left.\begin{array}{ll} \text{Maximize} & -\dfrac{1}{2}\boldsymbol{u}^\top Q\boldsymbol{u} + \boldsymbol{b}^\top\boldsymbol{x} \\ \text{subject to} & A\boldsymbol{x} - Q\boldsymbol{u} = \boldsymbol{c}, \\ & \boldsymbol{x} \geqq \boldsymbol{0} \end{array}\right\} \tag{4.48}$$

である[*14]．問題 (4.47) や問題 (4.48) 以外の形式の最適化問題でも，目的関数が凸 2 次関数で制約がすべて線形ならば凸 2 次計画問題である．実際，そのような問題は，変数を増やすなどして，問題 (4.47) や問題 (4.48) の形式に変換できる．

凸 2 次計画問題の主問題と双対問題の間には，線形計画問題の場合と同様の双対性が成り立つ．まず，主問題 (4.47) および双対問題 (4.48) の任意の実行可能解 $\boldsymbol{y}$ および $(\boldsymbol{x}, \boldsymbol{u})$ に対して，目的関数値の間に不等式

$$\frac{1}{2}\boldsymbol{y}^\top Q\boldsymbol{y} + \boldsymbol{c}^\top\boldsymbol{y} \geqq -\frac{1}{2}\boldsymbol{u}^\top Q\boldsymbol{u} + \boldsymbol{b}^\top\boldsymbol{x}$$

が成り立つ．実際，任意の実行可能解に対して

$$\begin{aligned} &\left(\frac{1}{2}\boldsymbol{y}^\top Q\boldsymbol{y} + \boldsymbol{c}^\top\boldsymbol{y}\right) - \left(-\frac{1}{2}\boldsymbol{u}^\top Q\boldsymbol{u} + \boldsymbol{b}^\top\boldsymbol{x}\right) \\ &\quad = \left[\frac{1}{2}\boldsymbol{y}^\top Q\boldsymbol{y} + (A\boldsymbol{x} - Q\boldsymbol{u})^\top\boldsymbol{y}\right] - \left(-\frac{1}{2}\boldsymbol{u}^\top Q\boldsymbol{u} + \boldsymbol{b}^\top\boldsymbol{x}\right) \end{aligned}$$

---

*13　凸 2 次計画問題を線形制約凸 2 次計画問題とよび，凸 2 次制約の下で凸 2 次関数を最小化する問題を凸 2 次制約凸 2 次計画問題とよんでいる文献もある．一方で，凸 2 次計画問題を単に 2 次計画問題とよんだり，凸 2 次制約凸 2 次計画問題を 2 次計画問題とよぶ文献もあるため，注意が必要である．

*14　実際，問題 (4.47) に対して，3.6 節で述べた Fenchel 双対問題や Lagrange 双対問題をつくると，問題 (4.48) が得られる．また，Q が正定値である場合の Wolfe 双対問題は例 3.18 の (3.36) である．

$$= \frac{1}{2}(\boldsymbol{y}-\boldsymbol{u})^\top Q(\boldsymbol{y}-\boldsymbol{u}) + \boldsymbol{x}^\top(A^\top \boldsymbol{y}-\boldsymbol{b}) \geqq 0$$

が成り立つ．さらに，主問題と双対問題の両方に実行可能解が存在するとき，主問題と双対問題の最適解において目的関数値が一致すること，つまり，双対性が成り立つことを示すことができる．したがって，$\boldsymbol{y}$ および $(\boldsymbol{x},\boldsymbol{u})$ が最適解であるための必要十分条件は，条件

$$A\boldsymbol{x} - Q\boldsymbol{u} = \boldsymbol{c}, \tag{4.49a}$$

$$A^\top \boldsymbol{y} - \boldsymbol{b} \geqq \boldsymbol{0}, \tag{4.49b}$$

$$\boldsymbol{x} \geqq \boldsymbol{0}, \tag{4.49c}$$

$$x_j(A^\top \boldsymbol{y} - \boldsymbol{b})_j = 0, \quad j = 1,\ldots,n \tag{4.49d}$$

を満たすことである [15, Sect. 13.1]．ここで，$(A^\top \boldsymbol{y}-\boldsymbol{b})_j$ は $A^\top \boldsymbol{y}-\boldsymbol{b}$ の j 番目の要素である．なお，(4.49) は，2.4 節で扱った (単調) 線形相補性問題である．

最適性条件 (4.49) に基づいて，線形計画問題とまったく同様にして主双対内点法を設計することができる．つまり，$\nu > 0$ をパラメータとして，(4.49) で相補性条件 (4.49d) を $x_j(A^\top \boldsymbol{y}-\boldsymbol{b})_j = \nu$ $(j=1,\ldots,n)$ で置き換えて得られる条件を考え，その解の軌跡を中心曲線と定義する．そして，$\nu > 0$ を小さくしながら中心曲線を近似的にたどることで凸 2 次計画問題を解くことができる [35, Chap. 5]．内点実行可能解を初期解としてこの主双対内点法を用いると，問題の入力サイズ (線形計画問題の場合に準じて定められる) が L の凸 2 次計画問題を $\mathrm{O}(\sqrt{n}L)$ 回の反復で解くことができる．

一般の凸 2 次計画問題の解法としては，内点法が一番有効である．しかし，個々の応用においては，問題の特殊な構造を活かすことにより，**有効制約法**とよばれる手法を利用してより効率的な方法を構築できる余地がある*15．例えば，問題 (4.48) は，Q が正定値ならば線形制約を用いて $\boldsymbol{u}$ を $\boldsymbol{x}$ で表せるため，非負制約 $\boldsymbol{x} \geqq \boldsymbol{0}$ の下での凸 2 次関数の最小化という簡単な形になる．このような問題は，サポートベクターマシンなどに応用があり，効率的な解法が開発されている．

例 4.17　線形計画問題

$$\left.\begin{array}{ll} \text{Minimize} & \boldsymbol{c}^\top \boldsymbol{x} \\ \text{subject to} & A\boldsymbol{x} \leqq \boldsymbol{b} \end{array}\right\} \tag{4.50}$$

*15　詳しくは，文献 [10, Sect. 6.5], [13, Sect. 10.3], [17, Sect. 16.5] などを参照されたい．

の現実問題への応用においては，データ $A, \boldsymbol{b}, \boldsymbol{c}$ の要素が不確実にしかわからない状況も多い．ここでは，$\boldsymbol{c}$ の各要素が確率変数として与えられた場合を考えよう．

$\boldsymbol{c}$ の期待値ベクトルを $\bar{\boldsymbol{c}} \in \mathbb{R}^n$，分散共分散行列を $R \in \mathbb{R}^{n \times n}$ とおく．すなわち，

$$\mathsf{E}(\boldsymbol{c}) = \bar{\boldsymbol{c}}, \quad \mathsf{V}(\boldsymbol{c}) = \mathsf{E}[(\boldsymbol{c} - \bar{\boldsymbol{c}})(\boldsymbol{c} - \bar{\boldsymbol{c}})^\top] = R$$

である．このとき，与えられた $\boldsymbol{x}$ に対して目的関数値 $\boldsymbol{c}^\top \boldsymbol{x}$ は確率変数となる．簡単のために $v = \boldsymbol{c}^\top \boldsymbol{x}$ とおくと，v の期待値 $\bar{v}$ および分散 r は

$$\bar{v} = \mathsf{E}(\boldsymbol{c}^\top \boldsymbol{x}) = \bar{\boldsymbol{c}}^\top \boldsymbol{x}, \tag{4.51}$$

$$r^2 = \mathsf{E}\left[(\boldsymbol{c}^\top \boldsymbol{x} - \mathsf{E}(\boldsymbol{c}^\top \boldsymbol{x}))^2\right] = \boldsymbol{x}^\top R \boldsymbol{x} \tag{4.52}$$

と表せる．

実世界の問題では，コストの期待値 $\bar{v}$ も小さい方がよいし，コストの分散 r も小さい方がよい，という場合がある．しかし，一般には，期待値 $\bar{v}$ を最小化することと分散 r を最小化することにはトレードオフの関係があり，両者を同時に最小化することはできない．そこで，目的関数の期待値と分散の双方をバランスをとって最小化するために，重み $\gamma > 0$ を適当に与えて関数

$$\mathsf{E}(\boldsymbol{c}^\top \boldsymbol{x}) + \gamma \mathsf{V}(\boldsymbol{c}^\top \boldsymbol{x}) \tag{4.53}$$

の最小化を考えることは，合理的な方法の一つと考えられる．このような最適化問題を，**確率計画問題**とよぶ．(4.53) の関数を最小化する問題は，(4.51) および (4.52) を用いると

$$\left.\begin{array}{ll} \text{Minimize} & \bar{\boldsymbol{c}}^\top \boldsymbol{x} + \gamma \boldsymbol{x}^\top R \boldsymbol{x} \\ \text{subject to} & A\boldsymbol{x} \leqq \boldsymbol{b} \end{array}\right\}$$

と書ける．分散共分散行列 R は半正定値対称行列であるから，この問題は凸 2 次計画問題である．

このような問題の応用の一つに，Markowitz が提案した**ポートフォリオ最適化問題**がある．ポートフォリオ最適化問題では目的関数 $\boldsymbol{c}^\top \boldsymbol{x}$ は投資の収益を表し，x_j は債券 j への投資額，c_j は債券 j の一定期間での収益率を表す[*16]．そして，収

*16　したがって，問題 (4.50) では $\boldsymbol{c}^\top \boldsymbol{x}$ の最小化を考えたのに対して，ポートフォリオ最適化問題では $\boldsymbol{c}^\top \boldsymbol{x}$ を最大化したい．

益の期待値 $\bar{\boldsymbol{c}}^\top \boldsymbol{x}$ の下限値 (つまり，期待収益として保証する額) ρ を定め，この制約の下で収益の分散をできるだけ小さくするという問題を解く．この問題は，

$$\left.\begin{array}{ll}\text{Minimize} & \boldsymbol{x}^\top R\boldsymbol{x} \\ \text{subject to} & \bar{\boldsymbol{c}}^\top \boldsymbol{x} \geqq \rho, \\ & A\boldsymbol{x} \leqq \boldsymbol{b}\end{array}\right\}$$

という形の凸 2 次計画問題になる．　◁

5 半正定値計画

4 章で扱った線形計画問題は，目的関数と制約関数がすべて 1 次関数であるような最適化問題であった．一方，3 章で展開した双対理論が特に偉力を発揮するのは，線形とは限らないけれども凸な目的関数と制約とをもつ最適化問題である．この章で扱う半正定値計画問題は，その代表格である．これは，行列の固有値に関する制約を含む最適化問題であり，複雑な非線形の制約を表現できることからさまざまな応用がある．また，半正定値計画問題の双対性は線形計画問題のそれと類似しており，この双対性が軸となって，線形計画問題の解法の一つである内点法が半正定値計画問題に対して拡張されている．特に主双対内点法に基づく優れたソフトウェアがいくつも開発されており，近年では大規模な半正定値計画問題を効率よく解くことができる．このように，半正定値計画問題は多くの応用と効率的な解法の両方をもつ重要な最適化問題である．この章では，まず 5.1 節で半正定値計画問題の定義を述べ，5.2 節でその双対定理と解法を説明する．5.3 節では，半正定値計画のさまざまな応用をあげて，解きたい問題を解きやすい問題に変換する要領を示す．5.4 節では，半正定値計画問題と線形計画問題の中間的な最適化問題である 2 次錐計画問題を取り上げ，その性質や応用例を述べる．

5.1 半正定値計画問題

半正定値計画問題は，対称行列を変数として，その行列の半正定値性の制約と線形の等式制約の下で線形の目的関数を最小化するような最適化問題である．準備として，n 次の対称行列 $U = (U_{ij}) \in \mathcal{S}^n$ と $V = (V_{ij}) \in \mathcal{S}^n$ の内積を $U \bullet V$ と書き，

$$U \bullet V = \mathrm{tr}(U^\top V) = \sum_{i=1}^{n}\sum_{j=1}^{n} U_{ij}V_{ij}$$

で定義する．半正定値計画問題の等式標準形とは，対称行列 $X \in \mathcal{S}^n$ を変数とする次のような最適化問題である：

$$\left.\begin{array}{lll} \underset{X\in\mathcal{S}^n}{\text{Minimize}} & C\bullet X & \\ \text{subject to} & A_i\bullet X=b_i, & i=1,\ldots,m, \\ & X\succeq O. & \end{array}\right\} \tag{5.1}$$

ここで，$A_1,\ldots,A_m\in\mathcal{S}^n$ および $C\in\mathcal{S}^n$ は定行列であり，$b_1,\ldots,b_m\in\mathbb{R}$ は定数である．問題 (5.1) の目的関数および等式制約は線形であり，**半正定値制約** $X\succeq O$ のみが非線形である．半正定値対称行列の集合を

$$\mathcal{S}^n_+=\{X\in\mathcal{S}^n \mid X\succeq O\}$$

とおくと，$\mathcal{S}^n_+$ は凸集合であり[*1]，半正定値計画問題 (5.1) は凸計画問題である．

例 5.1　例えば $n=2,\,m=2$ として，$A_1,\,A_2,\,\boldsymbol{b},\,C$ を

$$A_1=\begin{bmatrix}1&0\\0&-1\end{bmatrix},\quad A_2=\begin{bmatrix}0&1\\1&2\end{bmatrix},\quad \boldsymbol{b}=\begin{bmatrix}4\\2\end{bmatrix},\quad C=\begin{bmatrix}0&0\\0&3\end{bmatrix}$$

と定める．半正定値計画問題 (5.1) は，$X\in\mathcal{S}^2$ の成分 X_{ij} を変数とする最適化問題

$$\left.\begin{array}{ll} \text{Minimize} & 3X_{22} \\ \text{subject to} & X_{11}-X_{22}=4, \\ & X_{12}+X_{21}+2X_{22}=2, \\ & \begin{bmatrix}X_{11}&X_{12}\\X_{21}&X_{22}\end{bmatrix}\succeq O\quad (X_{12}=X_{21}) \end{array}\right\} \tag{5.2}$$

である．◁

例 5.2　半正定値計画問題は (ベクトルではなくて) 行列が変数なので，直観的には意味をとらえにくい．そこで，$n=2$ の場合の半正定値対称行列の集合 $\mathcal{S}^2_+$ の様子をみてみよう．2×2 対称行列 X を成分で

$$X=\begin{bmatrix}X_{11}&X_{12}\\X_{12}&X_{22}\end{bmatrix}$$

と表す．$X\succeq O$ はすべての主小行列式が非負であることと等価であるから，

$$X_{11}\geqq 0,\quad X_{22}\geqq 0,\quad X_{11}X_{22}-{X_{12}}^2\geqq 0$$

*1　さらに，$\mathcal{S}^n_+$ は凸錐である．3.1.2 節の例 3.4.c を参照のこと．

と等価である．さらにこの三つの不等式は，条件

$$X_{11} + X_{22} \geqq \left\| \begin{bmatrix} X_{11} - X_{22} \\ 2X_{12} \end{bmatrix} \right\|$$

と等価である．これを図示すると図 5.1 のようになる．このように，$n = 2$ のときに制約 $X \succeq O$ は非線形で凸な制約である．また，図 5.1 の円錐を (X_{11}, X_{12}, X_{22}) 座標系に直すには 1 次変換すればよいので，$\mathcal{S}^2_+$ は凸錐であることもわかる．このように，$\mathcal{S}^n_+$ は $n(n+1)/2$ 次元の凸集合であると思えばよい． ◁

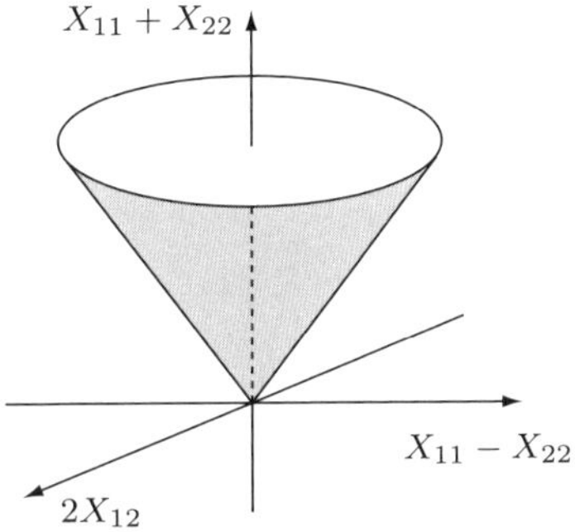

図 5.1　2×2 半正定値対称行列の成分の集合

このように，半正定値計画問題は，ベクトルではなく対称行列 X が変数であり，その半正定値性を制約として含むことが大きな特徴である．そこで，(半) 正定値対称行列の性質をまとめておく．対称行列 $U \in \mathcal{S}^n$ に関する次の四つの条件は，互いに等価である．

- $U \succeq O$.
- U のすべての固有値が非負である．
- U の任意の主小行列式[*2]が非負である．
- $U = VV^\top$ かつ $\operatorname{rank} V = \operatorname{rank} U$ を満たす行列 V が存在する．

また，次の五つの条件は，互いに等価である．

*2　n 次正方行列の小行列で，行番号と列番号の集合がともに同じ番号 $i_1, i_2, \ldots, i_k$ に対応するものを，k 次主小行列という．ここで $i_1 = 1, i_2 = 2, \ldots, i_k = k$ である場合を k 次首座小行列という．主小行列の行列式を**主小行列式**とよび，首座小行列の行列式を**首座小行列式**とよぶ．

- $U \succ O$.
- U のすべての固有値が正である.
- U の任意の主小行列式が正である.
- U の任意の首座小行列式が正である.
- $U = VV^\top$ かつ $\operatorname{rank} V = n$ を満たす行列 V が存在する (特に, V が下三角行列のとき, この分解を **Cholesky** (コレスキー) **分解**とよぶ).

次に, 対称行列 $U \in \mathcal{S}^n$ の固有値分解を $U = Q\,\mathrm{diag}(\lambda_1, \ldots, \lambda_n)Q^\top$ (ただし Q は直交行列, $\lambda_1, \ldots, \lambda_n$ は U の固有値) とする. このとき, $U \succeq O$ ならば, 行列 $Q\,\mathrm{diag}(\sqrt{\lambda_1}, \ldots, \sqrt{\lambda_n})Q^\top$ は一意に定まる n 次の半正定値対称行列である. この行列を $U^{1/2}$ で表すと, $U = U^{1/2}U^{1/2}$ が成り立つ.

さらに, 次の命題 5.1 で示すように, 半正定値対称行列の集合 $\mathcal{S}^n_+$ は自己双対錐である.

命題 5.1 $\mathcal{S}^n_+$ の双対錐

$$(\mathcal{S}^n_+)^* = \{S \in \mathcal{S}^n \mid X \bullet S \geqq 0 \ (\forall X \in \mathcal{S}^n_+)\}$$

は $\mathcal{S}^n_+$ に等しい (つまり, $(\mathcal{S}^n_+)^* = \mathcal{S}^n_+$ が成り立つ).

(証明) 任意の $X \in \mathcal{S}^n_+$ に対して $X^{1/2} \in \mathcal{S}^n_+$ であり,

$$X \bullet S = \mathrm{tr}(X^{1/2}X^{1/2}S) = \mathrm{tr}(X^{1/2}SX^{1/2})$$

が成り立つ. したがって, $S \in \mathcal{S}^n_+$ を任意に選ぶと, $X^{1/2}SX^{1/2} \in \mathcal{S}^n_+$ より $X \bullet S \geqq 0$ が成り立つから $S \in (\mathcal{S}^n_+)^*$ である. すなわち, $\mathcal{S}^n_+ \subseteq (\mathcal{S}^n_+)^*$ である.

次に, $S \notin \mathcal{S}^n_+$ を仮定する. このとき, 条件 $\hat{\boldsymbol{x}}^\top S\hat{\boldsymbol{x}} < 0$ を満たすベクトル $\hat{\boldsymbol{x}} \in \mathbb{R}^n$ が存在する. この $\hat{\boldsymbol{x}}$ に対して $\hat{\boldsymbol{x}}^\top S\hat{\boldsymbol{x}} = (\hat{\boldsymbol{x}}\hat{\boldsymbol{x}}^\top) \bullet S < 0$ が成り立つから, $S \notin (\mathcal{S}^n_+)^*$ である. すなわち, $\mathcal{S}^n_+ \supseteq (\mathcal{S}^n_+)^*$ である. ■

線形計画問題と同様に, 半正定値計画問題についても双対問題を考えることは有用である. 問題 (5.1) を主問題とすると, その双対問題は, $\boldsymbol{y} \in \mathbb{R}^m$ および $S \in \mathcal{S}^n$ を変数とする最適化問題

$$
\left.\begin{array}{ll}
\text{Maximize} & \displaystyle\sum_{i=1}^{m} b_i y_i \\
\text{subject to} & \displaystyle\sum_{i=1}^{m} y_i A_i + S = C, \\
& S \succeq O
\end{array}\right\} \qquad (5.3)
$$

である (例えば，3.6.1 節で述べた Fenchel 双対問題をつくると問題 (5.3) になる [20, 4.6 節]．Lagrange 双対問題でも同じである)．双対問題 (5.3) もまた半正定値計画問題であり，適当な変換を施すことで等式標準形 (5.1) の形式に変換することができる (そのような変換は，一般に一意ではない)．双対問題の具体例を，次の例 5.3 でみてみよう．

例 5.3 例 5.1 の問題 (5.2) の双対問題は，定義 (5.3) より，$\boldsymbol{y} \in \mathbb{R}^2$ と $S \in \mathcal{S}^2$ を変数として

$$
\left.\begin{array}{ll}
\text{Maximize} & 4y_1 + 2y_2 \\
\text{subject to} & \begin{bmatrix} y_1 & y_2 \\ y_2 & -y_1 + 2y_2 \end{bmatrix} + \begin{bmatrix} S_{11} & S_{12} \\ S_{12} & S_{22} \end{bmatrix} = \begin{bmatrix} 0 & 0 \\ 0 & 3 \end{bmatrix}, \\
& S \succeq O
\end{array}\right\} \qquad (5.4)
$$

である．この問題を主問題 (5.1) の形式に書き直すには，次のようにすればよい．まず，変数 y_i を

$$
y_i = y_i^+ - y_i^-, \quad y_i^+ \geqq 0, \quad y_i^- \geqq 0
$$

というように非負の変数 y_i^+ と y_i^- を用いて書き換える．そして，最適化の変数を

$$
X = \left[\begin{array}{cc|cc|cc}
S_{11} & S_{12} & & & & \\
S_{12} & S_{22} & & & & \\
\hline
 & & y_1^+ & & & \\
 & & & y_1^- & & \\
\cline{3-6}
 & & & & y_2^+ & \\
 & & & & & y_2^-
\end{array}\right]
$$

とおく．問題 (5.4) の等式制約は，成分ごとにみると

$$
\begin{aligned}
S_{11} + y_1^+ - y_1^- &= 0,\\
S_{12} + y_2^+ - y_2^- &= 0,\\
S_{22} - y_1^+ + y_1^- + 2y_2^+ - 2y_2^- &= 3
\end{aligned}
$$

と書ける．この三つの等式は，主問題 (5.1) の線形制約の形式で書ける (例えば，$(0,0,3)^\top$ が $\boldsymbol{b}$ に相当する)．このようにして，双対問題 (5.4) を主問題 (5.1) の形式に変換することができる．◁

半正定値計画問題において主問題と双対問題の形式が一致するという美しい性質は，半正定値錐の自己双対性に由来している．この他に，自己双対な錐としては，非負ベクトルの集合 $\mathbb{R}^n_+ = \{\boldsymbol{x} \in \mathbb{R}^n \mid \boldsymbol{x} \geqq \boldsymbol{0}\}$ や 2 次錐とよばれる錐が知られている．錐 $\mathbb{R}^n_+$ と線形の等式を制約として線形関数を最小化する問題が，線形計画問題である．同様に，2 次錐と線形の等式を制約として線形関数を最小化する問題は，5.4 節で述べる 2 次錐計画問題である．これらの問題も，双対問題はそれぞれの主問題の形式と一致するという性質をもっている．さらには，これら三種類の問題は，比較的緩い仮定の下で，主問題と双対問題の最適値が一致するという性質 (双対性) をもつ．一般の最適化問題では，双対問題は必ずしも主問題と同じ形式の問題になるとは限らないし，双対性をもつとも限らない．

線形計画問題や半正定値計画問題，2 次錐計画問題に共通するこれらの特徴は，また，内点法という多項式時間で大域的最適解を求める解法の基礎でもある．一つの最適化問題には，いくつもの表現方法がある (例えば，線形計画の例として 4.1.2 節の例 4.2–例 4.9 がある)．解きたい最適化問題が与えられたとき，その問題を線形計画問題や半正定値計画問題などの解きやすい形に変形することを試みることは，ここで述べた理由から，とても大事なことである．もちろん，一方では，解きやすい形に変形はできないが実世界では重要な最適化問題もたくさんあり，そのような問題に対しては 2 章の非線形計画を適用することなどが考えられる．

問題 (5.3) の制約は実質的には

$$C - \sum_{i=1}^{m} y_i A_i \succeq O \tag{5.5}$$

と表せる．(5.5) の形式の条件を，**線形行列不等式**とよぶ．つまり，問題 (5.3) は，線形行列不等式を制約とし線形の目的関数をもつ最適化問題である．さらに，複

数の線形行列不等式

$$C^{(p)} - \sum_{i=1}^{m} y_i A_i^{(p)} \succeq O, \quad p = 1, \ldots, r$$

を制約にもつ最適化問題を考えることもある．この条件は，ブロック対角行列の半正定値制約

$$\begin{bmatrix} C^{(1)} & O & \ldots & O \\ O & C^{(2)} & \ldots & O \\ \vdots & \vdots & \ddots & \vdots \\ O & O & \ldots & C^{(r)} \end{bmatrix} - \sum_{i=1}^{m} y_i \begin{bmatrix} A_i^{(1)} & O & \ldots & O \\ O & A_i^{(2)} & \ldots & O \\ \vdots & \vdots & \ddots & \vdots \\ O & O & \ldots & A_i^{(r)} \end{bmatrix} \succeq O$$

に等価である．したがって，複数の線形行列不等式を制約とする場合も半正定値計画問題である．

例 5.4 線形計画問題は，半正定値計画問題の特別な場合である．

行列 $A_1, \ldots, A_m$, C がすべて対角行列である場合を考える．それぞれの対角要素を並べたベクトルを $\boldsymbol{a}_i$ $(i = 1, \ldots, m)$, $\boldsymbol{c}$ で表す (つまり，$A_i = \mathrm{diag}(\boldsymbol{a}_i)$ $(i = 1, \ldots, m)$, $C = \mathrm{diag}(\boldsymbol{c})$ である)．すると，線形行列不等式 (5.5) は線形不等式系

$$\boldsymbol{c} - \sum_{i=1}^{m} \boldsymbol{a}_i y_i \geqq \boldsymbol{0}$$

に等価である．したがって，この場合には問題 (5.3) は線形計画問題 (4.2) に帰着する．逆の言い方をすれば，半正定値計画問題は線形計画問題の一般化である．◁

さまざまな問題を半正定値計画問題として定式化するのにしばしば有用なのが，**Schur** (シューア) **の補元**に関する次の性質である．

命題 5.2 行列 $A \in \mathcal{S}^n$, $B \in \mathcal{S}^m$, $C \in \mathbb{R}^{n \times m}$ に対して，$Z \in \mathcal{S}^{n+m}$ を

$$Z = \left[\begin{array}{c|c} A & C \\ \hline C^\top & B \end{array}\right]$$

で定義する．また，$A \succ O$ を仮定する．このとき，条件 $Z \succeq O$ と条件 $B - C^\top A^{-1} C \succeq O$ は同値である (この行列 $B - C^\top A^{-1} C$ を Z における A の Schur の補元とよぶ)．

(証明)　Z の合同変換

$$\left[\begin{array}{c|c} I & O \\ \hline -C^\top A^{-1} & I \end{array}\right]\left[\begin{array}{c|c} A & C \\ \hline C^\top & B \end{array}\right]\left[\begin{array}{c|c} I & -A^{-1}C \\ \hline O & I \end{array}\right] = \left[\begin{array}{c|c} A & O \\ \hline O & B - C^\top A^{-1}C \end{array}\right]$$

から得られる． ■

例 5.5　Schur の補元の性質 (命題 5.2) を用いると，凸 2 次計画問題

$$\left.\begin{array}{ll} \text{Minimize} & \dfrac{1}{2}\boldsymbol{x}^\top Q\boldsymbol{x} + \boldsymbol{c}^\top \boldsymbol{x} \\ \text{subject to} & A\boldsymbol{x} \leqq \boldsymbol{b} \end{array}\right\} \tag{5.6}$$

は半正定値計画問題に変形できる．ただし，$Q \in \mathcal{S}^n$ は半正定値対称行列である．

半正定値対称行列 Q に対して，$Q = LL^\top$ を満たす行列 $L \in \mathbb{R}^{n\times n}$ が存在する (例えば $L = Q^{1/2}$ としたり Q を Cholesky 分解したりすればよい)．命題 5.2 を用いると，$\boldsymbol{x} \in \mathbb{R}^n$ と $t \in \mathbb{R}$ を変数とする不等式

$$t \geqq \frac{1}{2}\boldsymbol{x}^\top Q\boldsymbol{x} + \boldsymbol{c}^\top \boldsymbol{x}$$

は線形行列不等式

$$\left[\begin{array}{c|c} \frac{1}{2}I & L^\top \boldsymbol{x} \\ \hline \boldsymbol{x}^\top L & -\boldsymbol{c}^\top \boldsymbol{x} - t \end{array}\right] \succeq O$$

に等価である．このことから，凸 2 次計画問題 (5.6) は，$\boldsymbol{x}$ と t を変数とする半正定値計画問題

$$\left.\begin{array}{ll} \text{Minimize} & t \\ \text{subject to} & \left[\begin{array}{c|c} \frac{1}{2}I & L^\top \boldsymbol{x} \\ \hline \boldsymbol{x}^\top L & -\boldsymbol{c}^\top \boldsymbol{x} - t \end{array}\right] \succeq O, \\ & A\boldsymbol{x} \leqq \boldsymbol{b} \end{array}\right\} \tag{5.7}$$

と等価である． ◁

例 5.6　各 $i = 1, \ldots, m$ に対して，$W_i \in \mathcal{S}^n$ を半正定値である定行列，$\boldsymbol{h}_i \in \mathbb{R}^n$ を定ベクトル，$r_i \in \mathbb{R}$ を定数とする．このとき，$\boldsymbol{x} \in \mathbb{R}^n$ に関する不等式制約

$$\frac{1}{2}\boldsymbol{x}^\top W_i \boldsymbol{x} + \boldsymbol{h}_i^\top \boldsymbol{x} + r_i \leqq 0$$

を**凸 2 次制約**とよぶ.

例 5.5 と同様にして，凸 2 次制約は線形行列不等式に帰着できる．したがって，凸 2 次制約の下で凸 2 次関数を最小化する問題

$$\left.\begin{array}{ll}\text{Minimize} & \frac{1}{2}\boldsymbol{x}^\top Q\boldsymbol{x} + \boldsymbol{c}^\top\boldsymbol{x} \\ \text{subject to} & \frac{1}{2}\boldsymbol{x}^\top W_i\boldsymbol{x} + \boldsymbol{h}_i^\top\boldsymbol{x} + r_i \leqq 0, \quad i = 1,\ldots,m\end{array}\right\} \tag{5.8}$$

は半正定値計画問題に変形できる． ◁

例 5.7 スカラー $t \in \mathbb{R}$ とベクトル $\boldsymbol{x} \in \mathbb{R}^n$ に関する不等式

$$t \geqq \|\boldsymbol{x}\|$$

を**2 次錐制約**とよぶ (5.4 節も参照のこと)．ただし，$\|\boldsymbol{x}\|$ は $\boldsymbol{x}$ の Euclid (ユークリッド) ノルム (つまり，$\|\boldsymbol{x}\| = \sqrt{\boldsymbol{x}^\top\boldsymbol{x}}$) である．2 次錐制約は，線形行列不等式

$$\left[\begin{array}{c|c} t & \boldsymbol{x}^\top \\ \hline \boldsymbol{x} & tI \end{array}\right] \succeq O$$

と等価である． ◁

S 補題とよばれる次の命題は，線形な等式・不等式に関する Farkas の補題 (定理 3.3) の 2 次不等式への拡張ともいえるものであり，制御理論などにおける重要な諸定理を導出するのに用いられる．

命題 5.3 $A, B \in \mathcal{S}^n$ を定行列とし，条件 $\hat{\boldsymbol{y}}^\top A\hat{\boldsymbol{y}} > 0$ を満たす $\hat{\boldsymbol{y}} \in \mathbb{R}^n$ が存在することを仮定する．このとき，次の二つの条件は同値である[*3]．

(a) $B - \tau A \succeq O, \tau \geqq 0$ を満たす $\tau \in \mathbb{R}$ が存在する．

(b) $\boldsymbol{y}^\top A\boldsymbol{y} \geqq 0$ を満たす任意の $\boldsymbol{y}$ に対して $\boldsymbol{y}^\top B\boldsymbol{y} \geqq 0$ が成立する．

命題 5.3 において，(a) が (b) の十分条件であることは自明である．また，二者択一定理の形式で述べると，命題 5.3 は (a) と主張

($\overline{\text{b}}$) $\boldsymbol{y}^\top A\boldsymbol{y} \geqq 0, \boldsymbol{y}^\top B\boldsymbol{y} < 0$ を満たす $\boldsymbol{y} \in \mathbb{R}^n$ が存在する

のいずれか一方のみが必ず成り立つ，ということを意味している．

*3 証明は，例えば文献 [33, Theorem 4.3.3] を参照されたい．

5.2 双対性と内点法

半正定値計画の主問題 (5.1) と双対問題 (5.3) の間には，線形計画の場合 (4.2 節) と同様の双対性が成り立つ．半正定値計画は非線形の最適化問題であるから，双対性が成り立つことは当たり前ではなく，半正定値計画のもつよい性質である．双対性は，主問題と双対問題の関係性や最適性条件を明確にするだけでなく，半正定値計画の応用における双対問題の解釈を与えたり，5.2.3 節で述べるように線形計画の解法である内点法を半正定値計画に拡張する際の基礎となるなど，きわめて重要である．

5.2.1 双 対 定 理

半正定値計画問題の主問題 (5.1) の制約をすべて満たす $X \in \mathcal{S}^n$ を，この問題の実行可能解とよぶ．さらに実行可能解 X が正定値であるとき，**内点実行可能解**とよぶ．内点実行可能解は，実行可能領域の相対的内点である．同様に，双対問題 (5.3) の制約をすべて満たす $(\boldsymbol{y}, S)$ をこの問題の実行可能解とよび，特に S が正定値であるときに内点実行可能解とよぶ．

X および $(\boldsymbol{y}, S)$ を主問題 (5.1) と双対問題 (5.3) の実行可能解とすると，$\mathcal{S}^n_+$ が自己双対錐であること (命題 5.1) より，これらの目的関数の間に不等式

$$C \bullet X - \boldsymbol{b}^\top \boldsymbol{y} = \left(\sum_{i=1}^{m} y_i A_i + S\right) \bullet X - \sum_{i=1}^{m} (A_i \bullet X) y_i = X \bullet S \geqq 0 \tag{5.9}$$

が成り立つ (**弱双対性**)．したがって，もし両者の目的関数値が一致すれば，X および $(\boldsymbol{y}, S)$ は最適解である．以下に示す双対定理は，この逆を保証するものである．

定理 5.1 (強双対性)　主問題 (5.1) と双対問題 (5.3) の双方に，内点実行可能解が存在することを仮定する．このとき，それぞれの問題に最適解が存在する．また，実行可能解 X および $(\boldsymbol{y}, S)$ がそれぞれの問題の最適解であるための必要十分条件は，主問題と双対問題の目的関数値が一致することである．　■

この定理 5.1 は，例えば Fenchel 双対性理論 (命題 3.23) を用いて証明することができる [20, 4.6 節]．線形計画問題の場合 (定理 4.2) と異なり，内点実行可能解が存在しない場合には，主問題と双対問題に最適解が存在しても最適値が一致す

るとは限らない．次の例 5.8 では，内点実行可能解が存在する場合に強双対性が成り立つことを確認する．また，例 5.9 では，内点実行可能解が存在せず，主問題と双対問題の最適値が一致しない例をあげる．

例 5.8 $n=3, m=2$ として，$A_1, A_2, \boldsymbol{b}, C$ を

$$A_1=\begin{bmatrix}0&1&0\\1&0&0\\0&0&0\end{bmatrix},\quad A_2=\begin{bmatrix}-2&0&0\\0&-2&0\\0&0&1\end{bmatrix},\quad \boldsymbol{b}=\begin{bmatrix}4\\2\end{bmatrix},\quad C=\begin{bmatrix}0&0&0\\0&0&0\\0&0&3\end{bmatrix}$$

と定める．主問題 (5.1) は，$X=(X_{ij})\in\mathcal{S}^3$ を変数として

$$\left.\begin{array}{ll}\text{Minimize} & 3X_{33}\\ \text{subject to} & X_{12}+X_{21}=4,\\ & -2X_{11}-2X_{22}+X_{33}=2,\\ & X\succeq O\end{array}\right\}$$

である．これを整理すると

$$\left.\begin{array}{ll}\text{Minimize} & 6(X_{11}+X_{22}+1)\\ \text{subject to} & \begin{bmatrix}X_{11}&2&X_{13}\\2&X_{22}&X_{23}\\X_{13}&X_{23}&2X_{11}+2X_{22}+2\end{bmatrix}\succeq O\end{array}\right\}\tag{5.10}$$

となる．例えば $X_{11}=X_{22}=3,\ X_{13}=X_{23}=0$ と選ぶと，問題 (5.10) の制約の左辺の行列は

$$X=\begin{bmatrix}3&2&0\\2&3&0\\0&0&14\end{bmatrix}$$

となり，正定値である (実際，この行列の固有値は 1, 5, 14 ですべて正である)．このように，問題 (5.10) には内点実行可能解が存在する．また，問題 (5.10) の最適解を計算すると，

$$X=\begin{bmatrix}2&2&0\\2&2&0\\0&0&10\end{bmatrix}$$

であり，最適値は 30 である．

次に，問題 (5.10) の双対問題は，問題 (5.3) に同じ A_1, A_2, $\boldsymbol{b}$, C を代入して

$$\left.\begin{array}{ll}\text{Maximize} & 4y_1 + 2y_2 \\ \text{subject to} & S = \begin{bmatrix} 2y_2 & -y_1 & 0 \\ -y_1 & 2y_2 & 0 \\ 0 & 0 & 3 - y_2 \end{bmatrix} \succeq O \end{array}\right\} \tag{5.11}$$

と得られる．例えば $y_1 = 0$, $y_2 = 1$ と選ぶと，問題 (5.11) の S は

$$S = \begin{bmatrix} 2 & 0 & 0 \\ 0 & 2 & 0 \\ 0 & 0 & 2 \end{bmatrix}$$

となり，正定値である (実際，この行列の固有値はすべて 2 で正である)．このように，問題 (5.11) には内点実行可能解が存在する．また，問題 (5.11) の半正定値制約を整理すると

$${4y_2}^2 \geqq {y_1}^2, \quad 0 \leqq y_2 \leqq 3$$

となる．このことから，問題 (5.11) の最適解は

$$\boldsymbol{y} = \begin{bmatrix} 6 \\ 3 \end{bmatrix}, \quad S = \begin{bmatrix} 6 & -6 & 0 \\ -6 & 6 & 0 \\ 0 & 0 & 0 \end{bmatrix}$$

であり，最適値は 30 である．このように，主問題 (5.10) の最適値と双対問題 (5.11) の最適値は一致する． ◁

例 5.9　$n = 3, m = 2$ として，A_1, A_2, $\boldsymbol{b}$, C を

$$A_1 = \begin{bmatrix} 0 & -1 & 0 \\ -1 & 0 & 0 \\ 0 & 0 & 2 \end{bmatrix}, \quad A_2 = \begin{bmatrix} -1 & 0 & 0 \\ 0 & 0 & 0 \\ 0 & 0 & 0 \end{bmatrix}, \quad \boldsymbol{b} = \begin{bmatrix} 4 \\ 0 \end{bmatrix}, \quad C = \begin{bmatrix} 0 & 0 & 0 \\ 0 & 0 & 0 \\ 0 & 0 & 1 \end{bmatrix}$$

と定める．主問題 (5.1) は，$X = (X_{ij}) \in \mathcal{S}^3$ を変数として

$$\left.\begin{array}{ll}\text{Minimize} & X_{33} \\ \text{subject to} & -X_{12} - X_{21} + 2X_{33} = 4, \\ & -X_{11} = 0, \\ & X \succeq O \end{array}\right\}$$

である．これを整理すると

$$\left.\begin{array}{ll}\text{Minimize} & X_{33} \\ \text{subject to} & \begin{bmatrix} 0 & X_{33}-2 & X_{13} \\ X_{33}-2 & X_{22} & X_{23} \\ X_{13} & X_{23} & X_{33} \end{bmatrix} \succeq O \end{array}\right\} \quad (5.12)$$

となる．この問題の実行可能領域は

$$\{(X_{13}, X_{22}, X_{23}, X_{33}) \mid X_{13} = 0,\ 2X_{22} \geqq {X_{23}}^2,\ X_{33} = 2\}$$

となって非空である．しかし，内点実行可能解は存在しない．また，問題 (5.12) の最適値は 2 であることがわかる．

次に，問題 (5.12) の双対問題は，問題 (5.3) に同じ A_1, A_2, $\boldsymbol{b}$, C を代入して

$$\left.\begin{array}{ll}\text{Maximize} & 4y_1 \\ \text{subject to} & S = \begin{bmatrix} y_2 & y_1 & 0 \\ y_1 & 0 & 0 \\ 0 & 0 & -2y_1+1 \end{bmatrix} \succeq O \end{array}\right\} \quad (5.13)$$

と得られる．この問題の半正定値制約は

$$y_1 = 0, \quad y_2 \geqq 0$$

と等価である．したがって，問題 (5.13) には実行可能解は存在するが，内点実行可能解は存在しない．また，問題 (5.13) の最適値は 0 であり，問題 (5.12) の最適値と一致しない．この例のように，内点実行可能解が存在しない場合には，半正定値計画問題の主問題と双対問題の最適値は一般に一致しない． $\lhd$

行列 $X \in \mathcal{S}^n$ および $S \in \mathcal{S}^n$ が $X \succeq O$ および $S \succeq O$ を満たすとき，条件 $X \bullet S = 0$ は行列の相補性条件 $XS = O$ と等価である[*4]．したがって，定理 5.1 と (5.9) より，主問題 (5.1) および双対問題 (5.3) に内点実行可能解が存在するとき，X および $(\boldsymbol{y}, S)$ がそれぞれの最適解であるための必要十分条件 (最適性条件) は

---

*4 $X \bullet S = \mathrm{tr}(XS) = \mathrm{tr}(XS^{1/2}S^{1/2}) = \mathrm{tr}(S^{1/2}XS^{1/2})$ と変形できる．ここで，$S^{1/2}XS^{1/2}$ は半正定値なので，$X \bullet S = 0$ ならば $S^{1/2}XS^{1/2} = O$ が成り立つ．このとき，$S^{1/2}XS^{1/2} = (X^{1/2}S^{1/2})^\top(X^{1/2}S^{1/2})$ であるから，$X^{1/2}S^{1/2} = O$ である．この等式に左から $X^{1/2}$，右から $S^{1/2}$ を乗じて $XS = O$ を得る．

$$A_i \bullet X = b_i, \quad i = 1, \ldots, m, \tag{5.14a}$$

$$\sum_{i=1}^{m} y_i A_i + S = C, \tag{5.14b}$$

$$XS = O, \tag{5.14c}$$

$$X \succeq O, \quad S \succeq O \tag{5.14d}$$

である．

条件 (5.14) において，(5.14a) および (5.14b) は線形の条件であり，(5.14c) および (5.14d) は非線形の条件である．線形計画問題の最適性条件 (4.18) と比較すると，スカラー x_j と s_j の相補性条件 $x_j s_j = 0$ $(j = 1, \ldots, n)$ が対称行列の積に関する条件 (5.14c) に置き換わり，非負条件 $x_j \geqq 0$, $s_j \geqq 0$ $(j = 1, \ldots, n)$ が対称行列の半正定値条件 (5.14d) に置き換わっている．

条件 (5.14c) および (5.14d) の意味は，次のように書き下すと理解しやすい．

命題 5.4　行列 $X, S \in \mathcal{S}^n$ が条件

$$X \succeq O, \quad S \succeq O, \quad XS = O \tag{5.15}$$

を満たすための必要十分条件は，直交行列 Q を用いて X および S が

$$X = Q \operatorname{diag}(\lambda_1, \ldots, \lambda_n) Q^\top, \quad S = Q \operatorname{diag}(\omega_1, \ldots, \omega_n) Q^\top \tag{5.16}$$

と固有値分解できて固有値 λ_j および ω_j が

$$\lambda_j \geqq 0, \quad \omega_j \geqq 0, \quad \lambda_j \omega_j = 0 \quad (j = 1, \ldots, n) \tag{5.17}$$

を満たすことである．■

(証明)　対称行列 $X, S \in \mathcal{S}^n$ が可換であること，つまり $XS = SX$ を満たすことの必要十分条件は，X と S が同じ直交行列 Q を用いて固有値分解できることである．さらに，X と S が (5.16) の形に表現されるとき，(5.15) と (5.17) は等価である．■

命題 5.4 より，半正定値計画問題の最適解では，X と S はすべての固有ベクトルが共通でありそれぞれの固有値の間に相補性条件が成り立つ．

例 5.10 例 5.8 の半正定値計画問題の場合には，主問題 (5.10) の最適解は

$$X = \begin{bmatrix} 2 & 2 & 0 \\ 2 & 2 & 0 \\ 0 & 0 & 10 \end{bmatrix}$$

であり，双対問題 (5.11) の最適解は

$$\boldsymbol{y} = \begin{bmatrix} 6 \\ 3 \end{bmatrix}, \quad S = \begin{bmatrix} 6 & -6 & 0 \\ -6 & 6 & 0 \\ 0 & 0 & 0 \end{bmatrix}$$

であった．X と S を固有値分解すると，行列 Q を

$$Q = \begin{bmatrix} 1/\sqrt{2} & 1/\sqrt{2} & 0 \\ -1/\sqrt{2} & 1/\sqrt{2} & 0 \\ 0 & 0 & 1 \end{bmatrix}$$

とおいて

$$X = Q \begin{bmatrix} 0 & & \\ & 4 & \\ & & 10 \end{bmatrix} Q^\top, \quad S = Q \begin{bmatrix} 12 & & \\ & 0 & \\ & & 0 \end{bmatrix} Q^\top$$

となる． ◁

5.2.2 半正定値計画問題のスケーリング

ここで半正定値計画問題に対し，**スケーリング**とよばれる変換を導入する．正則行列 $P \in \mathbb{R}^{n\times n}$ を一つ固定して次の対称行列の空間上の線形変換を考える：

$$X \quad \Rightarrow \quad \widetilde{X} = P^{-1} X P^{-\top}. \tag{5.18}$$

この変換で対称行列の半正定値性は変わらず，半正定値条件 $X \succeq O$ は $\widetilde{X} \succeq O$ と同値となる．また，$\widetilde{A}_i = P^\top A_i P$ とおくと，

$$\begin{aligned} A_i \bullet X &= \mathrm{tr}(A_i X) = \mathrm{tr}((P^\top A_i P)(P^{-1} X P^{-\top})) \\ &= \mathrm{tr}(\widetilde{A}_i \widetilde{X}) = \widetilde{A}_i \bullet \widetilde{X} \end{aligned}$$

が成り立つ．同様に，$\widetilde{C} = P^{\top}CP$ とおくと $C \bullet X = \widetilde{C} \bullet \widetilde{X}$ が成り立つ．これらの事実を念頭において，次の半正定値計画問題を考える：

$$\left.\begin{array}{ll} \underset{\widetilde{X} \in \mathcal{S}^n}{\text{Minimize}} & \widetilde{C} \bullet \widetilde{X} \\ \text{subject to} & \widetilde{A}_i \bullet \widetilde{X} = b_i, \quad i = 1, \ldots, m, \\ & \widetilde{X} \succeq O. \end{array}\right\} \tag{5.19}$$

問題 (5.1) の実行可能領域と問題 (5.19) の実行可能領域との間には (5.18) による一対一対応がつく．そして，対応する点の間で目的関数値も同じであるという意味で，これら二つの問題は等価である．

双対問題についても同様の関係が成立する．問題 (5.19) の双対問題は

$$\left.\begin{array}{ll} \text{Maximize} & \displaystyle\sum_{i=1}^{m} b_i \widetilde{y}_i \\ \text{subject to} & \displaystyle\sum_{i=1}^{m} \widetilde{y}_i \widetilde{A}_i + \widetilde{S} = \widetilde{C}, \\ & \widetilde{S} \succeq O \end{array}\right\} \tag{5.20}$$

である．問題 (5.1) の双対問題 (5.3) の実行可能領域上の点 $(\boldsymbol{y}, S)$ と，問題 (5.20) の実行可能領域上の点 $(\widetilde{\boldsymbol{y}}, \widetilde{S})$ との間には，対応

$$\widetilde{\boldsymbol{y}} = \boldsymbol{y}, \quad \widetilde{S} = P^{\top}SP \tag{5.21}$$

が成立する．

このように，半正定値計画問題は，変換 (5.18) あるいは (5.21) によって等価な別の半正定値計画問題に移されるという性質をもつ．スケーリングで移り合える半正定値計画問題は互いに等価であるから，内点法などのアルゴリズムの探索方向はスケーリングに依存しないものであることが望ましい．スケーリングは，半正定値計画の数理やアルゴリズムを考える上で重要な概念である．

5.2.3 半正定値計画問題の内点法

半正定値計画問題の代表的な解法は，内点法である．これは，線形計画問題に対する内点法を拡張したものであり，主内点法や主双対内点法がある．特に，主双対内点法は双対理論に立脚する手法であり，理論的に優れているばかりでなく

実用的なソフトウェアもいくつも開発されており，半正定値計画問題の解法として最も重要である．

線形計画問題に対する内点法 (4.4.2 節) では，制約 $x_j \geqq 0$ $(j = 1, \ldots, n)$ に対する対数障壁関数を $-\sum_{j=1}^{n} \log x_j$ で定義した．これと同様の考え方を用いて，半正定値計画問題に対する内点法を設計することができる．以下では，主問題 (5.1) と双対問題 (5.3) に内点実行可能解が存在することを仮定する．

半正定値計画問題の主問題 (5.1) の制約 $X \succeq O$ は，X の固有値を $\lambda_1(X), \ldots, \lambda_n(X)$ とおくと，条件 $\lambda_j(X) \geqq 0$ $(j = 1, \ldots, n)$ と同値である．そこで，$\nu > 0$ をパラメータとして，制約 $X \succeq O$ に対する対数障壁関数を

$$-\nu \sum_{j=1}^{n} \log \lambda_j(X) = -\nu \log\Big(\prod_{j=1}^{n} \lambda_j(X)\Big) = -\nu \log(\det X)$$

で定義する．ただし，定義域は $\mathrm{int}\, \mathcal{S}^n_+ = \{X \in \mathcal{S}^n \mid X \succ O\}$ である．対数障壁関数は，$\mathcal{S}^n_+$ の境界 $\{X \in \mathcal{S}^n_+ \mid \det X = 0\}$ に近づくにつれて値が $+\infty$ に発散する関数である．そして，主問題 (5.1) に対数障壁関数を組み込んだ最適化問題

$$\left.\begin{array}{ll} \underset{X \in \mathcal{S}^n}{\text{Minimize}} & C \bullet X - \nu \log(\det X) \\ \text{subject to} & A_i \bullet X = b_i, \quad i = 1, \ldots, m, \\ & X \succ O \end{array}\right\} \tag{5.22}$$

を考える．対数障壁関数は凸関数であり，この問題は凸計画問題である．特に，任意の $\nu > 0$ に対して，この問題の最適解は一意に存在する．その最適解を $X(\nu)$ おくと，ν を正の範囲で動かしたときの軌跡 $\{X(\nu) \mid \nu > 0\}$ を中心曲線とよぶ (主問題に対して定義された中心曲線であることを明確にしたいときには，主中心曲線とよぶ)．中心曲線は半正定値計画問題の主問題 (5.1) の実行可能領域の相対的内部に存在する滑らかな曲線であり，$\nu \to 0$ で主問題の最適解に収束する．

双対問題 (5.3) に対しても，中心曲線を同様に定義できる．つまり，制約 $S \succeq O$ に対する対数障壁関数を用いて，凸計画問題

$$\left.\begin{array}{ll} \text{Maximize} & \displaystyle\sum_{i=1}^{m} b_i y_i + \nu \log(\det S) \\ \text{subject to} & \displaystyle\sum_{i=1}^{m} y_i A_i + S = C, \\ & S \succ O \end{array}\right\} \tag{5.23}$$

を考える．この問題の最適解 $(\boldsymbol{y}(\nu), S(\nu))$ の軌跡 $\{(\boldsymbol{y}(\nu), S(\nu)) \mid \nu > 0\}$ を，双対中心曲線とよぶ．双対中心曲線は，$\nu \to 0$ で半正定値計画問題の双対問題 (5.3) の最適解に収束する．

$\nu > 0$ を固定したとき，主中心曲線を定義するために導入した問題 (5.22) の最適性条件は，

$$\nabla_X \log(\det X) = X^{-1}$$

に注意すると，

$$A_i \bullet X = b_i, \quad i = 1, \ldots, m, \tag{5.24a}$$

$$\sum_{i=1}^{m} y_i A_i + S = C, \tag{5.24b}$$

$$XS = \nu I, \tag{5.24c}$$

$$X \succ O, \quad S \succ O \tag{5.24d}$$

と書ける (I は n 次の単位行列である)．また，この条件は，双対中心曲線を定義する最適化問題 (5.23) の最適性条件でもある．任意の $\nu > 0$ に対して，条件 (5.24) を満たす解は一意に存在する．それを $(X(\nu), \boldsymbol{y}(\nu), S(\nu))$ で表したとき，解の軌跡 $\{(X(\nu), \boldsymbol{y}(\nu), S(\nu)) \mid \nu > 0\}$ を主双対中心曲線とよぶ (単に，中心曲線ともよぶ)．主双対中心曲線は，主中心曲線と双対中心曲線との直積である．

主双対内点法の概要は，次のとおりである．まず初期点 $(X_0, \boldsymbol{y}_0, S_0)$ として $X_0 \succ O$, $S_0 \succ O$ を満たす点を選び，順次

$$X_{k+1} = X_k + \alpha_k \Delta X, \tag{5.25a}$$

$$\boldsymbol{y}_{k+1} = \boldsymbol{y}_k + \alpha_k \Delta \boldsymbol{y}, \tag{5.25b}$$

$$S_{k+1} = S_k + \alpha_k \Delta S \tag{5.25c}$$

に従って解を更新しながら半正定値計画問題を解く．ここで，$(\Delta X, \Delta \boldsymbol{y}, \Delta S)$ は探索方向であり，α_k はステップ幅である．探索方向は，ΔX と ΔS が対称行列になるように定める．また，$(X_k, \boldsymbol{y}_k, S_k)$ は現在の反復において得られている点である．この点に対する双対性ギャップの尺度 ρ_k を

$$\rho_k = \frac{X_k \bullet S_k}{n}$$

で定義する．後で述べるように内点法では $X_k, S_k \succ O$ を満たすように解を更新するため，$\rho_k > 0$ である．また，もし点 $(X_k, \boldsymbol{y}_k, S_k)$ が中心曲線上にあれば，ρ_k はこの点における ν の値に一致する．そして，次の点 $(X_{k+1}, \boldsymbol{y}_{k+1}, S_{k+1})$ における ν_{k+1} の目標値を定数 $\gamma \in (0,1)$ を用いて

$$\nu_{k+1} = \gamma \rho_k$$

と定める．(5.24a)–(5.24c) で $\nu = \nu_{k+1}$ とおいた式を線形方程式で近似し，その解を探索方向 $(\Delta X, \Delta \boldsymbol{y}, \Delta S)$ とする．そして，(5.25) に従い，条件

$$X_{k+1} \succ O, \quad S_{k+1} \succ O$$

を満たすようにステップ幅 $\alpha_k > 0$ を定めて次の点 $(X_{k+1}, \boldsymbol{y}_{k+1}, S_{k+1})$ を求める．以上を繰り返して，制約と相補性を十分な精度で満たす点 $(X_k, \boldsymbol{y}_k, S_k)$ が得られれば，これを最適解として出力して終了する．

このように，半正定値計画問題に対する主双対内点法は，線形計画問題に対するそれと基本的な考え方は共通している．しかし，探索方向の計算には，半正定値計画問題に特有の複雑さがある．(5.24a)–(5.24c) で $\nu = \nu_{k+1}$ とおいたときの Newton 方程式は

$$A_i \bullet \Delta X = -(\boldsymbol{r}_k)_i, \quad i = 1, \ldots, m, \tag{5.26a}$$

$$\sum_{i=1}^{m} \Delta y_i A_i + \Delta S = -R_k, \tag{5.26b}$$

$$X_k \Delta S + \Delta X S_k = \nu_{k+1} I - X_k S_k \tag{5.26c}$$

となる．ただし，

$$(\boldsymbol{r}_k)_i = A_i \bullet X_k - b_i,$$
$$R_k = \sum_{i=1}^{m} (\boldsymbol{y}_k)_i A_i + S_k - C$$

であり，$(\boldsymbol{r}_k)_i$ はベクトル $\boldsymbol{r}_k \in \mathbb{R}^m$ の i 番目の要素を表す．(5.26) において，$X_k S_k$ は一般に対称行列ではないことと ΔX および ΔS が対称行列であることに注意すると，この連立方程式は $m + n(n+1)$ 個の変数に関する $m + n(n+1)/2 + n^2$ 本の線形方程式である．つまり，式の本数の方が変数の個数より多いため，ΔX お

よび ΔS を対称行列に限ると，(5.26) は解をもつとは限らない．これが，半正定値計画問題に対する内点法に特有の問題点である．

この問題点を解決する方法には，多くの提案がある [35, 6 章]．そのうちの一つは，条件 (5.24c) を緩めた式の Newton 方程式をつくるというものである．X と S が (5.24c) を満たすとき，$SX = \nu I$ も成り立つので，

$$XS + SX = 2\nu I$$

が成立する．この方程式の解は，$XS = SX$ を満たすとは限らないから，(5.24c) よりも弱い条件である．そして，この方程式に対する Newton 方程式は

$$X_k \Delta S + \Delta X S_k + S_k \Delta X + \Delta S X_k = 2\nu I - X_k S_k - S_k X_k \tag{5.27}$$

となる．(5.27) は，両辺が対称行列であることから，$n(n+1)/2$ 本の線形方程式とみなせる．そこで，(5.26a), (5.26b), (5.27) を連立させると変数の個数と式の本数が一致する．この連立方程式の解として得られる探索方向 $(\Delta X, \Delta \boldsymbol{y}, \Delta S)$ を，AHO 探索方向とよぶ[*5]．AHO 方向は，スケーリングに対する不変性を有さず，また，任意の内点実行可能解で存在するとは限らない．これらの難点は，5.2.2 節で説明したスケーリングと組み合わせることで回避できることが知られている．すなわち，適切なスケーリングを行って変換後の空間で AHO 方向を計算し，もとの空間に戻す．これをスケーリング付き AHO 方向とよぶことにする．特に，現在の反復点で $P = S_k^{-1/2}$ として得られるスケーリング付き AHO 方向を HRVW/KSH/M 探索方向，$PX_kP^\top = P^{-\top}S_kP^{-1}$ となる P を用いて得られるスケーリング付き AHO 方向を NT 探索方向とよび，これらの方向が大部分の実用的なソフトウェアで用いられている[*6]．

主双対内点法では，中心曲線の十分に近くに初期点をとり，適切に ν を更新することで，条件

$$(C \bullet X_k - \bar{c}) \leqq (1 - 0.1/\sqrt{n})^k (C \bullet X_0 - c_0)$$

を満たす点列を生成することができる (アルゴリズムの多項式性)．ここで，X_0 は初期点，X_k は k 反復目の近似解，$\bar{c}$ は最適値，c_0 は X_0 において推定された主問

*5　F. Alizadeh, J.-P.A. Haeberly, and M.L. Overton (1997) によって提案された探索方向であるので，このようによばれる．

*6　HRVW/KSH/M 方向は，C. Helmberg, F. Rendl, R.J. Vanderbei, and H. Wolkowicz (1996), M. Kojima, S. Shindoh, and S. Hara (1997), R.D.C. Monteiro (1997) で提案された探索方向である．NT 方向は，Y. Nesterov and M.J. Todd (1998) で提案された方向である．

題の最適値の適当な下界である．このように，線形計画問題に対する内点法の主要な結果は，ほぼそのまま半正定値計画問題に拡張できる．

内点法によって，行列の大きさ n が 3000 程度，等式制約の数 m が 5000 程度の半正定値計画問題が解ける．問題が大規模になると，内点法は探索方向の計算が困難になる．これは，本質的には内点法が 2 階微分の情報を用いる解法であるためである．そこで，1 階微分の情報のみで反復を行える降下法系統の解法も研究されている．

5.3 応　　用

半正定値計画問題は，組合せ最適化や種々の非線形最適化をはじめとして，制御，データマイニング，量子化学，構造最適化などさまざまな分野に応用がある．

a. 制御における応用

$A \in \mathbb{R}^{n\times n}$ は定行列とし，時刻を t ($t \geqq 0$) として，常微分方程式

$$\frac{\mathrm{d}\boldsymbol{x}}{\mathrm{d}t} = A\boldsymbol{x}, \quad \boldsymbol{x}(0) = \boldsymbol{x}_0 \tag{5.28}$$

を考える (**線形時不変システム**とよぶ)．原点 $\boldsymbol{x} = \boldsymbol{0}$ は (5.28) の**平衡点**である．任意の初期値 $\boldsymbol{x}_0$ に対して解 $\boldsymbol{x}(t)$ が $\boldsymbol{x}(t) \to \boldsymbol{0}$ ($t \to +\infty$) を満たすとき，平衡点 $\boldsymbol{0}$ は**漸近安定**であるという．以下では，平衡点の安定性を判定する問題を考える．

例えば，図 5.2 に示すような台車がばねとダンパーで壁に接続された系を考える．台車の質量を m，ばねのばね定数を k，ダンパーの減衰係数を c とおく．また，台車に作用する外力を p で表し，台車の変位を u で表す．この台車の**運動方程式**は

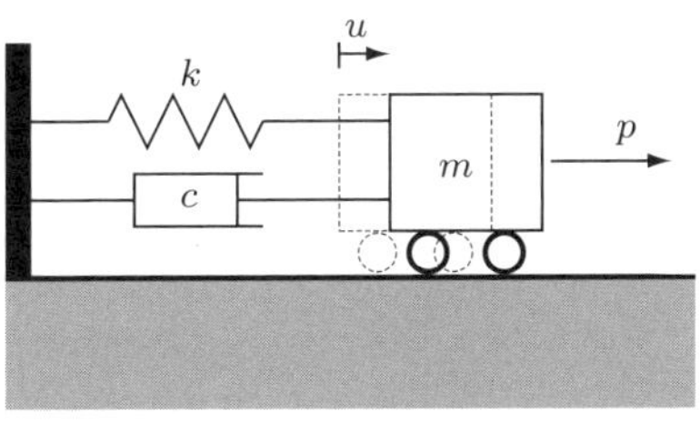

図 5.2　1 自由度振動系

$$m\ddot{u} + c\dot{u} + ku = p \tag{5.29}$$

と書ける (ただし，$\dot{u} = \mathrm{d}u/\mathrm{d}t, \ddot{u} = \mathrm{d}^2u/\mathrm{d}t^2$ である)．そこで，

$$x_1 = u, \quad x_2 = \dot{u}$$

とおくと，(5.29) は

$$\begin{bmatrix} \dot{x}_1 \\ \dot{x}_2 \end{bmatrix} = \begin{bmatrix} 0 & 1 \\ -k/m & -c/m \end{bmatrix} \begin{bmatrix} x_1 \\ x_2 \end{bmatrix} + \begin{bmatrix} 0 \\ p/m \end{bmatrix}$$

と書き直せる．つまり，$p = 0$ の場合には (5.28) の形で表されることがわかる．

正定値対称行列 $Y \in \mathcal{S}^n$ を用いて関数 $v : \mathbb{R}^n \to \mathbb{R}$ を

$$v(\boldsymbol{x}) = \frac{1}{2}\boldsymbol{x}^\top Y \boldsymbol{x}$$

で定義する．ある $Y \succ O$ を選んだときに条件

$$\frac{\mathrm{d}}{\mathrm{d}t}v(\boldsymbol{x}) < 0 \quad (\forall \boldsymbol{x}) \tag{5.30}$$

が成り立てば，システム (5.28) の平衡点 $\boldsymbol{x} = \boldsymbol{0}$ は漸近安定である (このような v を **Lyapunov** (リアプノフ) **関数**とよぶ)．ここで，(5.28) を用いると

$$\frac{\mathrm{d}}{\mathrm{d}t}v(\boldsymbol{x}) = \boldsymbol{x}^\top (YA + A^\top Y)\boldsymbol{x}$$

であるから，条件 (5.30) は

$$YA + A^\top Y \prec O \tag{5.31}$$

と等価である．この条件 (5.31) を **Lyapunov 不等式**とよぶが，実は，Lyapunov 不等式を満たす $Y \succ O$ が存在することは漸近安定のための必要十分条件である．このような Y が存在するかどうかを判定するためには，$Y \in \mathcal{S}^n$ と $\lambda \in \mathbb{R}$ を変数とする次の半正定値計画問題を解けばよい：

$$\left.\begin{array}{ll} \text{Maximize} & \lambda \\ \text{subject to} & Y \succeq \lambda I, \\ & YA + A^\top Y \preceq -\lambda I. \end{array}\right\} \tag{5.32}$$

この問題の最適値 λ が正であることが，漸近安定のための必要十分条件である．

さらに，$B \in \mathbb{R}^{n\times m}$ および $K \in \mathbb{R}^{m\times n}$ を定行列として，常微分方程式

$$\frac{\mathrm{d}\boldsymbol{x}}{\mathrm{d}t} = A\boldsymbol{x} + B\boldsymbol{s}, \tag{5.33a}$$

$$\boldsymbol{s} = K\boldsymbol{x} \tag{5.33b}$$

を考える．このような方程式は，線形状態フィードバック制御を施した，状態が直接観測できるような線形システムの記述として現れる．$\boldsymbol{x}$ は状態変数，$\boldsymbol{s}$ は入力，K はフィードバックゲイン行列とよばれる．以下では，(5.33) の平衡点 $(\boldsymbol{x},\boldsymbol{s}) = (\boldsymbol{0},\boldsymbol{0})$ が漸近安定となるように K を決める問題を考える．(5.33) から $\boldsymbol{s}$ を消去した微分方程式

$$\dot{\boldsymbol{x}} = (A+BK)\boldsymbol{x}$$

に対する Lyapunov 不等式は

$$Y(A+BK) + (A+BK)^{\top}Y \prec O \tag{5.34}$$

である．ただし，Y は n 次の正定値対称行列である．ここで，$Z = Y^{-1}$ とおくと，条件 (5.34) は

$$(A+BK)Z + Z(A+BK)^{\top} \prec O \tag{5.35}$$

と等価であり，$Y \succ O$ は $Z \succ O$ と等価である．したがって，条件 (5.35) を満たす $Z \succ O$ が存在するような K を求めたい．(5.35) を Z と K に関する条件とみると，これは線形行列不等式ではない．しかし，$X = KZ \in \mathbb{R}^{m\times n}$ とおくことで

$$AZ + BX + ZA^{\top} + X^{\top}B^{\top} \prec O \tag{5.36}$$

と書き直せる．この条件 (5.36) は $X \in \mathbb{R}^{m\times n}$ と $Z \in \mathcal{S}^n$ に関する線形行列不等式であるから (問題 (5.32) と同様にして) 半正定値計画の枠組みで扱える．(5.36) を満たす X および $Z \succ O$ が得られたならば，(Z は正則だから) フィードバックゲイン行列 K は

$$K = XZ^{-1}$$

として得られる．

b. 固有値最適化

定行列 $P_i \in \mathcal{S}^n \ (i = 0, 1, \ldots, m)$ を用いて $P(\boldsymbol{y})$ を

$$P(\boldsymbol{y}) = P_0 + \sum_{i=1}^{m} y_i P_i$$

で定義する．$P(\boldsymbol{y})$ の固有値のうち最小のものを $\lambda_{\min}(P(\boldsymbol{y}))$ で表す．そして，最小固有値を最大化する問題

$$\text{Maximize} \quad \lambda_{\min}(P(\boldsymbol{y})) \tag{5.37}$$

を考える．

例えば，行列

$$P(\boldsymbol{y}) = \begin{bmatrix} 1 + y_1 & y_2 \\ y_2 & 1 - y_1 \end{bmatrix}$$

の固有値は $1 \pm \sqrt{y_1^2 + y_2^2}$ であるから，

$$\lambda_{\min}(P(\boldsymbol{y})) = 1 - \sqrt{y_1^2 + y_2^2}$$

である．この関数は凹関数なので，その最大化問題は凸計画問題である．しかし，$\sqrt{y_1^2 + y_2^2}$ は点 $(y_1, y_2) = (0, 0)$ において微分不可能である．このように，問題 (5.37) の目的関数は凹関数であるが一般に微分不可能な関数である．このことが，問題 (5.37) を難しくしている．

条件 $\lambda_{\min}(P(\boldsymbol{y})) \geqq t$ は $\lambda_{\min}(P(\boldsymbol{y}) - tI) \geqq 0$ と等価である．このことを用いると，問題 (5.37) は，$\boldsymbol{y} \in \mathbb{R}^m$ と $t \in \mathbb{R}$ を変数とする半正定値計画問題

$$\left.\begin{array}{ll} \text{Maximize} & t \\ \text{subject to} & P(\boldsymbol{y}) - tI \succeq O \end{array}\right\} \tag{5.38}$$

に帰着できる．この半正定値計画問題を内点法で解くと，$\lambda_{\min}(P(\boldsymbol{y}))$ の微分可能性とは関係なく最適解を求めることができる．

次に，一般化固有値問題

$$P(\boldsymbol{y})\boldsymbol{z} = \omega Q(\boldsymbol{y})\boldsymbol{z} \tag{5.39}$$

を考える ($\boldsymbol{z} \in \mathbb{R}^n$ は一般化固有ベクトルである)．ここで，対称行列 $Q(\boldsymbol{y})$ は

$$Q(\boldsymbol{y}) = Q_0 + \sum_{i=1}^{m} y_i Q_i$$

で定義されるとし，さらに定行列 $Q_0 \in \mathcal{S}^n$ は正定値で，$Q_1, \ldots, Q_m \in \mathcal{S}^n$ は半正定値であるとする．このとき，任意の $\boldsymbol{y} \geqq \boldsymbol{0}$ に対して $Q(\boldsymbol{y})$ は正定値である．一般化固有値問題 (5.39) の固有値の最小値を $\omega_{\min}(\boldsymbol{y})$ で表し，その下限値制約を考慮した次の最適化問題を考える：

$$\left.\begin{array}{ll} \text{Maximize} & \boldsymbol{b}^\top \boldsymbol{y} \\ \text{subject to} & \omega_{\min}(\boldsymbol{y}) \geqq \hat{\omega}, \\ & \boldsymbol{y} \geqq \boldsymbol{0}. \end{array}\right\} \tag{5.40}$$

ただし，$\hat{\omega} > 0$ は定数である．**Rayleigh** (レイリー) **商**に関する公式

$$\min_{\boldsymbol{z}} \left\{ \frac{\boldsymbol{z}^\top P(\boldsymbol{y}) \boldsymbol{z}}{\boldsymbol{z}^\top Q(\boldsymbol{y}) \boldsymbol{z}} \mid \boldsymbol{z} \neq \boldsymbol{0} \right\} = \omega_{\min}(\boldsymbol{y})$$

を用いると，条件 $\omega_{\min}(\boldsymbol{y}) \geqq \hat{\omega}$ は条件 $P(\boldsymbol{y}) - \hat{\omega} Q(\boldsymbol{y}) \succeq O$ に等価であることがわかる．したがって，問題 (5.40) は半正定値計画問題

$$\left.\begin{array}{ll} \text{Maximize} & \boldsymbol{b}^\top \boldsymbol{y} \\ \text{subject to} & P(\boldsymbol{y}) - \hat{\omega} Q(\boldsymbol{y}) \succeq O, \\ & \boldsymbol{y} \geqq \boldsymbol{0} \end{array}\right\} \tag{5.41}$$

に帰着できる．

さらに，Q_0 が (正定値とは限らないが) 半正定値であるとき，$\boldsymbol{y} \geqq \boldsymbol{0}$ に対して最小固有値 $\tilde{\omega}_{\min}(\boldsymbol{y})$ を

$$\tilde{\omega}_{\min}(\boldsymbol{y}) = \min_{\boldsymbol{z}} \left\{ \frac{\boldsymbol{z}^\top P(\boldsymbol{y}) \boldsymbol{z}}{\boldsymbol{z}^\top Q(\boldsymbol{y}) \boldsymbol{z}} \mid Q(\boldsymbol{y}) \boldsymbol{z} \neq \boldsymbol{0} \right\}$$

で定義することにする．実は，この場合にも，条件 $\tilde{\omega}_{\min}(\boldsymbol{y}) \geqq \hat{\omega}$ は条件 $P(\boldsymbol{y}) - \hat{\omega} Q(\boldsymbol{y}) \succeq O$ に等価であることが知られている．この設定は，構造物の自由振動の固有振動数に関する制約を考慮した最適化問題などに応用があり，その場合には $P(\boldsymbol{y})$ および $Q(\boldsymbol{y})$ は構造物の剛性および質量を表す行列である[*7]．

*7　詳しくは，文献 [40], [42, 8 章], [43, Chap. 3] などを参照されたい．

この他にも，固有値に関するさまざまな制約が線形行列不等式で表現できる[33]．例えば，$P(\boldsymbol{y})$ の大きい方から k 個 (重複度も数える) の固有値の和を $s_k(\boldsymbol{y})$ とおくと，条件 $s_k(\boldsymbol{y}) \leqq \hat{s}$ は条件

$$\begin{aligned}(Z + tI) - P(\boldsymbol{y}) &\succeq O,\\ Z &\succeq O,\\ \hat{s} &\geqq kt + \mathrm{tr}\, Z\end{aligned}$$

を満たす $Z \in \mathcal{S}^n$ および $t \in \mathbb{R}$ が存在することと同値である．また，例えば，対称とは限らない行列 $Y \in \mathbb{R}^{n\times l}$ の特異値の最大値を $\sigma_{\max}(Y)$ とおくと，条件 $\sigma_{\max}(Y) \leqq \hat{\sigma}$ は条件

$$\begin{bmatrix} \hat{\sigma} I & Y^\top \\ Y & \hat{\sigma} I \end{bmatrix} \succeq O$$

と同値である．

c.　組合せ最適化

$W \in \mathcal{S}^n$ を定行列とし，x_j を -1 または 1 だけをとる変数として，最適化問題

$$\left.\begin{array}{ll}\text{Minimize} & \boldsymbol{x}^\top W \boldsymbol{x} \\ \text{subject to} & x_j \in \{-1, 1\}, \quad j = 1, \ldots, n\end{array}\right\} \tag{5.42}$$

を考える．

例えば，組合せ最適化におけるグラフの最大カット問題は，問題 (5.42) に帰着できる．頂点集合 $V = \{1, \ldots, n\}$ と枝集合 E からなる**無向グラフ** $G = (V, E)$ において，集合 $X \subseteq V$ とその補集合 $\bar{X} = V - X$ に対して

$$(X, \bar{X}) = \{(i, j) \in E \mid i \in X,\ j \in \bar{X}\}$$

で与えられる枝の集合 $(X, \bar{X})$ を**カット**という．各枝 $(i, j) \in E$ に非負の重み (実数) $c(i, j)$ が与えられているとする．このとき，カットの重み

$$c(X, \bar{X}) = \sum_{(i,j)\in(X,\bar{X})} c(i, j)$$

が最大になるカットを求める問題を，**最大カット問題**という．例えば，図 5.3(a) は頂点集合が $V = \{1, 2, \ldots, 7\}$ で枝が 10 本の無向グラフの例である．$X = \{1, 2, 3\}$, $\bar{X} = \{4, 5, 6, 7\}$ と選ぶと，対応するカットは図 5.3(b) に示すように

$$(X, \bar{X}) = \{(2, 4), (2, 6), (3, 5), (3, 6)\}$$

となる．頂点 $j \in V$ に対して変数 x_j を

$$x_j = \begin{cases} 1 & (j \in X \text{ のとき}) \\ -1 & (j \in \bar{X} \text{のとき}) \end{cases}$$

と定義し，枝の重みを用いて定行列 $W = (w_{ij}) \in \mathcal{S}^n$ を

$$w_{ij} = \begin{cases} \frac{1}{4}c(i, j) & (\{i, j\} \in E \text{ のとき}) \\ 0 & (\{i, j\} \notin E \text{ のとき}) \end{cases}$$

で定めると，最大カット問題は

$$\left.\begin{array}{ll} \text{Maximize} & \displaystyle\sum_{i=1}^{n}\sum_{j=1}^{n} w_{ij}(1 - x_i x_j) \\ \text{subject to} & x_j \in \{-1, 1\}, \quad j = 1, \ldots, n \end{array}\right\}$$

と定式化できる．目的関数の定数項は無視しても最適解は変わらないので，この問題は問題 (5.42) の形式である．

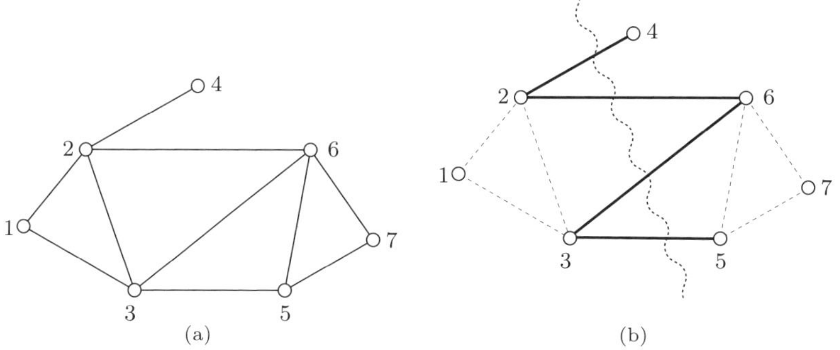

図 **5.3**　(a) グラフと (b) カットの例

問題 (5.42) の目的関数は

$$x^\top W x = W \bullet (xx^\top)$$

と書き直せる．x が問題 (5.42) の制約を満たすとき，行列 $xx^\top$ は階数が 1 の半正定値対称行列であり，その対角要素はすべて 1 である．実際，

$$\begin{aligned}&\{xx^\top \mid x \in \{-1,1\}^n\} \\ &\quad = \{Y \in \mathcal{S}^n \mid Y \succeq O,\ \mathrm{rank}\, Y = 1,\ Y_{ii} = 1\ (i = 1,\ldots,n)\}\end{aligned}$$

が成り立つ．このうち，$\mathrm{rank}\, Y = 1$ の条件を除くことで，次の最適化問題が得られる：

$$\left.\begin{array}{ll}\displaystyle\min_{Y \in \mathcal{S}^n} & W \bullet Y \\ \text{subject to} & Y_{ii} = 1, \quad i = 1,\ldots,n, \\ & Y \succeq O.\end{array}\right\} \tag{5.43}$$

この問題は半正定値計画問題である．さらに，もとの問題 (5.42) の任意の実行可能解 x に対して，Y を $Y = xx^\top$ で定めると問題 (5.43) の実行可能解となり二つの問題の目的関数値 $x^\top W x$ と $W \bullet Y$ は一致する．したがって，問題 (5.43) の最適値は問題 (5.42) の最適値の下界となる．このような性質をもつ最適化問題 (5.43) を，もとの問題 (5.42) の**緩和問題**という．緩和問題 (5.43) の最適解 Y を利用して，もとの問題 (5.42) の近似解 x を生成する手法が提案されている[33,36]．この他にも，さまざまな組合せ最適化問題に対して，半正定値計画問題を利用した近似解法が提案されている．

d.　非凸型の 2 次計画問題

前項 (5.3.c 項) と同様の考え方により，非凸型の 2 次計画問題に対しても半正定値計画緩和を導くことができる．2 次関数 $g_0, g_1, \ldots, g_m$ を

$$g_i(x) = x^\top Q_i x + 2c_i^\top x + r_i$$

で定める．ただし，$Q_i \in \mathcal{S}^n$ は半正定値とは限らず，したがって $g_0, g_1, \ldots, g_m$ は凸関数とは限らないとする．このとき，最適化問題

$$\left.\begin{array}{ll}\text{Minimize} & g_0(x) \\ \text{subject to} & g_i(x) \leqq 0, \quad i = 1,\ldots,m\end{array}\right\} \tag{5.44}$$

を**非凸型 2 次計画問題**とよぶ．非凸な最適化問題では，局所最適解は必ずしも大域的最適解ではないので，非凸型 2 次計画問題の大域的最適解を求めることは一般には容易ではない．

ここで，各 g_i が

$$g_i(\boldsymbol{x}) = \left[\begin{array}{c|c} r_i & \boldsymbol{c}_i^\top \\ \hline \boldsymbol{c}_i & Q_i \end{array}\right] \bullet \left[\begin{array}{c|c} 1 & \boldsymbol{x}^\top \\ \hline \boldsymbol{x} & \boldsymbol{x}\boldsymbol{x}^\top \end{array}\right]$$

と表せることに注目すると，問題 (5.44) に対して次のような緩和問題を得ることができる：

$$\left.\begin{array}{ll} \text{Minimize} & Q_0 \bullet Y + 2\boldsymbol{c}_0^\top \boldsymbol{x} + r_0 \\ \text{subject to} & Q_i \bullet Y + 2\boldsymbol{c}_i^\top \boldsymbol{x} + r_i \leqq 0, \quad i = 1, \ldots, m, \\ & \left[\begin{array}{c|c} 1 & \boldsymbol{x}^\top \\ \hline \boldsymbol{x} & Y \end{array}\right] \succeq O. \end{array}\right\} \tag{5.45}$$

この問題の変数は $\boldsymbol{x} \in \mathbb{R}^n$ および $Y \in \mathcal{S}^n$ であり，この問題は半正定値計画問題である．もとの問題 (5.44) の任意の実行可能解 $\boldsymbol{x}$ に対して $Y = \boldsymbol{x}\boldsymbol{x}^\top$ と定義すると $(\boldsymbol{x}, Y)$ は問題 (5.45) の実行可能解であり両者の目的関数値は一致する．したがって，問題 (5.45) は問題 (5.44) の緩和問題であり，問題 (5.45) を解くことでもとの問題 (5.44) の最適値の下界が得られる．

e. Markov 連鎖の混交時間の最小化問題

頂点集合 $V = \{v_1, \ldots, v_n\}$ と枝集合 E からなる無向グラフ $G = (V, E)$ の上での **Markov** (マルコフ) **連鎖**を考える (Markov 連鎖については『工学教程：線形代数 II』[23] を参照のこと)．離散的な時刻 $t = 0, 1, 2, \ldots$ におけるシステムの状態を $x(t) \in \{1, 2, \ldots, n\}$ で表す．時刻 t において状態が i である確率を $\pi_i(t) = \mathbf{Prob}(x(t) = i)$ とおき，これを横に並べた $1 \times n$ 行列を $\boldsymbol{\pi}(t)$ で表す．状態 $1, \ldots, n$ をグラフの頂点 $v_1, \ldots, v_n$ に対応させ，頂点 i と頂点 j を結ぶ枝があればシステムは状態 i から状態 j に確率 P_{ij} で移るものとする．つまり，**推移確率行列** $P = (P_{ij}) \in \mathbb{R}^{n \times n}$ を

$$P_{ij} = \begin{cases} \mathbf{Prob}(x(t+1) = j \mid x(t) = i) & ((i,j) \in E \text{ のとき}) \\ 0 & (\text{それ以外のとき}) \end{cases}$$

で定義する．図 5.4 に，グラフと推移確率の例を示す．時刻 $t+1$ における各状態の確率は $\boldsymbol{\pi}(t+1) = \boldsymbol{\pi}(t)P$ と表せる．このことから，P の各行の和は 1 に等しい．また，P_{ij} はすべて非負であり，グラフ G の枝に向きがないことから P は対称行列である．すなわち，P は条件

$$P^\top = P, \quad P\mathbf{1} = \mathbf{1}, \quad P_{ij} \geqq 0 \quad (i,j = 1,\dots,n) \tag{5.46}$$

を満たす行列である (ただし，$\mathbf{1} = (1,\dots,1)^\top \in \mathbb{R}^n$ である)．したがって $\mathbf{1}^\top P = \mathbf{1}^\top$ が成り立つから，$\hat{\boldsymbol{\pi}} = (1/n)\mathbf{1}^\top$ は定常分布である．また，P の固有値は (P の対称性より) 実数であり，**Perron–Frobenius** (ペロン–フロベニウス) **の定理**より固有値の絶対値はすべて 1 以下である*8．

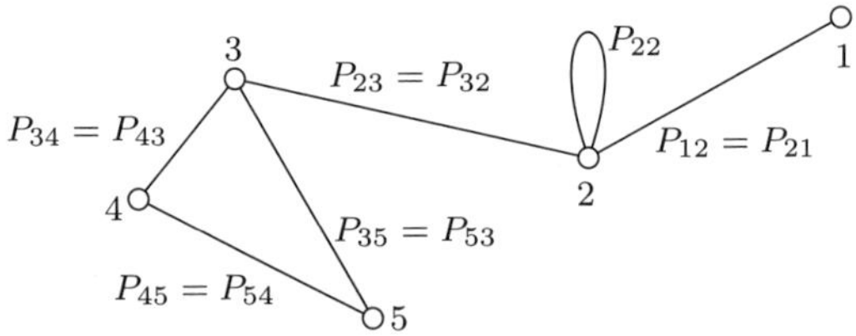

図 5.4　無向グラフ上の Markov 連鎖の例 ($n = 5$ の場合)

以下では，グラフ G の頂点集合 V と枝集合 E が与えられたときに，なるべく少ない推移回数で定常状態 $\hat{\boldsymbol{\pi}}$ に収束するように推移確率行列 P を決める問題を考える．推移確率行列 P の固有値の絶対値のうち，二番目に大きいものを $\mu(P)$ とおく．つまり，P の固有値を

$$(1 =)\,\lambda_1 \geqq \lambda_2 \geqq \cdots \geqq \lambda_n\,(\geqq -1)$$

とおくと $\mu(P) = \max\{|\lambda_2|,\dots,|\lambda_n|\}$ である．$\mu(P) < 1$ ならば，任意の初期状態 $\boldsymbol{\pi}(0)$ に対して Markov 連鎖は定常状態 $\hat{\boldsymbol{\pi}}$ に収束する．この $\mu(P)$ は**混交率**とよばれている．混交率が小さい Markov 連鎖ほど収束が速く (つまり，混交時間が短く)，有用であると考えられる．最も速く収束するような推移確率行列を求める問題は，条件 (5.46) を満たす行列 P のうち $\mu(P)$ が最小のものを求める問題と言い換えることができる．つまり，対称行列 $P \in \mathcal{S}^n$ を変数とする最適化問題

*8　Perron–Frobenius の定理については，『工学教程・線形代数 II』[23] を参照のこと．

$$\left.\begin{array}{ll}\text{Minimize} & \mu(P) \\ \text{subject to} & P\mathbf{1} = \mathbf{1}, \\ & P_{ij} \geqq 0, \quad i,j = 1,\ldots,n, \\ & P_{ij} = 0, \quad (i,j) \notin E\end{array}\right\} \tag{5.47}$$

として定式化できる．

ところで，P の固有値 $\lambda_1 = 1$ に対応する固有ベクトルは $\hat{\boldsymbol{\pi}} = (1/n)\mathbf{1}$ である．行列 U を $U = I - (1/n)\mathbf{1}\mathbf{1}^\top$ と定義すると，$U\mathbf{1} = \mathbf{0}$ かつ $\operatorname{rank} U = n - 1$ であるから，$\mu(P)$ は行列 $UPU^\top$ の固有値の絶対値の最大値に等しい．さらに $P\mathbf{1} = \mathbf{1}$ を用いると

$$UPU^\top = P - (1/n)\mathbf{1}\mathbf{1}^\top$$

が得られる．最適化のための補助変数として，この行列の固有値の絶対値の最大値の上界 $t \in \mathbb{R}$ を導入すると，t は最大固有値以上でかつ最小固有値の絶対値以上である．このための必要十分条件は

$$tI \succeq P - (1/n)\mathbf{1}\mathbf{1}^\top \succeq -tI$$

である．したがって，問題 (5.47) は，$t \in \mathbb{R}$ と $P \in \mathcal{S}^n$ を変数とする最適化問題

$$\left.\begin{array}{ll}\text{Minimize} & t \\ \text{subject to} & tI - P + (1/n)\mathbf{1}\mathbf{1}^\top \succeq O, \\ & P - (1/n)\mathbf{1}\mathbf{1}^\top + tI \succeq O, \\ & P\mathbf{1} = \mathbf{1}, \\ & P_{ij} \geqq 0, \quad i,j = 1,\ldots,n, \\ & P_{ij} = 0, \quad (i,j) \notin E\end{array}\right\}$$

に変形できる．この問題は，半正定値計画問題である．すなわち，混交時間を最小とする推移確率行列を求める問題が，半正定値計画問題として定式化できた．

5.4　2 次 錐 計 画

半正定値計画問題の魅力は，凸計画問題という解きやすい問題でありながら，線形計画問題では表現できない複雑な制約を記述できる点にあった．一方で，線形

計画問題は半正定値計画問題よりもはるかに計算効率はよい．この二つの最適化問題の間に位置づけられるのが，2 次錐計画問題である．つまり，2 次錐計画問題は，線形計画問題を含み，半正定値計画問題に含まれる問題である[*9]．2 次錐計画問題についても半正定値計画問題と同様の主双対内点法が開発されており，多項式時間で最適解を得ることができる．以下の 5.4.1 節では，2 次錐計画問題の定義といくつかの応用例を述べる．また，5.4.2 節では，2 次錐計画問題に対する主双対内点法について述べる．

5.4.1　2次錐計画問題

スカラー $x_0 \in \mathbb{R}$ とベクトル $\boldsymbol{x}_1 \in \mathbb{R}^{n-1}$ に対して定義される集合

$$\mathcal{L}^n = \{(x_0, \boldsymbol{x}_1) \mid x_0 \geqq \|\boldsymbol{x}_1\|\}$$

を n 次元の **2 次錐** (または **Lorentz** (ローレンツ) **錐**) とよぶ[*10]．$n = 3$ の場合，2 次錐は図 5.5 のような集合である．ただし，$\boldsymbol{x}_1$ の成分を $\boldsymbol{x}_1 = (x_{11}, x_{12})$ と表す[*11]．このように，ベクトルのある一つの成分 (ここでは，一番最初の成分) だけを特別扱いするのが，2 次錐の定義の特徴である．n 次元のベクトル $\boldsymbol{x} = (x_0, \boldsymbol{x}_1)$ に対する条件 $\boldsymbol{x} \in \mathcal{L}^n$ を **2 次錐制約**とよぶ．2 次錐 $\mathcal{L}^n$ は凸錐であり，次に示すように自己双対錐である．

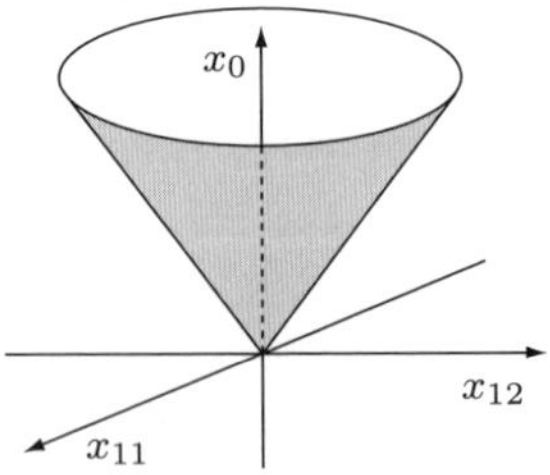

図 **5.5**　2 次錐 $\mathcal{L}^3$

*9　1.3.1 節の図 1.7 も参照されたい．

*10　$\boldsymbol{x}_1$ は列ベクトルである．したがって，$(x_0, \boldsymbol{x}_1)$ は本来は $(x_0, \boldsymbol{x}_1^\top)^\top$ と書くべきであるが，表記の簡単のために $(x_0, \boldsymbol{x}_1)$ と書く．

*11　ていねいに書くと，$\boldsymbol{x}_1 = (x_{11}, x_{12})^\top$ の意味である．

命題 5.5 $\mathcal{L}^n$ の双対錐

$$(\mathcal{L}^n)^* = \{\boldsymbol{s} \in \mathbb{R}^n \mid \boldsymbol{x}^\top \boldsymbol{s} \geqq 0 \ (\forall \boldsymbol{x} \in \mathbb{R}^n)\}$$

は $\mathcal{L}^n$ に等しい (つまり，$(\mathcal{L}^n)^* = \mathcal{L}^n$ が成り立つ).

(証明) Cauchy–Schwarz の不等式より，任意の $\boldsymbol{x} = (x_0, \boldsymbol{x}_1) \in \mathcal{L}^n$ と任意の $\boldsymbol{s} = (s_0, \boldsymbol{s}_1) \in \mathcal{L}^n$ に対して

$$\boldsymbol{x}_1^\top \boldsymbol{s}_1 \geqq -\|\boldsymbol{x}_1\|\|\boldsymbol{s}_1\| \geqq -x_0 s_0$$

が成立するため，$\boldsymbol{x}^\top \boldsymbol{s} = x_0 s_0 + \boldsymbol{x}_1^\top \boldsymbol{s}_1 \geqq 0$ が成り立つ．したがって，$\mathcal{L}^n \subseteq (\mathcal{L}^n)^*$ である.

$\boldsymbol{s} = (s_0, \boldsymbol{s}_1) \notin \mathcal{L}^n$ (つまり，$s_0 < \|\boldsymbol{s}_1\|$) を仮定する．$\boldsymbol{s}_1 \neq \boldsymbol{0}$ のとき，$\hat{\boldsymbol{x}} \in \mathcal{L}^n$ を

$$\hat{\boldsymbol{x}} = \begin{bmatrix} \|\boldsymbol{s}_1\| \\ -\boldsymbol{s}_1 \end{bmatrix}$$

で定義すると，$\boldsymbol{s} \notin \mathcal{L}^n$ より

$$\hat{\boldsymbol{x}}^\top \boldsymbol{s} = s_0\|\boldsymbol{s}_1\| - \boldsymbol{s}_1^\top \boldsymbol{s}_1 < \|\boldsymbol{s}_1\|^2 - \boldsymbol{s}_1^\top \boldsymbol{s}_1 = 0$$

が成り立つので，$\boldsymbol{s} \notin (\mathcal{L}^n)^*$ である．次に，$\boldsymbol{s}_1 = \boldsymbol{0}$ のとき，$\hat{\boldsymbol{x}} \in \mathcal{L}^n$ を

$$\hat{\boldsymbol{x}} = \begin{bmatrix} 1 \\ \boldsymbol{0} \end{bmatrix}$$

で定義すると，$\boldsymbol{s} \notin \mathcal{L}^n$ より

$$\hat{\boldsymbol{x}}^\top \boldsymbol{s} = s_0 < 0$$

が成り立つので，$\boldsymbol{s} \notin (\mathcal{L}^n)^*$ である．以上より，$\boldsymbol{s} \notin \mathcal{L}^n$ ならば $\boldsymbol{s} \notin (\mathcal{L}^n)^*$ が成り立つ．すなわち，$\mathcal{L}^n \supseteq (\mathcal{L}^n)^*$ である. ■

いくつかの 2 次錐制約と線形の等式制約の下で線形の目的関数を最小化する最適化問題を，**2 次錐計画問題**とよぶ．例えば，$\boldsymbol{x} = (x_0, \boldsymbol{x}_1)$ $(x_0 \in \mathbb{R}, \boldsymbol{x}_1 \in \mathbb{R}^{n-1})$ を変数とする最適化問題

$$\left.\begin{array}{ll} \text{Minimize} & \boldsymbol{c}^\top \boldsymbol{x} \\ \text{subject to} & A\boldsymbol{x} = \boldsymbol{b}, \\ & x_0 \geqq \|\boldsymbol{x}_1\| \end{array}\right\}$$

は，2 次錐制約を一つ含む 2 次錐計画問題である．より一般的に，$\boldsymbol{x}_1, \ldots, \boldsymbol{x}_r$ を変数として，各 $\boldsymbol{x}_l = (x_{l0}, \boldsymbol{x}_{l1}) \in \mathbb{R}^{n_l}$ が 2 次錐 $\mathcal{L}^{n_l}$ に属するという制約を課す最適化問題

$$\left.\begin{array}{ll} \text{Minimize} & \displaystyle\sum_{l=1}^{r} \boldsymbol{c}_l^\top \boldsymbol{x}_l \\ \text{subject to} & \displaystyle\sum_{l=1}^{r} A_l \boldsymbol{x}_l = \boldsymbol{b}, \\ & x_{l0} \geqq \|\boldsymbol{x}_{l1}\|, \quad l = 1, \ldots, r \end{array}\right\} \tag{5.48}$$

も 2 次錐計画問題である．この形式を，2 次錐計画問題の等式標準形とよぶ．ただし，$A_l \in \mathbb{R}^{m \times n_l}$, $\boldsymbol{c}_l \in \mathbb{R}^{n_l}$ $(l = 1, \ldots, r)$, $\boldsymbol{b} \in \mathbb{R}^m$ は定行列および定ベクトルである．2 次錐は凸集合であるから，2 次錐計画問題は凸計画問題である．

問題 (5.48) の双対問題は，$\boldsymbol{y} \in \mathbb{R}^m$ と $\boldsymbol{s}_l = (s_{l0}, \boldsymbol{s}_{l1}) \in \mathbb{R}^{n_l}$ $(l = 1, \ldots, r)$ を変数とする最適化問題

$$\left.\begin{array}{lll} \text{Maximize} & \boldsymbol{b}^\top \boldsymbol{y} & \\ \text{subject to} & A_l^\top \boldsymbol{y} + \boldsymbol{s}_l = \boldsymbol{c}_l, & l = 1, \ldots, r, \\ & s_{l0} \geqq \|\boldsymbol{s}_{l1}\|, & l = 1, \ldots, r \end{array}\right\} \tag{5.49}$$

である．実際，問題 (5.48) に対する Fenchel 双対問題 (3.6.1 節) や Lagrange 双対問題 (3.6.2 節) をつくると，問題 (5.49) が得られる．双対問題 (5.49) もまた 2 次錐計画問題である．実際，適当な変換を施すことで主問題 (5.48) の形式に変形することができる．主問題と双対問題が同じ形式の最適化問題になるという性質は，2 次錐の自己双対性 (命題 5.5) に由来している．

例 5.11　主問題と双対問題の具体的な例をあげる．$r = 2$, $m = 3$, $n_1 = 3$, $n_2 = 2$ として A_1, A_2, $\boldsymbol{b}$, $\boldsymbol{c}_1$, $\boldsymbol{c}_2$ を

$$A_1 = \begin{bmatrix} 1 & 0 & 0 \\ 1 & -2 & -1 \\ 0 & 0 & 1 \end{bmatrix}, \quad A_2 = \begin{bmatrix} 0 & 3 \\ 0 & 0 \\ -2 & 0 \end{bmatrix}, \quad \boldsymbol{b} = \begin{bmatrix} 0 \\ 0 \\ 1 \end{bmatrix}, \quad \boldsymbol{c}_1 = \begin{bmatrix} 0 \\ 1 \\ 2 \end{bmatrix}, \quad \boldsymbol{c}_2 = \begin{bmatrix} 1 \\ 0 \end{bmatrix}$$

で与える．主問題 (5.48) は，変数を

$$\boldsymbol{x}_1 = (x_{10}, x_{11}, x_{12}) \in \mathbb{R}^3, \quad \boldsymbol{x}_2 = (x_{20}, x_{21}) \in \mathbb{R}^2$$

として

$$
\left.\begin{array}{ll}
\text{Minimize} & x_{11} + 2x_{12} + x_{20} \\
\text{subject to} & x_{10} + 3x_{21} = 0, \\
& x_{10} - 2x_{11} - x_{12} = 0, \\
& x_{12} - 2x_{20} = 1, \\
& x_{10} \geqq \left\| \begin{bmatrix} x_{11} \\ x_{12} \end{bmatrix} \right\|, \quad x_{20} \geqq |x_{21}|
\end{array}\right\} \tag{5.50}
$$

となる．この問題の双対問題は，問題 (5.49) に同じ A_1, A_2, $\boldsymbol{b}$, $\boldsymbol{c}_1$, $\boldsymbol{c}_2$ を代入することで

$$
\left.\begin{array}{ll}
\text{Maximize} & y_3 \\
\text{subject to} & \begin{bmatrix} y_1 + y_2 \\ -2y_2 \\ -y_2 + y_3 \end{bmatrix} + \begin{bmatrix} s_{10} \\ s_{11} \\ s_{12} \end{bmatrix} = \begin{bmatrix} 0 \\ 1 \\ 2 \end{bmatrix}, \\
& \begin{bmatrix} -2y_3 \\ 3y_1 \end{bmatrix} + \begin{bmatrix} s_{20} \\ s_{21} \end{bmatrix} = \begin{bmatrix} 1 \\ 0 \end{bmatrix}, \\
& s_{10} \geqq \left\| \begin{bmatrix} s_{11} \\ s_{12} \end{bmatrix} \right\|, \quad s_{20} \geqq |s_{21}|
\end{array}\right\} \tag{5.51}
$$

と得られる．この問題は，変数 $\boldsymbol{s}_1 \in \mathbb{R}^3$ および $\boldsymbol{s}_2 \in \mathbb{R}^2$ を消去すると，

$$
\left.\begin{array}{ll}
\text{Maximize} & y_3 \\
\text{subject to} & -y_1 - y_2 \geqq \left\| \begin{bmatrix} 2y_2 + 1 \\ y_2 - y_3 + 2 \end{bmatrix} \right\|, \\
& 2y_3 + 1 \geqq |-3y_1|
\end{array}\right\} \tag{5.52}
$$

と書き直すことができる[*12]．　◁

次の例 5.12 と例 5.13 で，2 次錐制約が双曲型制約や凸 2 次制約を特別な場合として含むことを説明する．

例 5.12　スカラー $x, y \in \mathbb{R}$ とベクトル $\boldsymbol{z} \in \mathbb{R}^n$ に関する

$$
xy \geqq \boldsymbol{z}^\top \boldsymbol{z}, \quad x \geqq 0, \quad y \geqq 0
$$

*12　3.6.1 節の例 3.15 では，問題 (5.52) が実際に主問題 (5.50) の Fenchel 双対問題として導けることを示している．

を，**双曲型制約**という．双曲型制約は，2 次錐制約

$$x + y \geqq \left\| \begin{bmatrix} x - y \\ 2z \end{bmatrix} \right\|$$

と等価である． ◁

例 5.13 例 5.12 を用いると，凸 2 次制約を 2 次錐制約で表現できる．$Q \in \mathbb{R}^n$ を半正定値対称行列として，凸 2 次制約

$$\frac{1}{2}\boldsymbol{x}^\top Q\boldsymbol{x} + \boldsymbol{c}^\top \boldsymbol{x} + r \leqq 0 \tag{5.53}$$

を考える．Q の半正定値性より，$Q = LL^\top$ を満たす行列 L が存在する．そこで，凸 2 次制約 (5.53) は

$$-2\boldsymbol{c}^\top \boldsymbol{x} - 2r \geqq (L^\top \boldsymbol{x})^\top (L^\top \boldsymbol{x})$$

と書き直せる．これを双曲型制約とみることで，2 次錐制約

$$-\boldsymbol{c}^\top \boldsymbol{x} - r + \frac{1}{2} \geqq \left\| \begin{bmatrix} -\boldsymbol{c}^\top \boldsymbol{x} - r - \frac{1}{2} \\ L^\top \boldsymbol{x} \end{bmatrix} \right\|$$

に帰着できる． ◁

1 次元の 2 次錐は半直線 $\mathcal{L}^1 = \{x_0 \mid x_0 \geqq 0\}$ であるから，2 次錐計画問題は線形計画問題を特別な場合として含む．また，例 5.13 より，凸 2 次計画問題や凸 2 次制約凸 2 次計画問題 (問題 (5.8)) も 2 次錐計画問題に変形できる．つまり，2 次錐計画問題はこれらの問題を含む，より広いクラスの最適化問題である．逆に，5.1 節の例 5.7 を用いると 2 次錐制約は線形行列不等式で表現できるので，2 次錐計画問題は半正定値計画問題に含まれる．

次の例 5.14，例 5.15，例 5.16，例 5.17 は，2 次錐計画の応用例である．

例 5.14 定行列 $A_l \in \mathbb{R}^{m_l \times n}$ $(l = 1, \ldots, r)$ と定ベクトル $\boldsymbol{b}_l \in \mathbb{R}^{m_l}$ $(l = 1, \ldots, r)$ に対して，$\boldsymbol{x} \in \mathbb{R}^n$ を変数とする無制約最適化問題

$$\text{Minimize} \quad \sum_{l=1}^{r} \|A_l \boldsymbol{x} - \boldsymbol{b}_l\| \tag{5.54}$$

を考える．この問題は，**Euclid** (ユークリッド) **ノルム和最小化問題**とよばれる．

例えば，地図上で公共施設の位置 $\boldsymbol{x} \in \mathbb{R}^2$ を計画する**施設配置問題**を考える(図 5.6)．施設を利用する住民の位置を $\boldsymbol{d}_1, \ldots, \boldsymbol{d}_r \in \mathbb{R}^2$ とする．利便性を考えて住民から施設までの Euclid 距離の総和 $\sum_{l=1}^{r} \|\boldsymbol{x} - \boldsymbol{d}_l\|$ を最小にする位置に施設を配置するとすると，この問題は Euclid ノルム和最小化問題となる．この問題は，補助変数 $t_1, \ldots, t_r \in \mathbb{R}$ を導入することで，2 次錐計画問題

$$\left.\begin{array}{ll} \text{Minimize} & \displaystyle\sum_{l=1}^{r} t_l \\ \text{subject to} & t_l \geqq \|\boldsymbol{x} - \boldsymbol{d}_l\|, \quad l = 1, \ldots, r \end{array}\right\}$$

に変形できる．同様に，問題 (5.54) も 2 次錐計画問題に変形できる．　◁

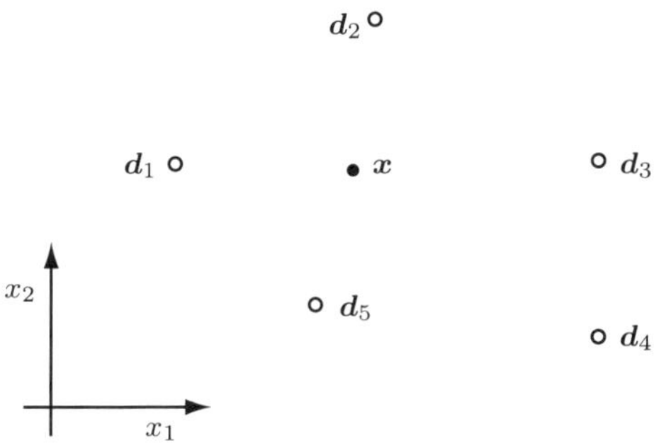

図 **5.6**　施設配置問題の例 ($r = 5$ の場合)

例 5.15　線形計画問題

$$\left.\begin{array}{ll} \text{Minimize} & \boldsymbol{c}^\top \boldsymbol{x} \\ \text{subject to} & \boldsymbol{a}_i^\top \boldsymbol{x} \leqq b_i, \quad i = 1, \ldots, m \end{array}\right\} \tag{5.55}$$

を考える．実際の応用では，データ $\boldsymbol{a}_1, \ldots, \boldsymbol{a}_m$, $\boldsymbol{b}$, $\boldsymbol{c}$ などが正確にはわからないような状況も多い．ここでは，$\boldsymbol{b}$ と $\boldsymbol{c}$ の値は (比較的) 正確にわかり，$\boldsymbol{a}_1, \ldots, \boldsymbol{a}_m$ は不正確にしかわからないものとする．さらに，各 $\boldsymbol{a}_i$ の存在範囲が $\tilde{\boldsymbol{a}}_i$ を中心とする楕円体

$$\mathcal{A}_i = \{\tilde{\boldsymbol{a}}_i + P_i \boldsymbol{u} \mid \|\boldsymbol{u}\| \leqq 1\}$$

でモデル化できるものとする．ここで，$\tilde{\boldsymbol{a}}_i$ は定ベクトル，P_i は適当なサイズの定行列である．そして，最悪の場合に対しても，制約 $\boldsymbol{a}_i^\top \boldsymbol{x} \leqq b_i$ が満たされるようにしよう．これには，次のような最適化問題を考えればよい：

$$\left.\begin{array}{ll} \text{Minimize} & \boldsymbol{c}^\top \boldsymbol{x} \\ \text{subject to} & \boldsymbol{a}_i^\top \boldsymbol{x} \leqq b_i \ (\forall \boldsymbol{a}_i \in \mathcal{A}_i), \quad i = 1, \ldots, m. \end{array}\right\} \tag{5.56}$$

このように，不確実なデータの存在範囲が与えられたときに最悪の場合の制約を考慮した問題のことを，**ロバスト最適化問題**とよぶ．

集合 $\mathcal{A}_i$ に属する $\boldsymbol{a}_i$ は無数にあるため，ロバスト最適化問題 (5.56) は無限個の制約を含む．したがって，この問題を直接扱うことは難しい．しかし，条件 $\boldsymbol{a}_i^\top \boldsymbol{x} \leqq b_i$ $(\forall \boldsymbol{a}_i \in \mathcal{A}_i)$ が条件

$$\max_{\boldsymbol{a}_i} \{\boldsymbol{a}_i^\top \boldsymbol{x} \mid \boldsymbol{a}_i \in \mathcal{A}_i\} \leqq b_i$$

と等価であることに注意すると，問題 (5.56) は次のように変形できる：

$$\left.\begin{array}{ll} \text{Minimize} & \boldsymbol{c}^\top \boldsymbol{x} \\ \text{subject to} & \tilde{\boldsymbol{a}}_i^\top \boldsymbol{x} + \|P_i^\top \boldsymbol{x}\| \leqq b_i, \quad i = 1, \ldots, m. \end{array}\right\}$$

この問題は，2 次錐計画問題である． ◁

例 5.16　例 5.15 の線形計画問題 (5.55) において，今度は不正確なデータ $\boldsymbol{a}_1, \ldots, \boldsymbol{a}_m$ の統計的性質が与えられた場合について考えよう．$\boldsymbol{b}$ と $\boldsymbol{c}$ の値は確定的であるとする．$\boldsymbol{a}_i$ はその要素が正規分布に従うような確率変数ベクトルであると仮定し，$\boldsymbol{a}_i$ の期待値を $\bar{\boldsymbol{a}}_i$，分散共分散行列を Σ_i とおく．このとき，与えられた $\boldsymbol{x}$ に対して $\boldsymbol{a}_i^\top \boldsymbol{x}$ は確率変数となる．そこで，定数 η $(1/2 < \eta < 1)$ を選び，制約 $\boldsymbol{a}_i^\top \boldsymbol{x} \leqq b_i$ が η 以上の確率で満たされることを要請しよう．つまり，次のような最適化問題を考える：

$$\left.\begin{array}{ll} \text{Minimize} & \boldsymbol{c}^\top \boldsymbol{x} \\ \text{subject to} & \mathbf{Prob}(\boldsymbol{a}_i^\top \boldsymbol{x} \leqq b_i) \geqq \eta, \quad i = 1, \ldots, m. \end{array}\right\} \tag{5.57}$$

この問題は (4.5 節の例 4.17 で扱った問題と同様に) 確率計画問題である．

簡単のために $v = \boldsymbol{a}_i^\top \boldsymbol{x}$ とおくと，その期待値 $\bar{v}$ および分散 σ は

$$\bar{v} = \bar{\boldsymbol{a}}_i^\top \boldsymbol{x}, \quad \sigma^2 = \boldsymbol{x}^\top \Sigma_i \boldsymbol{x} \tag{5.58}$$

で与えられる．制約 $\mathsf{Prob}(\boldsymbol{a}_i^\top \boldsymbol{x} \leqq b_i) \geqq \eta$ は，$\bar{v}$ および σ を用いて

$$\mathsf{Prob}\Bigl(\frac{v-\bar{v}}{\sigma} \leqq \frac{b_i-\bar{v}}{\sigma}\Bigr) \geqq \eta \tag{5.59}$$

と表せる．ここで，$(v-\bar{v})/\sigma$ は期待値が 0 で分散が 1 であるから，標準正規分布に従う．したがって，標準正規分布の分布関数を Φ とおくと

$$\mathsf{Prob}\Bigl(\frac{v-\bar{v}}{\sigma} \leqq \frac{b_i-\bar{v}}{\sigma}\Bigr) = \Phi\Bigl(\frac{b_i-\bar{v}}{\sigma}\Bigr)$$

が得られる．このことから，(5.59) は

$$\frac{b_i-\bar{v}}{\sigma} \geqq \Phi^{-1}(\eta) \tag{5.60}$$

と等価である．(5.60) に (5.58) を代入して整理すると

$$\bar{\boldsymbol{a}}_i^\top \boldsymbol{x} + (\boldsymbol{x}^\top \Sigma_i \boldsymbol{x})^{1/2}\Phi^{-1}(\eta) \leqq b_i \tag{5.61}$$

が得られる．分散共分散行列 Σ は半正定値対称行列だから，$\Sigma_i^{1/2}\Sigma_i^{1/2} = \Sigma_i$ を満たす半正定値対称行列 $\Sigma_i^{1/2}$ が存在する．このことを用いて (5.61) をさらに整理すると，問題 (5.57) は次のように書き直せることがわかる：

$$\left.\begin{array}{ll} \text{Minimize} & \boldsymbol{c}^\top \boldsymbol{x} \\ \text{subject to} & -\bar{\boldsymbol{a}}_i^\top \boldsymbol{x} + b_i \geqq \|\Phi^{-1}(\eta)\Sigma_i^{1/2}\boldsymbol{x}\|, \quad i=1,\ldots,m. \end{array}\right\}$$

この問題は，$\boldsymbol{x}$ を変数とする 2 次錐計画問題である．　◁

例 5.17　釣り糸や鎖などを吊り下げたときに釣り合う形状を求める問題は，2 次錐計画問題として定式化できる．糸の引張剛性は十分に大きくて，糸は自然長よりも長く伸びないと仮定する．また，糸は曲げ剛性や圧縮剛性をもたず，自然長よりも短くなると抵抗力なしでたるむものとする．図 5.7(a) に例を示すように，何本かの糸 (図 5.7(a) では 10 本の糸) をリングで結び，両端の二つのリングは柱に固定する．糸の重さはリングの重さに比べて十分に小さいとし，リングに作用する重力のみを考える．この構造物のリングを頂点とみなし糸を枝とみなすと，グラフ $G=(V,E)$ が得られる．ただし，V は頂点集合で E は枝集合である．

釣合い形状は**全ポテンシャルエネルギー最小化問題**の最適解として得られる．変形後の頂点 $i \in V$ の座標を $\boldsymbol{x}_i$ で表す．頂点のうち，柱に固定したものの集合を V_{D}，それ以外のものの集合を V_{N} で表す (ただし，$V_{\mathrm{D}} \cup V_{\mathrm{N}} = V$, $V_{\mathrm{D}} \cap V_{\mathrm{N}} = \emptyset$ で

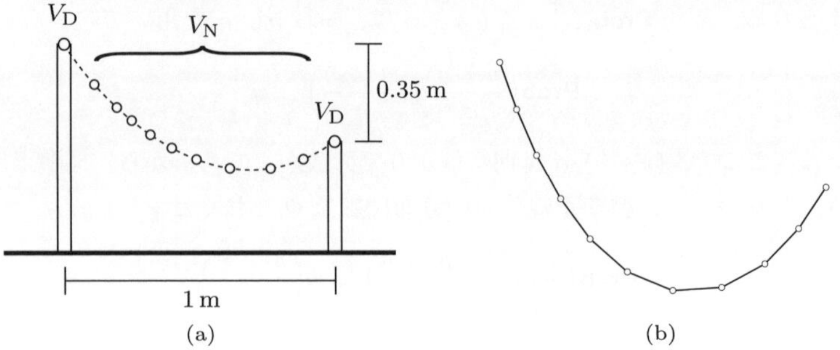

図 5.7　釣り糸の釣合い形状の解析

ある)．そして，頂点 $i \in V_{\mathrm{D}}$ を固定する位置を $\boldsymbol{x}_i^0$ で表し，頂点 $i \in V_{\mathrm{N}}$ に作用する重力を $\boldsymbol{f}_i$ で表す．また，各枝 $(i,j) \in E$ の自然長を l_{ij} とすると，変形後の枝 (i,j) の長さは自然長より長くはなれないので，条件

$$l_{ij} \geqq \|\boldsymbol{x}_i - \boldsymbol{x}_j\|$$

が満たされなければならない．以上より，釣合い形状は，次の全ポテンシャルエネルギー最小化問題の最適解として得られる：

$$\left.\begin{aligned} &\text{Minimize} && -\sum_{i \in V_{\mathrm{N}}} \boldsymbol{f}_i^{\top} \boldsymbol{x}_i \\ &\text{subject to} && l_{ij} \geqq \|\boldsymbol{x}_i - \boldsymbol{x}_j\|, \quad (i,j) \in E, \\ & && \boldsymbol{x}_i = \boldsymbol{x}_i^0, \quad i \in V_{\mathrm{D}}. \end{aligned}\right\} \tag{5.62}$$

この問題は，$\boldsymbol{x}_i$ $(i \in V)$ を変数とする 2 次錐計画問題である．

図 5.7(b) に，問題 (5.62) を解いて得られる釣合い形状を示す．ただし，10 本の糸がリングでつながっているとし，それぞれの糸の自然長は $l_{ij} = 0.15\,\mathrm{m}$ である．なお，この例題において糸の数を増やしていくと，釣合い形状は懸垂線 (6.3.1 節) の近似になる．

図 5.8 は，3 次元の問題の例である．ここで図 5.8(a) は，自然長が $l_{ij} = 0.15\,\mathrm{m}$ の糸を格子状に連結し，四辺のリングが一辺の長さが 1 m の正方形になるように天井に固定したときの釣合い形状である．また，図 5.8(b) は，四隅の 8 個のリングのみを天井に固定した場合の釣合い形状である．　◁

次に，2 次錐計画問題の双対性や最適性条件について述べる．$(\boldsymbol{x}_1, \ldots, \boldsymbol{x}_r)$ および $(\boldsymbol{y}, \boldsymbol{s}, \ldots, \boldsymbol{s}_r)$ を 2 次錐計画問題の主問題 (5.48) と双対問題 (5.49) の実行可能

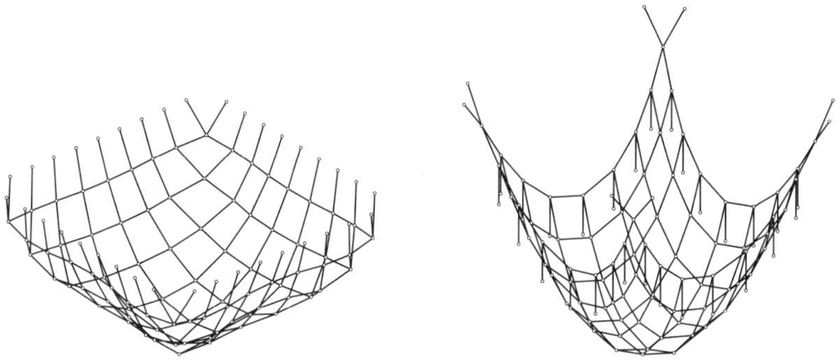

(a) (b)

図 5.8 釣り糸でできたネットの釣合い形状の例

解とする．このとき，二つの問題の目的関数の間に不等式

$$\sum_{l=1}^{r} \boldsymbol{c}_l^\top \boldsymbol{x}_l - \boldsymbol{b}^\top \boldsymbol{y} = \sum_{l=1}^{r} \boldsymbol{x}_l^\top \boldsymbol{s}_l \geqq 0$$

が成り立つ (弱双対性)．主問題の実行可能解 $(\boldsymbol{x}_1, \dots, \boldsymbol{x}_r)$ が条件 $x_{l0} > \|\boldsymbol{x}_{l1}\|$ $(l = 1, \dots, r)$ を満たすとき，この問題の内点実行可能解とよぶ．内点実行可能解は，実行可能領域の相対的内点である．同様に，双対問題の実行可能解 $(\boldsymbol{y}, \boldsymbol{s}_1, \dots, \boldsymbol{s}_r)$ が条件 $s_{l0} > \|\boldsymbol{s}_{l1}\|$ $(l = 1, \dots, r)$ を満たすとき，この問題の内点実行可能解とよぶ．

主問題 (5.48) と双対問題 (5.49) の双方に内点実行可能解が存在することを仮定すると，強双対性が成り立つ．つまり，この仮定の下で，それぞれの問題には最適解が存在し，その最適解では主問題と双対問題の目的関数値が一致する．このことから，$(\boldsymbol{x}_1, \dots, \boldsymbol{x}_r)$ および $(\boldsymbol{y}, \boldsymbol{s}_1, \dots, \boldsymbol{s}_r)$ が主問題および双対問題の最適解であるための必要十分条件は，これらが条件

$$\sum_{l=1}^{r} A_l \boldsymbol{x}_l = \boldsymbol{b}, \tag{5.63a}$$

$$A_l^\top \boldsymbol{y} + \boldsymbol{s}_l = \boldsymbol{c}_l, \quad l = 1, \dots, r, \tag{5.63b}$$

$$x_{l0} s_{l0} + \boldsymbol{x}_{l1}^\top \boldsymbol{s}_{l1} = 0, \quad l = 1, \dots, r, \tag{5.63c}$$

$$x_{l0} \geqq \|\boldsymbol{x}_{l1}\|, \quad s_{l0} \geqq \|\boldsymbol{s}_{l1}\|, \quad l = 1, \dots, r \tag{5.63d}$$

を満たすことである．この最適性条件 (5.63) において，条件

$$x_{l0}s_{l0} + \boldsymbol{x}_{l1}^\top \boldsymbol{s}_{l1} = 0 \tag{5.64}$$

は 2 次錐制約

$$x_{l0} \geqq \|\boldsymbol{x}_{l1}\|, \quad s_{l0} \geqq \|\boldsymbol{s}_{l1}\| \tag{5.65}$$

の下での相補性条件である．条件 (5.64) および (5.65) を書き下すと，これらの条件は，次の三つの場合のうちいずれか一つが成り立つことと同値である：

$$x_{l0} > \|\boldsymbol{x}_{l1}\|, \qquad (s_{l0}, \boldsymbol{s}_{l1}) = (0, \boldsymbol{0}), \tag{5.66a}$$

$$(x_{l0}, \boldsymbol{x}_{l1}) = (0, \boldsymbol{0}), \quad s_{l0} > \|\boldsymbol{s}_{l1}\|, \tag{5.66b}$$

$$x_{l0} = \|\boldsymbol{x}_{l1}\|, \qquad s_{l0} = \|\boldsymbol{s}_{l1}\|, \quad \|\boldsymbol{x}_{l1}\|\|\boldsymbol{s}_{l1}\| + \boldsymbol{x}_{l1}^\top \boldsymbol{s}_{l1} = 0. \tag{5.66c}$$

(5.66a) および (5.66b) は，2 次錐制約のうちいずれか一方が非有効であればもう片方の変数はゼロベクトルとなることを表している．また，(5.66c) において $x_{l0} \neq 0$ かつ $s_{l0} \neq 0$ ならば，Cauchy–Schwarz の不等式より，$\boldsymbol{x}_{l1}$ と $-\boldsymbol{s}_{l1}$ とが平行で同じ向きになる (つまり，$s_{l0}\boldsymbol{x}_{l1} = -x_{l0}\boldsymbol{s}_{l1}$ が成り立つ)．

次の例 5.18 では，主問題と双対問題に内点実行可能解が存在する例で，双対性が成り立つことを確認する．また，例 5.19 では，内点実行可能解が存在せず，主問題と双対問題の最適値に差がある例をあげる．

例 5.18　例 5.11 の主問題 (5.50) について，例えば

$$\begin{bmatrix} x_{10} \\ x_{11} \\ x_{12} \end{bmatrix} = \begin{bmatrix} 6 \\ 1/4 \\ 11/2 \end{bmatrix}, \quad \begin{bmatrix} x_{20} \\ x_{21} \end{bmatrix} = \begin{bmatrix} 9/4 \\ -2 \end{bmatrix}$$

は内点実行可能解である．そして，主問題の最適解は

$$\begin{bmatrix} x_{10} \\ x_{11} \\ x_{12} \end{bmatrix} = \begin{bmatrix} 3 \\ 0 \\ 3 \end{bmatrix}, \quad \begin{bmatrix} x_{20} \\ x_{21} \end{bmatrix} = \begin{bmatrix} 1 \\ -1 \end{bmatrix}$$

であり，最適値は 7 である．また，双対問題 (5.51) について，例えば

$$\begin{bmatrix} y_1 \\ y_2 \\ y_3 \end{bmatrix} = \begin{bmatrix} 0 \\ -1/2 \\ 3/2 \end{bmatrix}, \quad \begin{bmatrix} s_{10} \\ s_{11} \\ s_{12} \end{bmatrix} = \begin{bmatrix} 1/2 \\ 0 \\ 0 \end{bmatrix}, \quad \begin{bmatrix} s_{20} \\ s_{21} \end{bmatrix} = \begin{bmatrix} 7 \\ 0 \end{bmatrix}$$

は内点実行可能解である．そして，双対問題の最適解は

$$\begin{bmatrix} y_1 \\ y_2 \\ y_3 \end{bmatrix} = \begin{bmatrix} -5 \\ -1/2 \\ 7 \end{bmatrix}, \quad \begin{bmatrix} s_{10} \\ s_{11} \\ s_{12} \end{bmatrix} = \begin{bmatrix} 11/2 \\ 0 \\ -11/2 \end{bmatrix}, \quad \begin{bmatrix} s_{20} \\ s_{21} \end{bmatrix} = \begin{bmatrix} 15 \\ 15 \end{bmatrix}$$

であり，最適値は 7 である．このように，主問題 (5.50) と双対問題 (5.51) の最適値は一致する．また，両者の最適解の間には

$$x_{10} \begin{bmatrix} s_{11} \\ s_{12} \end{bmatrix} = -s_{10} \begin{bmatrix} x_{11} \\ x_{12} \end{bmatrix}, \quad x_{20}s_{21} = -s_{20}x_{21}$$

という関係が成り立っていることがわかる．◁

例 5.19　内点実行可能解が存在しない場合に，2 次錐計画問題の主問題と双対問題の最適値が一致しない例を示す．$r = 2$, $m = 3$, $n_1 = 3$, $n_2 = 2$ として A_1, A_2, $\boldsymbol{b}$, $\boldsymbol{c}_1$, $\boldsymbol{c}_2$ を

$$A_1 = \begin{bmatrix} -1 & -1 & 0 \\ 0 & 0 & -1 \\ 0 & 0 & 0 \end{bmatrix}, \quad A_2 = \begin{bmatrix} 0 & 0 \\ 1 & 0 \\ 0 & -1 \end{bmatrix}, \quad \boldsymbol{b} = \begin{bmatrix} 0 \\ 1 \\ 0 \end{bmatrix},$$

$$\boldsymbol{c}_1 = \begin{bmatrix} 0 \\ 0 \\ -2 \end{bmatrix}, \quad \boldsymbol{c}_2 = \begin{bmatrix} 3 \\ 0 \end{bmatrix}$$

で与える．主問題 (5.48) は，変数を

$$\boldsymbol{x}_1 = (x_{10}, x_{11}, x_{12}) \in \mathbb{R}^3, \quad \boldsymbol{x}_2 = (x_{20}, x_{21}) \in \mathbb{R}^2$$

として

$$\left.\begin{array}{ll} \text{Minimize} & -2x_{12} + 3x_{20} \\ \text{subject to} & -x_{10} - x_{11} = 0, \\ & -x_{12} + x_{20} = 1, \\ & -x_{21} = 0, \\ & x_{10} \geqq \|(x_{11}, x_{12})\|, \\ & x_{20} \geqq |x_{21}| \end{array}\right\} \tag{5.67}$$

となる．この問題の実行可能領域は

$$\{(\boldsymbol{x}_1, \boldsymbol{x}_2) \mid x_{10} \geqq 0,\ x_{11} = -x_{10},\ x_{12} = x_{21} = 0,\ x_{20} = 1\}$$

であり，内点実行可能解は存在せず，最適値は 3 である．次に，問題 (5.67) の双対問題は，問題 (5.49) に同じ A_1, A_2, $\boldsymbol{b}$, $\boldsymbol{c}_1$, $\boldsymbol{c}_2$ を代入することで

$$\left.\begin{array}{ll} \text{Maximize} & y_2 \\ \text{subject to} & y_1 \geqq \left\| \begin{bmatrix} y_1 \\ y_2 - 2 \end{bmatrix} \right\|, \\ & -y_2 + 3 \geqq \|y_3\| \end{array}\right\} \tag{5.68}$$

と得られる．ただし，変数 $\boldsymbol{s}_1 \in \mathbb{R}^3$ および $\boldsymbol{s}_2 \in \mathbb{R}^2$ は消去した．この問題の実行可能領域は

$$\{(y_1, y_2, y_3) \mid y_1 \geqq 0,\ y_2 = 2,\ |y_3| \leqq 1\}$$

であり，内点実行可能解は存在せず，最適値は 2 である．この例では，主問題 (5.67) と双対問題 (5.68) の最適値は一致しない．　◁

5.4.2　2 次錐計画問題の解法

線形計画問題に対する内点法が 2 次錐計画問題に対しても拡張されており，2 次錐計画問題の代表的な解法となっている．特に，主双対内点法は 2 次錐計画問題の双対理論に立脚する手法であり，実用的にも重要である．また，半正定値計画の場合と同様に，理論的な効率性の保証である多項式性を実現できるのが大きな特色である．

半正定値計画の場合 (5.2.3 節) と同じように，2 次錐制約に関する対数障壁関数を導入する．2 次錐制約

$$x_{l0} - \|\boldsymbol{x}_{l1}\| \geqq 0$$

が満たされるとき，不等式

$$x_{l0} + \|\boldsymbol{x}_{l1}\| \geqq 0$$

も成り立つ．これらの二つの非負制約に対する対数障壁関数は，$\nu > 0$ をパラメータとして

$$-\frac{\nu}{2}[\log(x_{l0} - \|\boldsymbol{x}_{l1}\|) + \log(x_{l0} + \|\boldsymbol{x}_{l1}\|)] = -\frac{\nu}{2}\log({x_{l0}}^2 - \|\boldsymbol{x}_{l1}\|^2)$$

となる．これが，2 次錐制約 $x_{l0} \geqq \|\boldsymbol{x}_{l1}\|$ に対する対数障壁関数である．実際，この関数は，定義域が 2 次錐 $\mathcal{L}^{n_l}$ の内部 $\{(x_{l0}, \boldsymbol{x}_{l1}) \in \mathbb{R}^{n_l} \mid x_{l0} > \|\boldsymbol{x}_{l1}\|\}$ であり，その境界に近づくにつれて無限大に発散するような狭義凸関数である．主問題 (5.48) にこの対数障壁関数を組み込んだ最適化問題

$$\left.\begin{array}{ll}\text{Minimize} & \displaystyle\sum_{l=1}^{r} \boldsymbol{c}_l^\top \boldsymbol{x}_l - \frac{\nu}{2}\sum_{l=1}^{r}\log({x_{l0}}^2 - \|\boldsymbol{x}_{l1}\|^2) \\ \text{subject to} & \displaystyle\sum_{l=1}^{r} A_l \boldsymbol{x}_l = \boldsymbol{b}, \\ & x_{l0} > \|\boldsymbol{x}_{l1}\|, \quad l = 1, \ldots, r\end{array}\right\} \tag{5.69}$$

を考えると，任意の $\nu > 0$ に対して最適解は一意に存在することが示せる．その最適解の軌跡 $\{\boldsymbol{x}(\nu) \mid \nu > 0\}$ を中心曲線とよぶ．適当な緩い仮定の下で，中心曲線は $\nu \to 0$ で 2 次錐計画問題 (5.48) の最適解に収束する．

$\nu > 0$ を固定したとき，問題 (5.69) の最適性条件は

$$\sum_{l=1}^{r} A_l \boldsymbol{x}_l = \boldsymbol{b}, \tag{5.70a}$$

$$A_l^\top \boldsymbol{y} + \boldsymbol{s}_l = \boldsymbol{c}_l, \quad l = 1, \ldots, r, \tag{5.70b}$$

$$\begin{bmatrix} x_{l0}s_{l0} + \boldsymbol{x}_{l1}^\top \boldsymbol{s}_{l1} \\ s_{l0}\boldsymbol{x}_{l1} + x_{l0}\boldsymbol{s}_{l1} \end{bmatrix} = \nu \begin{bmatrix} 1 \\ \boldsymbol{0} \end{bmatrix}, \quad l = 1, \ldots, r, \tag{5.70c}$$

$$x_{l0} > \|\boldsymbol{x}_{l1}\|, \quad s_{l0} > \|\boldsymbol{s}_{l1}\|, \quad l = 1, \ldots, r \tag{5.70d}$$

と書ける (ここで，$\boldsymbol{y}$ および $\boldsymbol{s}_1, \ldots, \boldsymbol{s}_r$ は問題 (5.69) の Lagrange 乗数の役割を果たす)．この条件 (5.70) は，$\nu \to 0$ で 2 次錐計画問題の最適性条件 (5.63) に一致する．また，任意の $\nu > 0$ に対して条件 (5.70) を満たす解 $\boldsymbol{x}_1(\nu), \ldots, \boldsymbol{x}_r(\nu)$, $\boldsymbol{y}(\nu)$, $\boldsymbol{s}_1(\nu), \ldots, \boldsymbol{s}_r(\nu)$ は一意に存在する．この解の軌跡を，主双対中心曲線とよぶ．

主双対内点法では，条件 (5.70d) を満たす初期解を選び，主双対中心曲線を $\nu > 0$ が減少する方向に近似的にたどることで，2 次錐計画問題の主問題 (5.48) と双対問題 (5.49) の最適解を同時に求める．その際に，(5.70a)–(5.70c) に対する Newton

方程式を解くことで，探索方向を求める．そして，条件 (5.70d) が満たされるようにステップ幅を選び，解を更新する．詳しくは文献 [35, 7 章] を参照されたい．

5.4.3　錐　計　画

この章で扱った半正定値計画や 2 次錐計画は線形計画の一般化であり，これらの最適化問題には多くの類似点がある．これらの問題は，錐計画とよばれる枠組みを導入することで，統一的に理解することができる．

最適化する変数を $x \in \mathbb{R}^N$ とし，$K \subseteq \mathbb{R}^N$ を内点をもつ閉凸錐とする．また，$x \in K$ かつ $-x \in K$ ならば $x = 0$ が成り立つ (つまり，K は直線を含まない) とする．さらに，$(u, v) \in \mathbb{R}^N \times \mathbb{R}^N \mapsto \langle u, v \rangle$ を適当に定義された内積とする．**錐計画問題** (または，**錐線形計画問題**ともいう) は，次のような最適化問題である：

$$\left.\begin{array}{ll} \text{Minimize} & \langle c, x \rangle \\ \text{subject to} & \langle a_i, x \rangle = b_i, \quad i = 1, \ldots, M, \\ & x \in K. \end{array}\right\} \tag{5.71}$$

問題 (5.71) の双対問題は，K の双対錐 $K^* = \{s \in \mathbb{R}^N \mid \langle s, x \rangle \geqq 0 \ (\forall x \in K)\}$ を用いて次のように書ける：

$$\left.\begin{array}{ll} \text{Maximize} & \displaystyle\sum_{i=1}^{M} b_i y_i \\ \text{subject to} & \displaystyle\sum_{i=1}^{M} a_i y_i + s = c, \\ & s \in K^*. \end{array}\right\} \tag{5.72}$$

なお，問題 (5.72) の双対問題をつくると，主問題 (5.71) になる．また，主問題と双対問題の双方に内点実行可能解が存在するならば，強双対性が成り立つ[33]．

例えば，線形計画問題は，K が非負象限 $K = \{\boldsymbol{x} \in \mathbb{R}^N \mid x_i \geqq 0 \ (i = 1, \ldots, N)\}$ であり，内積が通常のベクトルの内積 $\langle u, v \rangle = \sum_{i=1}^{N} u_i v_i$ である場合である．また，2 次錐計画問題は，K がいくつかの 2 次錐 $\mathcal{L}^{n_l} = \{(x_{l0}, \boldsymbol{x}_{l1}) \mid x_{l0} \geqq \|\boldsymbol{x}_{l1}\|\}$ の直積で表される場合 (つまり，$K = \mathcal{L}^{n_1} \times \cdots \times \mathcal{L}^{n_r}$ と表せる場合) である．さらに，半正定値計画問題は，$N = n(n+1)/2$ とおいて $K = \{X \in \mathcal{S}^n \mid X \succeq O\}$ と定め，

内積を $\langle u, v\rangle = \sum_{i=1}^{n}\sum_{j=1}^{n} u_{ij}v_{ij}$ で定めた場合である．これら三つの場合は，K が自己双対である (つまり，$K = K^*$ が成り立つ) 場合である．

任意の $x, w \in \mathrm{int}\, K$ に対して線形変換 L が存在して $L(x) = w$ かつ $L(K) = K$ が成り立つとき，K は**等質**であるという．また，直線を含まない閉凸錐で自己双対かつ等質なものを**対称錐**とよぶ．K が対称錐であるとき，問題 (5.71) を**対称錐計画問題** (または，**対称錐上の線形計画問題**) という．線形計画問題，2 次錐計画問題，半正定値計画問題は，すべて対称錐計画問題である．主双対内点法は，**Euclid** (ユークリッド) **的 Jordan** (ジョルダン) **代数**とよばれる代数系を用いることで，対称錐計画問題に対して拡張されている[32, 33]．

6 変　分　法

変分問題は，関数の関数 (汎関数) の最小化 (または，最大化) 問題である．変分問題の理論や解法のことを，変分法という．物理法則は変分問題の形式で与えられることが多いため，変分問題は工学の基礎として重要である．変分問題はある意味で無限次元の最適化問題とみなすことができるため，変分法と最適化法には共通する点も多い．とはいえ，変分法には無限次元ゆえの複雑さもある．この章では，まず 6.1 節で変分問題とはどのような問題であるかを説明する．次に 6.2 節では，変分法の基本補題を述べ，この基本補題を用いて導出される Euler (オイラー) 方程式について説明する．6.3 節では拘束条件を含む変分問題について説明し，6.4 節では変分問題における双対性を扱う．6.5 節では，変分問題の実用的な解法として，Ritz (リッツ) 法と有限要素法の概要を述べる．

6.1 変　分　問　題

関数が与えられたときに実数が一意的に定まる関係を，**汎関数**という．汎関数を最小化する関数を求める最適化問題を**変分問題**とよび，変分問題の理論や解法を**変分法**という．

汎関数は，いわば関数の関数である．例えば，区間 $[0,1]$ を定義域とする十分に滑らかな関数 $u(x)$ に対して

$$\int_0^1 \left(u(x) + \frac{\mathrm{d}u}{\mathrm{d}x} \right) \mathrm{d}x$$

は一意的な実数として決まるので，汎関数である．この積分の値を $J(u)$ などと表し，u を**変関数**とよぶ[*1]．この汎関数の最小化問題は，$x \in [0,1]$ の各点での $u(x)$ の値を変数とする問題とみなせる．区間 $[0,1]$ には無限個の点が含まれるから，変分問題はいわば無限個の変数をもつ最適化問題 (あるいは，無限次元で定義され

*1　関数を実数に対応づけるという意味では，例えば $\sup_x \{u(x) \mid 0 \leqq x \leqq 1\}$ や $u(1/2)$ も汎関数ということになる．しかし，変分法では通常，関数やその導関数を含む式の定積分で表される汎関数を扱う．

た最適化問題) とみなせる．このため，変分法には最適化の理論と共通な点が多い．しかし，例えば解の存在の議論などには無限次元ならではの複雑さがある．

力学の最小作用の原理や光学の Fermat の原理などのように，多くの物理法則は変分問題の形で与えられる．また，境界の形状が与えられたときに面積が最小の曲面である**極小曲面**を求める問題も変分問題である．このように，変分問題には多くの工学的な応用がある．

この章では，簡単のために，特に断りのない限りは変数 x が 1 次元の問題を扱うことにし，関数や変関数は十分に滑らかであるものとする．また，関数 $u(x)$ の引数 x をしばしば省略する．そして，u の x に関する微分を

$$u' = \frac{\mathrm{d}u}{\mathrm{d}x}$$

で表す．さらに，x, u, u' を独立な変数とみなしたときの $F(x, u, u')$ の偏導関数を

$$F_x = \frac{\partial F}{\partial x}, \quad F_u = \frac{\partial F}{\partial u}, \quad F_{u'} = \frac{\partial F}{\partial u'}$$

などとと表す．また，$\dfrac{\mathrm{d}u}{\mathrm{d}x}$ や $\dfrac{\mathrm{d}^2u}{\mathrm{d}x^2}$ の 2 乗をしばしば

$$u'^2 = \left(\frac{\mathrm{d}u}{\mathrm{d}x}\right)^2, \quad u''^2 = \left(\frac{\mathrm{d}^2u}{\mathrm{d}x^2}\right)^2$$

と表す．

変分問題の具体的な例を例 6.1 および例 6.2 にあげる．

例 6.1　平面内に固定された滑らかな曲線に沿って，重力のみの作用の下で質点が降下する問題を考える．図 6.1 に示すように x 軸および y 軸をとり，曲線を

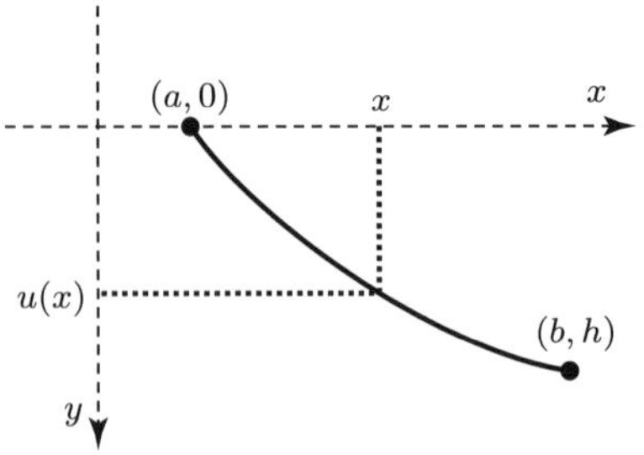

図 6.1　最速降下線問題

$y = u(x)$ で表す．また，出発点を $(a, 0)$，終点を (b, h) とする．このときに，質点が終点に到着するまでの時間が最も小さくなるような曲線 (この曲線を，**最速降下線**とよぶ) を求める問題を考える．

重力加速度を g とすると，エネルギーの保存則 $\frac{1}{2}mv^2 = mgu$ より，位置 (x, u) での質点の速度は $\sqrt{2gu}$ である．したがって，曲線の線素 $\sqrt{1+(u')^2}\mathrm{d}x$ を通過するのに要する時間は $\sqrt{1+(u')^2}\mathrm{d}x/\sqrt{2gu}$ で与えられる．このことから，最速降下線を求める問題は

$$\left.\begin{array}{ll} \text{Minimize} & \displaystyle\int_a^b \frac{\sqrt{1+u'(x)^2}}{\sqrt{2gu(x)}}\,\mathrm{d}x \\ \text{subject to} & u(a) = 0, \quad u(b) = h \end{array}\right\}$$

と定式化できる．この問題は，

$$F(u, u') = \frac{\sqrt{1+(u')^2}}{\sqrt{2gu}}, \quad J(u) = \int_a^b F(u, u')\,\mathrm{d}x$$

とおいたときに汎関数 $J(u)$ を最小化する関数 $u : [a, b] \to \mathbb{R}$ を求める変分問題である．　$\triangleleft$

例 6.2　図 6.2 に示すように，x 軸の周りに回転対称な棒を考える．棒の長さは l で，棒の左端は $x = 0$ で固定され，右端は自由である．位置 x における棒の断面積を $s(x)$ で表す．棒には x 軸方向の外力が作用し，その単位長さあたりの力を $p(x)$ で表す．関数 s および p は十分に滑らかであり (集中荷重は存在しないとする)，x 軸に垂直な棒の断面は変形後も平面のままであることを仮定する．このとき，位置 x における棒の x 軸方向の変位を $u(x)$ で表す．

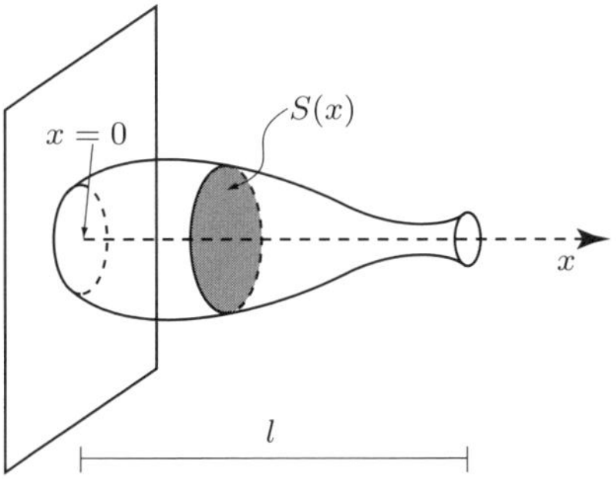

図 6.2　弾性棒の一軸引張の問題

位置 x におけるひずみは $u' = \mathrm{d}u/\mathrm{d}x$ で表され，断面に作用する応力は $\sigma = Eu'$ である．ただし，$E > 0$ は Young 率とよばれる材料定数である．したがって，棒がもつひずみエネルギーは

$$\Phi(u) = \int_0^l \frac{1}{2} Es(x)u'(x)^2 \,\mathrm{d}x$$

で与えられる．棒の釣合い形状は，全ポテンシャルエネルギー最小化問題

$$\left.\begin{array}{ll} \text{Minimize} & J(u) = \displaystyle\int_0^l \frac{1}{2} Es(x)u'(x)^2 \,\mathrm{d}x - \int_0^l p(x)u(x)\,\mathrm{d}x \\ \text{subject to} & u(0) = 0 \end{array}\right\} \tag{6.1}$$

の解として得られる．この問題は，

$$F(u, u') = \frac{1}{2} Es\, u'^2 - pu, \quad J(u) = \int_0^l F(u, u')\,\mathrm{d}x$$

とおいたときに汎関数 $J(u)$ を最小化する変分問題である．　$\triangleleft$

6.2　変分法の基本事項

変分法の基礎として，6.2.1 節で変分法の基本補題とよばれる原理を説明し，これを用いて 6.2.2 節で Euler 方程式を導く．Euler 方程式は，変分問題の解が満たす微分方程式である．6.2.3 節では，いくつかの特別な場合の Euler 方程式を導く．

6.2.1　変分法の基本補題

6.2.2 節以降で変分問題の解が満たすべき条件を調べる際には，しばしば，以下に述べる**変分法の基本補題**とよばれる事実を用いる．

命題 6.1　区間 $[a, b]$ において関数 f が連続であり，さらに条件 $\varphi(a) = \varphi(b) = 0$ を満たす任意の十分滑らかな関数 φ に対して条件

$$\int_a^b f(x)\varphi(x)\,\mathrm{d}x = 0$$

が成り立つならば，$f(x) = 0$ $(\forall x \in [a, b])$ が成り立つ．

(証明)　$x_0 \in [a,b]$ において $f(x_0) \neq 0$ であると仮定して矛盾を示す.

$f(x_0) > 0$ であると仮定する. f の連続性より, x_0 の近傍 $N \subseteq [a,b]$ が存在して $f(x) > 0$ $(\forall x \in N)$ が成り立つ. φ として, 点 $x \in N$ では $\varphi(x) > 0$ となり点 $x \notin N$ では $\varphi(x) = 0$ となる関数を選ぶことができる. すると,

$$\int_a^b f(x)\varphi(x)\,\mathrm{d}x > 0$$

となって矛盾する. $f(x_0) < 0$ の場合も同様である. ■

6.2.2　Euler 方程式

汎関数

$$J(u) = \int_a^b F(x,u,u')\,\mathrm{d}x$$

の最小化問題を考える. ただし, F は x, u, u' に関して 2 回連続微分可能*2であるとする. $J(u)$ を最小化する変分問題は

$$\left.\begin{array}{ll}\text{Minimize} & J(u) = \displaystyle\int_a^b F(x,u,u')\,\mathrm{d}x \\ \text{subject to} & u(a) = \alpha, \quad u(b) = \beta\end{array}\right\} \tag{6.2}$$

である. ただし, u は十分滑らかであるとする*3. また, 制約 $u(a) = \alpha$ および $u(b) = \beta$ は u の境界での値を指定しているので, **境界条件**とよばれる.

関数 u が変分問題 (6.2) の境界条件を満たすとする. いま, 条件

$$v(a) = 0, \quad v(b) = 0 \tag{6.3}$$

を満たす関数 v と実数 ε を用いて*4

$$u_\varepsilon = u + \varepsilon v$$

---

*2　関数が k 回連続微分可能とは, k 階までの導関数がすべて存在してそれらが連続であることである. またこのことを, その関数が C^k 級であるともいう.

*3　実は, Euler 方程式 (6.7) が u'' より高階の導関数を含まないことからわかるように, u は 2 回連続微分可能であること (つまり, C^2 級であること) を仮定すればよい.

*4　v も, u と同様に, 2 回連続微分可能 (つまり, C^2 級) なものを考えれば十分である.

という関数をつくる．このとき，

$$\delta u = u_\varepsilon - u = \varepsilon v$$

と書き，δu を (変関数 u の) **変分**とよぶ．また，u_ε を**許容関数** (または，**比較関数**) とよぶ．いま，u を変分問題 (6.2) の (極小) 解であるとする．そして，v を固定して $J(u_\varepsilon)$ をスカラー ε の関数とみなすと，$J(u_\varepsilon)$ は $\varepsilon = 0$ において極小となる．したがって，

$$\lim_{\varepsilon \to 0} \frac{J(u+\varepsilon v) - J(u)}{\varepsilon} = \left(\frac{\partial J(u_\varepsilon)}{\partial \varepsilon}\right)_{\varepsilon=0} = 0$$

が成り立つ．同じ議論は任意の十分滑らかな v について成り立つので，u が変分問題 (6.2) の解であるための必要条件として

$$\left(\frac{\partial J(u_\varepsilon)}{\partial \varepsilon}\right)_{\varepsilon=0} = 0 \quad (\forall v : v(a) = v(b) = 0) \tag{6.4}$$

が得られる．

(6.4) において微分は積分記号の中で行ってよいから，(6.4) の方程式は

$$\begin{aligned}\left(\frac{\partial J(u_\varepsilon)}{\partial \varepsilon}\right)_{\varepsilon=0} &= \left(\frac{\partial}{\partial \varepsilon}\int_a^b F(x, u(x) + \varepsilon v, u' + \varepsilon v')\,\mathrm{d}x\right)_{\varepsilon=0} \\ &= \int_a^b (F_u v + F_{u'} v')\,\mathrm{d}x = 0\end{aligned} \tag{6.5}$$

となる．(6.5) の積分の第 2 項に部分積分を適用すると (v の境界条件 (6.3) に注意して)

$$\int_a^b \left(F_u - \frac{\mathrm{d}}{\mathrm{d}x}F_{u'}\right) v\,\mathrm{d}x = 0$$

が得られる．(6.4) はこの等式が任意の v について成り立つことを主張しているので，変分法の基本補題 (6.2.1 節) を用いて

$$F_u - \frac{\mathrm{d}}{\mathrm{d}x}F_{u'} = 0 \tag{6.6}$$

が得られる．ここで，(6.6) の左辺を F の**変分導関数**とよぶ．

以上のようにして得られる微分方程式 (6.6) を **Euler** (オイラー) **方程式** (または **Euler–Lagrange** (オイラー–ラグランジュ) **方程式**) とよび，その解を**停留関数**とよぶ．u が停留関数であることは，もとの変分問題 (6.2) の解であるための必

要条件である．u および u' が x の関数であることに注意して x に関する微分を実行すると，(6.6) は

$$F_u - F_{u'x} - F_{u'u}u' - F_{u'u'}u'' = 0 \tag{6.7}$$

となる．よりていねいに書くと

$$\frac{\partial F}{\partial u} - \frac{\partial}{\partial x}\Bigl(\frac{\partial F}{\partial u'}\Bigr) - \frac{\partial}{\partial u}\Bigl(\frac{\partial F}{\partial u'}\Bigr)u' - \frac{\partial}{\partial u'}\Bigl(\frac{\partial F}{\partial u'}\Bigr)u'' = 0$$

である．

(6.5) の左辺に ε を乗じた量を δJ で表し，J の**第一変分**とよぶ．つまり，J の第一変分とは

$$\begin{aligned}\delta J = \Bigl(\frac{\partial J(u_\varepsilon)}{\partial \varepsilon}\Bigr)_{\varepsilon=0}\varepsilon &= \int_a^b (F_u \delta u + F_{u'}\delta u')\,\mathrm{d}x \\ &= \int_a^b \Bigl(F_u - \frac{\mathrm{d}}{\mathrm{d}x}F_{u'}\Bigr)\delta u\,\mathrm{d}x + [F_{u'}\delta u]_a^b\end{aligned} \tag{6.8}$$

である．u が極小解であるための必要条件は，(境界条件を満たす) 任意の δu に対して $\delta J = 0$ が成り立つことである．実際，(6.8) の第 1 項に変分法の基本補題を適用することで Euler 方程式 (6.6) が得られる．一方，第 2 項からは

$$\bigl(F_{u'}\bigr)_{x=a}\delta u(a) = 0, \quad \bigl(F_{u'}\bigr)_{x=b}\delta u(b) = 0 \tag{6.9}$$

が得られる．ここで，もとの変分問題で (6.2) のように u の境界における値が指定されている場合には，前述のように $\delta u(a) = \delta u(b) = 0$ と選ぶ ((6.3) を参照) ので，(6.9) は無条件に成り立つ．このように，境界における u の値を陽に指定する条件を**基本境界条件**という．基本境界条件が与えられていない変分問題では，変関数の変分 δu は境界で任意の値をとれる．したがって，(6.9) より u は

$$\Bigl(\frac{\partial F}{\partial u'}\Bigr)_{x=a} = 0, \quad \Bigl(\frac{\partial F}{\partial u'}\Bigr)_{x=b} = 0 \tag{6.10}$$

を満たさなければならない．このように，最初に設定された境界条件ではなく，停留性により自然に要請される条件を**自然境界条件**という．

例 6.3 6.1 節の例 6.2 の弾性棒の一軸引張の問題 (6.1) について，第一変分 δJ を求めてみる．ただし，u の基本境界条件として $u(0) = 0$ のみが与えられており，$x = l$ における u の値は自由である．したがって，変関数 u の変分 δu の境界条件は $\delta u(0) = 0$ である．

いま

$$F(x,u,u') = \frac{1}{2}Esu'^2 - pu$$

であるから，(6.8) より J の第一変分は

$$\delta J = \int_0^l \left(-p - \frac{\mathrm{d}}{\mathrm{d}x}Esu'\right)\delta u\,\mathrm{d}x + Esu'(l)\delta u(l)$$

となる．したがって，$\delta u(x)$ $(0 < k < l)$ と $\delta u(l)$ が任意の値をとるときに $\delta J = 0$ が満たされるための条件は

$$-\frac{\mathrm{d}}{\mathrm{d}x}Esu' = p \quad (0 < x < l),$$
$$u'(l) = 0$$

となる (ただし，物理的に $E > 0$ および $s(l) > 0$ である)．これらと基本境界条件 $u(0) = 0$ を合わせたものが，弾性棒が満たすべき微分方程式 (の境界値問題) である．　◁

例 6.4　力学における**最小作用の原理**を考える．記号を少し変えて，汎関数

$$J(u) = \int_a^b F(t,u,u')\,\mathrm{d}t$$

の最小化を考える．ここで，t は時刻を表し，u は位置 (あるいは変位)，$u' = \mathrm{d}u/\mathrm{d}t$ は速度である．$F(t,u,u')$ はいわゆる**ラグランジアン** (Lagrangian) であり，例えば

$$F(t,u,u') = \frac{1}{2}mu'^2 - \varPhi(u,t) \tag{6.11}$$

である．ただし，$\varPhi(u,t)$ はポテンシャル，m は質点の質量，$J(u)$ は作用である．$J(u)$ を最小化する変分問題の Euler 方程式は

$$\frac{\mathrm{d}}{\mathrm{d}t}\frac{\partial F}{\partial u'} = \frac{\partial F}{\partial u} \tag{6.12}$$

と得られる．これは，最小作用の原理から **Newton の運動方程式**を導くことに対応している．実際，F が (6.11) の形のとき，Euler 方程式 (6.12) は

$$mu'' = -\frac{\partial \varPhi}{\partial u}$$

となり，Newton の運動方程式に一致する．

(6.12) は位置 u と速度 u' を変数としている．次に，これを運動量 p と位置 u を変数とする微分方程式に書き直すことを考えよう．このために

$$\frac{\partial F}{\partial u'} = p, \quad H = -F + pu'$$

とおく (H は**ハミルトニアン** (Hamiltonian) である)．H の t に関する微分は

$$\begin{aligned}\frac{\mathrm{d}H}{\mathrm{d}t} &= -\Big(\frac{\partial F}{\partial t} + \frac{\partial F}{\partial u}\frac{\mathrm{d}u}{\mathrm{d}t} + \frac{\partial F}{\partial u'}\frac{\mathrm{d}u'}{\mathrm{d}t}\Big) + \Big(p\frac{\mathrm{d}u'}{\mathrm{d}t} + u'\frac{\mathrm{d}p}{\mathrm{d}t}\Big)\\ &= -\frac{\partial F}{\partial t} - \frac{\partial F}{\partial u}\frac{\mathrm{d}u}{\mathrm{d}t} + u'\frac{\mathrm{d}p}{\mathrm{d}t}\end{aligned}$$

なので

$$\frac{\partial H}{\partial t} = -\frac{\partial F}{\partial t}, \quad \frac{\partial H}{\partial u} = -\frac{\partial F}{\partial u}, \quad \frac{\partial H}{\partial p} = u'$$

が得られる．これを用いて Euler 方程式 (6.12) を書き直すと

$$\frac{\mathrm{d}u}{\mathrm{d}t} = \frac{\partial H}{\partial p}, \tag{6.13a}$$

$$\frac{\mathrm{d}p}{\mathrm{d}t} = -\frac{\partial H}{\partial u} \tag{6.13b}$$

が得られる．この連立微分方程式 (6.13) が，**Hamilton** (ハミルトン) **方程式**である．◁

6.2.3　いくつかの重要な場合

この節では，変分問題の応用でよく現れるいくつかの特別な場合を取り上げ，Euler 方程式を導いてみる．

a.　F が x を陽に含まない場合

汎関数が

$$J(u) = \int_a^b F(u, u')\,\mathrm{d}x$$

という形である場合を考えてみよう．このとき Euler 方程式 (6.7) は

$$F_u - F_{u'u}u' - F_{u'u'}u'' = 0 \tag{6.14}$$

となる[*5]．この方程式の解 u は

$$F - u'F_{u'} = c \quad (c \text{ は定数}) \tag{6.15}$$

を満たすことを示すことができる．なぜなら (6.15) の左辺を x で微分してみると

$$(F_u u' + F_{u'} u'') - \left(u'' F_{u'} + u' \frac{\mathrm{d}}{\mathrm{d}x} F_{u'}\right) = u'\left(F_u - \frac{\mathrm{d}}{\mathrm{d}x} F_{u'}\right) = 0$$

が得られるからである．(6.15) の解 u が $u' \neq 0$ を満たすならば，それは (6.14) の解であり $J(u)$ を最小化する変分問題の停留関数である．

例 6.5　6.1 節の例 6.1 で考えた最速降下線の問題を解いてみる．いま F は

$$F = (2gu)^{-1/2}[1 + (u')^2]^{1/2}$$

であって x を含まないので，

$$\frac{\partial F}{\partial u'} = (2gu)^{-1/2}[1 + (u')^2]^{-1/2} u'$$

である．これより，(6.15) は

$$\frac{1}{\sqrt{2gu}\sqrt{1 + (u')^2}} = c_1 \quad (c_1 \text{ は定数})$$

となる．さらに変形して

$$u[1 + (u')^2] = \frac{1}{2g{c_1}^2}$$

として解いてもよい．この方程式の一般解のうち $u(a) = 0$ を満たすものは，θ をパラメータとして

$$x = c_2(\theta - \sin\theta) + a, \quad u = c_2(1 - \cos\theta)$$

と表せることが知られており，**サイクロイド**とよばれる曲線となる．ただし，定数 c_2 は曲線が $(x, u) = (b, h)$ を通るように定める．　◁

---

*5　よりていねいに書くと，(6.14) は

$$\frac{\partial F}{\partial u} - \frac{\partial}{\partial u}\left(\frac{\partial F}{\partial u'}\right) u' - \frac{\partial}{\partial u'}\left(\frac{\partial F}{\partial u'}\right) u'' = 0$$

である．

b. 高次導関数を含む場合

汎関数

$$J(u) = \int_a^b F(u, u', u'', \dots, u^{(n)})\,\mathrm{d}x$$

のように，F が u の高階微分を含むが x を含まない場合を考える．ただし，$u^{(n)} = \mathrm{d}^n u/\mathrm{d}x^n$ である．また，u は十分滑らかであるものとし[*6]，境界条件として

$$\begin{aligned} u(a) &= \alpha, \quad u^{(i)}(a) = \alpha_i \quad (i = 1, \dots, n-1), \\ u(b) &= \beta, \quad u^{(i)}(b) = \beta_i \quad (i = 1, \dots, n-1) \end{aligned}$$

が与えられているものとする．

このとき，変関数 u の変分 δu は，境界 $x = a$ および $x = b$ では $\delta u(x) = \delta u^{(1)}(x) = \cdots = \delta u^{(n-1)}(x) = 0$ を満たす十分滑らかな任意の関数とする[*7]．そして，6.2.2 節と同様に考えて部分積分を繰り返し適用すると，J の第一変分は

$$\delta J = \int_a^b \left[F_u - \frac{\mathrm{d}}{\mathrm{d}x} F_{u'} + \frac{\mathrm{d}^2}{\mathrm{d}x^2} F_{u''} - \cdots + (-1)^n \frac{\mathrm{d}^n}{\mathrm{d}x^n} F_{u^{(n)}} \right] \delta u \,\mathrm{d}x$$

と得られる．したがって，変分法の基本補題より，Euler 方程式

$$F_u - \frac{\mathrm{d}}{\mathrm{d}x} F_{u'} + \frac{\mathrm{d}^2}{\mathrm{d}x^2} F_{u''} - \cdots + (-1)^n \frac{\mathrm{d}^n}{\mathrm{d}x^n} F_{u^{(n)}} = 0$$

が導かれる．

自由境界条件を含む場合については，次の例 6.6 でみてみよう．

例 6.6 図 6.3 に示すように，水平な**片持ち梁**に鉛直な外力が作用するとき，梁の釣合い形状を求める問題を考える[*8]．ただし，変形は微小であることを仮定する．位置 x における梁の y 軸方向の変位 (たわみ) を $u(x)$ で表す．また，位置 x において，y 軸方向に作用する力は単位長さあたり $p(x)$ であるとする[*9]．梁は左端 $x = 0$ において変位も回転も固定されている．したがって，境界条件は $u(0) = u'(0) = 0$ である．梁の長さを l，Young 率 (材料定数) を E，断面 2 次モーメント (梁の断

---

*6 実は，u は C^{2n} 級であること (つまり，u の $2n$ 階までの導関数がすべて存在してそれらが連続であること) を仮定すれば十分である．

*7 δu についても，u と同様に C^{2n} 級であることを仮定すればよい．

*8 梁の支配式についての詳細は，例えば文献 [45, 20 節], [47] を参照されたい．

*9 集中荷重は作用しないものとする．

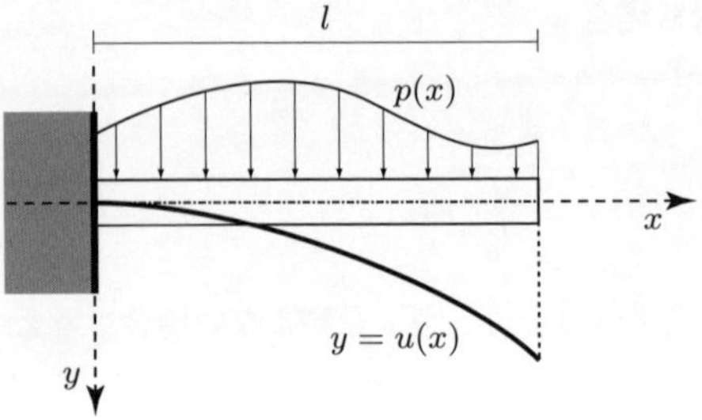

図 6.3　片持ち梁のたわみを求める問題

面の形状から決まる定数) を I とおく ($E > 0$ かつ $I > 0$ である)．このとき，梁に蓄えられるひずみエネルギーは

$$\Phi(u) = \int_0^l \frac{1}{2} EI u''^2 \, \mathrm{d}x$$

で与えられる．梁の釣合い形状は，全ポテンシャルエネルギー最小化問題

$$\left.\begin{array}{ll} \text{Minimize} & J(u) = \displaystyle\int_0^l \frac{1}{2} EI u''^2 \, \mathrm{d}x - \int_0^l pu \, \mathrm{d}x \\ \text{subject to} & u(0) = 0, \quad u'(0) = 0 \end{array}\right\} \tag{6.16}$$

の解として得られる．

変関数 u の変分の境界条件は，基本境界条件と同じであるから，$\delta u(0) = \delta u'(0)$ である．汎関数 $J(u)$ の第一変分は

$$\delta J = \int_0^l (EI u'' \delta u'' - p \delta u) \, \mathrm{d}x \tag{6.17}$$

となる．部分積分を 2 回適用することにより，

$$\begin{aligned} \delta J &= \int_0^l (-EI u''' \delta u' - p\delta u) \, \mathrm{d}x + [EI u'' \delta u']_0^l \\ &= \int_0^l (EI u'''' \delta u - p\delta u) \, \mathrm{d}x - [EI u''' \delta u]_0^l + [EI u'' \delta u']_0^l \\ &= \int_0^l (EI u'''' \delta u - p\delta u) \, \mathrm{d}x - EI u'''(l) \delta u(l) + EI u''(l) \delta u'(l) \end{aligned}$$

が得られる．したがって，$\delta J = 0$ となる条件として

$$EI u'''' = p \quad (0 < x < l), \tag{6.18a}$$

$$u''(l) = 0, \quad u'''(l) = 0, \tag{6.18b}$$

$$u(0) = 0, \quad u'(0) = 0 \tag{6.18c}$$

が得られる．(6.18a) は，梁の釣合い式 (剛性方程式) である．自然境界条件 (6.18b) は，自由端 $x = l$ で梁の曲げモーメントとせん断力が 0 となることを意味している．(6.18c) は基本境界条件である． ◁

c. 多変数の場合

x および y の二つの変数の関数 $u(x, y)$ を求める変分問題を考える．最小化したい汎関数は，$\Omega \subset \mathbb{R}^2$ を有界な開集合として

$$J(u) = \int_\Omega F(x, y, u, u_x, u_y)\,\mathrm{d}x\,\mathrm{d}y$$

という形であるとする．ただし，境界条件として，積分領域 Ω の境界 $\Gamma = \partial\Omega$ 上で u の値が指定されているものとする (図 6.4)．変関数 u の変分を

$$\delta u = \varepsilon v$$

とおく．ただし，v は $\overline{\Omega} = \Omega \cup \Gamma$ 上で定義された (十分に滑らかな) 関数であり，境界で

$$v = 0 \quad (\Gamma \text{ 上で}) \tag{6.19}$$

を満たす．このとき，J の第一変分は

$$\delta J = \varepsilon \Big(\frac{\partial}{\partial \varepsilon} J(u + \varepsilon v) \Big)_{\varepsilon = 0} = \varepsilon \int_\Omega (F_u v + F_{u_x} v_x + F_{u_y} v_y)\,\mathrm{d}x\,\mathrm{d}y \tag{6.20}$$

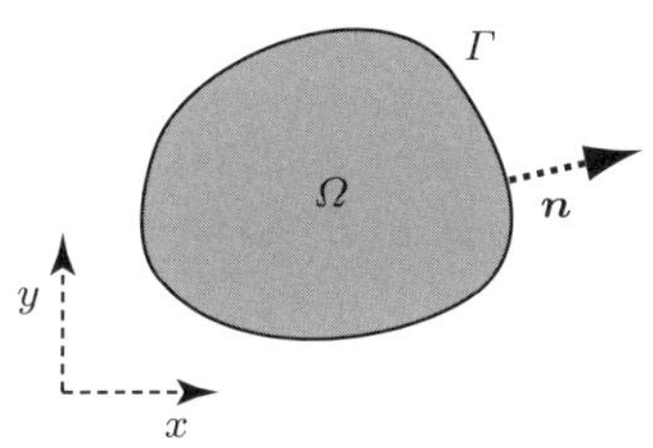

図 **6.4** 2 変数の場合

である．u が停留関数であるための必要条件は，任意の v に対して $\delta J = 0$ が成り立つことである．

(6.20) の積分記号の中の第 2 項および第 3 項に対して，ベクトル解析における **Green** (グリーン) の公式を適用すると

$$\begin{aligned}&\int_{\Omega}(F_{u_x}v_x + F_{u_y}v_y)\,\mathrm{d}x\,\mathrm{d}y\\&\quad = \Bigl(\int_{\Gamma} F_{u_x} v n_x\,\mathrm{d}\Gamma - \int_{\Omega}\frac{\partial}{\partial x}F_{u_x}v\,\mathrm{d}x\,\mathrm{d}y\Bigr)\\&\qquad + \Bigl(\int_{\Gamma} F_{u_y} v n_y\,\mathrm{d}\Gamma - \int_{\Omega}\frac{\partial}{\partial y}F_{u_y}v\,\mathrm{d}x\,\mathrm{d}y\Bigr)\end{aligned}$$

が得られる．ただし，$\boldsymbol{n} = (n_x, n_y)^\top$ は領域 Ω の境界 Γ における外向き単位法線ベクトルである (図 6.4)．このことと (6.19) を用いると，第一変分 δJ は

$$\delta J = \int_{\Omega}\Bigl(F_u - \frac{\partial}{\partial x}F_{u_x} - \frac{\partial}{\partial y}F_{u_y}\Bigr)\delta u\,\mathrm{d}\Omega$$

と書ける．したがって，変分法の基本補題より Euler 方程式は

$$F_u - \frac{\partial}{\partial x}F_{u_x} - \frac{\partial}{\partial y}F_{u_y} = 0 \tag{6.21}$$

である．よりていねいに書くと

$$\begin{aligned}&F_u - (F_{u_x u_x}u_{xx} + 2F_{u_x u_y}u_{xy} + F_{u_y u_y}u_{yy})\\&\quad - (F_{u_x u}u_x + F_{u_y}u_y) - (F_{u_x}x + F_{u_y}y) = 0\end{aligned}$$

である．u が三つ以上の変数の関数であるときも同様である．

例 6.7　F が

$$F(u_x, u_y) = \frac{1}{2}\|\nabla u\|^2 = \frac{1}{2}(u_x^2 + u_y^2)$$

であるとき，汎関数

$$\int_{\Omega}\frac{1}{2}\|\nabla u\|^2\,\mathrm{d}\Omega$$

の最小化問題に対する Euler 方程式 (6.21) は

$$\nabla^2 u = u_{xx} + u_{yy} = 0 \tag{6.22}$$

となる．(6.22) は **Laplace** (ラプラス) **方程式**とよばれ，工学のさまざまな分野に応用がある．例えば，2 次元の熱伝導問題における定常状態や，非圧縮性の完全流体の渦なし流れの定常流は，Laplace 方程式 (6.22) の形で記述できる．

また，汎関数

$$\int_\Omega \frac{1}{2}\|\nabla u\|^2 \,\mathrm{d}\Omega - \int_\Omega f u \,\mathrm{d}\Omega$$

の最小化問題に対する Euler 方程式は

$$-\nabla^2 u = f \tag{6.23}$$

となる．(6.23) は **Poisson** (ポアソン) **方程式**とよばれ，例えば熱伝導問題では熱源のある場合にあたる． ◁

6.2.4 極小の条件

Euler 方程式は変分問題の 1 次の最適性条件であり，Euler 方程式を満たす解が極小解であるかどうかはわからない．解が極小かどうかを判定するには，2 次の条件の吟味が必要となる．

汎関数

$$J(u) = \int_a^b F(x, u, u')\,\mathrm{d}x$$

を最小化する変分問題を考える．Taylor の定理を用いて $J(u+\varepsilon v)$ を展開すると

$$\begin{aligned} J(u+\varepsilon v) &= J(u) + \varepsilon \int_a^b (F_u v + F_{u'} v')\,\mathrm{d}x \\ &\quad + \frac{\varepsilon^2}{2}\int_a^b (F_{uu}(x,\bar{u},\bar{u}')v^2 + 2F_{uu'}(x,\bar{u},\bar{u}')vv' + F_{u'u'}(x,\bar{u},\bar{u}')v'^2)\,\mathrm{d}x \end{aligned} \tag{6.24}$$

となる．ただし，

$$\bar{u} = u + \rho v, \quad \bar{u}' = u' + \rho v' \quad (\rho \in (0, \varepsilon))$$

である．(6.24) の右辺の第 2 項は J の第一変分 δJ であり，u が停留関数であるためには $\delta J = 0$ である (6.2.2 節)．このときに J が u で最小となるための必要条件

は，任意の v に対して第 3 項が非負となることである．この項で $\varepsilon \to 0$ とすると

$$\delta^2 J = \frac{\varepsilon^2}{2}\int_a^b (F_{uu}(x,u,u')v^2 + 2F_{uu'}(x,u,u')vv' + F_{u'u'}(x,u,u')v'^2)\,\mathrm{d}x$$

となる．この $\delta^2 J$ を J の**第二変分**とよぶ．最小性の必要条件は，任意の $\delta u = \varepsilon v$ に対して J の第二変分が

$$\delta^2 J \geqq 0$$

を満たすことである．さらに，このための必要条件は，条件

$$F_{u'u'}(x,u,u') \geqq 0 \quad (\forall x \in [a,b]) \tag{6.25}$$

が成り立つことである．条件 (6.25) は，**Legendre** (ルジャンドル) **の条件**とよばれている [37, Sect. 4.6].

例 6.8　図 6.5 に示すような，軸方向の力 q が作用する単純梁の釣り合いを考える．梁のたわみを $u(x)$ とおくと，梁に蓄えられるひずみエネルギーは

$$\Phi(u) = \frac{1}{2}\int_0^l EIu''^2\,\mathrm{d}x$$

で与えられる．また，梁の右端での軸方向の伸びは，近似的に

$$\sqrt{(1+v')^2 - u'^2}\mathrm{d}x - \mathrm{d}x \simeq -\frac{1}{2}u'^2\mathrm{d}x$$

と表せる．ただし，$v(x)$ は x における梁の軸方向の変位であり，十分に微小であるとみなせる．以上より，梁の釣合い解は，全ポテンシャルエネルギーを最小化する変分問題

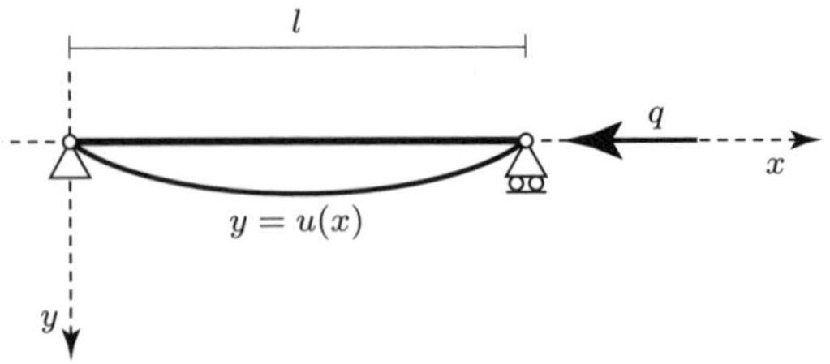

図 6.5　単純梁の一軸圧縮の問題

$$\left.\begin{array}{ll}\text{Minimize} & J(u)=\dfrac{1}{2}\displaystyle\int_0^l (EIu''^2 - qu'^2)\,\mathrm{d}x \\ \text{subject to} & u(0)=0, \quad u(l)=0\end{array}\right\} \tag{6.26}$$

の停留解である．Euler 方程式と自然境界条件および基本境界条件は

$$EIu'''' + qu'' = 0, \tag{6.27a}$$

$$u(0)=u''(0)=0, \quad u(l)=u''(l)=0 \tag{6.27b}$$

と得られる．この境界値問題の解が釣合い解である．

J の第二変分は，u の変分を $\delta u = \varepsilon v$ として

$$\begin{aligned}\delta^2 J &= \frac{\varepsilon^2}{2}\int_0^l (F_{u'u'}v'^2 + 2F_{u'u''}v'v'' + F_{u''u''}v''^2)\,\mathrm{d}x \\ &= \frac{\varepsilon^2}{2}\int_0^l (-qv'^2 + EIv''^2)\,\mathrm{d}x\end{aligned} \tag{6.28}$$

となる．ただし，v の境界条件は $v(0)=v(l)=0$ である．釣合い解が J の極小解であるかどうかを調べるために，(6.28) の符号を調べよう．$q \leqq 0$ ならば明らかに $\delta^2 J \geqq 0$ $(\forall v)$ であり，q が十分に大きくなれば $\delta^2 J$ は負になり得る．条件 $\delta^2 J \geqq 0$ は，q に対する条件

$$q \leqq \frac{EI\displaystyle\int_0^l v''^2\,\mathrm{d}x}{\displaystyle\int_0^l v'^2\,\mathrm{d}x}$$

に書き直せる．したがって，任意の v に対して $\delta^2 J \geqq 0$ が成り立つような q の最大値は，境界条件 $v(0)=v(l)=0$ の下での汎関数

$$\frac{EI\displaystyle\int_0^l v''^2\,\mathrm{d}x}{\displaystyle\int_0^l v'^2\,\mathrm{d}x}$$

の最小値として与えられる．これはつまり，変分問題

$$\left.\begin{array}{ll}\text{Minimize} & EI\displaystyle\int_0^l v''^2\,\mathrm{d}x \\ \text{subject to} & \displaystyle\int_0^l v'^2\,\mathrm{d}x = 1, \\ & v(0)=0, \quad v(l)=0\end{array}\right\} \tag{6.29}$$

の最小値である．この問題は，6.3.1 節で述べる等周問題である．実は，問題 (6.29) のように拘束条件を含む変分問題に対しては，Lagrange 乗数 λ を導入して汎関数

$$EI\int_0^l v''^2\,\mathrm{d}x+\lambda\Big(1-\int_0^l v'^2\,\mathrm{d}x\Big)$$

の停留条件を考えればよい．v の変分を $\delta v=\varepsilon\eta$ ($\eta(0)=\eta(l)=0$) として第一変分を求めると

$$\begin{aligned}\varepsilon&\int_0^l (EIv''\delta\eta''-\lambda v'\delta\eta')\,\mathrm{d}x\\&=\int_0^l (EIv''''+\lambda v'')\,\delta v\,\mathrm{d}x-EIv''(0)\delta v'(0)+EIv''(l)\delta v'(l)\end{aligned}\tag{6.30}$$

が得られる．したがって，変分問題 (6.29) の Euler 方程式と境界条件は

$$EIv''''+\lambda v''=0,\tag{6.31a}$$

$$v(0)=v(l)=0,\quad v''(0)=v''(l)=0\tag{6.31b}$$

となる[*10]．微分方程式 (6.31a) の一般解は

$$v(x)=c_1+c_2x+c_3\cos\sqrt{\frac{\lambda}{EI}}x+c_4\sin\sqrt{\frac{\lambda}{EI}}x\tag{6.32}$$

である．これに境界条件 (6.31b) を代入すると，積分定数に関する条件

$$c_1=c_2=c_3=0,\quad c_4\sin\sqrt{\frac{\lambda}{EI}}l=0$$

が得られる．$c_4=0$ ならば $v(x)=0$ ($0\leqq x\leqq l$) となり変分問題 (6.29) の拘束条件を満たさないから，λ は条件

$$\sin\sqrt{\frac{\lambda}{EI}}l=0$$

を満たさなければならない．つまり，λ は

$$\lambda=k^2\frac{\pi^2EI}{l^2},\quad k=1,2,3,\ldots$$

と求められる．これを (6.32) に代入して，拘束条件 $\int_0^l v'^2\,\mathrm{d}x=1$ を満たすように

*10　(6.31a) のような形式の微分方程式は，Sturm–Liouville 型の固有値問題とよばれる問題の一種である．

c_4 を求めると

$$c_4 = \pm\frac{\sqrt{2}l}{k\pi}, \quad k = 1, 2, 3, \ldots$$

が得られ，以上で (6.32) の積分定数がすべて決まった．そこで，問題 (6.29) の目的関数の値は

$$EI\int_0^l v''^2\,\mathrm{d}x = k^2 EI\frac{\pi^2}{l^2}, \quad k = 1, 2, 3\ldots$$

となる．したがって，問題 (6.29) の最適値は $EI\pi^2/l^2$ である．

以上より，

$$q_\mathrm{c} = EI\frac{\pi^2}{l^2}$$

とおくと，圧縮力 q が条件 $q \leqq q_\mathrm{c}$ を満たせば，任意の v に対して $\delta^2 J \geqq 0$ が成り立つことがわかった．Euler 方程式 (6.27) を満たす釣合い解 u は，$q < q_\mathrm{c}$ ならば J の極小解であり，$q > q_\mathrm{c}$ ならば J の極小解ではない．これは，物理的には，$q < q_\mathrm{c}$ ならば釣合い解が安定であり，そうでなければ不安定であることを意味する．この安定性の限界値である q_c のことを，**Euler** (オイラー) **座屈荷重**とよぶ． ◁

6.3 拘束条件のある場合

6.2 節では，変関数が満たすべき制約として境界条件のみを考えた．ここでは，変関数に境界条件以外の制約も課された下で汎関数を最小化する問題を考える．このような境界条件以外の制約は，**付帯条件**とよばれることが多い．

6.3.1 等 周 問 題

まず，汎関数に関する等式制約を含む次のような変分問題を考える：

$$\left.\begin{array}{ll} \text{Minimize} & J(u) = \displaystyle\int_a^b F(x, u, u')\,\mathrm{d}x \\ \text{subject to} & I(u) = \displaystyle\int_a^b G(x, u, u')\,\mathrm{d}x = c, \\ & u(a) = \alpha, \quad u(b) = \beta. \end{array}\right\} \tag{6.33}$$

ただし，c は定数である．例えば，平面内において周長が与えられた閉曲線によって囲まれる面積を最大化する問題はこのように定式化できる．このため，問題 (6.33) の形の問題は**等周問題**とよばれる．

等周問題は，等式制約付き最適化問題に対する Lagrange 乗数法 (2.2 節) の考え方を適用することで停留条件を求めることができる．まず，変関数 u を摂動した許容関数

$$u_\varepsilon = u + \varepsilon_1 v_1 + \varepsilon_2 v_2$$

を考える．ただし，ε_1 および ε_2 は実数で $\varepsilon = (\varepsilon_1, \varepsilon_2)$ であり，v_1 および v_2 は条件

$$v_1(a) = v_2(a) = 0, \quad v_1(b) = v_2(b) = 0 \tag{6.34}$$

を満たす (2 回連続微分可能な) 関数である．u の変分 δu は

$$\delta u = \varepsilon_1 v_1 + \varepsilon_2 v_2$$

で定義される．

ここで，仮に v_1 および v_2 を固定して $J(u_\varepsilon)$ および $I(u_\varepsilon)$ を $\varepsilon = (\varepsilon_1, \varepsilon_2)$ の関数と考える．このとき，u が等周問題の解であるためには，$(\varepsilon_1, \varepsilon_2) = (0, 0)$ が等式制約付き最適化問題

$$\left.\begin{array}{ll} \text{Minimize} & J(u_\varepsilon) \\ \text{subject to} & I(u_\varepsilon) = 0 \end{array}\right\}$$

の最適解でなければならない．この問題の最適性の 1 次の必要条件は，Lagrange 関数

$$L(\varepsilon_1, \varepsilon_2, \lambda) = J(u_\varepsilon) + \lambda I(u_\varepsilon)$$

の停留条件から得られる (実数 λ は Lagrange 乗数である)．つまり，

$$\left(\frac{\partial}{\partial \varepsilon_j} L(\varepsilon_1, \varepsilon_2, \lambda)\right)_{\varepsilon_1 = \varepsilon_2 = 0} = 0 \quad (j = 1, 2) \tag{6.35}$$

である．そして，この条件が境界条件 (6.34) を満たす任意の v_1 および v_2 について成り立つことが必要である．条件 (6.35) を書き下すと

$$\int_a^b (F_u v_j + F_{u'} v_j')\,\mathrm{d}x + \lambda \int_a^b (G_u v_j + G_{u'} v_j')\,\mathrm{d}x = 0 \quad (j = 1, 2)$$

となる．境界条件 (6.34) に注意して部分積分を実行すると

$$\int_a^b \Big(F_u - \frac{\mathrm{d}}{\mathrm{d}x}F_{u'}\Big)v_j\,\mathrm{d}x + \lambda\int_a^b \Big(G_u - \frac{\mathrm{d}}{\mathrm{d}x}G_{u'}\Big)v_j\,\mathrm{d}x = 0 \quad (j = 1, 2)$$

が得られる．この等式が任意の v_1 および v_2 に対して成り立つことから，変分法の基本補題より Euler 方程式

$$\Big(F_u - \frac{\mathrm{d}}{\mathrm{d}x}F_{u'}\Big) + \lambda\Big(G_u - \frac{\mathrm{d}}{\mathrm{d}x}G_{u'}\Big) = 0 \tag{6.36}$$

が得られる．

等周問題を解く際には，まず λ を定数として微分方程式 (6.36) を u について解く．そして，λ と積分定数を，境界条件および付帯条件 $I(u) = c$ を用いて決定すればよい．

例 6.9 両端が固定された (伸び縮みしない) 糸が垂れ下がって描く曲線を**懸垂線**とよぶ．図 6.6 に示すように糸の両端の座標を (a, h_a), (b, h_b) とおき，糸の長さを l とする．懸垂線を求める問題は，等周問題である．

曲線の線素の長さは $\sqrt{1+(u')^2}\mathrm{d}x$ であるから，糸の長さに関する条件は

$$\int_a^b \sqrt{1+(u')^2}\,\mathrm{d}x = l \tag{6.37}$$

と書ける．また，糸の単位長さあたりの質量を ρ，重力加速度を g とおくと，重力のなす仕事の総和は

$$\rho g\int_a^b u\sqrt{1+(u')^2}\,\mathrm{d}x \tag{6.38}$$

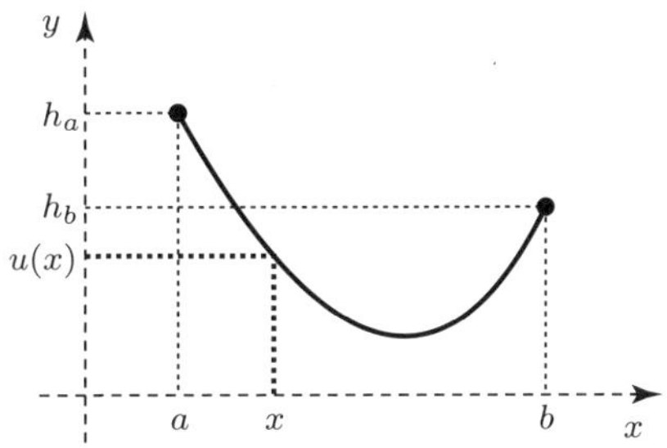

図 6.6 懸垂線を求める問題

と表せる ($u=0$ からの仕事を考えればよい)．以上より，懸垂線を求めるには，付帯条件 (6.37) の下で汎関数 (6.38) を最小化すればよい．そこで，Lagrange 乗数 λ を導入して

$$\begin{aligned}\rho g \int_a^b u\sqrt{1+(u')^2}\,\mathrm{d}x + \lambda\Big(\int_a^b \sqrt{1+(u')^2}\,\mathrm{d}x - l\Big) \\ = \int_a^b (\rho g u + \lambda)\sqrt{1+(u')^2}\,\mathrm{d}x - \lambda l\end{aligned}$$

の停留条件を考える．これは，6.2.3.a 項で扱った変分問題と同じ形式の問題であり，微分方程式 (6.15) はこの場合には

$$(\rho g u)\sqrt{1+(u')^2} - u'\left[\frac{\rho g u u' + \lambda u'}{1+(u')^2}\right] = \frac{\rho g u + \lambda}{1+(u')^2} = c$$

となる．この微分方程式の一般解は

$$\rho g u = c_1 \cosh\Big(\frac{\rho g x}{c_1} + c_2\Big) - \lambda$$

である．最後に，定数 c_1, c_2 および Lagrange 乗数 λ を付帯条件 (6.37) と境界条件 $u(a)=h_a$ および $u(b)=h_b$ が満たされるように決めればよい．　◁

6.3.2　制約付き変分法

二つの関数 $u(x)$ および $w(x)$ を求める制約付き変分問題

$$\left.\begin{array}{ll}\text{Minimize} & \displaystyle\int_a^b F(x,u,u',w,w')\,\mathrm{d}x \\ \text{subject to} & g(x,u,u',w,w') = 0, \\ & u(a)=\alpha, \quad u(b)=\beta, \quad w(a)=\hat{\alpha}, \quad w(b)=\hat{\beta}\end{array}\right\} \tag{6.39}$$

を考える．等式 $g(x,u,u',w,w')=0$ が例えば w について解くことができて $w=h(x,u)$ と表せるならば，変分問題 (6.39) から w を消去して解くのが自然である．ここでは，そのように解けない場合を考える．

問題 (6.39) を解くには，Lagrange 乗数として関数 $\lambda(x)$ $(a \leqq x \leqq b)$ を導入して汎関数

$$\int_a^b (F(x,u,u',w,w') - \lambda(x) g(x,u,u',w,w'))\,\mathrm{d}x$$

を考え，この汎関数の (付帯条件なしの) 最小化問題に対する Euler 方程式を導く．そして，この Euler 方程式と付帯条件 $g(x,u,u',w,w')=0$ とを連立させて解けばよい．変関数の数が三つ以上で付帯条件が二つ以上の場合も，同様である．

注意 6.1 6.3.1 節で扱った等周問題 (6.33) は

$$\left.\begin{array}{ll} \text{Minimize} & \displaystyle\int_a^b F(x,u,u')\,\mathrm{d}x \\ \text{subject to} & w'-G(x,u,u')=0, \\ & u(a)=\alpha, \quad u(b)=\beta, \quad w(a)=0, \quad w(b)=c \end{array}\right\}$$

と書き直せるので，問題 (6.39) の特別な場合である．また，例えば汎関数

$$\int_a^b F(x,u,u',u'')\,\mathrm{d}x$$

の付帯条件なしの最小化問題は，付帯条件 $w-u'=0$ の下で汎関数

$$\int_a^b F(x,u,u',w')\,\mathrm{d}x$$

を最小化することと同じであるから，問題 (6.39) の特別な場合である． ◁

6.4 双 対 性

この節では，変分問題に対する Friedrichs (フリードリックス) 変換と双対性の概略を述べる．

まず，汎関数

$$J(u)=\int_a^b F(x,u,u')\,\mathrm{d}x$$

を最小化する変分問題に対する Friedrichs 変換について説明する．この変分問題において，u と u' をあえて独立な変数とみなし，両者の関係

$$u'=\frac{\mathrm{d}u}{\mathrm{d}x}$$

を付帯条件とみなすことにする．つまり，u' を新たに変数 w で表して

$$\left.\begin{array}{ll} \text{Minimize} & \displaystyle\int_a^b F(x,u,w)\,\mathrm{d}x \\ \text{subject to} & w=u', \\ & u(a)=\alpha, \quad u(b)=\beta \end{array}\right\} \qquad (6.40)$$

という付帯条件付き変分問題を考える．この問題に対する Lagrange 関数は，λ, μ_a, μ_b を Lagrange 乗数として

$$L(u, w, \lambda, \mu_a, \mu_b) = \int_a^b [F + \lambda(u' - w)]\,\mathrm{d}x \\ - \mu_a(u(a) - \alpha) + \mu_b(u(b) - \beta) \tag{6.41}$$

で与えられる．$u(x)$, $w(x)$, $\lambda(x)$ を未知の変関数とし，μ_a, μ_b を未知数として汎関数 $L(u, w, \lambda, \mu_a, \mu_b)$ の無制約最小化問題を考える．この問題に対する変分方程式 $\delta L = 0$ から

$$F_w - \lambda = 0, \tag{6.42a}$$

$$F_u - \frac{\mathrm{d}\lambda}{\mathrm{d}x} = 0, \tag{6.42b}$$

$$u' - w = 0, \tag{6.42c}$$

$$\lambda(a) + \mu_a = 0, \quad \lambda(b) + \mu_b = 0, \tag{6.42d}$$

$$u(a) - \alpha = 0, \quad u(b) - \beta = 0 \tag{6.42e}$$

が得られる．(6.42) から λ, w, μ_a, μ_b を消去すると $F_u - \frac{\mathrm{d}}{\mathrm{d}x}F_{u'} = 0$ となり，Euler 方程式 (6.6) が得られることが確かめられる．

一方，(6.42) をうまく用いて L から u および w を消去することで新たな変分問題が得られる．もとの変分問題からこの新たな変分問題を導くことを **Friedrichs 変換**とよぶ．その手続きを，次の具体的な例でみてみよう．

例 6.10　6.1 節の例 6.2 の弾性棒の一軸引張の問題 (6.1) を考える．ただし，問題 (6.40) と形式を合わせた方がわかりやすいので，境界条件を次のように変更する．例 6.2 では梁の右端は自由端であったが，ここでは梁の両端の変位が

$$u(0) = u_0, \quad u(l) = u_l$$

と指定されているものとする．u と u' を独立な変数とみなすことで，変分問題 (6.1) を付帯条件付きの問題

$$\left.\begin{aligned} &\text{Minimize} \quad J(u, w) = \frac{1}{2}\int_0^l Esw^2\,\mathrm{d}x - \int_0^l pu\,\mathrm{d}x \\ &\text{subject to} \quad w = u', \\ &\qquad\qquad\quad u(0) = u_0, \quad u(l) = u_l \end{aligned}\right\} \tag{6.43}$$

に書き直す．$\lambda = \lambda(x)$ と μ_0, μ_l を Lagrange 乗数として，この問題 (6.43) に対する Lagrange 関数を

$$L(u, w, \lambda, \mu_0, \mu_l) = J(u, w) + \int_0^l \lambda(u' - w)\,\mathrm{d}x - \mu_0(u(0) - u_0) + \mu_l(u(l) - u_l) \tag{6.44}$$

で定義する．u' を含む項に部分積分を適用すると

$$L(u, w, \lambda, \mu_0, \mu_l) = \int_0^l \Big(\frac{1}{2}Esw^2 - pu - \lambda' u - \lambda w\Big)\,\mathrm{d}x + \mu_0(u_0 - u(0)) + \mu_l(u(l) - u_l) + \lambda(l)u(l) - \lambda(0)u(0) \tag{6.45}$$

が得られる．(6.45) の汎関数の u に関する停留条件より

$$\lambda' + p = 0, \tag{6.46}$$

$$\mu_0 + \lambda(0) = 0, \quad \mu_l + \lambda(l) = 0 \tag{6.47}$$

が得られる．また，(6.44) の汎関数の w, λ, μ_0, μ_l に関する停留条件より，それぞれ

$$Esw - \lambda = 0, \tag{6.48}$$

$$u' - w = 0, \tag{6.49}$$

$$u(0) - u_0 = 0, \quad u(l) - u_l = 0 \tag{6.50}$$

が得られる．ここで，(6.49) および (6.50) はもとの問題 (6.43) の付帯条件である．

一方，(6.46)–(6.48) を (6.45) に代入することで $L(u, w, \lambda, \mu_0, \mu_l)$ から u および w を消去でき，次の問題が得られる：

$$\left.\begin{array}{ll} \text{Maximize} & J^{\circ}(\lambda) = -\dfrac{1}{2}\displaystyle\int_0^l \frac{\lambda^2}{Es}\,\mathrm{d}x - u_0\lambda(0) + u_l\lambda(l) \\ \text{subject to} & \lambda' + p = 0. \end{array}\right\} \tag{6.51}$$

問題 (6.43) から問題 (6.51) への変換が Friedrichs 変換である．また，問題 (6.43) の変関数 λ は，(6.48) および (6.49) を参照すると，弾性棒に作用する内力 (軸力) を表していることがわかる (u は変位であり $w = u'$ はひずみであるから，Ew が応力を表すことに注意されたい)．もとの問題 (6.43) は全ポテンシャルエネルギー

最小化問題であるのに対して，問題 (6.51) (あるいは目的関数に負号をつけて最小化問題に直したもの) は **コンプリメンタリエネルギー最小化問題**とよばれる．◁

Friedrichs 変換で得られる問題は，いわば変分問題の双対問題である．有限次元の最適化問題の双対性は本書の 3 章で扱ったが，そこでの基本的な道具であった関数に対する Fenchel 変換や劣微分の概念が汎関数に拡張されている．以下では，その概要をみてみよう．U を Banach (バナッハ) 空間とし，U^* をその双対空間 (つまり，U 上の線形汎関数の全体のなす空間) とする．また，汎関数 $s \in U^*$ の $u \in U$ における値を $\langle s, u \rangle$ で表す．

汎関数 $J : U \to \mathbb{R} \cup \{+\infty\}$ に対して[*11]，J の**極汎関数** $J^* : U^* \to \mathbb{R} \cup \{+\infty\}$ を

$$J^*(s) = \sup_{u \in U} \{\langle s, u \rangle - J(u)\}$$

で定義する．この変換 $J \mapsto J^*$ を **Young–Fenchel–Moreau** (ヤング–フェンシェル–モロー) **変換**とよぶ．また，汎関数 $J : U \to \mathbb{R} \cup \{+\infty\}$ と関数 $u \in U$ に対して，条件

$$J(v) \geqq J(s) + \langle s, v - u \rangle, \quad \forall v \in U$$

を満たす $s \in U^*$ を，J の u における**劣勾配**とよぶ．そして，劣勾配全体の集合を $\partial J(u)$ で表し，J の u における**劣微分**とよぶ．

変分問題

$$\left. \begin{array}{lll} (\mathrm{P}): & \text{Minimize} & J(u) \\ & \text{subject to} & u \in U \end{array} \right\} \tag{6.52}$$

に対して，$\Phi : U \times Y \to \mathbb{R} \cup \{+\infty\}$ を条件

$$\Phi(u, 0) = J(u)$$

を満たす汎関数とする．Φ に Young–Fenchel–Moreau 変換を施して

$$\Phi^*(s, w) = \sup_{(u,y) \in U \times Y} \{\langle s, u \rangle_U + \langle w, y \rangle_Y - \Phi(u, y)\}$$

を得る．この Φ^* を用いて定義される変分問題

$$\left. \begin{array}{lll} (\mathrm{D}): & \text{Maximize} & -\Phi^*(0, w) \\ & \text{subject to} & w \in Y^* \end{array} \right\} \tag{6.53}$$

*11　ある点 $u \in U$ で $J(u) < +\infty$ と仮定する．

を問題 (6.52) の双対問題とよぶ．これに対して，もとの変分問題 (6.52) を主問題とよぶ．問題 (6.52) から問題 (6.53) への変換を，変分問題の**双対性変換**という．

変分問題 (6.52) が (ある種の) 凸性をもつとき，主問題 (6.52) と双対問題 (6.53) との間には次のような双対性が成り立つことが知られている[55]．

命題 6.2 U は Hilbert (ヒルベルト) 空間であり*12，Y は線形位相空間であるとする．また，ある $U \times Y$ 上の連続なアフィン汎関数の族が存在して，その各点ごとの上限として Φ が表せると仮定する．ただし，Φ は恒等的に $-\infty$ でも $+\infty$ でもないとする．さらに，Φ が条件

$$\lim_{\substack{u \in U \\ \|u\| \to +\infty}} \Phi(u, 0) = +\infty$$

を満たし，ある $u_0 \in U$ に対して汎関数 $y \mapsto \Phi(u_0, y)$ が有限で $y = 0$ において連続であるとする．このとき，主問題 (6.52) と双対問題 (6.53) に解が存在し，解における両者の汎関数の値が一致する．また，両者の解を $\bar{u}$ および $\bar{w}$ とおくと，これらの間に

$$\Phi(\bar{u}, 0) + \Phi^*(0, \bar{w}) = 0 \tag{6.54}$$

が成り立つ．(6.54) はまた，条件

$$(0, \bar{w}) \in \partial\Phi(\bar{u}, 0)$$

と等価である．

例 6.11 問題 (6.52) において，J が

$$J(u) = F(u) + G(\Lambda u)$$

という形で表せる場合を考えよう．つまり，主問題を

$$\left.\begin{array}{ll} \text{Minimize} & F(u) + G(\Lambda u) \\ \text{subject to} & u \in U \end{array}\right\} \tag{6.55}$$

*12 あるいは，U は $(U^*)^* = U$ を満たす Banach 空間であること，つまり，U が反射的な Banach 空間 (または，回帰的な Banach 空間ともいう) であることを仮定すればよい．

とする．ただし，$F : U \to \mathbb{R} \cup \{+\infty\}$ および $G : Y \to \mathbb{R} \cup \{+\infty\}$ はそれぞれ，ある連続なアフィン汎関数の族の各点ごとの上限として表せる汎関数である．また，$\varLambda : U \to Y$ は連続な線形作用素である．このとき，$\varPhi : V \times Y \to \mathbb{R} \cup \{+\infty\}$ を

$$\varPhi(u, y) = F(u) + G(\varLambda u - y)$$

で定義すると，Young–Fenchel–Moreau 変換により

$$\begin{aligned}
\varPhi^*(0, w) &= \sup_{u,y}\{\langle w, y\rangle - F(u) - G(\varLambda u - y)\} \\
&= \sup_{u}\Big\{\sup_{t}\{\langle w, \varLambda u - t\rangle - F(u) - G(t)\}\Big\} \\
&= \sup_{u}\Big\{\langle w, \varLambda u\rangle - F(u) + \sup_{t}\{\langle -w, t\rangle - G(t)\}\Big\} \\
&= F^*(\varLambda^* w) + G^*(-w)
\end{aligned}$$

が得られる．ただし，$\varLambda^* : Y^* \to U^*$ は

$$\langle \varLambda^* w, u\rangle = \langle w, \varLambda u\rangle, \quad \forall (u, w) \in U \times Y^*$$

で定義される $\varLambda$ の**随伴作用素**である．以上を (6.53) に代入することで，双対問題は

$$\left.\begin{array}{ll}\text{Maximize} & -F^*(\varLambda^* w) - G^*(-w) \\ \text{subject to} & w \in Y^*\end{array}\right\} \qquad (6.56)$$

であることがわかる．この問題 (6.56) は，最適化問題に関する Fenchel 双対問題 (3.6.1 節) の変分問題への拡張となっている．また，(6.54) より，$\bar{u}$ および $\bar{w}$ が主問題 (6.55) と双対問題 (6.56) の解であるための必要十分条件は

$$F(\bar{u}) + F^*(\varLambda^* \bar{w}) = \langle \varLambda^* \bar{w}, \bar{u}\rangle, \qquad (6.57)$$

$$G(\varLambda \bar{u}) + G^*(-\bar{w}) = -\langle \bar{w}, \varLambda \bar{u}\rangle \qquad (6.58)$$

である．　◁

例 6.12　例 6.11 で述べた変分問題の双対性の枠組みを，具体的な変分問題

$$\left.\begin{array}{ll}\text{Minimize} & J(u) = \dfrac{1}{2}\displaystyle\int_{\varOmega} \|\nabla u\|^2 \,\mathrm{d}\varOmega - \int_{\varOmega} f u \,\mathrm{d}\varOmega \\ \text{subject to} & u = 0 \quad (\varGamma \text{ 上で})\end{array}\right\} \qquad (6.59)$$

に適用してみる．このためには，

$$F(u) = -\int_\Omega fu\,\mathrm{d}\Omega,$$
$$G(y) = \frac{1}{2}\int_\Omega \|y\|^2\,\mathrm{d}\Omega,$$
$$\Lambda u = \nabla u$$

とおけばよい．F および G に Young–Fenchel–Moreau 変換を施すと

$$F^*(s) = \begin{cases} 0 & (\Omega \text{ 内で } s+f=0 \text{ のとき}) \\ +\infty & (\text{それ以外のとき}), \end{cases}$$
$$G^*(w) = \frac{1}{2}\int_\Omega \|w\|^2\,\mathrm{d}\Omega$$

となる．Λ の随伴作用素 Λ^* については，まず Green の公式より

$$\langle \Lambda u, w\rangle_Y = \int_\Omega \nabla u\cdot w\,\mathrm{d}\Omega = -\int_\Omega u(\operatorname{div} w)\,\mathrm{d}\Omega$$

を得る (境界条件より Γ 上で $u=0$ が成り立つことを用いた)．このことと随伴作用素の定義より

$$\Lambda^* w = -\operatorname{div} w$$

であることがわかる．以上をまとめると

$$-F^*(\Lambda^* w) - G^*(-w) = \begin{cases} -\frac{1}{2}\int_\Omega \|w\|^2\,\mathrm{d}\Omega & (\Omega \text{ 内で } \operatorname{div} w = f \text{ のとき}) \\ -\infty & (\text{それ以外のとき}) \end{cases}$$

が得られるので，問題 (6.59) の双対問題は

$$\left.\begin{array}{ll} \text{Maximize} & -\dfrac{1}{2}\displaystyle\int_\Omega \|w\|^2\,\mathrm{d}\Omega \\ \text{subject to} & \operatorname{div} w = f \quad (\Omega \text{ 内で}) \end{array}\right\} \tag{6.60}$$

である．

次に，主問題 (6.59) と双対問題 (6.60) の最適性の条件を書き下してみる．この問題における F, F^* および Λ^* に対して，(6.57) は

$$\operatorname{div}\bar{w} = f \quad (\Omega \text{ 内で}) \tag{6.61}$$

を意味している．また，(6.58) に G, G^*, Λ を代入すると

$$\frac{1}{2}\int_\Omega \|\nabla\bar{u}\|^2\,\mathrm{d}\Omega + \frac{1}{2}\int_\Omega \bar{w}^2\,\mathrm{d}\Omega = -\int_\Omega (\nabla\bar{u})\bar{w}\,\mathrm{d}\Omega$$

となる．この条件は，条件

$$\bar{w} = -\nabla\bar{u} \quad (\Omega \text{ 内で}) \tag{6.62}$$

と等価である．(6.61) および (6.62) から，変分問題 (6.59) は Poisson 方程式

$$-\nabla^2 u = f \quad (\Omega \text{ 内で}), \tag{6.63a}$$

$$u = 0 \quad (\Gamma \text{ 上で}) \tag{6.63b}$$

と等価であることがわかる． ◁

実は，この章のこれまでの議論と命題 6.2 との間には，本質的なギャップがある．つまり，これまでは変分問題に解が存在するかどうかは議論していなかったのに対して，命題 6.2 は変分問題の解の存在を示している．特に，これまでは変分問題の変関数の滑らかさの仮定を曖昧にしてきたが，命題 6.2 は解がどのような空間に存在するのかを明確に述べている．このような点で，命題 6.2 は重要である．

例として，例 6.12 で扱った Poisson 方程式 (6.63) について考えよう．変分問題 (6.59) の停留条件 $\delta J = 0$ は

$$\left.\begin{array}{ll} \text{Find} & u \in U \\ \text{such that} & \displaystyle\int_\Omega \nabla u \cdot \nabla v\,\mathrm{d}\Omega = \int_\Omega f v\,\mathrm{d}\Omega \quad (\forall v \in U) \end{array}\right\} \tag{6.64}$$

と書ける．ここで 1 階の導関数 ∇u および ∇v が登場するので，これまでの議論では u と v が属する空間は

$$U = \{u \in \mathrm{C}^1(\overline{\Omega}) \mid u = 0 \ (\Gamma \text{ 上で})\} \tag{6.65}$$

であると暗黙のうちに仮定していた[*13]．しかし，$\mathrm{C}^1(\overline{\Omega})$ はノルム

$$\|u\| = \left(\int_\Omega |u(x)|^2\,\mathrm{d}\Omega\right)^{1/2}$$

*13　$\overline{\Omega}$ は，Ω の閉包である．また，開集合 Ω に対して $\mathrm{C}^k(\Omega)$ は Ω 上で定義された C^k 級の関数の集合 (つまり，k 階までの導関数がすべて存在してそれらが連続であるような関数の集合) である．さらに，u が $\mathrm{C}^k(\overline{\Omega})$ に属するとは，開集合 $\Omega_1 \supseteq \overline{\Omega}$ と関数 u_1 が存在して条件 $u_1 \in \mathrm{C}^k(\Omega_1)$ および $u_1(x) = u(x)$ $(\forall x \in \Omega)$ を満たすことである．

に関して完備ではないので，Hilbert 空間ではない．このため，変関数が属する空間 U を (6.65) で定義する限りは，問題 (6.64) に命題 6.2 を適用することはできない．しかし，U を適切な Hilbert 空間に選ぶことにより，問題 (6.64) の解の存在を命題 6.2 で保証することができる[*14]．この議論には関数解析の知識が必要になるので[*15]，以下では厳密性は犠牲にして要点のみを述べる．

いま，線形空間 $L^2(\Omega)$ を，スカラー積が

$$\langle f, g\rangle = \int_\Omega f(x)g(x)\,\mathrm{d}x$$

で与えられる Hilbert 空間と定義する．このとき，ノルムは

$$\|f\|_{L^2(\Omega)} = \left(\int_\Omega |f(x)|^2\,\mathrm{d}\Omega\right)^{1/2}$$

で与えられる．関数 $f \in L^2(\Omega)$ に対して条件

$$\int_\Omega f(x)\frac{\partial\varphi}{\partial x_i}(x)\,\mathrm{d}x = -\int_\Omega w_i(x)\varphi(x)\,\mathrm{d}x \quad (\forall\varphi \in \mathrm{C}_0^\infty(\Omega))$$

を満たす関数 $w_i \in L^2(\Omega)$ が存在するとき，w_i を f の x_i 方向の弱導関数とよび $\partial f/\partial x_i$ で表す．ただし，$\mathrm{C}_0^\infty(\Omega)$ は，$\mathrm{C}^\infty(\Omega)$ の元でその台 (つまり，関数が非ゼロの値をとる範囲) の閉包が Ω のコンパクトな部分集合となるもの全体の集合である．また，弱導関数 $\partial f/\partial x_1, \ldots, \partial f/\partial x_n$ が存在するとき，これらを並べたベクトルを ∇f と書く．さらに，1 階の Sobolev (ソボレフ) 空間を

$$H^1(\Omega) = \left\{ f \in L^2(\Omega) \,\middle|\, \frac{\partial f}{\partial x_i} \in L^2(\Omega)\ (i = 1, \ldots, n) \right\}$$

で定義する．$H^1(\Omega)$ はスカラー積

$$\langle f, g\rangle = \int_\Omega (f(x)g(x) + \nabla f(x)\cdot\nabla g(x))\,\mathrm{d}x$$

とノルム

$$\|f\|_{H^1(\Omega)} = \left(\int_\Omega (|f(x)|^2 + |\nabla f(x)|^2)\,\mathrm{d}\Omega\right)^{1/2}$$

に関して Hilbert 空間となる．さらに，$H^1(\Omega)$ における $\mathrm{C}_0^\infty(\Omega)$ の閉包を $H_0^1(\Omega)$ で表す．$H_0^1(\Omega)$ は $H^1(\Omega)$ の内積によって Hilbert 空間となる．直観的には，$H_0^1(\Omega)$

*14　以下では Poisson 方程式 (6.63) の可解性を変分問題の双対性に基づいて議論するが，Lax–Milgram の定理を用いても同じ結論が得られる．

*15　文献 [46] などを参照されたい．

は，$H^1(\Omega)$ の元 f のうち Γ 上で $f=0$ となるものの集合である．そして，この $H_0^1(\Omega)$ を用いて，問題 (6.64) のかわりに問題

$$\left.\begin{array}{ll}\text{Find} & u \in H_0^1(\Omega) \\ \text{such that} & \displaystyle\int_\Omega \nabla u \cdot \nabla v \,\mathrm{d}\Omega = \int_\Omega f v \,\mathrm{d}\Omega \quad (\forall v \in H_0^1(\Omega))\end{array}\right\} \tag{6.66}$$

を考えるのである．ただし，$f \in L^2(\Omega)$ とする．これは，例 6.12 において

$$U = H_0^1(\Omega), \quad Y = L^2(\Omega)^n$$

とおくことに対応している．以上の設定により命題 6.2 の仮定が満たされるようになり，問題 (6.66) やそれと等価な変分問題

$$\underset{u\in H_0^1(\Omega)}{\text{Minimize}} \quad \frac{1}{2}\int_\Omega \|\nabla u\|^2 \,\mathrm{d}\Omega - \int_\Omega f u \,\mathrm{d}\Omega \tag{6.67}$$

の解の存在が保証される．

それでは，問題 (6.66) の解は，古典的な問題 (6.63) に対してどのような意味をもつと解釈できるだろうか．Ω が有界でその境界が十分に滑らかであることを仮定すると[*16]，変分形式の問題 (6.66) の解 u は次の性質をもつことがわかる．まず，$\boldsymbol{\sigma} = \nabla u$ とおくと，$\boldsymbol{\sigma} \in L^2(\Omega)^n$ である．u が問題 (6.66) の解であることと Cauchy–Schwarz の不等式より

$$\left|\int_\Omega \boldsymbol{\sigma} \cdot \nabla v \,\mathrm{d}\Omega\right| = \left|\int_\Omega f v \,\mathrm{d}\Omega\right| \leqq C\|v\|_{L^2(\Omega)} \quad (\forall v \in H_0^1(\Omega)) \tag{6.68}$$

を満たす定数 $C > 0$ が存在する．$\mathrm{C}_0^\infty \subset H_0^1(\Omega)$ であるから，不等式 (6.68) は，実は，$\boldsymbol{\sigma}$ の弱導関数が存在すること，つまり，条件

$$\int_\Omega \boldsymbol{\sigma} \cdot \nabla v \,\mathrm{d}\Omega = -\int_\Omega (\operatorname{div} \boldsymbol{\sigma}) v \,\mathrm{d}\Omega \quad (\forall v \in \mathrm{C}_0^\infty)$$

を満たす $\operatorname{div} \boldsymbol{\sigma} \in L^2(\Omega)$ が存在することを意味している[*17]．したがって

$$\int_\Omega (\operatorname{div} \boldsymbol{\sigma} + f) v \,\mathrm{d}\Omega = 0 \quad (\forall v \in \mathrm{C}_0^\infty)$$

---

*16　Ω に関する正確な仮定は，文献 [46, 定理 9.8] などを参照されたい．

*17　本書では説明していないが，次の事実が成り立つ．$v \in L^2(\Omega)$ に対して，条件

$$\left|\int_\Omega v(x) \frac{\partial \phi}{\partial x_i}(x) \,\mathrm{d}x\right| \leqq C\|\phi\|_{L^2(\Omega)} \quad (\forall \phi \in \mathrm{C}_0^\infty(\Omega);\ \forall i = 1, \ldots, n)$$

を満たす定数 $C > 0$ が存在するとき，v の弱導関数が存在する．

が得られるが，これは $-\mathrm{div}\,\boldsymbol{\sigma} = f \in L^2(\Omega)$ を意味している．したがって，$\boldsymbol{\sigma} = \nabla u$ とおいたのであったから，結局 $-\nabla^2 u = f \in L^2(\Omega)$ であることがわかる．問題 (6.66) の解は，この意味で，古典的な問題 (6.63) の解と関係づけられている．

以上をまとめると，$f \in L^2(\Omega)$ ならば，問題 (6.66) に解 u が存在し，その解 u は

$$-\nabla^2 u = f\ (\Omega \text{ 内のほとんどいたるところで}), \quad u \in H_0^1(\Omega) \tag{6.69}$$

を満たす．(6.69) を古典的なもとの問題 (6.63) を比べると，もとの問題 (6.63) では条件が各点ごとに満たされることを要求していたのに対して，(6.67) の解 u は微分方程式と境界条件を「弱い」意味でしか満たさないことがわかる．このため，(6.66) を問題 (6.63) の**弱形式**とよぶ．また，(6.66) の解 u を**弱解**とよぶ．弱形式は，有限要素法 (6.5.2 節) の基礎として実用的にも重要である．

6.5 解 法

この節では，変分問題の数値解法として，6.5.1 節で Ritz 法について説明し，6.5.2 節で有限要素法について説明する．

6.5.1 Ritz 法

積分領域で定義されている有限個の関数

$$\varphi_0, \varphi_1, \varphi_2, \varphi_3, \cdots$$

の 1 次結合を

$$u_m(x) = \varphi_0 + c_1\varphi_1(x) + c_2\varphi_2(x) + \cdots + c_m\varphi_m(x) \tag{6.70}$$

とおく．境界条件を満たす任意の連続微分可能な関数が (6.70) の形で近似できるとき，$\{\varphi_k\}$ を**完全な関数系**とよぶ．また，u_m を**試験関数**とよぶ．このとき，$J(u_m)$ を最小にするように $c_1, \ldots, c_m$ を定めることで変分問題を近似的に解く方法を，**Ritz 法**という．

(6.70) の u_m を u の近似関数として $J(u)$ に代入すると，J は $c_1, \ldots, c_m$ の関数となる．これは汎関数ではなくて (普通の) 関数だから，その最小化問題の最適性

の必要条件は

$$\frac{\partial}{\partial c_j} J(c_1, \ldots, c_m) = 0 \quad (j = 1, \ldots, m) \tag{6.71}$$

である．この連立方程式を解いて $c_1, \ldots, c_m$ を求めればよいわけである．

例 6.13　変分問題

$$\left.\begin{array}{ll} \text{Minimize} & \displaystyle\int_0^l \frac{1}{2} EI u''^2 \, \mathrm{d}x - \int_0^l qu \, \mathrm{d}x \\ \text{subject to} & u(0) = 0, \quad u(l) = 0 \end{array}\right\} \tag{6.72}$$

を Ritz 法で解いてみる．これは，例えば両端が単純支持された梁のたわみを求める問題である．

変関数 u を近似する関数を

$$u_m(x) = \sum_{j=1}^{m} c_j \sin \frac{j\pi}{l} x \tag{6.73}$$

とする．ここで，$\boldsymbol{c} = (c_1, \ldots, c_m)^\top$ とおく．このとき，目的汎関数に試験関数 (6.73) を代入すると，$\boldsymbol{c}$ の関数として

$$\begin{aligned} J(\boldsymbol{c}) &= \int_0^l \frac{1}{2} EI \Bigl(\sum_{j=1}^{m} \frac{\pi^4}{l^4} {c_j}^2 \sin^2 \frac{j\pi}{l} x \Bigr) \mathrm{d}x - \int_0^l q(x) \Bigl(\sum_{j=1}^{m} c_j \sin \frac{j\pi}{l} x \Bigr) \mathrm{d}x \\ &= \frac{\pi^4 EI}{4l^3} \sum_{j=1}^{m} j^4 {c_j}^2 - \sum_{j=1}^{m} c_j \int_0^l q(x) \sin \frac{j\pi}{l} x \, \mathrm{d}x \end{aligned}$$

が得られる．$J(\boldsymbol{c})$ の停留条件は

$$\frac{\partial J}{\partial c_j}(\boldsymbol{c}) = \frac{\pi^4 EI}{2l^3} c_j - \int_0^l q(x) \sin \frac{j\pi}{l} x \, \mathrm{d}x = 0, \quad j = 1, \ldots, m$$

であるから，c_j は

$$c_j = \frac{2l^3}{\pi^4 EI} \int_0^l q(x) \sin \frac{j\pi}{l} x \, \mathrm{d}x, \quad j = 1, \ldots, m$$

となる．これを (6.73) に代入することで，変分問題 (6.72) の近似解が得られる．◁

例 6.14 等周問題

$$\left.\begin{aligned} &\text{Minimize} \quad J(u) = \int_0^l \frac{1}{2} EIu''^2 \,\mathrm{d}x \\ &\text{subject to} \quad I(u) = \int_0^l \frac{1}{2}\rho u'^2 \,\mathrm{d}x = 1, \\ &\qquad\qquad\quad u(0) = 0, \quad u(l) = 0 \end{aligned}\right\} \tag{6.74}$$

を Ritz 法で解いてみる．例えば，梁の自由振動の (最小) 固有値を求める問題はこの形に定式化できる．問題 (6.74) は，Rayleigh 商

$$\frac{\displaystyle\int_0^l EIu''^2 \,\mathrm{d}x}{\displaystyle\int_0^l \rho u'^2 \,\mathrm{d}x} \tag{6.75}$$

を境界条件の下で最小化する問題と同じである．これはまた，条件

$$\begin{aligned} &EIu'''' - \lambda\rho u'' = 0, \\ &u(0) = u(l) = 0 \end{aligned}$$

を満たす最小の λ を求める問題でもある．

境界条件を満足する基底として例えば

$$\varphi_j(x) = \sin\frac{j\pi}{l}x, \quad j = 1, \ldots, m$$

を選び，試験関数を

$$u_m(x) = \sum_{j=1}^m c_j \sin\frac{j\pi}{l}x$$

で定義する．この試験関数を (6.75) に代入すると，分母および分子はともに $\boldsymbol{c} = (c_1, \ldots, c_m)^\top$ の 2 次形式となる．これを

$$f(\boldsymbol{c}) = \frac{\displaystyle\sum_{j=1}^m \int_0^l EIc_j^2\varphi_j''^2 \,\mathrm{d}x}{\displaystyle\sum_{j=1}^m \int_0^l \rho c_j^2 \varphi_j'^2 \,\mathrm{d}x} = \frac{\boldsymbol{c}^\top K\boldsymbol{c}}{\boldsymbol{c}^\top M\boldsymbol{c}} \tag{6.76}$$

と表す．ここで，K は正定値な対角行列

$$K = \begin{bmatrix} \int_0^l EI\varphi_1''^2\,\mathrm{d}x & & & \\ & \int_0^l EI\varphi_2''^2\,\mathrm{d}x & & \\ & & \ddots & \\ & & & \int_0^l EI\varphi_m''^2\,\mathrm{d}x \end{bmatrix}$$

である．同様に，M は，$\int_0^l \rho\varphi_1'^2\,\mathrm{d}x, \ldots, \int_0^l \rho\varphi_m'^2\,\mathrm{d}x$ を対角成分とする正定値な対角行列である．(6.76) を

$$(\boldsymbol{c}^\top M\boldsymbol{c})f(\boldsymbol{c}) = \boldsymbol{c}^\top K\boldsymbol{c}$$

と書き直して $\boldsymbol{c}$ で微分し，$f(\boldsymbol{c})$ の停留条件 $\nabla f(\boldsymbol{c}) = \boldsymbol{0}$ を用いることで

$$K\boldsymbol{c} - \tilde{\lambda}M\boldsymbol{c} = \boldsymbol{0}, \tag{6.77a}$$

$$\tilde{\lambda} = f(\boldsymbol{c}) \tag{6.77b}$$

が得られる．したがって，$f(\boldsymbol{c})$ の最小値は，一般化固有値問題 (6.77a) の最小固有値 $\tilde{\lambda}_1$ である．また，この固有値 $\tilde{\lambda}_1$ に対応する固有ベクトル $\tilde{\boldsymbol{c}}$ を (6.70) に代入することで，もとの変分問題 (6.74) の解 $\bar{u}$ の近似解 $\tilde{u}_m$ が得られる．さらに，$\tilde{\lambda}_1 = I(\tilde{u}_m)/J(\tilde{u}_m)$ であるから，$\tilde{\lambda}_1$ はもとの変分問題 (6.74) の最小固有値 $\bar{\lambda}_1$ の上界である．さらには，(6.77a) の高次の固有値も，もとの変分問題 (6.74) の対応する固有値の上界となっている．つまり，両者の (重複を含めて数えたときの) 小さい方から j 番目の固有値を $\tilde{\lambda}_j$ および λ_j とすると，$\tilde{\lambda}_j \geqq \lambda_j$ が成り立つ (詳しくは，文献 [39, C.6.6 節] を参照のこと)．　◁

注意 6.2 Ritz 法は，**直接法**という変分問題の解法の一つである．直接法は，一般的には次のように定義される．解きたい変分問題において，目的汎関数 $J(u)$ の値に下限 d があるとする．このとき，任意の許容関数 φ に対して $J(\varphi) \geqq d$ が成り立つ．また，許容関数の列 $\tilde{u}_1, \tilde{u}_2, \tilde{u}_3, \ldots$ で条件

$$\lim_{m\to\infty} J(\tilde{u}_m) = d$$

を満たすものが存在する．このような関数列 $\{\tilde{u}_m\}$ を，変分問題の**極小列**とよぶ．変分問題から Euler 方程式を導くのではなく，極小列をつくることで変分問題を近似的に解く方法が，直接法である．

Ritz 法では，(6.70) で定義される関数 u_m について，$J(u_m)$ を最小にするように係数 $c_1, \ldots, c_m$ を定める．そのときの u_m を，極小列の m 番目とみなしていることになる． ◁

6.5.2 有限要素法

有限要素法は，変分問題の弱形式 (6.4 節) に基づく数値解法である．

例として，Poisson 方程式 (6.63) を考えよう．その弱形式 (6.66) は，

$$\begin{aligned} a(u, v) &= \int_\Omega \nabla u \cdot \nabla v \, \mathrm{d}\Omega, \\ L(v) &= \int_\Omega f v \, \mathrm{d}\Omega, \\ V &= H_0^1(\Omega) \end{aligned}$$

を用いて

$$\left.\begin{array}{ll} \text{Find} & u \in V \\ \text{such that} & a(u, v) = L(v) \quad (\forall v \in V) \end{array}\right\} \tag{6.78}$$

と表せる．有限要素法は，弱形式 (6.78) において V を有限次元の部分空間 $V_h \subset V$ で置き換えた問題

$$\left.\begin{array}{ll} \text{Find} & u_h \in V_h \\ \text{such that} & a(u_h, v_h) = L(v_h) \quad (\forall v_h \in V_h) \end{array}\right\} \tag{6.79}$$

を解くことで変分問題の近似解を得る手法である．

V_h の基底を $\varphi_1, \ldots, \varphi_n$ とおき，$u_h \in V_h$ および $v_h \in V_h$ を

$$u_h = \sum_{j=1}^n u_j \varphi_j, \quad v_h = \sum_{i=1}^n v_i \varphi_i$$

で表す．これらを (6.79) に代入すると

$$\sum_{i=1}^n v_i a\Bigl(\sum_{j=1}^n u_j \varphi_j, \varphi_i\Bigr) = \sum_{i=1}^n v_i L(\varphi_i) \quad (\forall v_1, \ldots, v_n)$$

が得られる．これは，$\boldsymbol{u}_h = (u_1, \ldots, u_n)^\top$ に関する条件

$$\sum_{j=1}^{n} a(\varphi_j, \varphi_i) u_j = L(\varphi_i), \quad i = 1, \ldots, n \tag{6.80}$$

と等価である．行列 $K_h \in \mathbb{R}^{n \times n}$ とベクトル $\boldsymbol{b}_h \in \mathbb{R}^n$ を

$$(K_h)_{ij} = a(\varphi_j, \varphi_i), \quad (\boldsymbol{b}_h)_i = L(\varphi_i) \tag{6.81}$$

で定義すると，連立方程式 (6.80) は

$$K_h \boldsymbol{u}_h = \boldsymbol{b}_h \tag{6.82}$$

と表せる．K_h は定義より対称行列である．また，Poisson 方程式をはじめとする多くの応用では K_h は正定値になる[*18]．そして K_h が正定値ならば，線形方程式 (6.82) の解は一意に存在する．この (6.82) を解くことで，近似解 $\boldsymbol{u}_h$ が得られる．

有限要素法では，Hilbert 空間 V の部分空間 V_h をつくる際に，領域 Ω を有限個の要素 (メッシュ) に分割する．要素は，三角形や四辺形，四面体や六面体などの簡単な図形とすることが多い．多くの場合，節点とよばれる要素の代表点での u の値を並べたものを未知数 $\boldsymbol{u}_h$ とする．また，V_h の基底関数 $\varphi_1, \ldots, \varphi_n$ は，一つの (または比較的少ない数の) 要素においてのみ非ゼロとなる区分的な多項式となるように選ぶ．このように基底関数を選ぶことで行列 K_h が疎行列 (つまり，非ゼロの要素が少ない行列) となるため，n が大きい場合でも効率よく解 $\boldsymbol{u}_h$ を求めることができる．

例 6.15　図 6.7 に，三角形要素による領域 Ω の要素分割の例を示す．節点の数は 15 個であり，要素の数は 19 個である．このうちの一つの要素 e を図 6.8(a) に示す．以下では，このような有限要素による Poisson 方程式 (6.63) の解き方を示す．

要素 e (図 6.8(a)) の節点は三角形の頂点にあり，その座標を $\boldsymbol{x}_I = (x_{I1}, x_{I2})$ $(I = 1, 2, 3)$ で表す．次に，図 6.8(b) に示すような正規化された三角形 $\Omega^\triangle$ を考える．この三角形の形状を**基準要素**とよび，座標系 (ξ_1, ξ_2) を自然座標系とよぶ．基準要素の形状は

$$\Omega^\triangle = \{\boldsymbol{\xi} \in \mathbb{R}^2 \mid \xi_1 \geqq 0,\ \xi_2 \geqq 0,\ \xi_1 + \xi_2 \leqq 1\}$$

*18　ある $\varepsilon > 0$ が存在して $a(u, u) \geqq \varepsilon \|u\|^2$ $(\forall u \in V)$ を満たすとき，a は**強圧的**であるという．a が強圧的であるとき，K_h は正定値である．

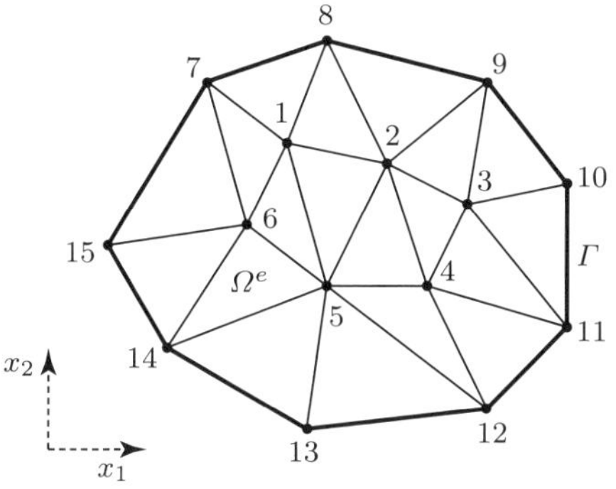

図 **6.7**　三角形有限要素による領域 Ω の分割

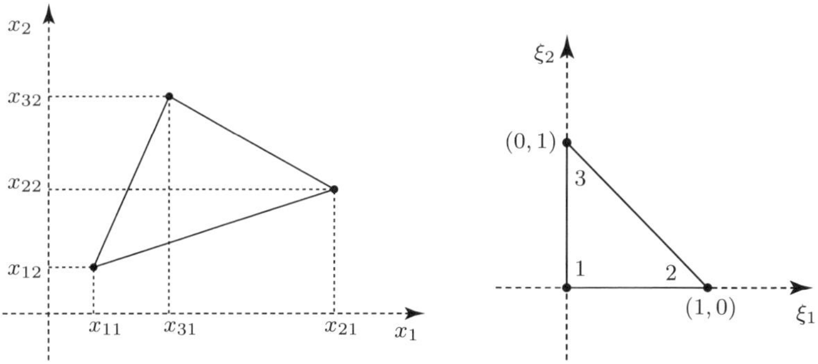

(a)　　(b)

図 **6.8**　3 節点の三角形要素 ((a) 実際の要素の形状 Ω^e および物理座標系 (x_1, x_2) と (b) 基準要素 $\Omega^\triangle$ および自然座標系 (ξ_1, ξ_2))

と書ける．

要素 Ω^e の形状を節点の座標 $\boldsymbol{x}_1$, $\boldsymbol{x}_2$, $\boldsymbol{x}_3$ を用いて

$$\boldsymbol{x} = \sum_{I=1}^{3} N_I(\boldsymbol{\xi})\boldsymbol{x}_I \tag{6.83}$$

と補間する．ここで，N_I $(I = 1, 2, 3)$ は**形状関数**とよばれる補間関数であり，具体的には

$$N_1(\boldsymbol{\xi}) = 1 - \xi_1 - \xi_2,$$
$$N_2(\boldsymbol{\xi}) = \xi_1,$$
$$N_3(\boldsymbol{\xi}) = \xi_2$$

で与えられる．(6.83) の補間の意味は，より詳しく書くと，Ω^e を

$$\Omega^e = \left\{ \sum_{I=1}^{3} N_I(\boldsymbol{\xi}) \boldsymbol{x}_I \middle| \boldsymbol{\xi} \in \Omega^{\triangle} \right\}$$

と表すことを意味する．次に，要素 Ω^e の節点における u の値を u_I^e $(I = 1, 2, 3)$ で表す．このとき，関数 u を Ω^e の内部で

$$\tilde{u}(\boldsymbol{x}(\boldsymbol{\xi})) = \sum_{I=1}^{3} N_I(\boldsymbol{\xi}) u_I^e \quad (\boldsymbol{\xi} \in \Omega^{\triangle}) \tag{6.84}$$

と近似する．(6.83) および (6.84) のように，要素形状と未知関数 u を同一の形状関数を用いて補間する要素を，**アイソパラメトリック要素**とよぶ．アイソパラメトリック要素では，隣り合う要素に対して，共有する辺の上での近似関数 $\tilde{u}$ の値が一致する．この性質を，要素間の連続性という．3 節点の三角形アイソパラメトリック要素は，形状関数 N_I $(I = 1, 2, 3)$ が 1 次関数であるため，三角形 1 次要素ともよばれる．

u の近似関数 (6.84) を $\boldsymbol{x}$ の関数として書き直すと

$$\tilde{u}(\boldsymbol{x}) = \sum_{I=1}^{3} \phi_I^e(\boldsymbol{x}) u_I^e \quad (\boldsymbol{x} \in \Omega^e) \tag{6.85}$$

となる．ここで，補間関数は 1 次関数

$$\phi_I^e(x_1, x_2) = \frac{1}{2\Delta^e}(a_I^e + b_I^e x_1 + c_I^e x_2), \quad I = 1, 2, 3 \tag{6.86}$$

であり，その係数は節点座標を用いて

$$a_1^e = x_{21}x_{32} - x_{31}x_{22}, \quad b_1^e = x_{22} - x_{32}, \quad c_1^e = x_{31} - x_{21},$$
$$a_2^e = x_{31}x_{12} - x_{11}x_{32}, \quad b_2^e = x_{32} - x_{12}, \quad c_2^e = x_{11} - x_{31},$$
$$a_3^e = x_{11}x_{22} - x_{21}x_{12}, \quad b_3^e = x_{12} - x_{22j}, \quad c_3^e = x_{21} - x_{11}$$

と表せる．また，Δ^e は三角形要素 Ω^e の面積

$$\Delta^e = \frac{1}{2}\begin{vmatrix} 1 & x_{11} & x_{12} \\ 1 & x_{21} & x_{22} \\ 1 & x_{31} & x_{32} \end{vmatrix}$$

である．このとき，$\nabla\tilde{u}$ は

$$\frac{\partial\tilde{u}}{\partial x_1} = \frac{1}{2\Delta^e}\sum_{I=1}^{3} b_I^e u_I^e, \quad \frac{\partial\tilde{u}}{\partial x_2} = \frac{1}{2\Delta^e}\sum_{I=1}^{3} c_I^e u_I^e \tag{6.87}$$

となり，要素 Ω^e 内では一定値をとる[*19]．そこで，$\boldsymbol{u}^e = (u_1^e, u_2^e, u_3^e)$，$\boldsymbol{\gamma}^e = (\partial\tilde{u}/\partial x_1, \partial\tilde{u}/\partial x_2)$ とおくと，(6.87) は定行列

$$B^e = \frac{1}{2\Delta^e}\begin{bmatrix} b_1^e & b_2^e & b_3^e \\ c_1^e & c_2^e & c_3^e \end{bmatrix}$$

を用いて

$$\boldsymbol{\gamma}^e = B^e \boldsymbol{u}^e \tag{6.88}$$

と表せる．

さて，$\boldsymbol{u}^e$ は要素 e の三つの節点における u の値を並べたベクトルである．一方，図 6.7 に示したような解析領域全体の節点での値を並べたベクトルを $\boldsymbol{u}_h$ で表す (図 6.7 の例では，$\boldsymbol{u}_h$ は 15 次元のベクトルである)．$\boldsymbol{u}^e$ のそれぞれの要素は $\boldsymbol{u}$ のいずれかの要素に対応するから，定行列 T^e を用いて

$$\boldsymbol{u}^e = T^e \boldsymbol{u}_h \tag{6.89}$$

と書ける．この例では，$T^e \in \mathbb{R}^{3\times 15}$ は各要素が 0 または 1 であるような行列である．いま，図 6.7 の例では境界 Γ 上の節点の節点番号は 7 から 15 までである．したがって，Γ 上で $u = 0$ が成り立つという境界条件は

$$u_7 = \cdots = u_{15} = 0 \tag{6.90}$$

---

*19　三角形 1 次要素は，最も単純な有限要素の一つであるため，ここでは全体座標系に関する補間関数の表現 (6.86) を陽に求めることで (6.87) を導いた．一般には，(6.86) のような式を求めるのではなく，(6.84) を全体座標系 (x_1, x_2) に関して微分して

$$\begin{bmatrix} \dfrac{\partial N_I}{\partial x_1} \\ \dfrac{\partial N_I}{\partial x_2} \end{bmatrix} = \begin{bmatrix} \dfrac{\partial x_1}{\partial \xi_1} & \dfrac{\partial x_2}{\partial \xi_1} \\ \dfrac{\partial x_1}{\partial \xi_2} & \dfrac{\partial x_2}{\partial \xi_2} \end{bmatrix} \begin{bmatrix} \dfrac{\partial N_I}{\partial \xi_1} \\ \dfrac{\partial N_I}{\partial \xi_2} \end{bmatrix}$$

という関係を用いることで，(6.87) に相当する式を求める．

に対応している．

最後に，(6.82) の K_h および $\boldsymbol{b}_h$ を求める．(6.89) を (6.88) に代入し，さらにこれを K_h の定義 (6.81) に代入することで

$$K_h = \sum_{e=1}^{m} t^e \Delta^e (B^e T^e)^\top (B^e T^e)$$

を得る．ただし，t^e は要素の厚さであり，m (= 19) は要素の数である．また，$\boldsymbol{b}_h$ は，定義 (6.81) と u の近似の表現 (6.85) より

$$\boldsymbol{b}_h = \sum_{e=1}^{m} \int_{\Omega^e} f(x)(T^e)^\top \begin{bmatrix} \phi_1^e(\boldsymbol{x}) \\ \phi_2^e(\boldsymbol{x}) \\ \phi_3^e(\boldsymbol{x}) \end{bmatrix} \mathrm{d}\Omega$$

と得られる．この式の右辺は，一般には，数値積分 (例えば，Gauss (ガウス) 積分など) を用いて求める．ただし，境界 Γ 上の節点 $i = 7, \ldots, 15$ に対応する $(\boldsymbol{b}_h)_i$ の値は未知とする．このようにして得られる線形方程式 (6.82) と境界条件 (6.90) を連立させて $\boldsymbol{u}_h$ を求めることができる． ◁

例 6.15 では，1 次の形状関数を用いて u を補間する 1 次要素について述べた．この補間関数の次数を大きくすることにより，有限要素法による近似解の誤差を小さくすることができる．このような 2 次以上の形状関数を用いる要素を，高次要素とよぶ．形状関数の次数が大きくなるにつれて，各要素の節点の数が大きくなる．したがって，解くべき線形方程式 (6.82) のサイズも大きくなる．一方，次数を上げるかわりに要素分割をより細かくする (例えば，要素の辺の長さの最大値をより小さくする) ことによっても，誤差を小さくすることができる．この場合にも，一般に要素数が大きくなるため，解くべき線形方程式 (6.82) のサイズが大きくなる．有限要素法については，多くの教科書がある．詳細は，例えば文献 [44,48–50] などを参照されたい．

参 考 文 献

[最適化全般] 最適化の教科書として，以下のようなものがある．

[1] U. Faigle, W. Kern, and G. Still: *Algorithmic Principles of Mathematical Programming*, Kluwer Academic Publishers, Dordrecht, 2010.

[2] 福島雅夫：新版 数理計画入門，朝倉書店，2011.

[3] 加藤直樹：数理計画法，コロナ社，2008.

[4] 久保幹雄，田村明久，松井知己：応用数理計画ハンドブック，朝倉書店，2002.

[5] 日本オペレーションズ・リサーチ学会 (編)：OR 事典 2000 (第 2 版)，日本オペレーションズ・リサーチ学会，2001.

[6] 田村明久，村松正和：最適化法，共立出版，2002.

[7] 矢部博：工学基礎・最適化とその応用，数理工学社，2006.

[8] 山下信雄，福島雅夫：数理計画法，コロナ社，2008.

以下，章ごとに参考書をあげる．

[第 2 章]

[9] M. Avriel: *Nonlinear Programming*, Printice-Hall, Englewood Cliffs, 1976; Dover Publications, Mineola, 2003.

[10] J. F. Bonnans, J. C. Gilbert, C. Lemaréchal, and C. A. Sagastizábal: *Numerical Optimization (2nd ed.)*, Springer-Verlag, Berlin, 2006.

[11] A. R. Conn, N. I. M. Gould, and P. L. Toint: *Trust-Region Methods*, SIAM, Philadelphia, 2000.

[12] F. Facchinei and J.-S. Pang: *Finite-Dimensional Variational Inequalities and Complementarity Problems, Volumes I & II*, Springer-Verlag, New York, 2003.

[13] R. Fletcher: *Practical Methods of Optimization (2nd ed.)*, John Wiley & Sons, Chichester, 1987.

[14] 小島政和：相補性と不動点—アルゴリズムによるアプローチ，産業図書，1981.

[15] 今野浩，山下浩：非線形計画法，日科技連，1978.

[16] Z. Naniewicz and P. D. Panagiotopoulos: *Mathematical Theory of Hemivariational Inequalities and Applications*, Marcel Dekker, New York, 1995.

[17] J. Nocedal and S. J. Wright: *Numerical Optimization (2nd ed.)*, Springer, New York, 2006.

[18] M. Sofonea and A. Matei: *Variational Inequalities with Applications*, Springer, New York, 2009.

[19] 矢部博，八巻直一：非線形計画法，朝倉書店，1999.

[第 3 章]

[20] 福島雅夫：非線形最適化の基礎，朝倉書店，2001.

[21] J. B. Hiriart-Urruty and C. Lemaréchal: *Convex Analysis and Minimization Algorithms, Volume I*, Springer-Verlag, Berlin, 1993.

[22] 室田一雄：離散凸解析の考えかた，共立出版，2007.

[23] 室田一雄，杉原正顯：東京大学工学教程・線形代数 II，丸善出版，2013.

[24] R. T. Rockafellar: *Convex Analysis*, Princeton University Press, Princeton, 1970.

[25] 田中謙輔：凸解析と最適化理論，牧野書店，1994.

[26] G. M. Ziegler: *Lectures on Polytopes*, Springer-Verlag, New York, 1995［G. M. ツィーグラー (八森正泰，岡本吉央・訳)：凸多面体の数学，シュプリンガー・フェアラーク東京，2003］.

[第 4 章]

[27] V. Chvátal: *Linear Programming*, W.H. Freeman and Company, New York, 1983.

[28] G. B. Dantzig and M. N. Thapa: *Linear Programming, 2: Theory and Extensions*, Springer, New York, 2003.

[29] 伊理正夫：線形計画法，共立出版，1986.

[30] A. Schrijver: *Theory of Linear and Integer Programming*, John Wiley & Sons, Chichester, 1986.

[31] S. J. Wright: *Primal-Dual Interior-Point Methods*, SIAM, Philadelphia, 1997.

[第 5 章]

[32] M. F. Anjos and J. B. Lasserre (eds.): *Handbook on Semidefinite, Conic and Polynomial Optimization*, Springer, New York, 2012.

[33] A. Ben-Tal and A. Nemirovski: *Lectures on Modern Convex Optimization: Analysis, Algorithms, and Engineering Applications*, SIAM, Philadelphia, 2001.

[34] S. Boyd and L. Vandenberghe: *Convex Optimization*, Cambridge University Press, Cambridge, 2004.

[35] 小島政和，土谷隆，水野眞治，矢部博：内点法，朝倉書店，2001.

[36] H. Wolkowicz, R. Saigal, and L. Vandenberghe (eds.): *Handbook on Semidefinite Programming: Theory, Algorithms and Applications*, Kluwer Academic Publishers, Boston, 2000.

[第 6 章]

[37] R. Courant and D. Hilbert: *Methods of Mathematical Physics, Vol. 1*, Interscience Publishers, New York, 1953［R. クーラン，D. ヒルベルト (斎藤利弥・監訳，丸山滋弥・訳)：数理物理学の方法 I，東京図書，1959］.

[38] 小磯憲史：変分問題，共立出版，1998.

[39] 寺沢寛一 (編)：自然科学者のための数学概論 (応用編)，岩波書店，1960.

[その他] その他，最適化の応用には，次のような教科書がある．

[40] K. K. Choi and N. H. Kim: *Structural Sensitivity Analysis and Optimization, Volume I: Linear Systems; Volume II: Nonlinear Systems and Applications*, Springer, New York, 2005.

[41] 枇々木規雄，田辺隆人：ポートフォリオ最適化と数理計画法，朝倉書店，2005.

[42] 加藤直樹，大崎純，谷明勲：建築システム論，共立出版，2002.

[43] M. Ohsaki: *Optimization of Finite Dimensional Structures*, CRC Press, Boca Raton, 2011.

以下は，本書で引用したその他の教科書である．

[44] 久田俊明，野口裕久：非線形有限要素法の基礎と応用，丸善，1995.

[45] L. D. ランダウ，E. M. リフシッツ (佐藤常三，石橋善弘・訳)：ランダウ＝リフシッツ理論物理学教程・弾性論 (増補新版)，東京図書，1989.

[46] 宮島静雄：ソボレフ空間の基礎と応用，共立出版，2006.

[47] 中村恒善 (編)：第 2 版 建築構造力学 図説・演習 I，丸善，1994.

[48] B. Szabó and I. Babuška: *Finite Element Analysis*, John Wiley & Sons, New York, 1991.

[49] P. Wriggers: *Nonlinear Finite Element Methods*, Springer-Verlag, Berlin, 2008.

[50] O. C. Zienkiewicz and R. L. Taylor: *The Finite Element Method for Solid and Structural Mechanics (6th ed.)*, Elsevier, Amsterdam, 2005.

また，最適化の中で本書ではあまり取り上げることのできなかった分野の教科書には，以下のようなものがある．

[51] A. Ben-Tal, L. El Ghaoui, and A. Nemirovski: *Robust Optimization*, Princeton University Press, Princeton, 2009.

[52] A. R. Conn, K. Scheinberg, and L. N. Vincente: *Introduction to Derivative-Free Optimization*, SIAM, Philadelphia, 2009.

[53] 藤重悟：グラフ・ネットワーク・組合せ論，共立出版，2002.

[54] 今野浩，鈴木久敏 (編)：整数計画法と組合せ最適化，日科技連，1982.

[55] M. M. Mäkelä and P. J. Neittaanmäki: *Nonsmooth Optimization*, World Scientific Publishing, Singapore, 1992.

[56] 坂和正敏：離散システムの最適化，森北出版，2000.

[57] A. Schrijver: *Combinatorial Optimization—Polyhedra and Efficiency*, Springer-Verlag, Berlin, 2003.

[58] A. Shapiro, D. Dentcheva, and A. Ruszczyński: *Lectures on Stochastic Programming*, SIAM, Philadelphia, 2009.

[59] H. Tuy: *Convex Analysis and Global Optimization*, Kluwer Academic Publishers, Dordrecht, 1998.

[60] L. A. Wolsey: *Integer Programming*, John Wiley & Sons, New York, 1998.

[61] 柳浦睦憲，茨木俊秀：組合せ最適化—メタ戦略を中心として，朝倉書店，2001.

おわりに

本書では連続最適化と変分法について，最近の動向も取り入れつつ説明してきた．例を多く取り入れてモデリングに力点を置いたことは本書の一つの特色であり，この点について読破された読者諸賢の共感が得られれば幸いである．

分野としての最適化の魅力の一つはそれが「モデリング・数理・アルゴリズム」に関わるまさに「多面体的側面」を持ち，したがって幅広い領域と関連していることである．分野の近年の発展は，線形計画の他に，凸2次計画，半正定値計画，2次錐計画など，豊富な数理的構造を有する強力な最適化モデルをブラックボックス的にさまざまな分野で利用することを可能としてきている．しかしながら，常に，最適化のフロンティアが現実問題に現れる個々の巨大な難しい最適化問題への挑戦であることは言を俟たない．その積み重ねの上にこそ新たな普遍的学問的展開が打ち立てられるのである．

本書が現場で最適化を活用しようと格闘する人々の座右の書，あるいはまた，新たにこの研究分野を志す若い学徒にとって端緒の書となれば，著者にとりこれに勝る喜びはない．

最後に，本書の執筆にあたり草稿の段階から多くの有益なコメントを下さった室田一雄先生に深く感謝いたします．

2014 年 9 月

寒 野 善 博
土 谷 　 隆

索　　引

記号・数式

$\succeq$　23
$\succ$　23
$(\ )^\top$　22
$\forall$　14
$\exists$　122
$\mathcal{S}^n$　23
$f_k = f(\boldsymbol{x}_k)$　29
$\nabla f_k = \nabla f(\boldsymbol{x}_k)$　29
$\nabla^2 f_k = \nabla^2 f(\boldsymbol{x}_k)$　29
bd　101
cl　101, 124
co　99
cone　103
det　22
diag(·)　22
dom　108
epi　109
int　101
rank　22
ri　102
tr　22

欧　文

Armijo (アルミホ) の条件 (Armijo condition)　38
Armijo (アルミホ) の方法 (Armijo rule)　39
BFGS 公式 (BFGS formula)　51, 54
Carathéodory (カラテオドリ) の定理 (Carathéodory's theorem)　100
Cauchy (コーシー) 点 (Cauchy point)　60
Cholesky (コレスキー) 分解 (Cholesky decomposition, Cholesky factorization)　188
C^n 級 (class C^n)　24
Dennis–Moré (デニス–モレ) の条件 (Dennis–Moré condition)　55
DFP 公式 (DFP formula)　51, 54
Euclid 的 Jordan 代数 (Euclidean Jordan Algebra)　231
Euclid (ユークリッド) ノルム和最小化問題 (Euclidean norm minimization problem)　220
Euler (オイラー) 座屈 (Euler buckling)　251
Euler (オイラー) 方程式 (Euler equation)　238
Euler–Lagrange (オイラー–ラグランジュ) 方程式 (Euler–Lagrange equation)　238
Farkas (ファルカス) の補題 (Farkas' lemma)　121, 153
Fenchel–Legendre (フェンシェル–ルジャンドル) 変換 (Fenchel–Legendre transformation)　123
Fenchel–Young (フェンシェル–ヤング) の不等式 (Fenchel–Young inequality)　123
Fenchel (フェンシェル) 双対定理 (Fenchel duality theory)　136
Fenchel (フェンシェル) 双対問題 (Fenchel dual problem)　132
Fenchel (フェンシェル) 変換 (Fenchel transformation)　123
Fischer–Burmeister (フィッシャー–ブアマイスター) 関数 (Fischer–

Burmeister function) 96
Friedrichs (フリードリックス) 変換 (Friedrichs transformation) 256
Green (グリーン) の公式 (Green's formula) 246
Hamiltonian (ハミルトニアン) 241
Hamilton (ハミルトン) 方程式 (Hamilton's equations) 241
Hesse (ヘッセ) 行列 (Hessian) 24
Jensen (イェンセン) の不等式 (Jensen's inequality) 109
Karush–Kuhn–Tucker (カルーシュ–キューン–タッカー) 条件 (Karush–Kuhn–Tucker condition) 69
KKT 条件 (KKT condition) 69
Lagrange (ラグランジュ) 関数 (Lagrangian) 64, 69, 137
Lagrange (ラグランジュ) 乗数 (Lagrange multiplier) 64, 69, 137
Lagrange (ラグランジュ) 乗数法 (Lagrange multiplier method) 63
Lagrange (ラグランジュ) 双対問題 (Lagrangian dual problem) 138
Lagrange (ラグランジュ) の未定乗数法 (Lagrange's method of undetermined multipliers) 63
Lagrangian (ラグランジアン) 240
Laplace (ラプラス) 方程式 (Laplace's equation) 247
Legendre (ルジャンドル) の条件 (Legendre condition) 248
Legendre (ルジャンドル) 変換 (Legendre transformation) 123
Lipschitz (リプシッツ) 連続 42
Lorentz (ローレンツ) 錐 (Lorentz cone) 216
Lyapunov (リアプノフ) 関数 (Lyapunov function) 206
Lyapunov (リアプノフ) 不等式 (Lyapunov inequality) 206
Mangasarian–Fromovitz (マンガサリアン–フロモヴィッツ) 制約想定 (Mangasarian–Fromovitz constraint qualification) 68
Markov (マルコフ) 連鎖 (Markov chain) 213
Minkowski (ミンコフスキー) 和 106
Newton (ニュートン) の運動方程式 (Newton's equation of motion) 240
Newton (ニュートン) 法 (Newton method)
  減速— 45
  非線形方程式の解法としての— 44
Newton (ニュートン) 法 (Newton method) 44
Newton (ニュートン) 方向 (Newton direction) 44
Newton (ニュートン) 方程式 (Newton equation) 44
Pareto (パレート) 最適解 (Pareto optimal solution) 19
Perron–Frobenius (ペロン–フロベニウス) の定理 (Perron–Frobenius theorem) 214
Poisson (ポアソン) 方程式 (Poisson's equation) 247, 262
Q 次数 (Q-order of convergence) 31
Rayleigh (レイリー) 商 (Rayleigh quotient) 209
Ritz (リッツ) 法 (Ritz method) 265
R 次数 (R-order of convergence) 31
Schur (シューア) の補元 (Schur complement) 191
Sherman–Morrison–Woodbury (シャーマン–モリソン–ウッドベリー) の公式 (Sherman–Morrison–Woodbury formula) 54
Slater (スレーター) 制約想定 (Slater constraint qualification) 68
SQP = sequential quadratic programming → 逐次 2 次計画法
SUMT = sequential unconstrained minimization technique → 逐次無制約

最小化法
S 補題 (S-lemma)　193
Taylor (テイラー) の定理 (Taylor's theorem)　34
Wolfe (ウルフ) 双対問題 (Wolfe dual problem)　141
Wolfe (ウルフ) の条件 (Wolfe condition) 38
Young (ヤング) 率 (Young's modulus) 9, 127
Zoutendijk (ゾーテンダイク) の条件 (Zoutendijk condition)　42

あ　行

アイソパラメトリック要素 (isoparametric element)　272
アフィン集合 (affine set)　101
アフィン包 (affine hull)　101
アルミホの条件 → Armijo の条件
アルミホの方法 → Armijo の方法
鞍点 (saddle point)　31, 138
鞍点定理 (saddle point theorem)　139
イェンセンの不等式 → Jensen の不等式
1 次収束 (linear convergence)　31
1 次独立制約想定 (linear independence constraint qualification)　68
一般化固有値問題 (generalized eigenvalue problem)　208
陰関数定理 (implicit function theorem) 62
ウルフ双対問題 → Wolfe 双対問題
ウルフの条件 → Wolfe の条件
運動方程式 (equation of motion)　205
エピグラフ (epigraph)　109
ℓ_1 型の正確なペナルティ関数 → ペナルティ関数
オイラー座屈 → Euler 座屈
オイラー方程式 → Euler 方程式
オイラー–ラグランジュ方程式 → Euler–Lagrange 方程式
凹関数 (concave function)　108
応力 (stress)　9, 126

か　行

回帰分析 (regression analysis)　7
開区間 (open interval)　22
階数 (rank)　22
拡張 Lagrange (ラグランジュ) 関数 (augmented Lagrangian)　86
拡張 Lagrange (ラグランジュ) 関数法 (augmented Lagrangian method)　86
拡張実数値関数 (extended real valued function)　107
拡張ラグランジュ関数 → 拡張 Lagrange 関数
拡張ラグランジュ関数法 → 拡張 Lagrange 関数法
確率計画問題 (stochastic programming problem)　182
片持ち梁 (cantilever)　243
カット (cut)　210
下半連続 (lower semicontinuous)　110
カラテオドリの定理 → Carathéodory の定理
カルーシュ–キューン–タッカー条件 → Karush–Kuhn–Tucker 条件
完全関数系 (complete system of functions)　265
緩和問題 (relaxation problem)　151, 212
基準要素 (reference element)　270
基底解 (basic solution)　167
基底変数 (basic variable)　167
基本境界条件 (essential boundary condition)　239
強圧的 (coercive)　270
境界 (boundary)　101
境界条件 (boundary condition)　237
　基本—　239
　自然—　239
狭義の局所最適解 (strict local optimal solution)　14

強双対性 (strong duality)
  線形計画問題の— 153
  2 次錐計画問題の— 225
  半正定値計画問題の— 194
共役関数 (conjugate function) 123
行列式 (determinant) 22
極限解析 (limit analysis) 166
極小解 (local minimum) 26
極小曲面 (minimal surface) 20, 234
極小列 (minimizing sequence) 269
局所最適解 (local optimal solution) 14
局所的収束性 (local convergence) 30
極錐 (polar cone) 104
極大解 (local maximum) 26
極汎関数 (polar functional) 258
許容解 (feasible solution) 3
許容関数 (admissible function) 238
許容領域 (feasible set) 3
グラフ (graph) 210
グリーンの公式 → Green の公式
形状関数 (shape function) 271
ゲーム理論 (game theory) 155
懸垂線 (catenary) 20, 253
減速 Newton (ニュートン) 法 (damped Newton method) 45
降下方向 (descent direction) 36
構成則 (constitutive law) 127
勾配 (gradient) 23
コーシー点 → Cauchy 点
固有値最適化問題 (eigenvalue optimization problem) 208
コレスキー分解 → Cholesky 分解
混合整数計画問題 (mixed integer programming problem) 19, 150
混合相補性問題 (mixed complementarity problem) 91
混交率 (mixing rate) 214
コンプリメンタリエネルギー最小化問題 (minimization problem of complementary energy) 258

さ 行

最急降下法 (steepest descent method) 35, 39
最急降下方向 (steepest descent direction) 36
サイクロイド (cycloid) 242
最小化問題 (minimization problem) 4
最小作用の原理 (principle of least action) 240
最速降下線 (Brachistochrone curve, curve of fastest descent) 235, 242
最大化問題 (maximization problem) 4
再定式化 (reformulation) 96
最適解 (optimal solution) 3
  狭義の局所最適解 (strict local —) 14
  局所最適解 (local —) 14
  大域的最適解 (global —) 14
最適化法 (optimization) 3
最適化問題 (optimization problem) 3
  等式制約付き— 61
  不等式制約付き— 66
  無制約— 26
最適性条件 (optimality condition) 14, 130
  1 次の条件 31
  線形計画問題の最適性条件 157
  等式制約下の条件 62
  凸関数の大域的最適性条件 131
  凸計画問題の大域的最適性条件 131
  2 次の十分条件 34
  2 次の必要条件 33
  不等式制約下の条件 69, 74
最適値 (optimal value) 3
試験関数 (test function) 265
自己双対錐 (self-dual cone) 104
支持関数 (support function) 126
施設配置問題 (facility location problem) 221
自然境界条件 (natural boundary condition) 239

自然座標系 (natural coordinate system) 270
実行可能 (feasible) 13
実行可能解 (feasible solution) 3
実行可能基底解 (basic feasible solution) 167
実行可能領域 (feasible set) 3
実効定義域 (effective domain) 108
実行不能 (infeasible) 13
実数値関数 (real-valued function) 23
射影 (projection) 96
弱解 (weak solution) 265
弱形式 (weak form) 265
弱双対性 (weak duality) 134, 138
　線形計画問題の— 153
　2 次錐計画問題の— 225
　半正定値計画問題の— 194
射線 (ray) 103
シャーマン–モリソン–ウッドベリーの公式 → Sherman–Morrison–Woodbury の公式
シューアの補元 → Schur の補元
重回帰分析 (multiple regression analysis) 8
収束速度 (convergence rate) 30
収束率 (convergence rate) 30
　1 次収束 (linear convergence) 31
　2 次収束 (quadratic convergence) 31
　Q 次数 (Q-order of convergence) 31
　R 次数 (R-order of convergence) 31
首座主小行列式 (leading principal minor) 187
主小行列式 (principal minor) 187
主双対内点法 (primal-dual interior-point method) 171, 174
　非線形計画の解法としての— 83
主内点法 (primal interior-point method) 171, 172
主問題 (primal problem) 132
準 Newton (ニュートン) 法 (quasi-Newton method)
　BFGS 公式 51, 54
　B 公式 50, 54
　DFP 公式 51, 54
　H 公式 54
準 Newton(ニュートン) 法 (quasi-Newton method) 49
巡回 (cycling) 169
準凸関数 (quasi-convex function) 116
準ニュートン法 → 準 Newton 法
準変分不等式 (quasi-variational inequality) 94
乗数法 (method of multipliers) 86
障壁関数 (barrier function) 79
障壁法 (barrier method) 79
人工変数 (artificial variable) 170
信頼半径 (trust-region radius) 58
信頼領域法 (trust region method) 57
錐 (cone) 103
推移確率行列 (transition probability matrix) 213
錐拡張 (perspective) 115
錐計画問題 (conic programming problem) 230
錐結合 (conic combination) 103
錐線形計画問題 (conic linear programming problem) 230
随伴作用素 (adjoint operator) 260
錐包 (conic hull) 103
枢軸変換 (pivoting) 168
数理計画 (mathematical programming) 3
数理計画法 (mathematical programming) 3
スケーリング (scaling) 199
ステップ幅 (step length) 28
スラック変数 (slack variable) 145
スレーター制約想定 → Slater 制約想定
正確な直線探索 (exact line search) 37
正確なペナルティ関数 (exact penalty function) 78, 82

整数計画問題 (integer programming problem)
0-1 — 18
混合— 19
整数計画問題 (integer programming problem) 18, 150
整数変数 (integer variable) 19
正定値 (positive definite) 23
制約 (constraint) 3
等式— 26
非負— 144
非有効な— 68
不等式— 26
有効な— 68
制約関数 (constraint function) 26
制約想定 (constraint qualification) 68
Mangasarian–Fromovitz — 68
Slater — 68
1 次独立 — 68
制約付き最適化問題 (constrained optimization problem) 18
セカント条件 (secant condition) 51
接錐 (tangent cone) 106
接ベクトル (tangent vector) 106
0-1 整数計画問題 (0-1 integer programming problem) 18
ゼロ和ゲーム (zero-sum game) 155
漸近安定 (asymptotically stable) 205
線形行列不等式 (linear matrix inequality) 190
線形計画 (linear programming) 17
線形計画法 (linear programming) 17
線形計画問題 (linear programming problem) 16, 143
線形時不変システム (linear time-invariant system) 205
線形制約凸 2 次計画問題 (linearly constrained convex quadratic programming problem) 180
線形相補性問題 (linear complementarity problem) 17, 91
全称記号 (universal quantifier) 14
全ポテンシャルエネルギー最小化 (minimization of total potential energy) 223
双共役関数 (biconjugate function) 124
相対的内部 (relative interior) 102
双対錐 (dual cone) 104
双対性 (duality) 134
双対性ギャップ (duality gap) 134
双対内点法 (dual interior-point method) 171
双対ノルム (dual norm) 126
双対問題 (dual problem)
線形計画問題の— 151
凸 2 次計画問題の— 180
2 次錐計画問題の— 218
半正定値計画問題の— 189
相補性関数 (complementarity function) 96
相補性システム (complementarity system) 93
相補性条件 (complementarity condition) 69, 157
相補性問題 (complementarity problem) 90
ゾーテンダイクの条件 → Zoutendijk の条件
存在記号 (existential quantifier) 122

た 行

大域的最適化 (global optimization) 28
大域的最適解 (global optimal solution) 14
大域的収束性 (global convergence) 30, 41
大域的 1 次収束性 (global linear convergence) 30
第一変分 (first variation) 239
退化 (degenerate) 167
対角行列 (diagonal matrix) 22

対称行列 (symmetric matrix)　23
対称錐 (symmetric cone)　231
対称錐計画問題 (symmetric conic programming problem)　231
対称錐上の線形計画問題 (linear programming problem over symmetric cones) 231
対数障壁関数 (logarithmic barrier function)　83
第二変分 (second variation)　248
多項式時間アルゴリズム (polynomial-time algorithm)　30, 172
多面錐 (polyhedral cone)　105
多面体 (polyhedron, polytope)　102
多目的最適化問題 (multi-objective optimization problem)　19
単位行列 (identity matrix)　22
探索方向 (search direction)　28
端射線 (extreme ray)　105
弾性 (elasticity)　127
単体法 (simplex method)　166
単調 (monotone)　91, 113
単調相補性問題 (monotone complementarity problem)　91
端点 (extreme point)　105
逐次 2 次計画法 (sequential quadratic programming)　81
中心化方向 (centering direction)　176
中心曲線 (central path)　173
超 1 次収束 (superlinear convergence)　31
頂点 (vertex)　102
超平面 (hyperplane)　119
直積 (direct product)　22
直接法 (direct method)　268
直線探索 (line search)　37
　Armijo の方法　39
　Armijo の条件　38
　Wolfe の条件　38
　Zoutendijk の条件　42
　正確な—　37
　バックトラック法　39
釣合い式 (force-balance equation)　165
テイラーの定理 → Taylor の定理
停留関数 (stationary function)　238
停留点 (stationary point)　31, 130
適合条件 (constitutive condition)　165
デニス–モレの条件 → Dennis–Moré の条件
転置行列 (transposed matrix)　22
導関数 (derivative)　24
等式制約 (equality constraint)　26
等式制約付き最適化問題 (equality-constrained optimization problem) 61
等式標準形 (standard form)　144
等質錐 (homogeneous cone)　231
等周問題 (isoperimetric problem)　252
凸解析 (convex analysis)　99
凸関数 (convex function)　108
ドッグレッグ法 (dogleg method)　60
凸計画問題 (convex programming problem)　15, 131
凸結合 (convex combination)　100
凸最適化問題 (convex optimization problem)　131
凸集合 (convex set)　99
凸錐 (convex cone)　103
凸 2 次計画問題 (convex quadratic programming problem)　17, 180, 192
凸 2 次制約 (convex quadratic constraint) 193, 220
凸包 (convex hull)　99
トラス (truss)　9
トレース (trace)　22

な　行

内積 (inner product)　22
　行列の—　22
内点 (interior point)　101
内点実行可能解 (interior feasible solution)　171, 194

内点法 (interior-point method)
　古典的な意味での内点法　79
　線形計画の解法としての内点法　171
　非線形計画の解法としての内点法　83
内部 (interior)　101
2 次収束 (quadratic convergence)　31
2 次錐 (second-order cone)　103, 216
2 次錐計画問題 (second-order cone programming)　217
2 次錐制約 (second-order cone constraint) 193, 216
二者択一定理 (theorem of alternatives) 122
2 段階単体法 (two-phase simplex method) 170
ニュートンの運動方程式 → Newton の運動方程式
ニュートン法 → Newton 法
ニュートン方向 → Newton 方向
ニュートン方程式 → Newton 方程式
ネットワーク単体法 (network simplex method)　171
ノルム (norm)　22
　p 乗ノルム (p-norm)　103

は　行

ハイブリッドシステム (hybrid system) 93
罰金関数 (penalty function)　75
バックトラック法 (backtracking approach) 39
ハミルトニアン (Hamiltonian)　241
ハミルトン方程式 → Hamilton 方程式
バリア関数 (barrier function)　79
パレート最適解 → Pareto 最適解
汎関数 (functional)　233
半空間 (half space)　119
半正定値 (positive semidefinite)　23
半正定値行列の錐 (cone of positive semidefinite matrices)　104
半正定値計画問題 (semidefinite programming problem)　185
半正定値制約 (positive-semidefinite constraint)　186
反復法 (iterative method)　28
比較関数 (comparison function)　238
非基底変数 (nonbasic variable)　167
ひずみ (strain)　126
ひずみエネルギー (strain energy)　127
非線形計画問題 (nonlinear programming problem)　17, 25
非線形相補性問題 (nonlinear complementarity problem)　91
非線形方程式 (nonlinear equation)　44
非退化 (nondegenerate)　167
非退化仮定 (nondegeneracy assumption) 168
非凸型 2 次計画問題 (nonconvex quadratic problem)　213
微分不可能最適化問題 (nonsmooth optimization problem)　18
非有効な制約 (inactive constraint)　68
標示関数 (indicator function)　110
ファルカスの補題 → Farkas の補題
フィッシャー–ブアマイスター関数 → Fischer–Burmeister 関数
フィルタ法 (filter method)　78
フェンシェル双対定理 → Fenchel 双対定理
フェンシェル双対問題 → Fenchel 双対問題
フェンシェル変換 → Fenchel 変換
フェンシェル–ヤングの不等式 → Fenchel–Young の不等式
付帯条件 (subsidiary condition)　251
不等式制約 (inequality constraint)　26
不等式制約付き最適化問題 (inequality-constrained optimization problem) 66
不動点 (fixed point)　94
部分問題 (subproblem)　81
フリードリックス変換 → Friedrichs 変換
分離定理 (separation theorem)　120

閉区間 (closed interval)　22
平衡点 (equilibrium point)　205
閉真凸関数 (closed proper convex function)　111
閉凸関数 (closed convex function)　111
閉凸錐 (closed convex cone)　103
閉凸包 (closed convex hull)
　関数の—　124
閉包 (closure)
　関数の—　124
　集合の—　101
ベクトル値関数 (vector-valued function)　24
ヘッセ行列 → Hesse 行列
ペナルティ関数 (penalty function)　75
　ℓ_1 型の正確な—　78
　正確な—　78, 82
ペナルティパラメータ (penalty parameter)　75
ペナルティ法 (penalty method)　75
ペロン–フロベニウスの定理 → Perron–Frobenius の定理
変関数 (variable function)　233
変分 (variation)　238
変分導関数 (variational derivative)　238
変分不等式 (variational inequality)　93
変分法 (calculus of variation)　233
変分法の基本補題 (fundamental lemma of the calculus of variations)　236
変分問題 (variational problem)　20, 233
ポアソン方程式 → Poisson 方程式
法線錐 (normal cone)　107
補助問題 (auxiliary problem)　170
ポートフォリオ最適化問題 (portfolio optimization problem)　182
補ひずみエネルギー (complementary strain energy)　127

ま　行

マルコフ連鎖 → Markov 連鎖
マンガサリアン–フロモヴィッツ制約想定 → Mangasarian–Fromovitz 制約想定
ミンコフスキー和 → Minkowski 和
無向グラフ (undirected graph)　210
無制約最適化問題 (unconstrained optimization problem)　18, 26
メリット関数 (merit function)　78, 82
面 (face)　102
目的関数 (objective function)　3

や　行

ヤング–フェンシェル–モロー変換 → Young–Fenchel–Moreau 変換
ヤング率 → Young 率
有効制約法 (active set method)　71, 181
有効な制約 (active constraint)　68
ユークリッド的ジョルダン代数 → Euclid 的 Jordan 代数
ユークリッドノルム和最小化問題 → Euclid ノルム和最小化問題
輸送問題 (transportation problem)　5

ら　行

ラグランジアン (Lagrangian)　240
ラグランジュ関数 → Lagrange 関数
ラグランジュ乗数法 → Lagrange 乗数法
ラグランジュ双対問題 → Lagrange 双対問題
ラプラス方程式 → Laplace 方程式
ランク (rank)　22
リアプノフ関数 → Lyapunov 関数
リアプノフ不等式 → Lyapunov 不等式
離散最適化 (discrete optimization)　4
リッツ法 → Ritz 法
稜 (ridge)　102
ルジャンドルの条件 → Legendre の条件
ルジャンドル変換 → Legendre 変換
レイリー商 → Rayleigh 商

劣勾配 (subgradient) 117
汎関数の— 258
劣微分 (subdifferential) 117
汎関数の— 258
レベル集合 (level set) 116
連続 (continuous) 111
連続微分可能 (continuously differentiable) 24
連続変数 (continuous variable) 18
ローレンツ錐 → Lorentz 錐
ロバスト最適化問題 (robust optimization problem) 222

東京大学工学教程

編纂委員会	光石 衛	(委員長)
	相田 仁	
	北森武彦	
	小芦雅斗	
	佐久間一郎	
	関村直人	
	高田毅士	
	永長直人	
	野地博行	
	原田 昇	
	藤原毅夫	
	水野哲孝	
	吉村 忍	(幹 事)
数学編集委員会	永長直人	(主 査)
	竹村彰通	
	室田一雄	
物理編集委員会	小芦雅斗	(主 査)
	押山 淳	
	小野 靖	
	近藤高志	
	高木 周	
	高木英典	
	田中雅明	
	陳 昱	
	山下晃一	
	渡邉 聡	
化学編集委員会	野地博行	(主 査)
	加藤隆史	
	高井まどか	
	野崎京子	
	水野哲孝	
	宮山 勝	
	山下晃一	

2014 年 10 月

著者の現職
寒野善博（かんの・よしひろ）
東京大学大学院情報理工学系研究科数理情報学専攻准教授
土谷　隆（つちや・たかし）
政策研究大学院大学政策研究科教授

東京大学工学教程　基礎系　数学
最適化と変分法

平成 26 年 10 月 20 日　発　行

編　者　東京大学工学教程編纂委員会

著　者　寒　野　善　博
　　　　土　谷　　　隆

発行者　池　田　和　博

発行所　丸善出版株式会社
〒101-0051　東京都千代田区神田神保町二丁目17番
編 集：電話（03）3512-3266／FAX（03）3512-3272
営 業：電話（03）3512-3256／FAX（03）3512-3270
http://pub.maruzen.co.jp/

印刷・製本／三美印刷株式会社

ISBN 978-4-621-08854-8 C 3341　　Printed in Japan